普通高等教育“十五”国家级规划教材
清华大学精品课程配套教材
国家精品课程配套教材

清 华 大 学 电 气 工 程 系 列 教 材

# 高电压工程（第2版）

# High Voltage Engineering (Second Edition)

梁曦东　周远翔　曾嵘　编著
Liang Xidong　Zhou Yuanxiang　Zeng Rong



清华大学出版社
北　京

## 内 容 简 介

本书介绍了高电压与绝缘技术领域的气体、固体及液体电介质的放电过程、绝缘特性，以及影响放电的多种因素；高电压、高场强下的绝缘特点，电气设备内绝缘与外绝缘的基本特性；多种高电压的产生方法、产生装置、测量方法和抗干扰措施；雷电与操作冲击过电压发生的原理、特点、防护措施，以及绝缘配合。

本书是为高等学校电气工程及其自动化专业编写的专业基础课教材，采用了最新的国家标准，也可供电力、电工及其他行业的高电压工作者参考。



**图书在版编目(CIP)数据**

高电压工程/梁曦东，周远翔，曾嵘编著.--2版.--北京：清华大学出版社，2015(2025.2重印)

清华大学电气工程系列教材

ISBN 978-7-302-39279-8

Ⅰ.①高…　Ⅱ.①梁…　②周…　③曾…　Ⅲ.①高电压—高等学校—教材　Ⅳ.①TM8

中国版本图书馆CIP数据核字(2015)第024414号

**责任编辑**：庄红权
**封面设计**：傅瑞学
**责任校对**：王淑云
**责任印制**：曹婉颖

**出版发行**：清华大学出版社
　　**网　　址**：https：//www.tup.com.cn，https：//www.wqxuetang.com
　　**地　　址**：北京清华大学学研大厦A座　　**邮　　编**：100084
　　**社 总 机**：010-83470000　　**邮　　购**：010-62786544
　　**投稿与读者服务**：010-62776969，c-service@tup.tsinghua.edu.cn
　　**质量反馈**：010-62772015，zhiliang@tup.tsinghua.edu.cn
**印 装 者**：三河市龙大印装有限公司
**经　　销**：全国新华书店
**开　　本**：185mm×260mm　　**印　张**：17.75　　**彩插**：1　　**字　　数**：428千字
**版　　次**：2003年9月第1版　　2015年3月第2版　　**印　　次**：2025年2月第13次印刷
**定　　价**：49.80元

---

产品编号：061709-04

# 序

“电气工程”一词源自英文的“Electrical Engineering”。在汉语中，“电工程”念起来不顺口，因而便有“电机工程”、“电气工程”、“电力工程”或“电工”这样的名称。20世纪60年代以前多用“电机工程”这个词。现在国家学科目录上已经先后使用“电工”和“电气工程”作为一级学科名称。

大约在第二次世界大战之后出现了“电子工程”(Electronic Engineering)这个词。之后，随着科学技术的迅速发展，从原来的“电(机)工程”范畴里先后分划出“无线电电子学(电子工程)”“自动控制(自动化)”等专业，“电(机)工程”的含义变窄了。虽然“电(机、气)工程”的专业含义缩小到“电力工程”和“电工制造”的范围，但是科学技术的发展使得学科之间的交叉、融合更加密切，学科之间的界限更加模糊。“你中有我，我中有你”是当今学科或专业的重要特点。因此，虽然高等院校“电气工程”专业的教学主要定位于培养与电能的生产、输送、应用、测量、控制等相关科学和工程技术的专业人才，但是教学内容却应该有更宽广的范围。

清华大学电机系在1932年建系时，课程设置基本上仿效美国麻省理工学院电机工程学系的模式。一年级学习工学院的共同必修课，如普通物理、微积分、英文、国文、画法几何、工程画、经济学概论等课程；二年级学习电工原理、电磁测量、静动力学、机件学、热机学、金工实习、微分方程及化学等课程；从三年级开始专业分组，电力组除继续学习电工原理、电工实验、测量外，还学习交流电路、交流电机、电照学、工程材料、热力工程、电力传输、配电工程、发电所、电机设计与制造以及动力厂设计等选修课程。西南联大时期加强了数学课程，更新了电工原理教材，增加了电磁学、应用电子学等主干课程和电声学、运算微积分等选修课程。抗战胜利之后又增设了一批如电子学及其实验，开关设备、电工材料、高压工程、电工数学、对称分量、汞弧整流器等选修课程。

1952年院系调整之后，开始了学习苏联教育模式的教学改革。电机系以莫斯科动力学院和列宁格勒工业大学为模式，按专业制定和修改教学计划及教学大纲。这段时期教学计划比较注重数学、物理、化学等基础课，注重电工基础、电机学、工业电子学、调节原理等技术基础课，同时还加强了实践环节，包括实验、实习和“真刀真枪”的毕业设计等。但是这个时期存在专业划分过细，工科内容过重等问题。

改革开放之后，教学改革进入一个新的时期。为了适应科学技术的发展和人才市场从计划分配到自主择业转变的需要，清华大学电机系在20世纪80年代末把原来的电力系统及其自动化、高电压与绝缘技术、电机及其控制等专业合并成"宽口径"的"电气工程及其自动化"专业，并且开始了更深刻的课程体系的改革。首先，技术基础课的课程设置和内容得到大大的拓展。不但像电工基础、电子学、电机学这些传统的技术基础课的教学内容得到更新，课时有所压缩，而且像计算机系列课、控制理论、信号与系统等信息科学的基础课程以及电力电子技术系列课已经规定为本专业必修课程。此外，网络和通信基础、数字信号处理、现代电磁测量等也列入了选修课程。其次，专业课程设置分为专业基础课和专业课两类，初步完成了从"拼盘"到"重组"的改革，覆盖了比原先3个专业更宽广的领域。电力系统分析、高电压工程和电力传动与控制等成为专业基础课，另外，在专业课之外还有一组以扩大专业知识面和介绍新技术、新进展为主的任选课程。

虽然在电气工程学科基础上新产生的一些研究方向先后形成独立的学科或专业，但是曾经作为第三次工业革命三大动力之一的电气工程，其内涵和外延都会随着科学技术和社会经济的发展而发展。大功率电力电子器件、高温超导线材、大规模互联电网、混沌动力学、生物电磁学等新事物的出现和发展等，正在为电气工程学科的发展开辟新的空间。教学计划既要有相对的稳定，又要与时俱进、不断有所改革。相比之下，教材的建设往往相对滞后。因此，清华大学电机系决定分批出版电气工程系列教材，这些教材既反映近10多年来广大教师积极进行教学改革已经取得的丰硕成果，也表明我们在教材建设上还要不断努力，为本专业和相关专业的教学提供优秀教材和教学参考书的决心。

这是一套关于电气工程学科的基本理论和应用技术的高等学校教材。主要读者对象为电气工程专业的本科生、研究生以及在本专业领域工作的科学工作者和工程技术人员。欢迎广大读者提出宝贵意见。

清华大学电气工程系列教材编委会<br>2003年8月于清华园

# 前言
## （第2版）

《高电压工程》（第1版）教材出版使用至今已经超过10年，这10年正是我国电力工业发展最快的阶段，装机容量、发电量跃居世界首位，发电量、用电量等指标的增长率甚至可以用空前绝后来形容。十年来我国的电压等级连续迈上新台阶，交流 1000 kV 和直流 ±800 kV 特高压分别成为世界上目前投入商业运行的最高交、直流电压等级。电力工业的大发展，有力地支撑了国民经济的快速前行。

我国的电力工业正在快速走向世界前列，必然要求高校的人才培养能够适应这一变化；在超高压、特高压输变电工程中大量采用的新技术、新标准也应该及时在教学中有所体现。在大学的教学中，学科与行业的结合是各国面临的共同课题。近年来，每次国际大电网委员会（CIGRE）都安排有电气工程教育（electrical power engineering education，EPEE）的专题会议。在2012年8月CIGRE的EPEE专题会议上，笔者以清华大学电机系电气工程教育的课程体系为例，交流了我们的探索和体会；2014年8月CIGRE EPEE的主题更加明确表述为“How to Bridge the Gap Between Industry and Universities”。

这一问题可以从不同的角度进行思考、在不同的课程中进行尝试，需要在教学过程中结合不同的内容进行探索。大学的课程可划分为公共基础课、技术基础课、专业基础课和专业课四个层次，大体上对应着大学一年级到四年级的主要学习特点，反映着学生接受高等教育、掌握专业知识的层层递进的过程。“高电压工程”是本科生“电气工程及其自动化”大专业的主要专业基础课之一，我们对该课程的要求可以归纳为打下基础、掌握特点和了解行业三个方面。希望学生通过本课程的学习，能够对高电压与绝缘技术二级学科有全面的认识，大体掌握其学科基础、学科特点与主要内容，并对相关行业的技术发展、技术政策和技术标准有所认识、有所了解。

这10年来，融入行业前沿的高电压工程专业基础课课程改革先后获得清华大学和北京市教学成果一等奖，“高电压工程”课程先后荣获清华大学、北京市和国家精品课称号，教学效果连续多年受到同学们的广泛好评，这一点可以说是同学们对我们在教学上进行持续探索所给予的最大的鼓励。

本次修订，将原先高电压产生与测量的4章进行了适当的精简，修改、合并为第6章和

第7章，将一部分更详细的内容留待后续课程讲解；根据电力系统日益增多的新需求，以及多年来我们在教学中感到需要增强的内容，加强了电场分布与调控、电介质材料、直流高电压、$SF_6$绝缘、接地、绝缘配合，改写了污秽绝缘放电、电介质的性能，新增了空间电荷、电场测量、色谱分析、断路器的开断与关合、特快速瞬态过电压等相关内容；为便于读者了解各国高电压实验室的基本情况，重写了附录B；为便于读者复习和整理，本次修订大大增加了习题，并在每章开头梳理了核心概念。由于十年来相关的国家标准、行业标准都经历了较大幅度的修订，本教材按照最新的标准对相关内容进行了必要的修改，电路图和符号也采用了最新国家标准的表述方式。

本教材有幸承蒙谈克雄教授和陈昌渔教授进行了认真的审阅。两位老教授不仅提出了很多宝贵的、有建设性的修改意见，并且提供了许多有价值的参考资料。博士后王家福、助理研究员庄池杰，以及研究生阎志鹏、仵超、高岩峰、黄建文、黄猛进行了大量的数据、图片、曲线的查证、编辑、校对工作，在此一并致以衷心的感谢。

本次改版，梁曦东负责修订了第0～3章、附录，编写了10.1节；周远翔负责修订了第4～7章；曾嵘负责修订了第8～10章，并与周远翔共同编写了7.12节。限于编者的水平，书中难免仍有不当之处，敬请广大读者批评指正。

梁曦东

2014年12月于清华园

# 前言

## （第1版）

为适应科学技术的发展以及社会需求的变化，1989年清华大学电机系开始了拓宽专业口径的教学改革，将原电力系统、高压和电机3个专业合并成为一个宽口径的"电气工程及其自动化"大专业。为此，1990年将原先仅对高压专业本科生开设的"高电压绝缘"与"高电压试验技术"两门课程合并，推出了面向大专业全体学生的"电绝缘与测试技术"，关志成、陈昌渔编写了讲义。1994年进一步将"电力系统过电压"的有关内容也结合进来，改为"高电压工程"，梁曦东、关志成、陈昌渔于1995年编写了讲义，1998年、2002年对讲义又做了一些修订，至今已向10届学生授课。

以往的课程体系把课程分为公共基础课、技术基础课和专业课，把高电压领域的内容划分为多门课程，都定位在专业课上，追求专业掌握程度，从而造成内容过细，占用大量课时的局面，难以满足面向电气工程一级学科领域的学生既掌握基本概念并了解新技术，又减少学时的需要。

清华大学电机系进行教学改革时将课程分为公共基础课、技术基础课、专业基础课和专业课4个层次。公共基础课侧重于掌握数理化等基本内容；技术基础课侧重于掌握电类基本内容；专业基础课定位于掌握二级学科主要基础；专业课则要求掌握具体实用的技术内容。"高电压工程"作为"电气工程及其自动化"大专业的主要专业基础课之一，是学生掌握"高电压与绝缘技术"二级学科基础知识的主要渠道。另有若干门与高电压有关的专业课程供学生进一步选修。因此，本书力求把基本物理概念及物理过程介绍清楚，对新技术做适当介绍，对典型实用性数据进行必要的扩充，对电气设备设计及中间推导过程则大量删减，力求兼顾基本概念和实际应用两个方面，尽可能面向不同需求的读者，满足作为教材及教学参考书两方面的要求，也可按照不同教学学时的要求方便地选择教学内容。

我们对教学活动的理解是：教学活动应当是学生在教师的引导下主动探索知识的过程，而不是学生在教师的"灌输"下被动地"记住"某些知识的过程。不同的课程各有特点，我们力争使学生在学习某课程后能够掌握相应学科研究问题、解决问题的特有方式。在教学过程中我们结合新技术、新应用的研究成果及行业发展，设置了大量的项目训练内容，进一步拓宽了课程范围，使学生及时掌握前沿知识，开阔思路与眼界，把握行业背景及发展方向，并启发和培养学生从事科学研究的兴趣与能力。

本书绪论、第1～4章、第10～12章由梁曦东编写，第5～9章由陈昌渔编写，周远翔参加了大部分章节的修改与讨论。

限于编者水平，书中难免不当之处，恳请广大读者批评指正。

编　者

2003年3月于清华园

# 目录

# 第0章 绪论

## 0.1 高压输电的发展

### 0.1.1 高压输电的出现与电压等级的提高

电能的大规模传输是电气化得以普遍应用的重要基础，而高压输电则是实现电能大规模传输最主要的技术手段。1880年在输电技术起步时，就发生了交流、直流输电孰优孰劣的争论。尼古拉·特斯拉(Nikola Tesla)1887年提出了多相交流输电的技术，1890年在英国出现了从Deptford到伦敦长达45 km的10 kV输电线路，1891年在德国出现了从Lauffen到法兰克福长达170 km的15 kV三相输电线路。1896年从加拿大尼亚加拉水电站采用三相交流系统向美国Buffalo送电，结束了交流、直流输电的争论，交流输电开始迅速在各国得到普遍应用。1985年苏联建成了1150 kV的特高压交流输电线路。高压输电出现一百年来，世界上的输电电压提高了100倍。表0-1给出了交流输电各电压等级在国际上首次出现的时间。

表0-1 交流输电各电压等级首次出现的时间

| 电压等级/kV | 10 | 50 | 110 | 220 | 287 | 380 | 525 | 735 | 1150 |
|---|---|---|---|---|---|---|---|---|---|
| 首次出现年份 | 1890 | 1907 | 1912 | 1926 | 1936 | 1952 | 1959 | 1965 | 1985 |

促使输电电压等级提高的直接动力首先是对大容量输电需求的激增。交流输电线路的自然功率$P$与电压$U$的平方成正比，各电压等级下输电线路的自然功率见表0-2。促使电压等级提高的另一个因素是电力的远距离输送。交流线路的输送容量随输送距离的增加而下降，因此在远距离输电时需要采用更高的输电电压。

表0-2 交流输电电压与自然功率

| 系统电压$U$/kV | 220 | 330 | 500 | 750 | 1000 | 2000 |
|---|---|---|---|---|---|---|
| 波阻抗$Z$/Ω | 400 | 303 | 278 | 256 | 250 | 250 |
| 自然功率$P$/MW | 121 | 360 | 900 | 2200 | 4000 | 16000 |

### 0.1.2 交流特高压输电

随着输电电压等级的不断提高，技术上的难度不断增加，逐渐出现了“超高压”(extra high voltage，EHV)一词，以示与“高压”(high voltage，HV)的区别。当更高的1000 kV电压等级提出时，又采用了“特高压”(ultra high voltage，UHV)一词，以示与“超高压”的区别。因此，在高压输电行业中，称系统额定电压≥1000 kV为“特高压”，330～750 kV为超高压，220 kV及以下为“高压”。

20世纪60年代后期国际上就开始了特高压输电的研究，以及时应对“二战”后经济发展带来的对电力需求的快速增长。苏联于1985年率先建成了1236 km长的交流1150 kV(系统最高电压1200 kV)特高压线路，可送负荷5700 MW，1989—1993年仅断续运行4年后即降压为500 kV运行。日本也于20世纪90年代初建成了超过300 km的同杆双回1000 kV(系统最高电压1100 kV)的特高压线路，但从未在1000 kV运行过，至今仍运行在500 kV。美、意、法等国，包括巴西等也早已开始了特高压的研究。苏联在建设1150 kV特高压线路时，设想在2020年左右建设1800～2000 kV线路，送出西西伯利亚的巨大能源，并通过白令海峡与美国联网，实现东西半球调峰。

各国发展特高压输电的主要动因不尽相同，俄罗斯是远距离与大容量这两方面因素都有，日本、意大利发展特高压，除大容量输电外，很关键的一点是为了减少电站出线的回数，压缩线路走廊，节省土地资源。但是百万伏级的特高压输电毕竟有许多极具挑战性的技术困难，加上20世纪90年代以后各主要工业国的经济增速与五六十年代相比普遍显著下降，对电力需求的增长逐渐放缓，因而陆续暂停了对特高压输电的研究。随着可再生能源发电取得了突飞猛进的发展，各国在有条件就近建设大量可再生能源电源的地区，也降低了对大容量、远距离输电的需求。近年来，在中国开始研究和建设特高压输电技术与工程后，印度也开始研究1150 kV的交流特高压输变电工程。国外目前实际投入工业运行的输电线路，最高电压等级只有750 kV，美、加、俄、巴西、南非、印度、韩等国的750 kV线路中，时间最长的已有四五十年的运行经验。

中国围绕百万伏级交流特高压输电技术，在20世纪80年代全国500 kV电网建设时就进行了第一次大范围的论证，在90年代三峡电站建设时又一次进行了大范围论证。2004年年底，国家电网公司和南方电网公司再次提出发展特高压输电，由此我国的特高压输电进入快速发展期。2009年1月6日，晋东南—南阳—荆门交流1000 kV特高压试验示范工程(系统最高电压1100 kV)顺利投产，并安全运行至今。在取得上述重大进展的同时，我们还应该清醒地认识到，特高压输电技术本身还有许多问题需要进一步研究。

### 0.1.3 远距离大容量直流输电

直流电压因为不能利用变压器、感应电动机等因素，所以最初交流输电得到迅速发展。20世纪50年代中期以来，随着各方面技术的进步，直流输电的优越性逐步得到体现，许多国家又逐步开始发展直流输电。目前国外直流输电的最高电压等级为±600 kV。由于直流输电几乎不受距离的限制，因此在远距离大容量输电上的优势尤其明显。在岛屿与大陆、岛屿与岛屿之间通过较远距离的海底电缆进行连接时，直流输电也显示出较为明显的优势。

各直流电压等级下的输送容量见表0-3。就输电本身而言，交、直流输电工程在进行技术经济比较时，往往要分析“经济距离”。若输电距离低于此“经济距离”，则交流输电占优，反之则直流输电更经济。

表 0-3 直流输电电压与输送容量

| 电压±$U$/kV | ±400 | ±500 | ±600 | ±800 | ±1100 |
|---|---|---|---|---|---|
| 双极容量 $P$/MW | 480～1000 | 1000～3000 | 2500～4800 | 4800～8000 | 8800～11000 |
| 电流 $I$/A | 600～1250 | 1000～3000 | 2100～4000 | 3000～5000 | 4000～5000 |

我国数十项远距离大容量的西电东送工程采用了直流输电。2009 年 12 月 28 日，云南—广东±800 kV 直流特高压线路单极带电；2010 年 6 月 18 日和 7 月 8 日，输送距离分别为 1417 km 和 1895 km、额定输送容量分别为 5000 MW 和 6400 MW 的云南—广东和向家坝—上海±800 kV 直流特高压工程实现双极投运，均安全运行至今。

### 0.1.4 节约输电走廊与环境友好的输电方式

输电走廊紧张的问题在工业发达国家已经存在多年，在我国经济发达地区，随着负荷密度的升高也日益突出。为了节省线路走廊资源，普遍出现了同塔双回、同塔多回的输电线路。虽然每回线路的电压等级和自然功率并没有提高，但每条线路走廊内的输送总容量却得到大大的提高。长三角、珠三角、京津等地区已经出现大量两回 500 kV 和两回 220 kV 共四回同塔的线路，四回 500 kV 同塔也已运行多年。2014 年 11 月正式开工建设的淮南—南京—上海的特高压线路，由于部分地区输电走廊十分紧张，在苏州站出线的 22 km 范围内，采用了两回 1000 kV 和两回 500 kV 共四回同塔的堪称极端的情况。同塔多回线路在提高走廊利用率的同时，也带来系统可靠性在一定程度上降低的问题。

俄罗斯、巴西等国家尝试了高自然功率(high surge impedance loading，HSIL)的输电线路，靠增加每相导线的分裂导线数、加大分裂半径等措施，大幅度减小线路电感，增大相间电容，从而大幅度降低线路波阻抗，在不提高电压等级的同时，大幅度提高输电线路的自然功率。巴西在 1996—1997 年分两次投运了 230 kV 共 660 km 的 HSIL 线路，随后 500 kV 等级的 HSIL 线路进行了技术、经济等方面的大量研究，目前正在巴西东北部建设一条 617 km 长，自然功率达 1670 MW 的 500 kV 线路。

我国将类似的线路称为“紧凑型线路”，更强调将三相导线集中在同一个塔窗内，大大缩小相间距离，并适当增加分裂导线数、适当增大分裂半径，自然功率可比常规线路提高约 30%。我国第一条 82 km 长的 500 kV 紧凑型线路从北京昌平到房山，自然功率达 1300 MW，线路下方工频场强≥5 kV/m 的走廊宽度仅为普通三相水平排列线路的 1/3。该线路 1999 年 11 月投入运行，2001 年 5 月 6 日成功进行了 1600 MW 的大容量输电试验。到 2015 年我国实际建成运行的 500 kV 紧凑型线路总长度已有 10400 km。

对于新增输电走廊十分困难的地区，通过采用大截面导线或耐热导线以提高线路电流、采用小弧垂导线以便在增大线路电流的同时不增加线路弧垂、更换绝缘子串以提升电压等级等方式提高输送容量的研究和工程实践在经济发达国家已经进行了多年的积极探索。

在线路走廊十分拥挤、占地十分昂贵的城市及城郊，地下电缆及地下管道输电成为很有发展前景的方式。地下电缆在节省线路走廊、减少电磁环境影响方面，无疑具有极大的吸引力。但其造价十分昂贵、故障检测与维修困难、供电距离有限的特点也很明显，目前仅在少数特大城市大量采用地下电缆的方式供电。气体绝缘的地下管道输电优势也非常明显，但目前尚处于积极探索阶段，只有个别的工程应用。过去百年来以及今后二三十年内，架空输电线路仍然是各国高压输电的最主要方式。为了降低架空输电线路的景观影响，或为了提升沿线居民的接受程度，部分国家对输电杆塔材料及其结构也进行了一些有益、有趣的探索和尝试。

### 0.1.5 基于大容量电力电子技术的交直流输电

灵活交流输电(flexible AC transmission system，FACTS)，或称柔性交流输电，是基于大容量电力电子技术，对交流输电系统实施灵活、快速调节控制的交流输电方式。在提高电网输送能力等方面有很大的优越性，可控串联补偿(TCSC)和静止无功补偿(STATCOM)是目前我国灵活交流输电最主要的方式。

单个可再生能源发电机组及机组群的容量往往都不是很大，将其并入电网时，电压源换相直流输电(VSC-HVDC，通常简称柔性直流)技术成为更合适的方式，近海及海上风电则采用直流电缆输送到陆地电网。南方电网公司和国家电网公司分别在南澳岛和舟山进行了多端柔性直流试验工程。

其他的输电方式如超导输电、多相输电、分频输电、半波长输电、无线输电等也在研究中。

## 0.2 中国电力工业的现状与展望

### 0.2.1 发电量与装机容量

图 0-1 给出了我国 1980 年以来年发电量的增长情况(不含港、澳、台)。1996 年我国的年发电量超过日本，达世界第二位；2008 年我国发电量超过欧盟各国之和，2009 年超过英、法、德、意、日、加六国总和；并在 2012 年首次超过美国，跃居世界第一；2015 年达到 5.6 万亿 kW·h。从图 0-1 的三条虚线还可以看出，改革开放的三十多年来，我国的发电量不仅始终保持了快速增长，而且增速经历了三个不断加速的阶段，每个阶段十年左右。预计今后我国发电量的增速将会放缓至更加可持续的区间。

1980 年我国的发电设备装机容量仅 0.66 亿 kW，1987 年、2000 年、2005 年、2011 年分别跨上了 1 亿 kW、3 亿 kW、5 亿 kW、10 亿 kW 的台阶。2007—2013 年 7 年间我国新增的发电设备装机容量等于 2006 年以前五十多年的总和。2013 年我国的发电设备装机容量达到 12.47 亿 kW，首次超过了美国，居世界第一位，2014 年达 13.6 亿 kW，人均装机达到 1kW；2015 年超过 15 亿 kW。

### 0.2.2 电压等级、电网结构与输电线路

我国的火电及水电资源主要集中在西北、西南地区，而用电负荷中心则集中在长三角、珠三角及京津等东部沿海地区，因此大容量远距离输电成为我国电力行业必须长期面对的主要问题之一。

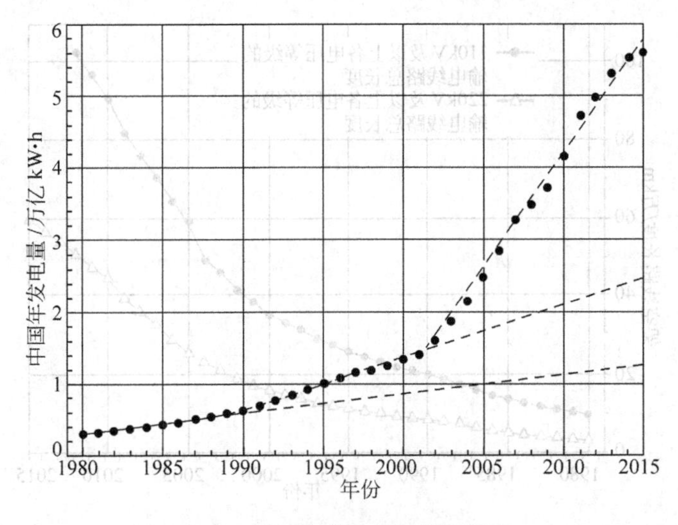


图 0-1 我国年发电量的增长情况

1972 年我国自主设计、建设的第一条 330 kV 输电线路（刘家峡—天水—关中）投入运行，此前我国的最高电压等级仅为 220 kV。1981 年引进多国技术的 500 kV 输电线路（平顶山—武汉）投入运行，我国自此开始了 500 kV 大电网的建设。2005 年我国第一条 750 kV 线路（官亭—兰州东）投入运行，2009 年则迈上了 1000 kV 特高压等级的大台阶，到 2014 年底已有晋东南—南阳—荆门，皖电东送淮南—上海，浙北—福州等 3 项 1000 kV 特高压交流输变电工程投入运行。在直流输电方面，我国第一条±500 kV 的直流输电线路（葛洲坝—上海）1991 年投入运行，2009—2010 年我国迈上了±800 kV 直流特高压的新台阶，到 2015 年底已有云南—广东，向家坝—上海，锦屏—苏南，哈密南—郑州、溪洛渡左岸—浙江金华、糯扎渡—广东 6 项±800 kV 直流特高压输变电工程投入运行。

我国目前有东北电网、华北电网、华东电网、华中电网、西北电网和南方电网六大区域电网。其中华东、华中、华北电网现有的交流输变电及配电电压等级为 1000 kV/500 kV/220 kV/110 kV/35 kV/10 kV，东北电网和南方电网的电压类似上述序列，但是没有 1000 kV，东北电网中与 35 kV 并列的还有 66 kV，西北电网的电压等级为 750 kV/330 kV/(220 kV) 110 kV/35 kV/10 kV。现有电压等级的简化优化工作已经提出多年，还在不断研究中。我国现有的直流输电主要是±800 kV 和±500 kV 两种电压等级，在±660 kV 和±400 kV 电压各有一条输电线路，±1100 kV 特高压直流已有规划的线路，并已开展了大量研究。

2012 年，我国 35 kV 及以上各电压等级的输电线路总长度达 150 万 km，图 0-2 给出了 1985 年以来我国主要电压等级输电线路的长度增长情况。截至 2015 年年底，我国 220 kV 及以上各电压等级的交、直流输电线路总长度达 60.3 万 km。

## 0.2.3 电源结构与可再生能源发电

在我国的电源结构中，火力发电一直占据绝对主导的地位。受资源条件的限制，我国的燃油和燃气发电极少，火力发电几乎都是燃煤发电。近年来我国的风力发电、太阳能光伏发电等清洁可再生能源发电得到了快速发展。2012 年风电发电量首次超过核电，成为我国的

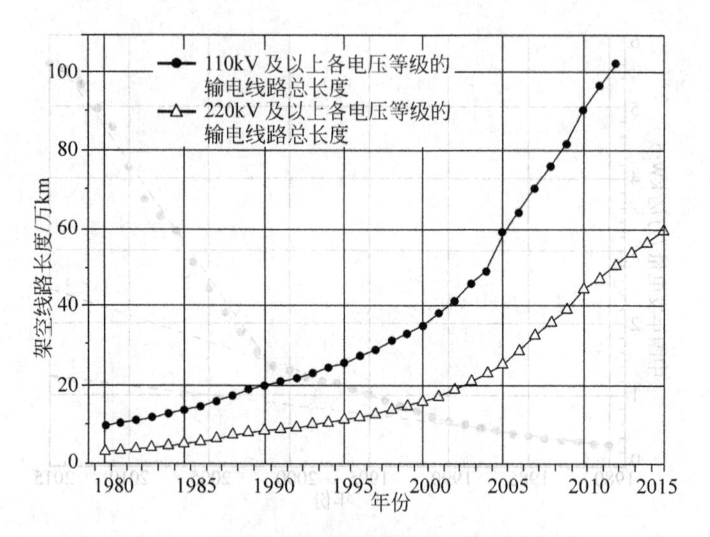


图 0-2 我国架空输电线路长度的增长情况

第三大电源。2013 年全年非化石能源发电新增装机 5829 万 kW，占总新增装机比重提高到 62%。表 0-4 给出了 2014 年我国发电装机、发电量及各类电源所占比例的情况。

**表 0-4 2015 年我国发电设备装机容量、发电量及各类电源所占比例**

| 电源类型 | 火电 | 水电 | 风电 | 核电 | 光伏 | 总量 | 非化石能源 |
|---|---|---|---|---|---|---|---|
| 发电装机/亿 kW | 9.90 | 3.19 | 1.29 | 0.26 | 0.43 | 15.07 | 5.17 |
| 所占比例/% | 65.7 | 21.1 | 8.6 | 1.7 | 0.43 | 100 | 34.3 |
| 发电量/亿 kW·h | 40972 | 11143 | 1851 | 1689 | 392 | 56045 | 15075 |
| 所占比例/% | 73.1 | 19.9 | 3.3 | 3.0 | 0.7 | 100 | 26.9 |

## 0.2.4 输变电装备

输变电装备是电力工业的物质基础。随着我国电力工业的突飞猛进，电工装备制造业也及时把握机遇，得到了飞速的发展；反过来，输变电装备制造水平与制造能力的显著提升，也有力支撑了我国电力工业的发展。2013 年我国共生产发电机组 1.27 亿 kW，其中水轮机组 2140 万 kW，汽轮机组 8450 万 kW，风力发电机组 1800 万 kW。输变电装备的技术水平、国产化率和竞争力也成为我国装备制造业三大重大装备（输变电、冶金矿山、石油化工）中最高的。在主机基本实现国产化以后，提高关键零部件和关键材料的国产化，从而进一步提高核心竞争力，成为输变电装备的当务之急。

## 0.2.5 电网建设与长期缺电

缺电问题自 1970 年以来困扰我国近四十年，缺电范围广，持续时间长。1998 年随着我国工业整体告别短缺经济，各地似乎不缺电了。2002 年以来随着经济的加速发展，各地再一次表现出较为普遍、较为严重的缺电状况，每年夏季高峰用电时期，缺电状况尤其严重。直到 2009 年以后，我国才算是真正告别了长期以来的缺电状况。

电力工业增速曾经长期跟不上国民经济的发展速度，成为导致我国缺电的重要原因。另外，我国在发电、输电、配电方面长期投资比例失调，电网建设投资太低，也是导致电网有电但用户缺电的重要原因。比如美国在发电、输电、配电的投资比例约为 1：0.43：0.7，英国约为 1：0.45：0.78，日本约为 1：0.47：0.68，而我国 1998 年启动大规模城乡电网改造前多年间约为 1：0.21：0.12。2005 年我国电网投资在电力投资中的比重为 33.4%，2008 年上升到 45.9%，2009 年电网投资比重达到 50.9%，首次突破 50%，2013 年达到 51.2%，2014 年进一步上升到 53%，电网建设落后的局面得到显著改善。由于历史欠账太多，电网建设将是一项长期的工作，方兴未艾的智能电网为配电网的升级改造创造了新的机遇，也提出了新的要求。

## 0.2.6 中国电力工业的展望

首先，未来几十年内中国电力工业的发展空间还是巨大的。发达国家的电力发展已经进入平稳期，而我国目前仍处于工业化时期，只是随着经济方式大力向可持续发展的方向转变，今后我国电力工业的发展速度会逐渐放缓，但长期来看增长空间依然很大。我国急需大幅度提高电能在终端能源消耗中的比重，仍需大幅度提升人均用电水平。

基于国际能源署 IEA 的统计数据，图 0-3 给出了 2000 年以来中(不含港、澳、台)、美两国用电量的比较。美国的电力增长在趋于平稳，我国则经过多年尤其是近十几年的飞速增长在总量上超过了美国，但是人均用电量仍有较大的增长空间。

根据 2015 年国际能源署统计的用电量及人口数据，表 0-5 给出了 2013 年七国集团、金砖国家、亚太、北欧、中东等地区部分国家的年用电量及人均用电量。2006 年我国(不含港、澳、台)的人均用电量仅为 2040 kW·h，不到当年世界人均水平的 80%；2010 年人均用电量增长到 2942 kW·h，刚刚超过当年的世界平均水平；2012 年增长到 3475 kW·h，同年我国台湾地区的年用电量和人均用电量分别达到 240.98 TW·h 和 10283 kW·h。预计 2020 年和 2030 年我国(不含港、澳、台)的年发电量将分别达到 7.5 万亿 kW·h 和 10.4 万亿 kW·h，年人均用电量分别有望达到 5300 kW·h 和 7000 kW·h。

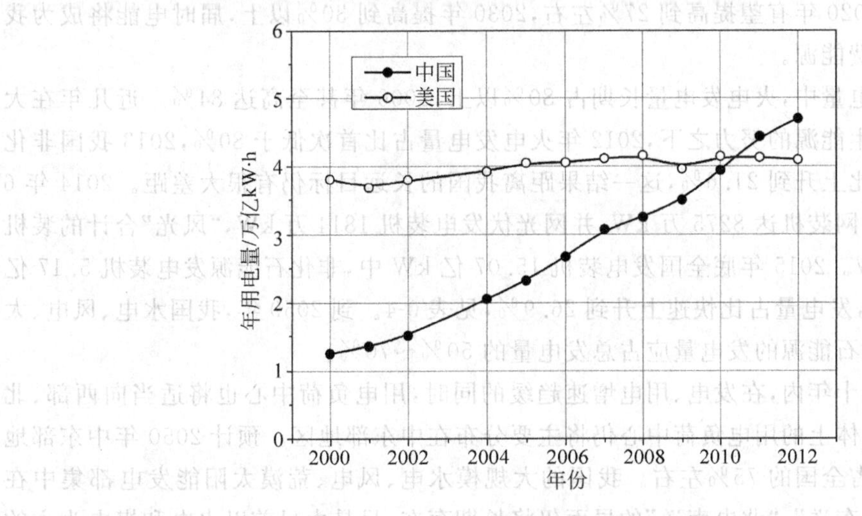


图 0-3 中国与美国用电量变化的比较

表 0-5 不同国家 2013 年用电量及人均用电量

| 国　家 | 加拿大 | 美国 | 日本 | 法国 | 德国 | 英国 | 意大利 |
| --- | --- | --- | --- | --- | --- | --- | --- |
| 用电量/TW·h | 545.6 | 4110 | 997.8 | 486.5 | 576.5 | 346.76 | 310.8 |
| 人均用电量/kW·h | 15522 | 12987 | 7836 | 7382 | 7022 | 5409 | 5124 |
| 国　家 | 俄罗斯 | 南非 | 中国 | 巴西 | 印度 | 韩国 | 澳大利亚 |
| 用电量/TW·h | 938.4 | 230.1 | **5165** | 516.6 | 978.8 | 523.7 | 234.2 |
| 人均用电量/kW·h | 6562 | 4328 | **3778** | 2583 | 783 | 10428 | 10069 |
| 国　家 | 挪威 | 芬兰 | 瑞典 | 沙特 | 伊朗 | 伊拉克 | 全球 |
| 用电量/TW·h | 118.5 | 84.4 | 133.2 | 264.0 | 223.7 | 60.7 | **21538** |
| 人均用电量/kW·h | 23325 | 15507 | 13871 | 9157 | 2888 | 1817 | **3026** |

注：表中数据来自于国际能源署《2015 Key World Energy Statistics》，为各国 2013 年的数据。

今后，随着风电、光伏等可再生能源发电设备的大幅增加，由于这些发电设备的年利用小时数明显低于火电与核电，发电量将比发电装机容量更能反映电力工业的发展状况；随着我国与周边国家电力交换量的增加，用电量将是比发电量更能反映国家发展程度的指标。中国急需探索出一条高生活质量、低能源消耗的新路。

其次，未来几十年我国的电源结构、用能结构将出现较大幅度的调整。我国应大幅度提升发电用煤在煤炭消费中的比重，大幅度提升清洁可再生能源发电在总发电量中的比重，大幅度提升电能在终端能源消费中的比重。2014 年 9 月国务院刚刚批复了《国家应对气候变化规划(2014—2020 年)》，将进一步促进非化石能源利用的快速增长。

2008 年以后，我国超过美国成为全球最大的 $CO_2$ 排放国，减少温室气体排放成为新的突出问题。2011 年我国发电用煤占煤炭消费总量的比重提升到约 53%，而同期世界平均水平为 65%，发达国家 2000 年前后的电煤比重就已达 80%以上，美国 1995 年以后就已超过了 90%。电气化水平的重要标志之一是电能占终端能源消费的比重，我国这一指标在 1980 年仅为 6.84%，2005 年上升到 18%，接近 2003 年 18.8%的世界平均水平，2011 年进一步提升到约 21%，2020 年有望提高到 27%左右，2030 年提高到 30%以上，届时电能将成为我国第一大终端消费能源。

在我国的发电量中，火电发电量长期占 80%以上，2006 年甚至高达 84%。近几年在大力发展清洁可再生能源的努力之下，2012 年火电发电量占比首次低于 80%，2013 我国非化石能源发电量占比上升到 21.6%，这一结果距离我国的长远目标仍有很大差距。2014 年 6 月底，我国风电并网装机达 8275 万 kW，并网光伏发电装机 1814 万 kW，“风光”合计的装机容量突破 1 亿 kW。2015 年底全国发电装机 15.07 亿 kW 中，非化石能源发电装机 5.17 亿 kW，占比 34.3%，发电量占比快速上升到 26.9%，见表 0-4。到 2050 年，我国水电、风电、太阳能、核电等非化石能源的发电量应占总发电量的 50%～70%。

第三，未来几十年内，在发电、用电增速趋缓的同时，用电负荷中心也将适当向西部、北部转移，但我国总体上的用电负荷中心仍将主要分布在中东部地区。预计 2050 年中东部地区的用电量仍将占全国的 75%左右。我国的大规模水电、风电、荒漠太阳能发电都集中在西部、北部，“西电东送”、“北电南送”的局面仍将长期存在，只是由目前以水电和煤电为主的输电，逐步转变为水电、煤电、风电和太阳能发电并重的大容量远距离输电。电网的目标由单纯输电变为输电与实现多种电源互补调节相结合，电网不仅要满足大容量远距离输电的需求，还要适应大规模新能源电力的接入，电网优化能源资源配置的作用将进一步提升。在输电方面，走廊节约、环境友好的输电要求会更加迫切。

第四，智能电网是未来电网建设的重要方向。智能电网是社会发展到信息化时代对电网提出的新要求，其内涵和外延都很宽泛，需要各国在未来几十年用各自的实践去充实、去阐述。与发电和输电环节相比，智能电网对配电和用电环节的影响将更大、更深刻。大量的高新技术将在智能电网中找到广阔的用武之地。在智能电网的框架下，各种后续能源的利用、分散能源的控制、电力市场化的改革、用能效率的提升等将给我国电力系统带来深远的影响。智能电网将突破目前狭义电网的范畴，与综合信息服务、综合能源服务相结合，向智能的综合能源信息网方向发展，为保护可持续发展的环境，为提高人民生活水平提供全新的能源利用模式。

## 0.3 高电压、高场强下的特殊问题

有许多问题在低电压、低场强下并不突出，但当电压或场强高到一定程度后，不仅变得十分突出、十分特殊，而且还很不好解决。本教材将围绕这些问题展开论述。

1. 绝缘问题

没有可靠的绝缘，高电压、高场强甚至无法实现。高电压、高场强下的绝缘问题之所以突出就是因为这时对绝缘的要求太高，以至于为绝缘所花的代价太高，而且其可靠性往往还存在问题。

(1) 绝缘材料：首先要研究性能优良的绝缘材料，要研究各种绝缘材料在高电压、高场强下的各种性能、各种现象以及相应的过程和理论，尤其是绝缘击穿破坏的过程和理论。对绝缘材料性能逐渐劣化、击穿破坏的深入研究，也是开发新材料，进而大幅度提高其性能的基础。

(2) 绝缘结构(电场结构)：绝缘材料的性能并不能代表绝缘结构的性能，绝缘结构的性能才是实际的设备使用性能。同一种材料在不同的绝缘结构下其外在表现是不同的。对绝缘结构的研究就是要更好的利用材料的性能。

(3) 电压形式：研究绝缘问题是不能离开电压形式的。如工频或高频交流电压、直流电压、冲击电压等，同样的材料、结构，在不同电压形式下，其绝缘性能也是有很大差异的。

2. 高电压试验问题

对任何一门工程技术学科而言，实际的试验都是必不可少的。高电压试验面临的问题首先就是如何产生各种高电压，而且所产生的高电压波形、幅值都方便可调，这就需要研究各种经济、灵活的高电压发生装置。有了人工产生的高电压，如何对电气设备进行高电压试验也是很值得研究的，不同的试验方法对材料和设备的考核要求也差别极大。另外，还有如何测量高电压的问题，在各学科的研究中，计量与测试都是研究的基础，因此如何能测得准确、方便、及时是基本要求。低电压下各种电量的测量方法、手段、仪器很多，但高电压高场强下的测量就不那么方便了。高强量、微弱量、快速量都不好测，而高电压试验中这三类信号都有，微弱量受到高电压、大电流下的强电磁干扰也是普通干扰所不能比的。

3. 过电压防护问题

高电压设备上的工作电压已经很高，设备造价也已很高，如一台 500 kV/360 MV·A 的电力变压器，1994 年的出厂价已达 1200 万～1300 万元，而一台 ±800 kV 特高压直流换流变压器(仅为三相中的一相)的价格就接近 1 亿元人民币。但在电力系统的运行中，还会有各种情况导致比工作电压高得多的过电压产生。如自然界的雷击，称为大气过电压或外过电压。又如电力系统本身操作导致参数变化引起振荡的过渡过程，称为操作过电压或内过电压。这些过电压如不加防护而完全用设备本身的绝缘去承受，将使设备的造价高到无法承受的地步。

所以要研究各种过电压的特点及形成条件，研究各种保护装置及其保护特性，研究电压、绝缘、保护三者之间的绝缘配合问题。

4. 对周围环境的影响问题

高电压、高场强造成的对周围环境的影响问题可分为输变电线路及设备的电磁环境、弱电系统的电磁兼容与生态效应三个方面。也有人将输电线路的景观影响作为需要考虑的内容之一。

(1) 高压架空输电线路周围和变电站/换流站内的电磁场强度会有一定程度的增强，其电磁环境影响主要考虑：交流的工频电场及静电感应、交流工频磁场及电磁感应、直流的离子流与合成电场、无线电干扰及电视干扰、可听噪声。各国对这些参数的指标高低均有具体的标准，我国对交直流输变电工程必须满足的环境影响要求也有明确的规定。

(2) 弱电系统的电磁兼容：这个问题在电子设备日益广泛应用的今天已经很热门了，高电压、高场强下各种电磁干扰信号更强，对弱电系统干扰的电磁兼容问题也就更突出。高电压、高场强下的电磁干扰途径主要有静电感应与低频电磁场耦合、高频辐射干扰、地电位浮动等。高电压测试技术中的抗干扰与这里的消除干扰、抗干扰有密切的联系，也有所不同。

(3) 生态效应：500 kV 输电线档距中央正下方的地面工频电场最大场强规定不得超过 100 V/cm，但随离开输电线距离的增加，地面场强衰减很快，这种场强当然是低压线路所没有的。特高压输电线路下的地面场强规定要求与此相同，110 kV、220 kV 线路下的地面场强要小一些。

20 世纪 70 年代初，苏联、西德、美国、法国、西班牙、加拿大、瑞典等国都对高压线路、变电站的工作人员及附近居民长期在电场下的健康情况进行了考察，以及病理学研究，至今未发现在 200 V/cm 电场下有什么差异。

美、日等国对动物（白鼠、小型哺乳动物、鸟类、蜜蜂）进行的研究也未得出任何统计性的差异，但是鸟类往往会回避在带电的高压线上栖息。对作物、林木的研究表明，即便在 765 kV 线路下，7～8 kV/m 的场强不大可能影响作物生长。虽然在树顶处 20～25 kV/m 场强下，树枝端部有电晕烧伤，但这种烧伤对树木生长并无影响。

高电压、高场强造成的对周围环境的影响问题本教材暂不展开论述。

## 0.4 高电压下的特殊现象及其应用

每门学科都有各自的理论、现象，高电压学科的特有现象可以举出许多，其中一些已得到应用，并有很好的发展前景，成为国内外广泛开展研究的方向。

1. 静电技术及其应用

电除尘器效率达 99% 以上，在国际上已得到普遍应用，在我国也成为大力发展的新型环保产品。电除尘器在大型发电厂已成为与汽轮机、锅炉、发电机并称的四大主要设备。脉冲电晕放电也成为烟气处理中脱硫脱硝的有效方法。另外，在污水处理、选矿、印刷、纺织、喷漆、喷雾、食品保鲜等方面，各种利用电晕与静电现象制成的设备也得到了广泛的应用。基于介质阻挡放电的臭氧产生方法，成为臭氧发生器最主要的技术方案。

2. 低温等离子体技术及其应用

高压放电是产生低温等离子体的重要技术手段，各种功率不大的低温等离子体技术在材料表面处理、新材料研究与开发中发挥了重要的作用，在降解水中有机物、降解易挥发有机物等方面也十分有效。

3. 液电效应及其应用

液电效应即液体电介质在高电压、大电流放电时伴随产生的力、声、光、热等效应的总称。利用液电效应制成的肾结石体外碎石机、铸件清砂装置等已在国内外得到广泛的应用，在石油开采、水下大型桥桩的探伤等方面也已得到应用。

4. 线爆技术及其应用

强大的电流脉冲通过金属线时，会使金属线熔化、汽化、爆炸，产生很强的力学效应及光、热、电磁效应，从而可以对难熔金属、难镀材料进行喷涂，也可以用线爆来模拟高空核爆炸或地下核爆炸。

5. 脉冲功率技术及其应用

许多高技术领域、尖端武器领域如可控热核聚变、激光技术、电子及离子加速器、电磁轨道炮，包括美国的星球大战计划中的许多课题对脉冲功率的要求都越来越高，目前脉冲功率技术正向着电压高、电流大、脉冲窄、重复率高的方向发展，并向着各民用工业领域、各学科方向迅速渗透发展。

# 第1章 气体放电过程的分析

**本章核心概念：**

碰撞电离，自持放电，汤逊放电，巴申定律，电晕放电，电子崩，流注，先导，极性效应，长间隙放电

空气是应用最广泛，也是最廉价的绝缘材料。例如架空输电线路的导线就是裸导线，相与相之间的导线是由空气绝缘的。在气、固、液三类绝缘材料中，气体击穿过程的理论是相对最完整的，但仍很不完善。影响气体放电因素的多样性、随机性使得目前还无法对气体间隙的击穿电压做出准确的计算，但气体击穿过程的分析仍是绝缘分析的基础。

## 1.1 带电质点与气体放电

### 1.1.1 气体放电的主要形式

气体中流通电流的各种形式统称气体放电。处于正常状态并隔绝各种外电离因素的气体是完全不导电的，但空气中总会有来自空间的各种辐射，总会有少量带电质点，一般情况下每立方厘米空气中有500～1000对离子，由于带电质点数量极少，电导极差，所以空气仍是性能优良的绝缘体。

当间隙上的电压达一定数值后，流过间隙的电流剧增，失去绝缘能力，这种由绝缘状态突变为导体状态的变化称击穿。

根据气体压力、电源功率、电场分布的不同，空气间隙击穿前后气体放电可以有多种不同的外形。表1-1及图1-1给出了不同条件下的放电外形。

**表1-1 气体放电的主要外形形式**

| | 低气压（≪1atm①） | 高气压（1atm①及以上） |
|---|---|---|
| 均匀电场 | 辉光放电 | 火花放电、电弧放电 |
| 极不均匀电场 | 辉光放电 | 电晕放电、刷状放电、火花放电、电弧放电 |

① 1atm＝101325Pa。

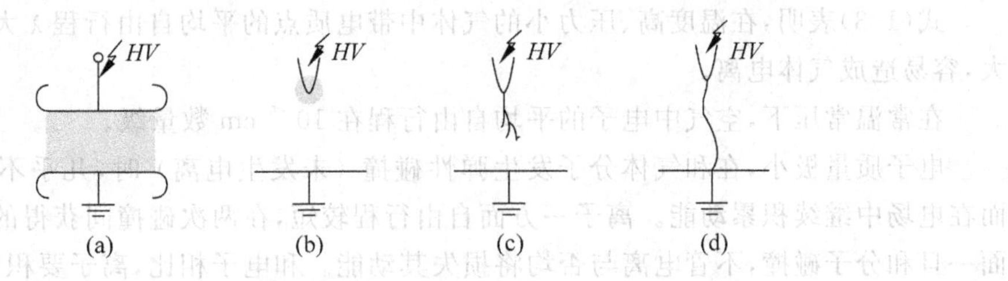


图 1-1　放电外形示意图

(a) 辉光放电；(b) 电晕放电；(c) 刷状放电；(d) 火花放电及电弧放电

辉光放电：放电辉光充满整个电极空间，电流密度较小，一般为 1～5 $\mathrm{mA/cm^2}$，整个间隙仍呈上升的伏安特性，处于绝缘状态。

电晕放电：高场强电极附近出现发光的薄层，电流值也不大，整个间隙仍处于绝缘状态。

刷状放电：由电晕电极伸出的明亮而细的断续的放电通道，电流增大，但此时间隙仍未被击穿。

火花放电：贯通两电极的明亮而细的断续的放电通道，间隙由一次次火花放电间歇地被击穿。

电弧放电：明亮而电导很大，持续贯通两电极的细放电通道，此时间隙被完全击穿，处于持续短路的状态。

## 1.1.2　带电质点的产生

1. 电极空间带电质点的产生

(1) 碰撞电离

均匀电场中，在电场 $E$ 的作用下，质量为 $m$、电荷量为 $q$ 的带电质点被加速，沿电场方向行经 $x$ 距离后获得一定的能量 $qEx$，具有一定的速度 $v$，表现为动能：

$$qEx = \frac{1}{2}mv^2 \tag{1-1}$$

可见电子、离子从电场获得的能量除与电场强度 $E$ 有关外，还与沿电场方向的行经距离 $x$ 有关。当带电质点动能达到或超过气体分子电离能 $W_\mathrm{i}$ 时，若与气体分子发生碰撞，即有可能使分子电离为电子和正离子，碰撞电离的条件用公式表示即为

$$\frac{1}{2}mv^2 \geqslant W_\mathrm{i} \tag{1-2}$$

但即使满足式(1-2)的条件，也不一定每次碰撞都能引起电离，通常每次碰撞造成电离的概率是很小的。因此，需要引入自由行程的概念来对碰撞过程进行讨论。

自由行程：一个质点在每两次碰撞间自由地通过的距离。

平均自由行程 $\lambda$：众多质点自由行程的平均值。

$$\lambda = \frac{KT}{\pi(r_1 + r)^2 p} \tag{1-3}$$

其中，$K$ 为波尔兹曼常数，$K=1.38\times10^{-23}\mathrm{J/K}$；$T$ 为气体分子温度；$p$ 为气体压力；$r_1$ 为带电质点半径；$r$ 为气体分子半径。对电子，$r_1 \ll r$，则 $\lambda \approx KT/(\pi r^2 p)$。

式(1-3)表明,在温度高、压力小的气体中带电质点的平均自由行程 $\lambda$ 大,积累的动能也大,容易造成气体电离。

在常温常压下,空气中电子的平均自由行程在 $10^{-5}$ cm 数量级。

电子质量极小,在和气体分子发生弹性碰撞(未发生电离)时,几乎不损失其动能,从而在电场中继续积累动能。离子一方面自由行程较短,在两次碰撞间获得的动能少,另一方面一旦和分子碰撞,不管电离与否均将损失其动能。和电子相比,离子要积累起足够造成碰撞电离能量的可能性是很小的。因而在碰撞电离中,由电子引起的电离占主要地位。

(2) 光电离

由光辐射引起的气体分子电离称为光电离。光波的能量 $W$ 决定于其频率 $f$:

$$W = hf = hc/\lambda \tag{1-4}$$

其中,$h$ 为普朗克常数,$h=6.62\times10^{-34}$ J·s; $c$ 为光速,$3\times10^{8}$ m/s; $f$ 为光波频率,Hz; $\lambda$ 为光波波长,m; $W$ 为光波能量,J。

例如对波长为 300 nm 的紫外线,其光波能量为

$$W = hc/\lambda = 6.62\times10^{-34}\times3\times10^{8}/(300\times10^{-9}) = 6.62\times10^{-19}\text{J} = 4.14\text{ eV}$$

当气体分子受到光辐射时,若光子能量大于气体分子的电离能 $W_i$,即满足

$$hc/\lambda \geqslant W_i \tag{1-5}$$

就有可能引起气体分子发生光电离,从而可得引起光电离的临界波长 $\lambda_0$ 为

$$\lambda_0 = hc/W_i \tag{1-6}$$

表 1-2 给出了几种气体的电离电位及光电离的临界波长 $\lambda_0$。

**表 1-2 几种气体的电离电位及光电离临界波长**

| 气体 | $O_2$ | $H_2O$ | $CO_2$ | $H_2$ | $N_2$ | 空气 | He |
|---|---|---|---|---|---|---|---|
| 电离电位/V(或电离能/eV) | 12.2 | 12.7 | 13.7 | 15.4 | 15.5 | 16.3 | 24.6 |
| 光电离临界波长/nm | 102 | 97.7 | 90.6 | 80.6 | 80.1 | 76.2 | 50.4 |

在外层空间,阳光辐射强烈,造成了地球外大气层的电离,形成了电离层。由于大气层的阻挡,阳光到达地面后,其最短波长 $\lambda_{min}$ 一般不小于 290 nm。

由表 1-2 可见,$\lambda\geqslant$290 nm 的普通阳光照射是远不足以引起气体分子光电离的,导致气体分子光电离的高频高能光子可以由外界提供,如人为的 X 射线照射,也可以来自气体放电本身,而后者又可进一步促进放电的发展。

(3) 热电离

因气体的热状态而引起的电离,称热电离。热电离的本质仍是高速运动的气体分子的碰撞电离和光电离,只不过其能量不是来源于电场,而是来源于气体分子本身的热能。

气体温度是气体分子热运动剧烈程度的标态,气体分子平均动能 $W_m$ 与气体温度 $T$ 的关系为

$$W_m = \frac{3}{2}KT \tag{1-7}$$

其中,$K$ 为波尔兹曼常数; $T$ 为绝对温度,K。

例如,空气电离能 $W_i$=16.3 eV,常温($T\approx$300 K)下有

$$W_m = \frac{3}{2} \times 1.38 \times 10^{-23} \times 300 = 6.21 \times 10^{-21} J = 3.88 \times 10^{-2} eV \ll W_i$$

可见常温是远不足以引起空气电离的。而当发生电弧放电时，气体温度可达数千摄氏度以上，这时气体中热运动速度快的高能分子，就可以导致碰撞电离了。

在一定热状态下的物质都能发出热辐射，气体也不例外。气体温度升高时，其热辐射光子的能量大，数量多，这种光子与气体分子相遇时就可能产生光电离。

由一切热电离过程所产生的电子也处于热运动中，因此高温下电子也能由于热运动靠碰撞作用而造成分子电离。

由此可见，热电离实质上是热状态产生的碰撞电离和光电离的综合。

2. 电极表面带电质点的产生

在气体放电中还存在着阴极发射电子的过程，称电极表面电离。使阴极释放出电子也需要一定的能量，称为逸出功。逸出功和金属的微观结构及表面状态有关，而和金属的温度基本无关，表 1-3 给出了几种金属和金属氧化物的逸出功。对比表 1-2 和表 1-3 可以发现，金属电极表面的逸出功比气体分子的电离能要小很多，即金属电极表面比气体更容易发生电离。所以气体放电中，电极表面的电离很重要。

**表 1-3 几种金属及金属氧化物的逸出功**

| 金属名称 | 铯 | 锌 | 铝 | 铬 | 铁 | 镍 | 铜 | 银 | 钨 | 金 | 铂 | 氧化铜 |
|---|---|---|---|---|---|---|---|---|---|---|---|---|
| 逸出功/eV | 1.88 | 3.30 | 4.08 | 4.37 | 4.48 | 5.24 | 4.70 | 4.73 | 4.54 | 4.82 | 6.30 | 5.34 |

(1) 正离子碰撞阴极

正离子在电场中将向阴极运动，当其与阴极发生碰撞时，可将其能量传递给阴极中的电子。当正离子能量大于阴极材料表面逸出功两倍以上时，正离子可以从阴极表面撞出电子。逸出的电子有一个和正离子中和，其余的成为自由电子。实际上要平均 $10^2$ 个左右的正离子才能撞出一个有效的自由电子。

(2) 光电效应

当金属表面受到光照时，也能放射出电子，称光电效应。显然光子能量必须大于金属表面逸出功，才可造成光电效应。实际上当光照射阴极表面时，有相当一部分光子被反射掉，而电极所吸收的光能中也有大部分转化为金属的热能，只有一小部分用来使电子逸出。所以平均也需入射 $10^2$ 个以上的光子才能放射出一个电子。

(3) 热电子放射

加热阴极，使之达到很高的温度，当其中的电子获得足够的动能时，可克服阴极材料的逸出功而射出阴极。

(4) 强场放射

当阴极附近达到很高的场强(约 $10^3$ kV/cm)时，也能使阴极放出电子，称强场放射或场致发射、冷放射。由于强场放射所需电场极强，一般气体间隙达不到如此高的场强，所以不会发生强场放射。但在高真空间隙中击穿时，强场放射具有重要意义。

### 1.1.3 带电质点的消失

气体发生放电时，除了不断形成带电质点的电离过程外，还存在相反的过程，即带电质点的消失。在电场作用下,气体中放电是不断发展以至击穿,还是气体尚能保持其电气强度而起绝缘作用,就取决于上述两种过程的发展情况。

1. 带电质点受电场力的作用流入电极

带电质点在与气体分子碰撞后虽会发生散射,但从宏观看是向电极方向作定向运动。在一定电场强度 $E$ 下,带电质点运动的平均速度将达到某个稳定值。这个平均速度称为带电质点的驱引速度 $v_d$,$v_d=bE$。其中 $b$ 称为带电质点在电场中的迁移率,即单位场强下的运动速度。

电子的迁移率比离子的迁移率约大两个数量级,同一种气体的正、负离子的迁移率相差不大。在标准参考大气条件下,干燥空气中正、负离子的迁移率分别为 $1.36\ \text{cm}\cdot\text{s}^{-1}/(\text{V}\cdot\text{cm}^{-1})$ 及 $1.87\ \text{cm}\cdot\text{s}^{-1}/(\text{V}\cdot\text{cm}^{-1})$。

2. 带电质点的扩散

带电质点的扩散是指带电质点从浓度较大的区域转移到浓度较小的区域,从而使带电质点在空间各处的浓度趋于均匀的过程。

带电质点的扩散和气体分子的扩散一样,都是由热运动造成的,因为即使在很大的浓度下,离子之间的距离仍较大,静电相互作用力是很小的。带电质点的扩散规律也和气体的扩散规律相似。

电子的质量远小于离子,电子的热运动速度很高,它在热运动中受到的碰撞也较少,因此电子的扩散过程比离子要强得多。

3. 带电质点的复合

带有异号电荷的质点相遇,发生电荷的传递,中和而还原为中性质点的过程称为复合。在带电质点的复合过程中会发生光辐射,这种光辐射在一定条件下又可能成为导致电离的因素。气体放电总是伴随有光辐射,它除了由激励状态恢复到稳定状态时形成外,就是由复合过程形成的。异号带电质点的浓度越大,复合就越强烈。因此,强烈的电离区通常也是强烈的复合区。

放电过程中的复合绝大多数是正、负离子之间的复合,因为并不是异号带电质点每次相遇都能引起复合。质点间的相对速度越大,相互作用时间就越短,复合的可能性就越小。气体中电子的速度比离子大得多,所以正、负离子间的复合要比正离子和电子之间的复合容易发生得多。也可以说,参加复合的电子中绝大多数是先形成负离子,再与正离子复合。

在气体放电过程中,有时电子和气体分子碰撞,非但没有电离出新电子,反而是碰撞电子被分子吸附形成了负离子。离子的电离能力不如电子,电子被分子俘获而形成负离子后,电离能力大减,因此在气体放电中,负离子的形成起着阻碍放电的作用。

## 1.2　低气压下均匀电场自持放电的汤逊理论和巴申定律

### 1.2.1　汤逊理论

20世纪初,英国物理学家汤逊(J. S. Townsend)根据大量的实验,提出了气体放电的理论,阐述了放电过程,并在一系列假设的前提下,提出了放电电流和击穿电压的计算公式。该公式在一定范围内与实验结果吻合较好。虽然汤逊理论有很多不足,适用范围也有很大的局限，但其描述的放电过程是很基本的，具有普遍意义。

1. 非自持放电与自持放电

如图 1-2 所示，在外部光源(天然辐射或人工紫外线光源)的照射下，两平行平板间电极间施加电压后，回路中出现了电流。如图 1-3 所示，在 $OA$ 段电流随电压升高而升高，在 $AB$ 段电流趋于稳定，此时由外电离因素产生的带电质点全部落入电极。由于外电离因素产生的带电质点数很少(每 1 $cm^3$ 空气中有 $3\times10^{19}$ 个气体分子，而正、负离子仅有 500～1000 对)，因此饱和电流密度极小(约 $10^{-19}$ $A/cm^2$)。此时气体间隙仍处于良好绝缘状态。在 $BC$ 段电流又随电压而增加，这说明出现了新的电离因素，这就是电子的碰撞电离。

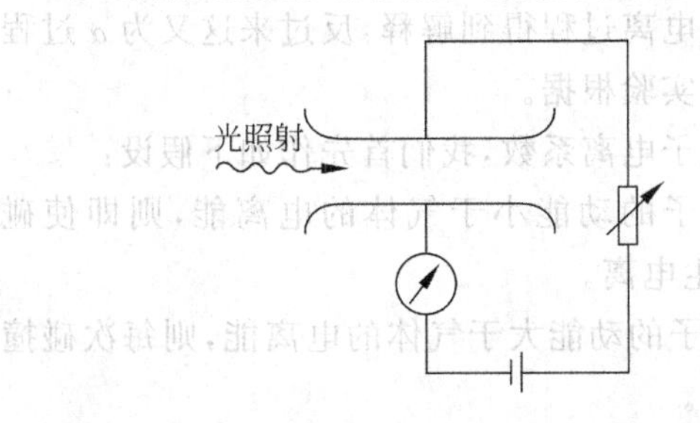


图 1-2 测定气体中电流的回路示意图

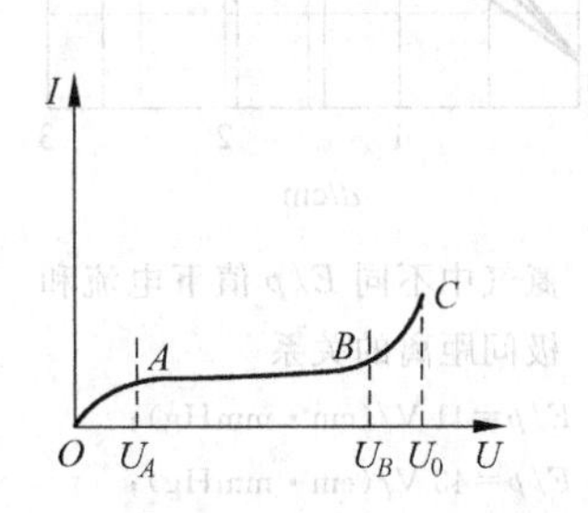


图 1-3 气体中电流和电压的关系

外施电压小于 $U_0$ 时，间隙电流极小，取消外电离因素，电流也将消失，这类放电称非自持放电。电压达 $U_0$ 后，气体发生了强烈电离，且气体中的电离过程可只靠电场的作用自行维持，而不再需要光照射等外电离因素，因此 $U_0$ 以后的放电就是自持放电。曲线上 $C$ 点就是非自持放电和自持放电的分界点。$U_0$ 就是该平板间隙的击穿电压。

2. 电子崩及电子电离系数 $\alpha$

假设外电离因素先使阴极表面出现一个自由电子(因表面光电效应较强烈)。此电子在电场的作用下加速，造成碰撞电离，于是出现一个正离子，两个自由电子。新的自由电子在电场中运动又造成新的碰撞电离，于是电子数目将如雪崩状增加。因碰撞电离使自由电子数不断增加这一现象称作电子崩。图 1-4 为电子崩发展的示意图。

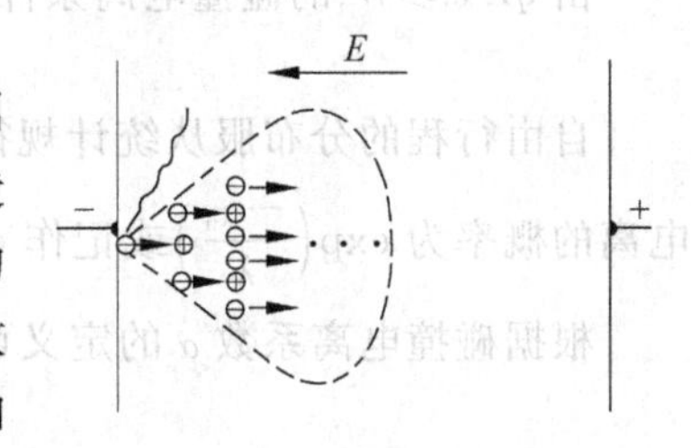


图 1-4 电子崩形成示意图

电子崩的发展过程也称作 $\alpha$ 过程。$\alpha$ 称做电子碰撞电离系数，它定义为一个电子沿电场方向行经 1 cm 长度平均发生的碰撞电离次数。若每次碰撞电离仅产生一个新电子，则 $\alpha$ 表示在单位行程内新电离出的电子数。

假设在离阴极距离为 $x$ 的截面上，单位时间内单位面积中有 $n$ 个电子飞过，这 $n$ 个电子在行进距离 $dx$ 后，又会碰撞产生 $dn$ 个新电子。按照 $\alpha$ 系数的定义，$dn$ 的数值为

$$dn = n\alpha dx \quad 或 \quad dn/n = \alpha dx$$

将此式两边积分，可得电子数增长规律。因 $x=0$ 时，$n=n_0$，且在均匀电场中 $\alpha$ 系数处处相等，与空间位置 $x$ 无关，于是可得

$$n = n_0 e^{\alpha x}$$

将其两边乘以电子电荷及电极面积，即得电流增长规律。对距离为 $d$，由外电离因素引起的饱和光电流为 $I_0$ 的间隙，可推得进入阳极的电子电流，亦即外回路中的电流 $I$ 为

$$I = I_0 e^{\alpha d} \tag{1-8}$$

式(1-8)表明在一定$\alpha$值下，电流和极间距离呈指数关系，这也为实验所证实。图1-5表明，在电极间距离为一定范围时，在单对数坐标系中，电流和极间距离$d$之间的关系是一条直线。此直线的斜率就是$\alpha$。在不同极间距离$d_1$和$d_2$的条件下，分别测出外回路的电流$I_1$和$I_2$，于是用此试验的方法，根据式(1-9)就可求出$\alpha$：

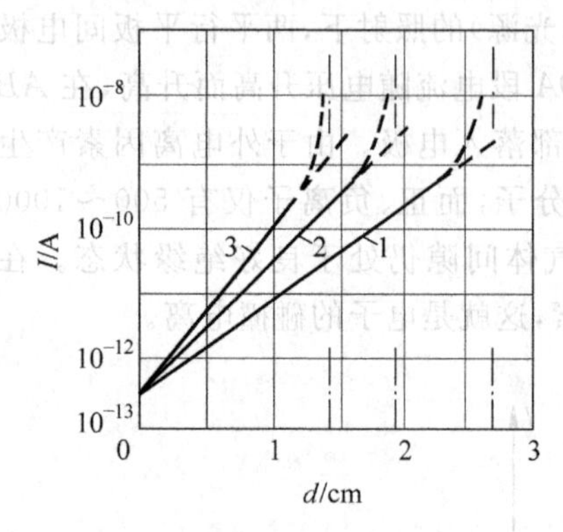


图1-5　氮气中不同$E/p$值下电流和极间距离的关系

1—$E/p$=41 V/(cm·mmHg)；

2—$E/p$=43 V/(cm·mmHg)；

3—$E/p$=45 V/(cm·mmHg)

$$\alpha = \frac{1}{d_2 - d_1}\ln\frac{I_2}{I_1} \tag{1-9}$$

由此可见非自持放电阶段的放电电流的变化规律可从电子碰撞电离过程得到解释，反过来这又为$\alpha$过程的分析提供了实验根据。

为分析电子电离系数，我们首先作如下假设：

(1) 若电子的动能小于气体的电离能，则即使碰撞，也不能产生电离。

(2) 若电子的动能大于气体的电离能，则每次碰撞都能产生电离。

(3) 每次碰撞后，不论是否造成电离，电子都失去全部动能，并从零开始重新加速。两次碰撞之间，电子均沿电场方向作直线运动。

在1 cm长度内，一个电子的平均碰撞次数为$1/\lambda$。而在这些碰撞中只有行程$x \geqslant x_i$时才发生电离。

由$qEx_i \geqslant W_i$的碰撞电离条件得

$$x_i = W_i/Eq = U_i/E$$

自由行程的分布服从统计规律，可推得电子自由行程大于$x_i$的概率，亦即能碰撞发生电离的概率为$\exp\left(\frac{-x_i}{\lambda}\right)$或记作$\exp\left(\frac{-U_i}{E\lambda}\right)$。

根据碰撞电离系数$\alpha$的定义可得

$$\alpha = \frac{1}{\lambda}\exp\left(\frac{-x_i}{\lambda}\right)$$

前面已有电子自由行程$\lambda = KT/(\pi r^2 p)$，引入空气相对密度：

$$\delta = \frac{pT_0}{p_0 T} \tag{1-10}$$

其中，$p$、$T$为气体压力和气体温度；$p_0$、$T_0$为标准参考大气条件下的气体压力和气体温度($p_0$=0.1013 MPa，$T_0$=293 K)，则

$$\lambda = \frac{KT_0}{\pi r^2 p_0}\cdot\frac{p_0 T}{pT_0} = \frac{1}{A\delta}$$

其中$A = \frac{\pi r^2 p_0}{KT_0}$为常数。

于是$\lambda$仅为$\delta$的单变量函数，不再是$p$与$T$双变量的函数。又由$x_i = U_i/E$，因此有

$$\alpha = A\delta\exp\left(\frac{-A\delta U_i}{E}\right) \tag{1-11}$$

令$AU_i = B$，空气的电离电位$U_i$是常数，则$B$又是常数，代入式(1-11)得

$$\alpha/\delta = A\ \exp\ (-B\delta/E) \tag{1-12}$$

写成一般的形式，得

$$\alpha/\delta = f\ (E/\delta) \tag{1-13}$$

这里 $\alpha/\delta$ 反映的是每次碰撞平均产生的电子数，或电离概率。$E/\delta$ 反映的是电子在平均自由行程上由电场获得的能量，二者之间应有一定的函数关系。

图 1-6 所示为标准参考大气条件下空气中电子电离系数 $\alpha$ 和场中电场强度 $E$ 之间的关系。

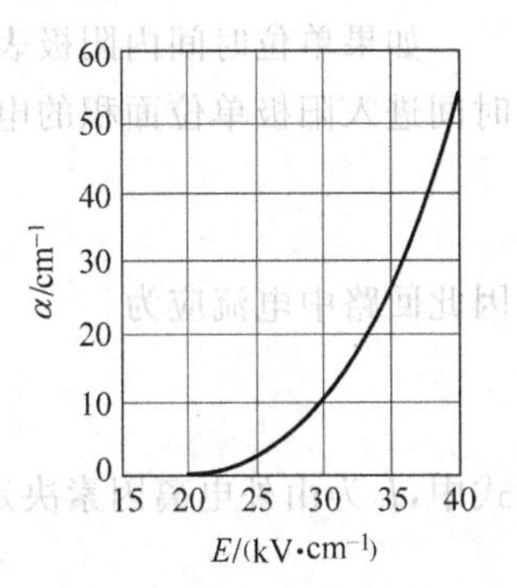


图 1-6 标准参考大气条件下空气中电子电离系数 $\alpha$ 与电场强度 $E$ 的关系

对空气，$A \approx 11.1 \times 10^3\ \text{cm}^{-1}$，$U_i = 16.3$ V，因此在 $E=$ 20 kV/cm 的场强下，标准参考大气条件时 $\delta=1$，由式(1-11)可得 $\alpha \approx 1.31\ \text{cm}^{-1}$。实际上 $\alpha$ 比这个值还要小。即使 $\alpha=1.31\ \text{cm}^{-1}$，即 1 cm 自由行程撞出 1.31 个电子，但 $\lambda \approx 0.09 \times 10^{-3}$ cm，也就是说 1 cm 内发生 $1/\lambda \approx 10000$ 次碰撞，才能撞出 1.31 个电子，所以当 $E <20 \sim 25$ kV/cm 时，$\alpha$ 是非常小的，空气实际上不发生电离。

上面讨论的都是电子引起的碰撞电离，也曾把正离子从电场获得动能而引起的碰撞电离作为二次过程加以考虑，称为 $\beta$ 过程。但因为离子的平均自由行程比电子小得多，此外因离子质量大，其速度也比电子慢得多，而且离子在和分子发生弹性碰撞时容易损失从电场获得的动能，因而正离子所产生的电极空间碰撞电离远不及电子。实验也表明 $\beta$ 过程在气体电离中所起的作用很小，可以忽略不计。

3. $\gamma$ 过程与自持放电条件

$\alpha$ 过程仅讨论了电极空间的碰撞电离，实际上正离子及光子在阴极表面均可激发出电子。由于阴极材料的表面逸出功比气体分子电离能小很多，因而正离子碰撞阴极较易使阴极释放出电子。此外正负离子复合时，以及分子由激励态跃迁回正常态时，所产生的光子到达阴极表面都将引起阴极表面电离，统称 $\gamma$ 过程。

为此引入阴极表面电离系数 $\gamma$。$\gamma$ 为折算到每个碰撞阴极的正离子在阴极释放出的自由电子数。

设外界光电离因素在阴极表面产生了一个自由电子，此电子到达阳极表面时由于 $\alpha$ 过程，电子总数增至 $e^{\alpha d}$ 个。因在 $\alpha$ 系数讨论时已假设每次电离撞出一个正离子，则电极空间共有$(e^{\alpha d}-1)$个正离子，按照系数 $\gamma$ 的定义，此$(e^{\alpha d}-1)$个正离子在到达阴极表面时可撞出 $\gamma(e^{\alpha d}-1)$个新电子，这些电子在电极空间的碰撞电离同样又能产生更多的正离子，如此循环下去，这样的重复过程如表 1-4 所列。

**表 1-4 电极表面及气体间隙中碰撞电离发展过程示意**

| | 阴极表面 | 气体间隙中 | 阳极表面 |
|---|---|---|---|
| 第 1 周期 | 一个电子逸出 | 形成$(e^{\alpha d}-1)$个正离子 | $e^{\alpha d}$ 个电子进入 |
| 第 2 周期 | $\gamma(e^{\alpha d}-1)$个电子逸出 | 形成 $\gamma(e^{\alpha d}-1)^2$ 个正离子 | $\gamma(e^{\alpha d}-1)\ e^{\alpha d}$ 个电子进入 |
| 第 3 周期<br>…… | $\gamma^2(e^{\alpha d}-1)^2$ 个电子逸出…… | 形成 $\gamma^2(e^{\alpha d}-1)^3$ 个正离子…… | $\gamma^2(e^{\alpha d}-1)^2\ e^{\alpha d}$ 个电子进入…… |

由表 1-4 可知，起初由阴极表面发射一个电子，最后阳极表面将进入 $Z$ 个电子，即

$$Z = e^{\alpha d} + \gamma(e^{\alpha d} - 1)e^{\alpha d} + \gamma^2(e^{\alpha d} - 1)^2 e^{\alpha d} + \cdots$$

当 $\gamma(e^{\alpha d} - 1) < 1$ 时，此级数收敛，有

$$Z = \frac{e^{\alpha d}}{1 - \gamma(e^{\alpha d} - 1)}$$

如果单位时间内阴极表面单位面积有 $n_0$ 个起始电子逸出，那么达到稳定状态后，单位时间进入阳极单位面积的电子数 $n_a$ 将为

$$n_a = \frac{n_0 e^{\alpha d}}{1 - \gamma(e^{\alpha d} - 1)} \tag{1-14}$$

因此回路中电流应为

$$I = \frac{I_0 e^{\alpha d}}{1 - \gamma(e^{\alpha d} - 1)} \tag{1-15}$$

式中，$I_0$ 为由外电离因素决定的饱和电流。实际上由于 $e^{\alpha d} \gg 1$，故式(1-15)可简化为

$$I = \frac{I_0 e^{\alpha d}}{1 - \gamma e^{\alpha d}} \tag{1-16}$$

将式(1-16)与式(1-8)相比较，可以看出，$\gamma$ 过程使电流的增长将比指数规律还快。

当 $d$ 较小或电场较弱时 $\gamma(e^{\alpha d} - 1) \ll 1$，于是式(1-15)或式(1-16)就恢复为式(1-8)，表明这时 $\gamma$ 过程可忽略不计。

$\gamma$ 值同样可根据 $I$ 和电极间距离 $d$ 之间的实验曲线决定：

$$\gamma = \frac{I - I_0 e^{\alpha d}}{I e^{\alpha d}} = e^{\alpha d} \cdot \frac{I_0}{I} \tag{1-17}$$

如图 1-6 所示，先从 $d$ 较小时的直线部分决定 $\alpha$，再从电流增加更快时决定 $\gamma$。

在式(1-15)及式(1-16)中，当 $\gamma(e^{\alpha d} - 1) \to 1$ 或 $\gamma e^{\alpha d} \to 1$ 时，似乎电流将趋于无穷大。实际上电流当然不会无穷大，因而 $\gamma(e^{\alpha d} - 1) = 1$ 时，意味着间隙被击穿，电流 $I$ 的大小将由外回路决定。这时即使 $I_0 \to 0$，$I$ 仍能维持一定数值。即 $\gamma(e^{\alpha d} - 1) = 1$ 时，放电可不依赖外电离因素而仅由电压即可自动维持。

因此自持放电条件为

$$\gamma(e^{\alpha d} - 1) = 1 \quad 或 \quad \gamma e^{\alpha d} = 1 \tag{1-18}$$

此条件物理概念十分清楚，即一个电子可以由 $\alpha$ 及 $\gamma$ 过程在自己进入阳极后在阴极上又产生一个新的替身，从而无需外电离因素放电即可继续进行下去。

$$\gamma e^{\alpha d} = 1 \quad 也可写成 \quad \alpha d = \ln \frac{1}{\gamma} \tag{1-19}$$

铁、铜、铝在空气中的 $\gamma$ 值分别为 0.02，0.025，0.035，则一般 $\ln\gamma^{-1} \approx 4$。由于 $\gamma$ 和电极材料的逸出功有关，因而汤逊放电显然与电极材料及其表面状态有关。

### 1.2.2 巴申定律与均匀电场击穿电压

1. 巴申定律

早在汤逊理论出现之前，巴申(F. Paschen)于 1889 年即从大量的实验中总结出了击穿电压 $U_b$ 与 $pd$ 的关系曲线(亦即与 $\delta d$ 的关系曲线)，称为巴申定律，即

$$U_b = f(pd) \quad 或 \quad U_b = f(\delta d) \tag{1-20}$$

图 1-7 给出了空气间隙的 $U_b$ 与 $pd$ 的关系曲线。从图中首先可见，$U_b$ 并不仅仅由 $d$ 决定，而是 $pd$ 的函数。其次，$U_b$ 不是 $pd$ 的单调函数，而是 $U$ 形曲线，有极小值。

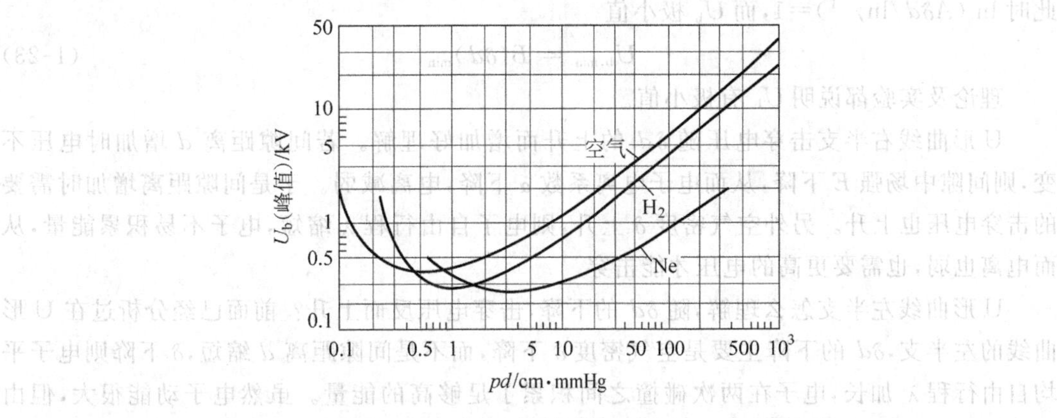


图 1-7 实验求得的均匀场不同气体间隙的 $U_b = f(pd)$ 曲线

不同气体，其巴申曲线上的最低击穿电压 $U_{b,\min}$，以及使 $U_b = U_{b,\min}$ 的 $\delta d$ 值 $(\delta d)_{\min}$ 各不相同。对空气，$U_b$ 的极小值为 $U_{b,\min} \approx 325$ V。此极小值出现在 $\delta d \approx 75 \times 10^{-5}$ cm 时，即 $U_b$ 的极小值不是出现在常压下，因为此时若 $\delta = 1$，则需 $d = 75 \times 10^{-5}$ cm，这显然不现实。因此 $U_b$ 的极小值出现在低气压即空气相对密度 $\delta$ 很小的情况下。

表 1-5 给出了在不同气体下实测得到的巴申曲线上的最低击穿电压 $U_{b,\min}$，以及使 $U_b = U_{b,\min}$ 的 $pd$ 值 $(pd)_{\min}$。

**表 1-5 几种气体间隙的 $U_{b,\min}$ 及 $(pd)_{\min}$ 值**

| 气体种类 | 空气 | $N_2$ | $O_2$ | $H_2$ | $SF_6$ | $CO_2$ | Ni | He |
|---|---|---|---|---|---|---|---|---|
| $U_{b,\min}$/V | 325 | 240 | 450 | 230 | 507 | 420 | 245 | 155 |
| $(pd)_{\min}$/cm · mmHg① | 0.55 | 0.65 | 0.7 | 1.05 | 0.26 | 0.57 | 4.0 | 4.0 |

① 1 mmHg = $1.33322 \times 10^2$ Pa。

2. 均匀电场的击穿电压

将 $\alpha = A\delta \exp\left(\frac{-B\delta}{E}\right)$ 代入汤逊理论的自持放电条件 $\alpha d = \ln\gamma^{-1}$，得

$$d A\delta \exp\left(\frac{-B\delta}{E}\right) = \ln\gamma^{-1}$$

当达到自持放电时，$E$ 达击穿场强 $E_b$，将 $E_b = U_b/d$ 代入整理得击穿电压 $U_b$ 为

$$U_b = \frac{B\delta d}{\ln\left(\frac{A\delta d}{\ln\gamma^{-1}}\right)} \tag{1-21}$$

$\gamma$ 是电极材料决定的，但在两次取对数后，$\gamma$ 变化对 $U_b$ 影响太小了，可将 $\gamma$ 视为常数，于是也得到 $U_b = f(\delta d)$。

由上述分析可见：巴申定律与汤逊理论都得出 $U_b = f(\delta d)$，巴申定律从理论上由汤逊理论得到佐证，反过来巴申定律也给汤逊理论以实验结果的支持。

再看击穿电压的极小值，式(1-21)两边对 $\delta d$ 求导，并令导数为零。可得

$$(\delta d)_{\min} = \delta d \mid_{U_b=U_{b,\min}} = \frac{e}{A}\ln\gamma^{-1} \tag{1-22}$$

此时 $\ln(A\delta d/\ln\gamma^{-1})=1$，而 $U_b$ 极小值

$$U_{b,\min} = B(\delta d)_{\min} \tag{1-23}$$

理论及实验都说明 $U_b$ 有极小值。

U形曲线右半支击穿电压随 $\delta d$ 的上升而增加好理解。若间隙距离 $d$ 增加时电压不变，则间隙中场强 $E$ 下降，从而电子电离系数 $\alpha$ 下降，电离减弱。于是间隙距离增加时需要的击穿电压也上升。另外空气密度 $\delta$ 上升，则电子自由行程 $\lambda$ 缩短，电子不易积累能量，从而电离也弱，也需要更高的电压才能击穿。

U形曲线左半支怎么理解，随 $\delta d$ 的下降，击穿电压反而上升？前面已经分析过在U形曲线的左半支，$\delta d$ 的下降主要是空气密度 $\delta$ 下降，而不是间隙距离 $d$ 缩短，$\delta$ 下降则电子平均自由行程 $\lambda$ 加长，电子在两次碰撞之间积累了足够高的能量。虽然电子动能很大，但由于空气密度太低，气体分子数量太少，碰撞次数太少，甚至 $\lambda$ 可与 $d$ 相比较，电子遇不到气体分子就带着很大的动能，直接撞进阳极去了。

所以高气压，高真空都可提高击穿电压，工程上都已广泛使用，真空度高到一定程度，所有电子都不引起碰撞电离而直接进入阳极，会不会击穿电压无限提高？实际上这是不可能的，因为电压上升到一定程度后，阴极表面的场强就足够高，足以产生强场放射，而且高能电子撞击阳极也可引起阳极表面材料的汽化，从而高真空下击穿电压上升到一定程度后就很难再提高了。

另一方面，由 $\lambda=1/(A\delta)$，即 $\delta=1/(A\lambda)$ 得

$$\delta d = \frac{1}{A}\frac{d}{\lambda} \tag{1-24}$$

所以 $U_0=f(\delta d)$ 也可以看成 $U_b=f_1(d/\lambda)$，即 $\delta d$ 的大小就是 $d/\lambda$ 的大小，也即间隙距离与自由行程之比的相对大小，$\delta d$ 小，即 $d/\lambda$ 小，电子来不及碰撞几次就进入阳极了，$\delta d$ 大，即 $d/\lambda$ 大，碰撞次数很多。

### 1.2.3 汤逊放电理论的适用范围

汤逊理论是在低气压，$\delta d$ 较小的条件下的放电实验基础上建立的，$\delta d$ 过小或过大，放电机理将出现变化，汤逊理论就不再适用了。

$\delta d$ 过小时，气压极低（$d$ 过小实际上是不可能的），$d/\lambda$ 过小，$\lambda$ 远大于 $d$，来不及发生碰撞电离，似乎击穿电压应不断上升，但实际上电压 $U$ 上升到一定程度后，场致发射将导致击穿，汤逊的碰撞电离理论不再适用，击穿电压将不再增加。

$\delta d$ 过大时，气压高，或距离大。这时气体击穿的很多实验现象都无法在汤逊理论的范围内全部解释。

(1) 放电外形：高气压时放电外形具有分枝的细通道，而按照汤逊放电理论，放电应在整个电极空间连续进行，如辉光放电。

(2) 放电时间：根据出现电子崩到几个循环后完成击穿，可以计算出放电时间，低气压下计算结果与实验结果比较一致，高气压下实测放电时间比计算值小得多。

(3) 击穿电压：$\delta d$ 较小时击穿电压计算值与实验值一致，$\delta d$ 大时不一致。

(4) 阴极材料：低气压时击穿电压与电极材料有关，高气压下间隙击穿电压与电极材料无关。

因此通常认为 $\delta d > 0.26\text{cm}$（$pd > 200\ \text{cm}\cdot\text{mmHg}$）时击穿过程就将发生变化，汤逊理论的计算结果不再适用，但其碰撞电离的基本原理仍是普遍有效的。

# 1.3 高气压下均匀电场自持放电的流注理论

汤逊理论用的是电子碰撞电离（$\alpha$ 过程）及阴极表面电离（$\gamma$ 过程）来说明 $\delta d$ 较小时的放电现象。$\delta d$ 较大时，放电过程及现象出现了新的变化，因而在大量试验研究的基础上，提出了流注放电理论。

## 1.3.1 空间电荷对电场的畸变

电子在电场作用下奔向阳极的过程中不断引起碰撞电离，电子崩不断发展。由于电子的迁移速度比正离子的要大两个数量级，因此在电子崩发展过程中，正离子移动不多，留在其原来的位置上，相对于电子来说可看成是静止的。又由于电子的扩散作用，电子崩在其发展过程中横向半径逐渐增大。这样，电子崩中出现了大量的空间电荷，崩头最前面集中着电子，其后直到尾部则是正离子，而其外形则好似半球头的锥体，如图 1-8(a)所示。图 1-8 中，$E_{ex}$为外加电场。

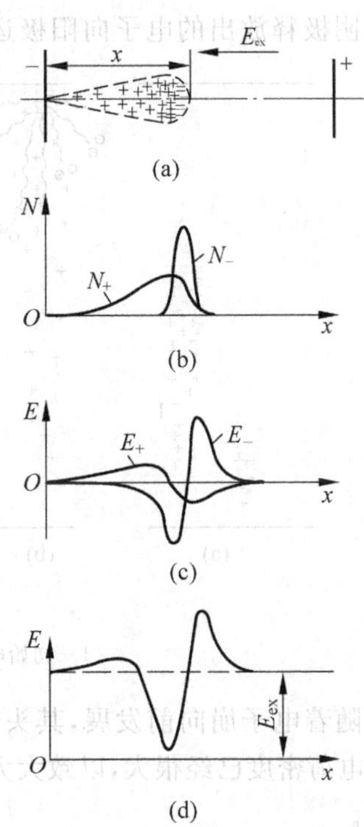


图 1-8 平板电极间电子崩空间电荷对外电场的畸变

(a) 电子崩示意图；
(b) 电子崩中空间电荷的浓度分布；
(c) 空间电荷的电场；
(d) 合成电场

如前所述，随着电子崩的发展，电子崩中的电子数 $n$ 是按 $n = e^{\alpha x}$ 呈指数增加的。例如，正常大气条件下，若 $E = 30\ \text{kV/cm}$，则 $\alpha \approx 11\ \text{cm}^{-1}$，这时可算得随着电子崩向阳极推进的距离，崩头中的电子数如表 1-6 所列。由此可见，当 $x = 1\ \text{cm}$ 时，差不多所有电子的 60% 是在电子崩发展途径上的最后 1 mm 内形成的。所以电子崩的电离过程集中于头部，空间电荷的分布也是极不均匀的，如图 1-8(b)所示。这样，当电子崩发展到足够程度后，电子崩形成的空间电荷的电场将大大增强，并使总的合成电场明显畸变，大大加强了崩头及崩尾的电场而削弱了电子崩内正、负电荷区域之间的电场，如图 1-8(c)、(d)所示。

**表 1-6 电子崩中的电子数**

| $x$/cm | 0.2 | 0.3 | 0.4 | 0.5 | 0.6 | 0.7 | 0.8 | 0.9 | 1.0 |
|---|---|---|---|---|---|---|---|---|---|
| $n$ | 9 | 27 | 81 | 245 | 735 | 2208 | 6634 | 19930 | 59874 |

电子崩头部电荷密度很大，电离过程强烈，再加上电场分布受到上述畸变，结果崩头将放射出大量光子。崩头前后，电场明显增强，有利于发生分子和离子的激励现象，当它们从

激励状态回复到正常状态时，就将放射出光子。电子崩内部正、负电荷区域之间电场大大削弱，则有助于发生复合过程，同样也将放射出光子。当外电场相对较弱时，这些过程不很强烈，不致引起新的现象。但当外电场甚强，达到击穿场强时，情况就起了质的变化，电子崩头部开始形成流注。

## 1.3.2 流注的形成

1. 正流注的形成

图1-9表示外施电压等于击穿电压时电子崩转入流注、实现击穿的过程。由外电离因素从阴极释放出的电子向阳极运动，形成电子崩，如图1-9(a)所示。

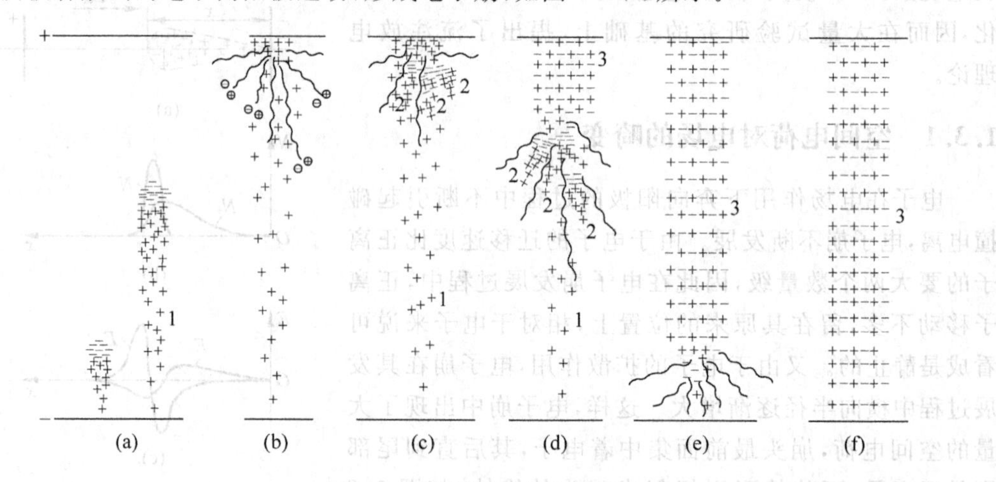


图1-9 正流注的产生及发展

1—初始电子崩(主电子崩)；2—二次电子崩；3—流注

随着电子崩向前发展，其头部的电离过程越来越强烈。当电子崩走完整个间隙后，头部空间电荷密度已经很大，以致大大加强了尾部的电场，并向周围放射出大量光子，如图1-9(b)所示。

这些光子引起了空间光电离，新形成的光电子被主电子崩头部的正空间电荷所吸引，在受到畸变而加强了的电场中又激烈地造成了新的电子崩，称为二次电子崩，如图1-9(c)所示。

二次电子崩向主电子崩汇合，其头部的电子进入主电子崩头部的正空间电荷区(主电子崩的电子已大部进入阳极了)，由于这里电场强度较小，电子大多形成负离子。大量的正、负带电质点构成了等离子体，这就是所谓的正流注，如图1-9(d)所示。

流注通道导电性良好，其头部又是二次电子崩形成的正电荷，因此流注头部前方出现了很强的电场。同时，由于很多二次电子崩汇集的结果，流注头部电离过程蓬勃发展，向周围放射出大量光子，继续引起空间光电离。于是在流注前方出现了新的二次电子崩，它们被吸引向流注头部，从而延长了流注通道，如图1-9(e)所示。

这样，流注不断向阴极推进，且随着流注接近阴极，其头部电场越来越强，因而其发展也越来越快。当流注发展到阴极后，整个间隙就被电导很好的等离子体通道所贯通，于是间隙的击穿完成，如图1-9(f)所示。

电离室中测得正流注的发展速度为$1\times10^{8}\sim2\times10^{8}$ cm/s，比同样条件下电子崩的发展速度(约 $1.25\times10^7$ cm/s)快一个数量级。

2. 负流注的形成

以上介绍的是电压较低,电子崩需经过整个间隙方能形成流注的情况,这个电压就是击穿电压。如果外施电压比击穿电压还高,则电子崩不需经过整个间隙,其头部电离程度已足以形成流注了,如图 1-10 所示。流注形成后,向阳极发展,所以称为负流注。负流注发展过程中,由于电子的运动受到电子崩所留下正电荷的牵制,所以其发展速度比正流注的要小。当流注贯通整个间隙后,击穿就完成了。

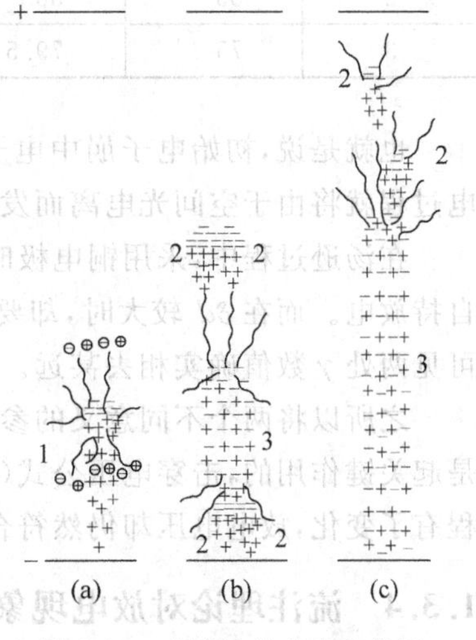

图 1-10 负流注的产生和发展
1—初始电子崩(主电子崩);
2—二次电子崩;3—流注

电离室中测得负流注的发展速度为 $0.7\times10^8\sim0.8\times10^8$ cm/s,比正流注的发展速度稍低,但也比电子崩快得多。

### 1.3.3 均匀电场中的自持放电条件

一旦形成流注,放电本身可以由自身产生的空间光电离而自行维持,即转入了自持放电。对均匀电场这就意味着间隙被击穿,所以均匀电场中流注的形成条件就是自持放电条件,也就是间隙击穿条件。

从流注的形成可以看出,只有电子崩头部的电荷达到一定数量,使电场畸变达到一定程度并造成足够的空间光电离才可转入流注。

即流注的形成直接取决于起始电子崩头部的电荷数量,而这又主要取决于电子崩中全部电荷的数量 $e^{\alpha d}$,所以均匀电场中自持放电条件可写为

$$e^{\alpha d} = \text{某常数} \tag{1-25}$$

将此常数记作 $\gamma^{-1}$,即得

$$\gamma e^{\alpha d} = 1 \tag{1-26}$$

或

$$\alpha d = \ln\gamma^{-1} \tag{1-27}$$

之所以把某常数写作 $1/\gamma$ 完全是为了与式(1-18),式(1-19)取得形式上的一致。这种形式上的相似并非是偶然的,因为不论 $\delta d$ 值为多少,击穿过程中电子碰撞电离总是起着关键作用。

但这里的 $\gamma$ 已不是汤逊理论中 $\gamma$ 过程的 $\gamma$,两者不仅在数值上相差甚远,而且意义完全不同。所以要在理论分析的基础上求此值是困难的,它也应和气体状态、电场强度等因素具有复杂的关系。但在击穿电压公式中 $\gamma$ 需取两次对数,击穿电压对 $\gamma$ 的变化不灵敏,所以 $\gamma$ 可看作常数。$\gamma$ 也可以通过比较击穿电压实测值和计算值求取。

表 1-7 中列举了选择不同 $\gamma$ 值进行击穿电压的计算值和实测值(平板空气间隙,间隙距离 $d$ 等于 1 cm、2 cm、3 cm 三种,标准参考大气条件。计算时取 $A=6460\ \text{cm}^{-1}$ 及 $B=1.9\times10^5$ V/cm)。从表 1-7 中可知,选择 $\ln\gamma^{-1}=20$,计算值和实验值比较一致。于是自持放电条件可写成

$$\alpha d = \ln\gamma^{-1} = 20 \tag{1-28}$$

表 1-7　标准参考大气条件($p=0.1013$ MPa,$t=20℃$)下均匀电场中的击穿电压

| 间隙距离 | 击穿电压计算值/kV | | | | 击穿电压测量值 | 击穿场强 |
|---|---|---|---|---|---|---|
| /cm | $\ln\gamma^{-1}=10$ | $\ln\gamma^{-1}=15$ | $\ln\gamma^{-1}=20$ | $\ln\gamma^{-1}=25$ | /kV | /(kV·cm$^{-1}$) |
| 1 | 29.5 | 31.3 | 32.8 | 34.2 | 31.35 | 31.35 |
| 2 | 53 | 56 | 58.5 | 61 | 58.7 | 29.35 |
| 3 | 75 | 79.5 | 83 | 86 | 85.5 | 28.6 |

也就是说,初始电子崩中电子数达到某个很大的数值 $e^{\alpha d}>10^8$ 时($e^{20}=4.85\times10^8$),放电过程就将由于空间光电离而发生质变,转入自持放电了。

在汤逊过程中,采用铜电极时 $\gamma\approx0.025$,$\alpha d=\ln\gamma^{-1}=3.69$,$e^{\alpha d}=40$,即几十个电子即可自持放电。而在 $\delta d$ 较大时,却要 $\alpha d=20$,$e^{\alpha d}$ 达 $10^8$ 个电子方可自持放电,此时 $\gamma\approx2\times10^{-9}$,可见两处 $\gamma$ 数值确实相去甚远。

之所以将两个不同意义的参数写成一个符号 $\gamma$,是因为不论 $\delta d$ 大小,电子碰撞电离总是起关键作用的,击穿电压公式(1-21)的形式不变,从而在广阔的 $\delta d$ 范围内,尽管放电过程有了变化,放电电压却仍然符合巴申定律。

### 1.3.4　流注理论对放电现象的解释

1. 放电外形

$\delta d$ 很大时,放电具有通道形式,这从流注理论可以得到说明。流注中的电荷密度很大,电导很大,故其中电场强度很小。因此流注出现后,将减弱其周围空间的电场(但加强了其前方电场),并且这一作用伴随着其向前发展而更为增强。因而电子崩形成流注后,当某个流注由于偶然原因发展更快时,它就将抑制其他流注的形成和发展,并且随着流注的向前推进,这种作用将越来越强烈。

电子崩则不然,由于其中电荷密度较小,故电子崩中电场强度还很大,因而不至于影响到邻近空间的电场,所以不会影响其他电子崩的发展。这就可以说明,汤逊放电呈连续一片,而 $\delta d$ 很大时放电具有细通道的形式。由于二次电子崩在空间的形成和发展带有统计性,所以火花通道常是曲折的,并带有分枝。

2. 放电时间

光子以光速传播,所以流注发展速度极快,这就可以说明 $\delta d$ 很大时放电时间特别短的现象。

3. 阴极材料的影响

根据流注理论,维持放电自持的是空间光电离,而不是阴极表面的电离过程,这就说明为何 $\delta d$ 较大时,击穿电压和阴极材料基本无关了。

而 $\delta d$ 较小时,或压力小,或距离小,$d/\lambda$ 小,电子崩发出的光子容易到达阴极,而不易被气体分子吸收,从而引起阴极表面电离,于是击穿电压和阴极材料有关。

比较表 1-2 与表 1-3,可知金属表面光电离比气体空间光电离容易得多。另外,气压低时,带电质点易扩散,电子崩头部电荷密度不易达到足够的数值,从而在流注出现之前即可由阴极表面的 $\gamma$ 过程而自持放电了。一般当 $\delta d>0.26$ cm ($pd>200$ cm·mmHg)时,放电由汤逊形式过渡到流注形式。汤逊理论与流注理论互相补充,从而在广阔的 $\delta d$ 范围内说明了不同的放电现象。

应该强调的是放电理论，尤其是流注理论还很粗糙。具体绝缘结构的击穿电压目前还无法根据放电理论来精确计算。工程上设计、改进绝缘结构直接依靠实验方法，或利用各种典型电极的试验数据，这些数据将在以后介绍。但上述放电理论解释还是很重要的，它提供了放电发展的图景，阐明了击穿电压和各种影响因素间至少是定性的关系，对分析绝缘结构的问题是有帮助的。

## 1.4 高气压下不均匀电场气体击穿的发展过程

### 1.4.1 电场不均匀程度的划分

电场的不均匀程度一般可用电场不均匀系数 $f$ 来描述(也有用电场利用系数 $\eta$ 来描述，$\eta=1/f$)：

$$f = E_{\max}/E_{\mathrm{av}} \tag{1-29}$$

其中，$E_{\max}$ 为电场中场强最高点的电场强度；$E_{\mathrm{av}}$ 为平均电场强度，即

$$E_{\mathrm{av}} = U/d \tag{1-30}$$

其中，$U$ 为间隙上所施加的电压；$d$ 为电极间最短的绝缘距离。

按电场不均匀系数可将电场不均匀程度划分为 3 种：均匀电场 $f=1$；稍不均匀电场 $f<2$；极不均匀电场 $f>4$。用电场不均匀系数 $f<2$ 与 $f>4$ 划分稍不均匀场和极不均匀场的原因在于 $f<2$ 和 $f>4$ 时，放电的现象与过程均不相同。电场是稍不均匀还是极不均匀，主要看放电现象的差别。

例如，对内外电极半径分别为 $r$ 及 $R$ 的同轴圆柱电极，电极间半径为 $x$ 的任一点场强的解析式为

$$E(x) = \frac{U}{x\ln\dfrac{R}{r}} \tag{1-31}$$

则

$$E_{\max} = \frac{U}{r\ln\dfrac{R}{r}} \tag{1-32}$$

$$E_{\mathrm{av}} = \frac{U}{R-r} \tag{1-33}$$

于是

$$f = \frac{R-r}{r\ln\dfrac{R}{r}} = \frac{\dfrac{R}{r}-1}{\ln\dfrac{R}{r}} \tag{1-34}$$

当 $R/r<3.5$ 时，$f<2$，为稍不均匀场；而当 $R/r>10$ 时，$f>4$，为极不均匀场。

对于其他结构，$E_{\mathrm{av}}$ 容易得到，然后可以用各种办法判断 $E_{\max}$，从而判断 $f$。

### 1.4.2 极不均匀电场气体的电晕放电

1. 电晕放电现象

极不均匀场中，当电压高到一定程度后，在空气间隙完全击穿之前，大曲率电极(高场强

电极)表面附近会有薄薄的发光层,有点像"月晕",在黑暗中看得较为真切。因此这种放电现象定名为电晕,如图1-11所示。

图1-11 高场强电极处的电晕放电

电晕放电现象当然是电离区的放电造成的,电离区中的复合过程以及从激励态恢复到正常态等过程都可能产生大量的光辐射。因为极不均匀场中,只有大曲率电极附近很小的区域内场强足够高,电子电离系数 $\alpha$ 达相当的数值,其余绝大部分电极空间场强太低,$\alpha$ 值太小,发展不起电离。因此电晕层也就限于高场强电极附近的薄层内。

电晕放电是极不均匀电场所特有的一种自持放电形式。开始爆发电晕时的电压称为电晕起始电压 $U_c$;而电极表面的场强称为电晕起始场强 $E_c$。

根据电晕层中放电过程的特点,电晕可分为两种形式:电子崩形式和流注形式。起晕电极的曲率很大时,电晕层很薄,且比较均匀,放电电流比较稳定,自持放电采取汤逊放电的形式,即出现电子崩式的电晕。随着电压升高,电晕层不断扩大,个别电子崩形成流注,出现放电的脉冲现象,开始转入流注形式的电晕放电。电极曲率半径加大,则电晕一开始就很强烈,一经出现就采取流注的形式。电压进一步升高,个别流注强烈发展,出现刷状放电,放电的脉冲现象更加强烈,最后可贯通间隙,导致间隙完全击穿。冲击电压下,电压上升极快,来不及出现分散的大量的电子崩,因此电晕从一开始就具有流注的形式。爆发电晕时能听到声,看到光,嗅到臭氧味,测到电流。

电晕放电有明显的极性效应,以尖-板电极为例,当尖电极为负电极时,随电压的逐步升高,电晕电流的波形随电压变化有如下几个阶段:

(1) 电压很低,电流极小(平均值 $<0.1\mu A$),波形不规则;

(2) 电压升至一定数值,出现有规律的重复脉冲电流,如图1-12(b)所示;

(3) 电压继续升高,脉冲幅值不变,但频率增高,平均电流不断加大,如图1-12(c)所示;

(4) 电压继续升高,高频脉冲消失,转入持续电晕阶段,电流随电压加高继续增大;

(5) 电压进一步增加,临击穿时出现刷状放电,又出现不规则的强烈的脉冲电流;

(6) 最后击穿。

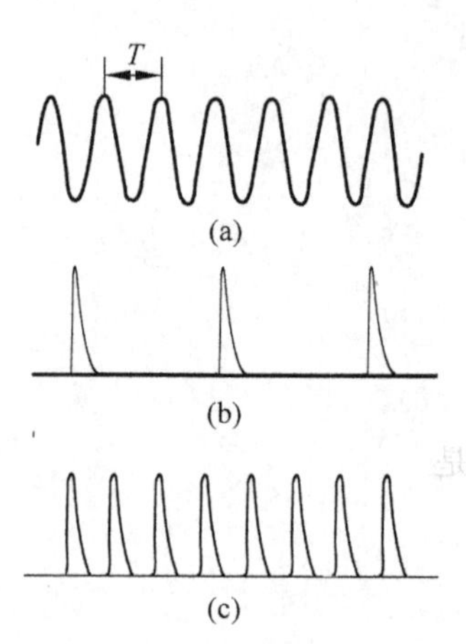

图1-12 负极性下尖-板间隙中的电晕电流波形

(尖电极端部半径为0.25 mm,间隙距离为3 cm)

(a) 时间标度,$T=125\ \mu s$;

(b),(c) 平均电流分别为 $0.7\ \mu A$ 及 $2\ \mu A$ 时的电晕电流波形

当尖极为正极性时,电晕电流也具有重复脉冲的性质,但没有整齐的规则。当电压升高时,平均电流随之增加,且电流的脉冲特性变得越来越不显著,最后变为持续电流。当电压再升高时,出现幅值大得多的不规则刷状放电电流脉冲,这种现象在正极性下更为明显。

2. 空间电荷的作用

电晕放电所特有的脉冲电流现象主要是由空间电荷造成的。仍以负尖-正板为例，如图 1-13 所示，当电压达一定数值后，出现如下情况：

(1) 电离爆发，电子运动快，因而在负尖处留下正电荷；

(2) 当电子运动至稍远离尖电极处，电场衰减很快，电子速度也下降，易被气体分子捕获，形成负离子，造成负空间电荷的积累；

(3) 正空间电荷逐渐在负极中和，而负空间电荷的积累削弱了尖极处场强，电离停止；

(4) 负空间电荷向外疏散，尖电极处电场强度重新增大，开始下一次电离。

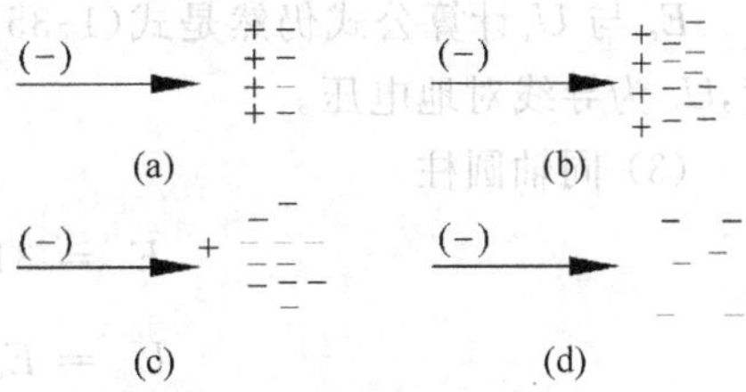

图 1-13 负极性电晕起始阶段的说明
(a) 电离爆发；(b) 负空间电荷逐渐积累；
(c) 负空间电荷削弱针尖附近电场，电离停止；
(d) 负空间电荷流散，针尖附近电场重新增大

电压增高时，负离子受电场力作用疏散更快，尖电极处电场迅速恢复，故电流脉冲频率上升。

电压更高时，电子迅速向外运动，要在离尖电极更远的地方才能形成负离子，因而不能形成足以使电离中止的密集的空间电荷，于是脉冲消失，代之以稳态电流。

电压很高引起刷状放电时，不断形成强烈的流注，由于形成有统计性，所以电流脉冲也就没有规则了。

3. 电晕起始电压、起始场强及其影响因素

电晕属极不均匀场的自持放电，原理上可由 $\gamma\exp\left(\int\alpha\mathrm{d}x\right)=1$ 来计算起始电压 $U_c$，但计算十分复杂且结果并不准确，所以实际上 $U_c$ 是由实验总结出的经验公式来计算的。电晕的产生主要取决于电极表面的场强，所以研究电晕起始场强 $E_c$ 和各种因素间的关系更直接也更单纯。

比克(F. W. Peek)经过一系列实验研究提出了几种不同电极结构下电晕起始场强 $E_c$ 的经验公式。求得 $E_c$ 后，再根据不同的电极结构即可求得电晕起始电压 $U_c$。

(1) 对同直径的两根平行圆导线

$$E_c = 30.3m\delta\left(1+0.298/\sqrt{r\delta}\right) \tag{1-35}$$

其中，$E_c$ 为电晕起始场强(峰值)，kV/cm；$m$ 为导线表面粗糙系数(光滑导线 $m=1$，不光滑导线全面电晕时 $m=0.82$，不光滑导线局部发生电晕时 $m=0.72$)；$\delta$ 为空气相对密度，$\delta=pT_0/(p_0T)$；$r$ 为导线半径，cm。从而有

$$U_c = E_c r\ln\left(\frac{d}{r}\right) \tag{1-36}$$

其中，$d$ 为导线间距，cm；$U_c$ 为导线间电压的一半，即导线对中性面的电压(峰值)，kV。

$E_c$ 与导线间距离 $d$ 无关，主要由导线半径 $r$ 决定；湿度对极不均匀场空气间隙的击穿电压是有影响的，但只要电极表面无凝结水滴出现，则湿度对 $E_c$ 就没有影响，所以式(1-35)中也就只有大气相对密度 $\delta$；导线表面状态对 $E_c$ 影响很大。由于高压输电线所用导线为多股绞线，加之导线表面可能的小损伤、灰尘颗粒等情况，在较低的电压下，在电场增强的局部就已经开始发生电晕，称局部电晕。电晕随电压升高而逐渐增强，当电压超过某一数值后，

电晕全线爆发，称全面电晕。局部电晕的起始电压比较分散，全面电晕的起始电压则比较容易确定。因此式(1-35)中引入了导线表面粗糙系数 $m$ 来描述 $E_c$ 降低的情况。

(2) 单导线对地

$E_c$ 与 $U_c$ 计算公式仍然是式(1-35)和式(1-36)，但 $d$ 为镜象距离，即两倍于导线对地高度，$U_c$ 为导线对地电压。

(3) 同轴圆柱

$$E_c = 31.5\delta(1 + 0.305/\sqrt{r\delta}) \tag{1-37}$$

$$U_c = E_c r \ln \frac{R}{r} \tag{1-38}$$

其中 $E_c$ 为内圆柱表面电晕起始场强(峰值)，kV/cm；$U_c$ 为内外圆柱间电压(峰值)，kV；$r$，$R$ 分别为内外圆柱半径，cm。

4. 输电线路的电晕

对高压电气设备或输电线路，常用黑暗环境中肉眼观察电晕发光的方式来判断是否有电晕，称为"可见电晕"。

工程上有很多极不均匀电场，架空输电线就是典型的一例。雨、雪、雾等恶劣天气下，在高压输电线附近常可听到电晕的嘶嘶声，夜晚还可看到导线周围有紫色晕光。一些高压设备上也会出现电晕。电晕放电会带来许多不利影响，气体放电过程中的光、声、热等效应以及化学反应等都能引起能量损失。

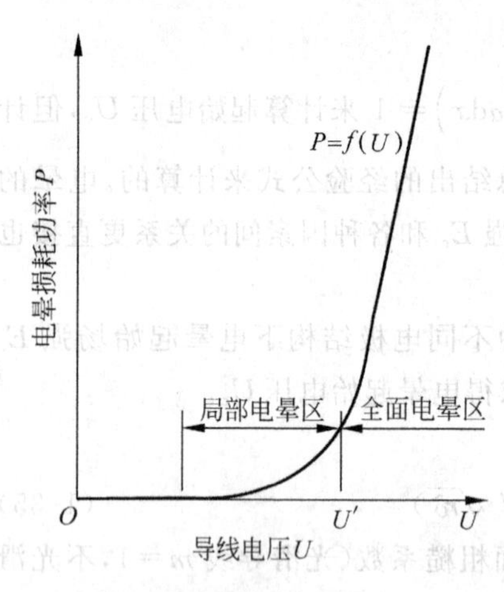


图 1-14 电晕损耗功率与导线电压的关系

输电线上的电晕损耗功率与导线电压的关系如图 1-14 所示，曲线基本上可分为两个区域。当电压小于 $U'$ 时，导线只存在局部电晕，功率损耗很小，且随电压的上升增长很慢。当电压大于 $U'$ 时，导线上出现全面电晕，电晕功率损耗较大，且随电压的升高增长很快。在此区域内，电晕损耗功率大约与 $(U-U')^2$ 呈正比。$U'$ 称全面电晕起始电压。

许多研究者从不同的角度提出了各种不同的计算电晕损耗的公式，人们对这些公式的评价也各有不同。随着输电电压的提高，广泛采用了分裂导线，电晕损耗将随不同的导线结构、分裂线径、分裂数、分裂间距、相间距离、离地高度、不同的气象条件等因素有很大的差异，很难用公式来计算。实际上是采用根据在试验线路上的实测结果而制定出一系列曲线图表，进行综合计算。

电晕放电还会产生可听噪声，若可听噪声超过一定阈值，会引起周边居民的投诉。电晕放电过程中的放电脉冲现象会产生高频电磁波，对通信、广播、电视信号造成干扰。电晕放电还能使空气发生化学反应，生成臭氧及氧化氮等产物，引起腐蚀作用。所以应当力求避免电晕放电或限制电晕放电，例如建设超高压、特高压输电线路时，导线电晕造成的可听噪声、能量损失及无线电干扰就是必须考虑的重要问题。

最有效的改善导线电晕的方法是采用分裂导线、大截面导线，甚至扩径导线，以求减小导线表面场强。电晕对输电线路有利的一面是可以削弱线路上雷电冲击或操作冲击波的幅值和陡度。对电极形状的调整、电晕的避免与利用见第 2 章。

### 1.4.3 极不均匀电场的极性效应

在电晕放电时,我们已经注意到空间电荷对放电的影响,由于高场强电极极性的不同,空间电荷的极性也不同,对放电发展的影响也就不同,这就造成了不同极性高场强电极的电晕起始电压的不同,以及间隙击穿电压的不同,称为极性效应。

棒-板间隙是典型的极不均匀场,下面以此为例分析电晕起始电压与间隙击穿电压受极性效应的影响。

1. 电晕起始电压的不同

(1) 正极性棒板电极的电晕

当棒具有正极性时,间隙中出现的电子向棒运动,进入强电场区,开始引起电离现象而形成电子崩,如图 1-15(a)所示。随着电压逐渐上升,到放电达到自持、爆发电晕之前,这种电子崩在间隙中已形成相当多了。当电子崩达到棒极后,其中的电子就进入棒极,而正离子仍留在空间,相对来说缓慢地向板极移动。于是在棒极附近,积聚起正空间电荷,如图 1-15(b)所示,从而减少了紧贴棒极附近的电场,而略为加强了外部空间的电场,如图 1-15(c)中曲线 2 所示(图中曲线 1 为外电场的分布)。这样,棒极附近的电场被削弱,难以造成流注,这就使得自持放电、也即电晕放电难以形成。

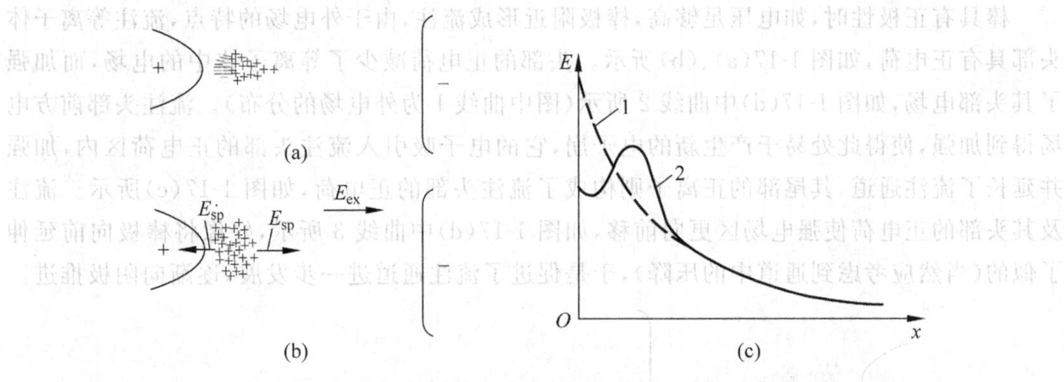


图 1-15 正棒-负板间隙中非自持放电阶段空间电荷对外电场的畸变作用

$E_{ex}$—外电场;$E_{sp}$—空间电荷的电场

(2) 负极性棒板电极的电晕

当棒具有负极性时,阴极表面形成的电子立即进入强电场区,造成电子崩,如图 1-16(a)所示。当电子崩中电子离开强电场区后,就不再能引起电离了,而以越来越慢的速度向阳极运动。一部分直接消失于阳极,其余的可为氧原子所吸附而形成为负离子。电子崩中的正离子逐渐向棒极运动而消失于棒极,但由于其运动速度较慢,所以在棒极附近总是存在着正空间电荷。结果在棒极附近出现了比较集中的正空间电荷,而在其后则是非常分散的负空间电荷,如图 1-16(b)所示。负空间电荷由于浓度小,对外电场的影响不大,而正空间电荷则将使电场畸变,如图 1-16(c)中曲线 2 所示(图中曲线 1 为外电场的分布)。棒极附近的电场得到增强,因而自持放电条件就易于得到满足、易于转入流注而形成电晕放电。

实验表明,棒-板间隙中棒为正极性时电晕起始电压比负极性时略高。这从上述分析可以得到说明。

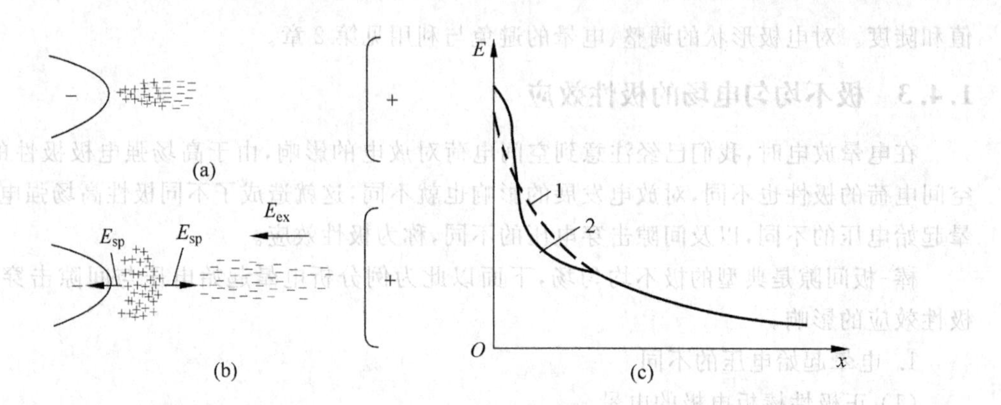


图 1-16　负棒-正板间隙中非自持放电阶段空间电荷对外电场的畸变作用

$E_{ex}$—外电场；$E_{sp}$—空间电荷的电场

2. 间隙击穿电压的不同

起始电晕电压的不同是极性效应的一个表现，另一个表现是间隙击穿电压的不同。随着电压升高，紧贴棒极附近，形成流注，爆发电晕；以后不同极性下空间电荷对放电进一步发展所起的影响就和对电晕起始的影响相异了。

（1）正极性棒板电极的击穿

棒具有正极性时，如电压足够高，棒极附近形成流注，由于外电场的特点，流注等离子体头部具有正电荷，如图 1-17(a)、(b)所示。头部的正电荷减少了等离子体中的电场，而加强了其头部电场，如图 1-17(d)中曲线 2 所示(图中曲线 1 为外电场的分布)。流注头部前方电场得到加强，使得此处易于产生新的电子崩，它的电子吸引入流注头部的正电荷区内，加强并延长了流注通道，其尾部的正离子则构成了流注头部的正电荷，如图 1-17(c)所示。流注及其头部的正电荷使强电场区更向前移，如图 1-17(d)中曲线 3 所示，好像将棒极向前延伸了似的(当然应考虑到通道中的压降)，于是促进了流注通道进一步发展，逐渐向阴极推进。

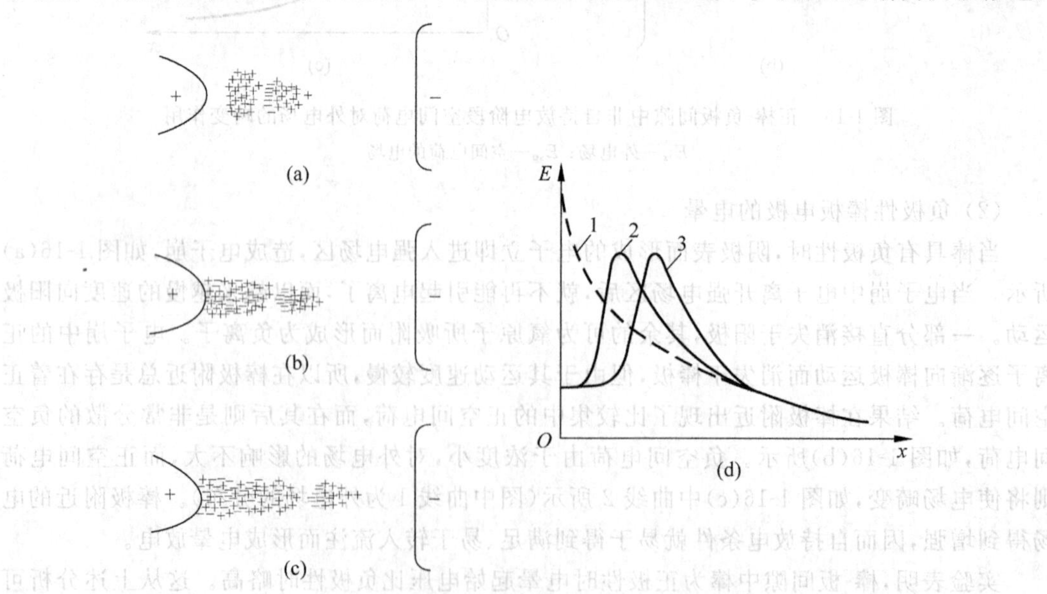


图 1-17　正棒-负板间隙中正流注的形成和发展

(2) 负极性棒板电极的击穿

当棒具有负极性时,虽然在棒极附近容易形成流注、产生电晕,但此后流注向前发展却困难得多了。电压达到电晕起始电压后,紧贴棒极的强电场使得同时产生了大量的电子崩,汇入围绕棒极的正空间电荷。由于同时产生了许多电子崩,造成了扩散状分布的等离子体层,如图 1-18(a)、(b)所示(基于同样原因,负极性下非自持放电造成的正空间电荷也比较分散,这也有助于形成扩散状分布的等离子体层)。这样的等离子体层起着类似于增大棒极曲率半径的作用,因此将使前沿电场受到削弱,如图 1-18(d)中曲线 2 所示(图中曲线 1 为外电场的分布)。继续升高电压时,在相当一段电压范围内,电离只是在棒极和等离子体层外沿之间的空间内发展,使得等离子体层逐渐扩大和向前延伸一些。直到电压很高,使得等离子体层前方电场足够强后,这里才又将发展起电子崩。电子崩的正电荷使得等离子体层前沿的电场又进一步加强,又形成了大量二次电子崩。它们汇集起来后使得等离子体层向阳极推进,如图 1-18(c)所示。可是,由于同时形成了许多电子崩,通道头部也是比较呈扩散状的,通道前方电场被加强的程度也比正极性下要弱得多,如图 1-18(d)中曲线 3 所示。

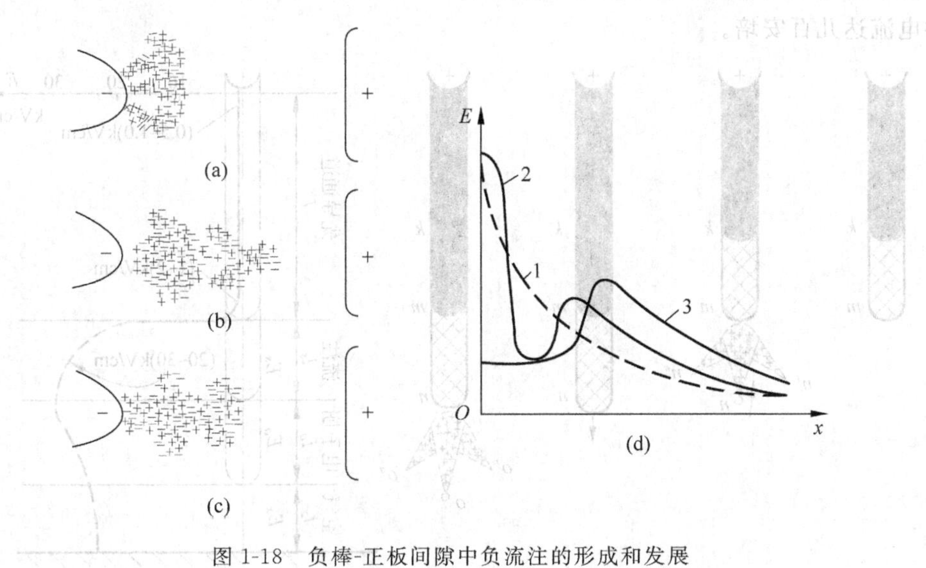


图 1-18 负棒-正板间隙中负流注的形成和发展

根据上述分析,可知负极性下,通道的发展要困难得多,因此负极性下的击穿电压应较正极性下为高。正、负极性空气间隙击穿电压的比较见 2.2 节。

### 1.4.4 长间隙击穿过程

进一步的研究发现,在间隙距离较长时,存在某种新的、不同性质的放电过程,称作先导放电。长间隙放电电压的饱和现象即可由先导放电现象做出解释。

1. 先导放电

间隙距离较长时(如棒-板间隙距离大于 1 m 时),在流柱通道还不足以贯通整个间隙的电压下,仍可能发展起击穿过程。这时流柱通道发展到足够长度后,将有较多的电子沿通道流向电极,通过通道根部的电子最多,于是流柱根部温度升高,出现了热电离过程。这个具有热电离过程的通道称为先导通道,如图 1-19 所示。

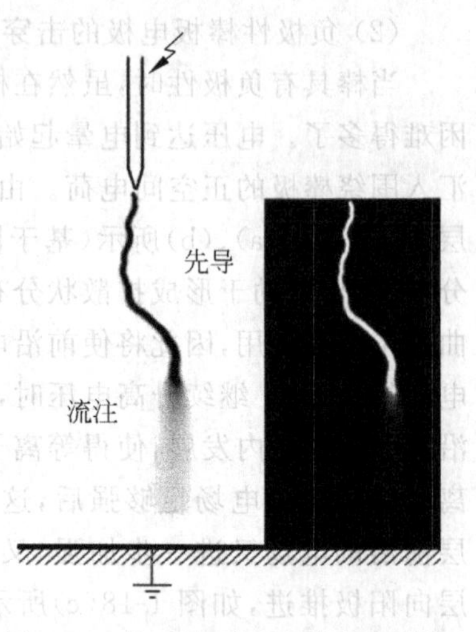

图 1-19　棒-板间隙中的先导与前部流注示意图及实拍照片

图 1-20 为正先导形成的示意图。正流注通道 $mk$ 中的电子被阳极吸引，当电子的浓度足够高时，即有足够的电流时，流注通道中就开始热电离。它引起了通道中带电质点浓度的更加增大，即引起了电导的增加和电流的继续加大。于是流注通道变成了有高电导的等离子体通道——先导 $mk$。这时在先导通道 $mk$ 的头部又产生了新的流注 $nm$，于是先导不断向前推进。

先导具有高电导，就相当于从电极伸出的导电棒，它保证在其端部有高的场强，因此就容易形成新的流注。

所以长空气间隙中，当平均电场强度 $E$ 并不很高时，放电就开始发展了，并且间隙越长，$E$ 越小。例如，对距离 10 m 的棒板间隙，其正极性操作冲击击穿电压约为 1800 kV，折算到平均击穿场强仅为 1.8 kV/cm。

先导通道中的电荷浓度可达每立方厘米 $10^{18}$ 个离子，先导电流达几百安培。

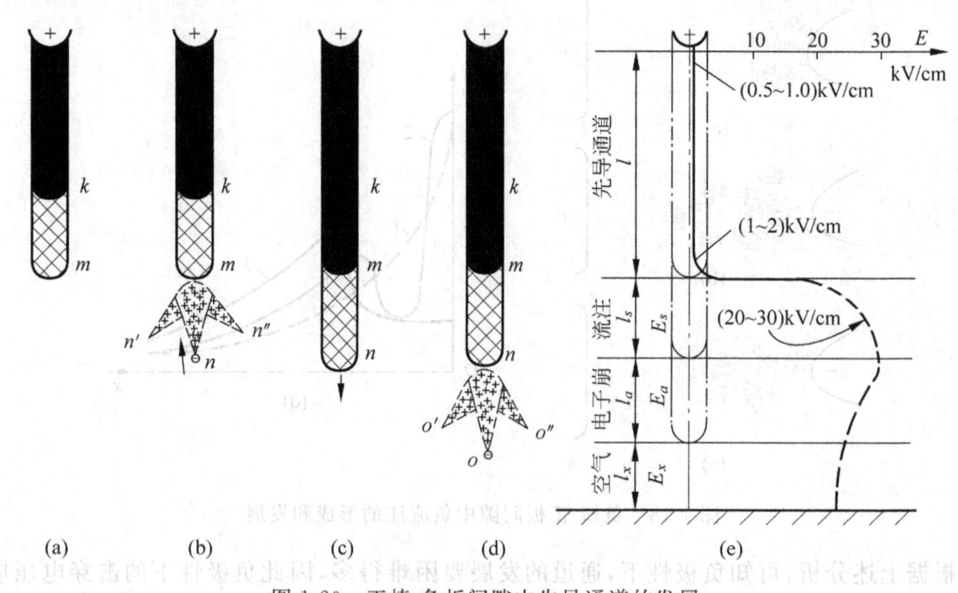

图 1-20　正棒-负板间隙中先导通道的发展

(a) 先导通道和其头部的流注 $mk$；(b) 流注头部电子崩的形成；(c) $mk$ 由流注转变为先导通道和形成流注 $nm$；(d) 流注头部电子崩的形成；(e) 沿先导和空气间隙电场强度的分布

负先导的发生也相类似，只不过这时电子流的方向是从电极到流注头部。当由电子崩发展为新流注时，电子进入间隙深处，即在没有发生电离的区域建立了负空间电荷，它给先导的推进带来困难。因此，间隙的击穿要在更高的电压下才发生。

当先导推进到间隙深处时，在其端部出现了许多流注，其中的任何一个都可能成为先导继续发展的方向。通道电离越强的流注，越可能成为先导发展的方向，但是和流注本身的发展一样，其方向具有偶然性。这就说明了长间隙放电，例如雷电放电的路径具有分枝的特点。

2. 主放电

当先导到达相对电极时，主放电过程就开始了。不论是正先导或负先导，当通道头部发展到接近对面电极时，在剩余的这一小段间隙中场强剧增，发生十分强烈的放电过程，这个过程将沿着先导通道以一定速度向反方向扩展到棒极，同时中和先导通道中多余的空间电荷，这个过程称为主放电过程。主放电过程使贯穿两极间的通道最终改造成为温度很高的、电导很大的、轴向场强很小的等离子体火花通道（如电源功率足够，则转为电弧通道），从而使间隙完全失去了绝缘性能，气隙的击穿就完成了。主放电阶段的放电发展速度很快，可达 $10^9$ cm/s。图 1-21 为冲击电压下棒-板间隙的流注-先导击穿过程，图 1-21(a)和图 1-21(b)为两台 CCD 高速摄像机从不同角度（夹角 60°）拍摄的同一次击穿过程。

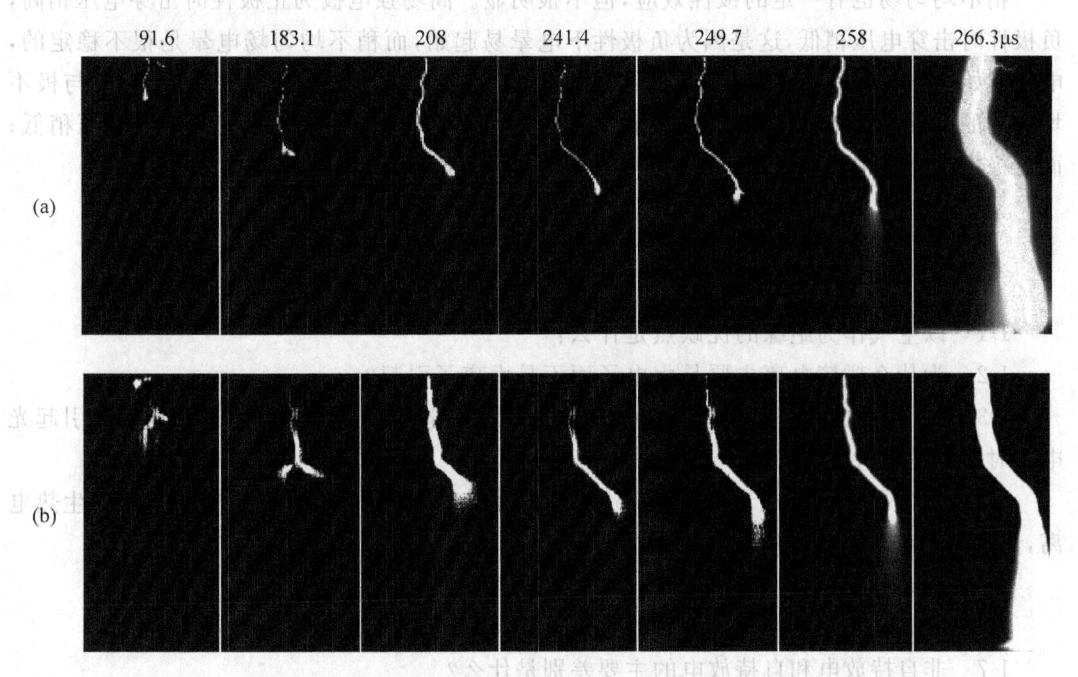


图 1-21 操作冲击电压下棒-板间隙的流注-先导击穿过程

高速摄像机拍摄参数：光圈 1.4，镜头焦距 50 mm，拍摄速度每秒 125000 幅，曝光时间 8 μs，分辨率 128×256，棒电极直径 4 cm，接地平板电极 14 m×14 m，棒-板间隙距离 8 m。操作冲击电压波形 270/2050 μs，峰值 1681 kV。

长间隙的放电大致可分为先导放电和主放电两个阶段，则先导放电阶段中包括了电子崩和流注的形成及发展过程。不太长间隙的放电没有先导放电阶段，只分为电子崩、流注和主放电阶段。

### 1.4.5 稍不均匀电场的自持放电条件与极性效应

1. 稍不均匀电场的自持放电条件

稍不均匀电场意味着电场还比较均匀，高场强区电子电离系数 $\alpha$ 达足够数值时，间隙中很大一部分区域中 $\alpha$ 也达相当值，起始电子崩在强场区发展起来，经过一部分间隙距离后形成流注。流注一经产生，随即发展至贯通整个间隙，导致完全击穿。

在高电压工程中常用的球-球间隙，同轴圆柱间隙等都属稍不均匀电场。稍不均匀电场间隙的放电特点与均匀电场相似，气隙实现自持放电的条件就是气隙的击穿条件，也就是说稍不均匀电场直到击穿为止不发生电晕。在直流电压作用下的击穿电压和工频交流下的击穿电压幅值以及50%冲击击穿电压都相同，击穿电压的分散性也不大，这也和均匀电场放电特点一致。

在不均匀电场中不同场强处电子电离系数也彼此不同，$\alpha$ 是空间坐标 $x$ 的函数，所以自持放电条件或击穿条件不再是 $\alpha d=\ln\gamma^{-1}\approx 20$，而是

$$\int \alpha(x)\mathrm{d}x \approx 20 \tag{1-39}$$

2. 稍不均匀电场的极性效应

稍不均匀场也有一定的极性效应，但不很明显。高场强电极为正极性时击穿电压稍高，负极性时击穿电压稍低，这是因为负极性下电晕易起始，而稍不均匀场电晕是很不稳定的，电晕起始电压就是间隙击穿电压。从击穿电压的特点来看，稍不均匀场的极性效应与极不均匀场的极性效应结果正相反。在稍不均匀场中，高场强电极为负时，间隙击穿电压稍低；而在极不均匀场中却是高场强电极为正时，间隙击穿电压低。

## 练 习 题

1-1 以空气作为绝缘的优缺点是什么?

1-2 为什么碰撞电离主要是由电子而不是由离子引起?

1-3 氖气的电离电压为21.56 V，求取引起碰撞电离时电子所需的最小速度和引起光电离时光子的最大波长。

1-4 氧分子($O_2$)的电离能为12.5 eV，如果由气体分子的平均动能直接使$O_2$产生热电离，试问气体的热力学温度应该为多少?

1-5 负离子是如何形成的? 对气体放电有何作用?

1-6 气体间隙带电粒子扩散的原因是什么，何种带电粒子扩散较快?

1-7 非自持放电和自持放电的主要差别是什么?

1-8 碰撞电离系数 $\alpha$ 和阴极表面电离系数 $\gamma$ 的含义是什么? 为什么仅有 $\alpha$ 过程的放电不能形成自持放电? 如何用实验的方法测定 $\alpha$ 的数值?

1-9 $\gamma$ 过程对于自持放电有何意义? 影响 $\gamma$ 的因素有哪些?

1-10 汤逊放电过程与流注放电过程的主要区别是什么?

1-11 在平行平板电极装置中由于照射X射线，每1 $cm^3$ 大气中每秒产生 $10^7$ 对正负离子，若两极间距是 $d=5$ cm，问饱和电流密度是多少?

1-12 用实验方法求取某气体的 $\alpha$，平行平板间距离是0.4 cm，电压为8 kV时得稳态电流为 $3.8\times10^{-8}$ A，维持场强不变，将平板间距离减至0.1 cm后，电流减为 $3.8\times10^{-9}$ A，试计算 $\alpha$，并计算每秒由外电离因素而使阴极发射出的电子数。

1-13 平行平板电极间距离 $d=0.1$ cm时，击穿电压为4.6 kV，气体为空气，标准大气条件，取 $A=6460$ V/cm，$B=1.9\times10^5$ V/cm，试求电离系数 $\gamma$。当 $d=1.0$ cm时，击穿电压为31.6 kV，再求 $\gamma$。

1-14 图1-22给出了平行平板电极的起始放电电压与气体压力的关系，问间隙距离 $d_1$

和 $d_2$ 哪个大？

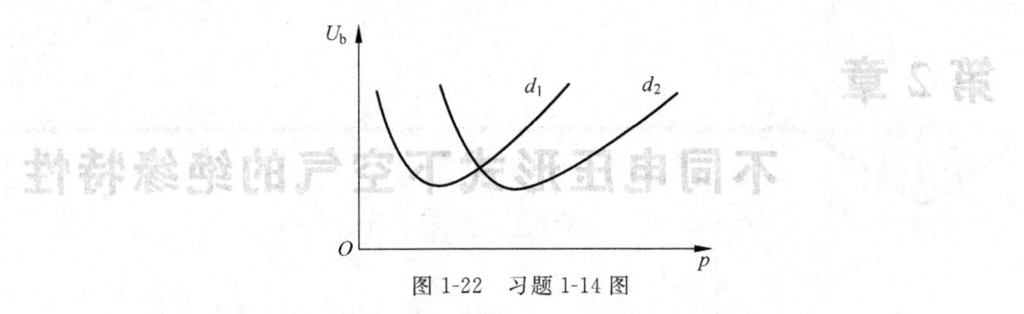


图 1-22　习题 1-14 图

1-15　为什么随着 $\delta d$ 的变化，放电过程由汤逊放电转变为流注放电？

1-16　什么叫电晕放电？工程上常采用哪些措施防止导线电晕？

1-17　比较长的空气间隙与短空气间隙中的放电击穿过程各有什么主要特点。

1-18　为什么长间隙击穿的平均场强远小于短间隙击穿的平均场强？

1-19　试计算均匀电场空气间隙的击穿电压最小值及气压与间隙距离乘积的最小值。取 $A=6460\ \text{V/cm}$，$B=1.9\times10^5\ \text{V/cm}$，$\gamma=0.025$。

# 第2章

# 不同电压形式下空气的绝缘特性

**本章核心概念：**

高场强与高电压，非均匀场，电场分布的调整，雷电与操作冲击电压，50%放电电压，伏秒特性，空气的电气强度，高真空绝缘，$SF_6$绝缘

影响空气间隙放电电压的因素主要有：电场情况（均匀场、稍不均匀场、极不均匀场），电压形式（直流电压、交流电压、雷电冲击电压、操作冲击电压）和大气条件（气压、温度、湿度）等。本章主要结合电场分布的情况来介绍电压形式对空气间隙放电电压的影响。

## 2.1 电场分布的分析与电场调整

绝缘间隙和电气设备的击穿或闪络虽然用击穿电压和闪络电压来表述，但准确地说，造成绝缘间隙和电气设备击穿或闪络更本质的原因，却是在高电压作用下，在绝缘中形成的强电场超过了绝缘的耐受能力。因此，对电场分布的分析和对电场调整措施的研究是高电压工程中十分重要的基础性工作。

输变电工程及设备中常见的电场分布情况，通常可以用静电场来进行简化分析。这是因为通常电极间电压随时间的变化速率相对较慢，相应电磁波的波长要远大于电极间的距离。电磁波在空气中的波速为300 m/μs（电磁波在电介质中的波速与电介质的介电常数有关，但都低于在空气中的波速），因此，即使在电压变化较快的1.2/50 μs雷电冲击电压下，在电压由零升高到幅值的时间内，冲击电压行进的距离仍比电气设备的尺寸大很多（高压输电线和长导线的线圈类设备除外），所以一般电气设备在任一瞬间的电场分布都可以近似作为静电场来考虑。当电压变化速率非常快，电极间的距离可以跟电磁波的波长相比时，则要注意静电场分析的适用性。

对于固体及液体电介质的电气设备内绝缘，还必须注意在工频和直流电压下，电场按照容性分布和阻性分布的情况是有很大差异的。对于承受交、直流混合电压的设备，其内部电场分布的分析就更困难了。

对高电压的测量已经有相对成熟的经验和标准化的方法，详见第8章。但是对电场的测量就困难得多。测量探头往往会改变原先探头所在位置及附近小区域的电场分布，从而

使测量结果的准确度受到一定的质疑。因而对复杂电场的定量分析和描述，目前主要靠数值计算的方法。

## 2.1.1 电场的分布与典型电极结构

对于电场分布的描述，主要关注的是电场的均匀程度、最高场强值的大小及其所在的位置。

图 2-1(a)以高压导杆穿过带圆孔的接地墙体为例，给出了电场分布的示意图。图 2-1(b)给出了在图示坐标轴 $x$-$y$ 平面和 $x$-$z$ 平面上的等位线分布。其中，墙洞半径为 $R$、导杆半径为 $r_1$、墙洞边缘倒角半径为 $r_2$。在墙洞内，电场分布是同轴圆柱类型，最高场强在导杆表面，电场的均匀程度主要看墙洞半径及导杆半径，两者越接近则导杆与墙洞间空气间隙的径向电场越均匀。在临近墙洞口及稍外一些的区域，高强场区可能在高压导杆表面，也可能在接地的墙洞边缘，这时 $R$、$r_1$ 和 $r_2$ 的具体数值决定了何处出现最高场强。若墙洞倒角较圆、导杆很细，则最高场强出现在靠近墙面的导杆表面，如图 2-1(c)所示；若墙洞倒角很小(或墙体很薄)、导杆较粗，则最高场强会出现在墙洞倒角的一圈，如图 2-1(d)所示。墙洞半径 $R$ 也会对高场强位于何处有影响，具体的电场分布、高场强位置、最高场强值都可以通过电场数值计算的方式来获得定量的结果。

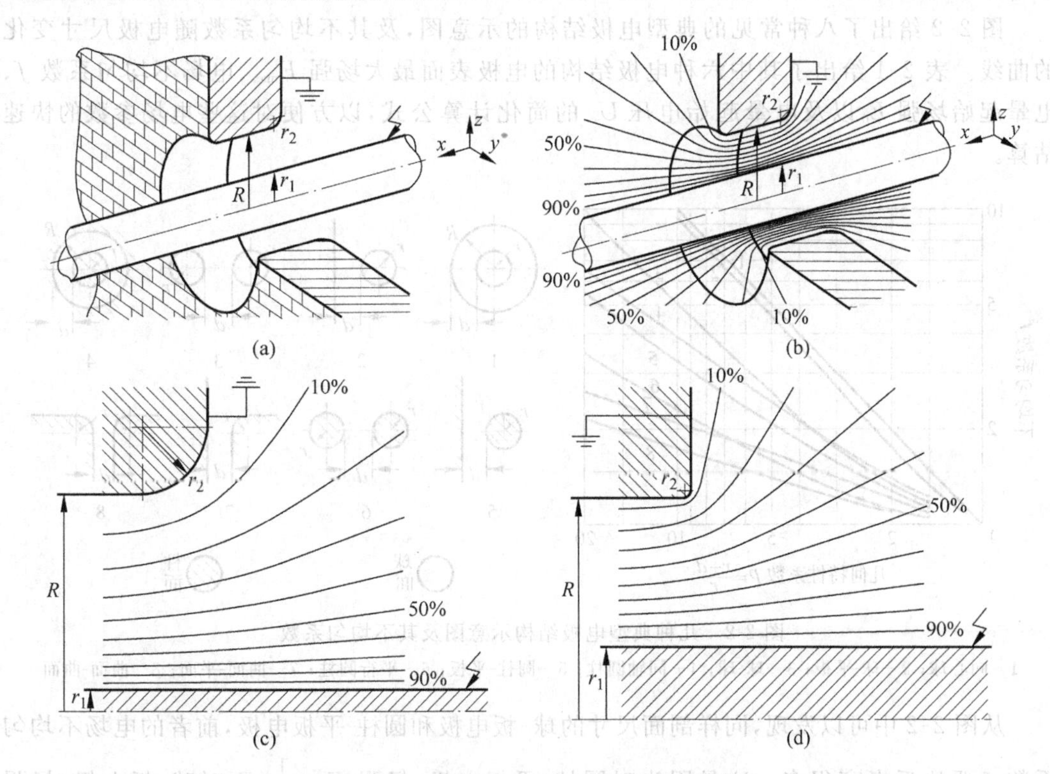


图 2-1 高压导杆穿过接地墙洞时的电场分布

(a) 高压导杆穿过接地墙洞的剖面示意图；(b) $x$-$y$ 平面和 $x$-$z$ 平面上的电场分布示意图；(c) $r_1$ 较小、$r_2$ 较大，最高场强在导杆表面；(d) $r_1$ 较大、$r_2$ 较小，最高场强在墙洞倒角处

电气设备实际的电场分布往往更复杂，在电场计算之前，对电场分布的整体分析和判断是非常重要的。

在单一的均匀介质中，如图2-1的空气介质，电极的形状(包括曲率半径)与电极距离决定了电场的整体分布，即决定了电场中各点场强值的相对大小；电极间的电位差影响的是场中各处场强绝对值的大小。在电极形状和电极间距离不变时，电场分布的整体图形也不变，随着电极间电压的升高或降低，场中各点的场强同比例升高或降低。

在非单一或非均匀介质的电场中，介质内的场强甚至可能高于电极处的场强。对于固体、液体及组合介质内的电场分析与调整见4.5节。

在电场分析时需要特别注意的是高电压与高场强的关系。在单一的均匀介质中，电极表面曲率半径的大小决定了高场强所在的位置。电极的曲率半径越小，即电极越尖，则该处的场强越高，而与该电极是处于高电位还是地电位没有关系。高场强可以出现在正极性的高压电极处，也可以出现在负极性的高压电极处，也完全可以出现在地电位的电极上，如图2-1(d)的情况。

输变电设备的实际电极形状是多种多样的，绝大多数情况下难以或无法给出准确的电场分布解析解。并且电场的测量也困难重重，远比电压的测量更困难。好在实际工程中，往往也不需要掌握全场域的详细电场分布，只关心最高场强的位置及大致的场强值。于是通常是将电极形状进行适当的简化，来分析场域中某部分的电场分布，从而估算最大场强值。

图2-2给出了八种常见的典型电极结构的示意图，及其不均匀系数随电极尺寸变化的曲线。表2-1给出了其中六种电极结构的电极表面最大场强 $E_{max}$、电场不均匀系数 $f$、电晕起始场强 $E_0$ 以及电晕起始电压 $U_c$ 的简化计算公式，以方便对这些电场参数的快速估算。

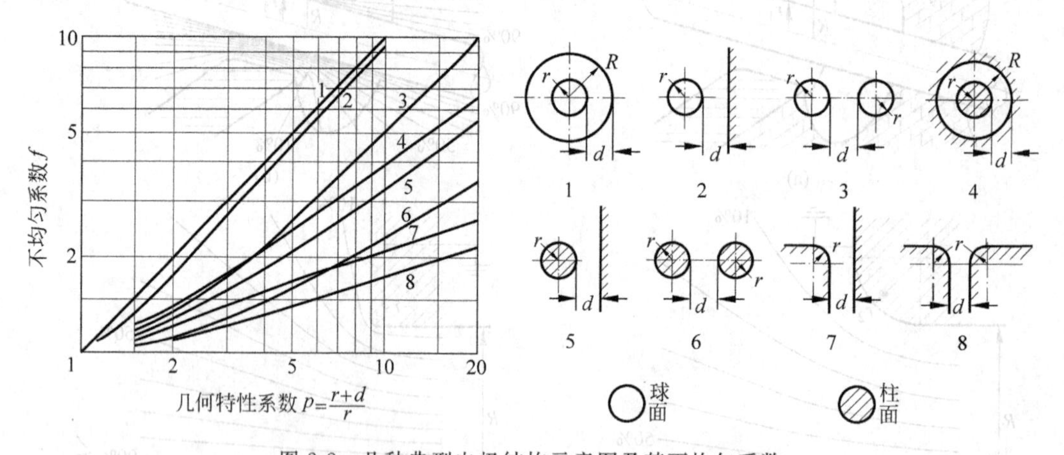


图2-2　几种典型电极结构示意图及其不均匀系数

1—同心球；2—球-平板；3—球-球；4—同轴圆柱；5—圆柱-平板；6—平行圆柱；7—曲面-平面；8—曲面-曲面

从图2-2中可以发现，同样剖面尺寸的球-板电极和圆柱-平板电极，前者的电场不均匀系数 $f$ 要比后者高很多。这是因为对圆柱-平板电极，场强 $E\propto\frac{1}{x}$，而对球-板电极，场强 $E\propto\frac{1}{x^2}$。形象地说，即在三维空间中，圆柱电极只弯曲了一个维度，而球电极则弯曲了两个维度，球电极的电场比圆柱电极的电场多弯曲了一个维度，因而在同样的电极尺寸下，球电极比圆柱电极的电场更不均匀。类似的情况也存在于同心球电极和同轴圆柱电极之间。

**表 2-1　几种典型电极的简化估算公式**

| 电极形状 | 电极表面最大场强 $E_{max}$ | 电场不均匀系数 $f$ | 电晕起始场强 $E_0$ | 电晕起始电压 $U_c$ |
|---|---|---|---|---|
| 同心球 | $E_{max}=\dfrac{RU}{r(R-r)}$ 式(2-1) | $f=R/r$ 式(2-2) | $E_0=24\delta\,(1+1/\sqrt{r\delta})$ 式(2-3) | $U_c=E_0\dfrac{(R-r)r}{R}$ 式(2-4) |
| 球-平板 | $E_{max}=0.9\dfrac{U}{d}\left(1+\dfrac{d}{r}\right)$ 式(2-5) | $f=0.9\left(1+\dfrac{d}{r}\right)$ 式(2-6) | $E_0=27.7\delta\,(1+0.337/\sqrt{r\delta})$ 式(2-7) | $U_c=E_0\dfrac{dr}{0.9(d+r)}$ 式(2-8) |
| 球-球 | $E_{max}=0.9\dfrac{U}{d}\left(1+\dfrac{d}{2r}\right)$ 式(2-9) | $f=0.9\left(1+\dfrac{d}{2r}\right)$ 式(2-10) | $E_0=27.7\delta\,(1+0.337/\sqrt{r\delta})$ 式(2-11) | $U_c=E_0\dfrac{d}{0.9\left(1+\dfrac{d}{2r}\right)}$ 式(2-12) |
| 同轴圆柱 | $E_{max}=\dfrac{U}{r\ln\dfrac{R}{r}}$ 式(2-13) | $f=\dfrac{R-r}{r\ln\dfrac{R}{r}}$ 式(2-14) | $E_0=31.5\delta\,(1+0.305/\sqrt{r\delta})$ 式(2-15) | $U_c=E_0\,r\ln\dfrac{R}{r}$ 式(2-16) |
| 圆柱-平板 | $E_{max}=\dfrac{0.9U}{r\ln\dfrac{d+r}{r}}$ 式(2-17) | $f=\dfrac{0.9d}{r\ln\dfrac{d+r}{r}}$ 式(2-18) | $E_0=30.3\delta(1+0.298/\sqrt{r\delta})$ 式(2-19) | $U_c=E_0\dfrac{r\ln\dfrac{d+r}{r}}{0.9}$ 式(2-20) |
| 平行圆柱 | $E_{max}=\dfrac{0.9U}{2r\ln\dfrac{d+2r}{2r}}$ 式(2-21) | $f=\dfrac{0.9d}{2r\ln\dfrac{d+2r}{2r}}$ 式(2-22) | $E_0=30.3\delta\,(1+0.298/\sqrt{r\delta})$ 式(2-23) | $U_c=E_0\dfrac{2r\ln\dfrac{d+2r}{2r}}{0.9}$ 式(2-24) |

注：表中 $E_0$、$E_{max}$的单位为 kV/cm（峰值），$U_c$的单位为 kV（峰值），$r$、$R$、$d$ 的含义见图 2-2，其单位均为 cm。

## 2.1.2　电场分布的数值计算

1864 年英国科学家麦克斯韦(J C Maxwell)建立了统一的电磁场理论，并用统一的数学模型解释了自然界一切宏观电磁现象所遵循的普遍规律，于是所有宏观电磁问题都可以归结为麦克斯韦方程组在各种初值和边界条件下的求解。但是在实际的电气设备中，除了极少数电场表达有解析解的情况以外，多数情况下电极形状、介质分布往往比较复杂。若不满足于对电场分布的简化估算，而想进一步定量了解局部或整体电场分布的详细情况，则要依靠对电场的数值计算来求解。

最先发展起来的是有限差分法，目前应用较多的电场计算方法主要有有限元法和模拟电荷法。有限元法在计算封闭场域的电场方面有许多方便之处，而模拟电荷法在计算开放场域的电场方面应用较多。其他还有蒙特卡洛法、边界元法、表面电荷法等。近年来还出现了根据待分析电场的特点和不同电场计算方法的特点，将几种电场计算方法取长补短结合起来的复合法或耦合法。

对于有放电、有较多空间电荷的电场，无论是数值计算还是实际测量，目前都缺乏较好的工具和手段，难以确切了解电场的分布状况。

1. 有限差分法

有限差分法是较早提出的以差分原理为基础的一种电磁场数值计算方法，其基本思想是通过对场域的网格划分，把连续场域内的问题变换为离散系统的问题，用离散的网格节点的数值来逼近连续场域内的真实解，通过用离散的各网格节点上电位函数的差商来近似代替泊松方程中的偏导数，得到一组差分方程。于是求解泊松方程就转化为求解代数方程组的解，对场域内连续的电位函数的求解转变为求解有限数量网格节点上的电位值，从而近似得到电场的空间分布。

2. 有限元法

有限元法本身是一种求解微分方程的系统化数值计算方法，20 世纪 60 年代中被应用到电磁场问题的分析中，如今已成为电磁场求取数值解的主要方法之一。

静电场是电磁场的一种稳定状态，于是由电场能量最小的条件求得的电位分布，一定是静电场真实的电位分布。即满足能量泛函为极小值的电位函数，一定与满足静电场微分方程及边界条件的电位函数完全相同。

有限元法也是通过单元剖分将连续场域离散化，然后利用这些离散的单元，使静电场能量近似地表示为有限个节点电位的函数。这样，求静电场能量极值的变分问题(即求泛函极值的问题)就简化为多元函数的极值问题，而后者通常归结为一组多元线性方程组，即有限元方程。

与有限差分法相比，有限元法对单元的划分比差分法中网格的划分灵活得多，节点的选取也比差分法自由，单元中电位的插值函数不一定是线性的，对具有不同介质的场域也不必单独处理。但是有限元方程中各系数的求取比有限差分方程中各系数的选取要复杂。

随着数值计算技术及计算机技术的进步，各种有限元商用计算软件被不断推出，其功能已经十分强大，电场数值计算本身已经非常便捷，以往依赖于人工经验的电场剖分也可由软件的自动剖分来完成。但是，对边界条件、初始条件、等效模型的设定和选取是否合理，以及对计算结果的分析，还需要研究人员另行判断。

3. 模拟电荷法

模拟电荷法是根据静电场的唯一性定理，若在场域外若干设定的离散模拟电荷在原场域边界所形成的电位或电场强度符合所给的边界条件，则场域内任意点的电位和电场强度均可由这些模拟电荷所产生的场量叠加而得。

常用的模拟电荷有点电荷、直线电荷和环线电荷。适当选择模拟电荷的类型、空间位置和数量，对提高电场计算的准确度十分重要。

对于具有空间电荷的电场问题，也可以由设定的若干模拟电荷来等效代替场域空间的电荷，这时，采用模拟电荷法进行电场计算，就比其他方法更直观、更便捷。

### 2.1.3 电极表面局部电场的调整

工程实际中会出现很多极不均匀电场的情况，为了避免局部过高的场强，常常采取各种因地制宜的措施来调整局部的场强。电场调整的目标，多数情况下都是将最高场强处的场强值调整到低于 30 kV/cm(峰值)的电晕起始场强值，并加上足够的裕度，以应对实际电极表面不可避免的微观凸起与电场计算中假设的理想光滑表面的差异等因素。对于电场调整的效果，则往往首先采用电场计算的方法进行电极尺寸的优化，然后在加工组装后进行可见电晕起始电压的实际测试，以确认电场调整的效果。

对于各种高场强的点、线、区域，常用的调整措施可分为如下几类，图 2-3～图 2-6 给出了几个应用中的实例。

1. 扩大高场强电极的曲率半径

对于载流量不大而空间尺寸允许的情况下，采用大尺寸的空心球壳是常用的办法。如高压实验室中各类高压设备顶部采用的空心金属球壳，或由单个小曲面组成的框架型大曲率半径电极，如图 2-3～图 2-5 所示。对于高压输电线，则可采用更大直径的大截面导线或扩径导线。

图 2-3 中国电科院 7200 kV/480 kJ 户外冲击电压发生器及分压器

图 2-4 中国电科院±1800 kV/0.2 A 串级直流发生器及分压器

2. 扩大高场强电极的等效曲率半径

对于高压输电线，比大截面导线或扩径导线更常用的是分裂导线。单导线的直径并不增加，甚至还有所减小，但是采用分裂导线的排列后，每相导线整体的等效半径大大增加了，每根单导线之间互相屏蔽，每根单导线表面的场强都大幅度下降。我国在 220 kV、330 kV、500 kV、750 kV 和 1000 kV 交流输电线路上，常采用双分裂、三分裂、四分裂（见图 2-6）、六分裂和八分裂（见图 2-7）的导线布置。

图 2-5 中国电科院 1500 kV/2 A 工频试验变压器及分压器

图 2-6 500 kV 交流输电线路(导线四分裂,分裂直径 64 cm)

在高压实验室,还有如图 2-8 所示的"串珠式"、"香肠式"高压引线等类似思路的方式。

图 2-7 建设中的 1000 kV 交流输电线路(导线八分裂,分裂直径 102 cm)

图 2-8 "串珠式"高压引线

3. 加装外屏蔽环

对于本身尺寸不方便调整的高场强电极,可采用外装屏蔽环的措施。比如高压绝缘子串悬挂导线处,有大量的螺栓、螺母、线夹等部件,这时在外部加装屏蔽环是最简便的方法,如图 2-9 所示。

4. 改变电极形状,形成屏蔽效果

改变电极的整体外形,对电极表面的局部区域或电极附近绝缘表面的局部区域形成屏蔽,以降低被屏蔽区域的局部场强。详见 3.3.4 节第 7 条。

5. 减小高场强电极的曲率半径,增强局部电场

对于需要产生放电、利用放电的场合,则需要减小电极曲率半径,把电极设计成有大量尖突的外形。这时需要注意的是尖电极的曲率半径和尖电极之间的距离等参数需要适当优化,避免尖电极互相间出现屏蔽。比如电除尘器中的电晕线,就有星形线、鱼骨线、芒刺线等各种设计,如图 2-10 所示。

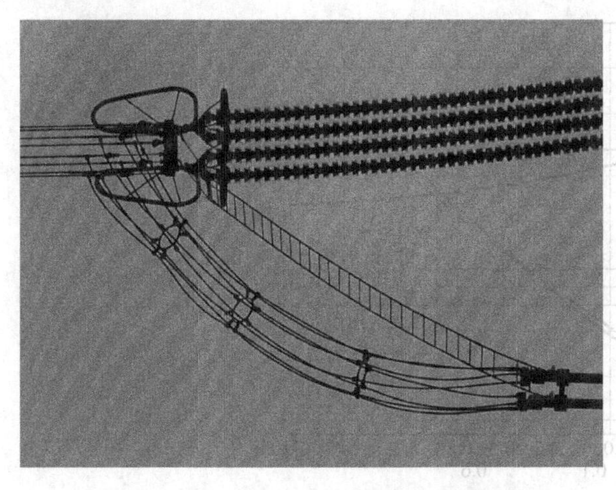
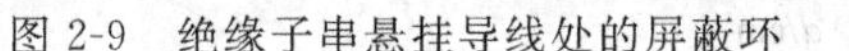

图 2-9 绝缘子串悬挂导线处的屏蔽环

图 2-10 电除尘器的电晕线

## 2.2 持续作用电压下空气的绝缘特性

直流电压和工频电压统称为持续作用电压。这类电压随时间的变化幅度较小,相比之下放电发展所需的时间可忽略不计。而另一类冲击(雷电冲击、操作冲击)电压则持续时间极短,以微秒计,放电发展所需的时间不能再忽略不计,间隙的击穿因而也具有新的特点,需要特别关注放电时间对击穿电压的影响,在电场极不均匀时,尤为明显。

### 2.2.1 均匀电场中空气间隙的绝缘特性

均匀电场空气间隙的击穿电压可用式(2-25)的经验公式进行计算:

$$U_b = 24.22\delta d + 6.08\sqrt{\delta d} \tag{2-25}$$

其中,$U_b$ 为间隙击穿电压(峰值),kV; $d$ 为间隙距离,cm; $\delta$ 为空气相对密度。

均匀电场中,各点的场强大小相同,各处的碰撞电离系数 $\alpha$ 也相同。当某处的场强达到电晕起始场强时,场内各处也同时达到了这一场强,某处开始发生放电之时,也就是整个间隙击穿之时。因此均匀电场的空气间隙在击穿前是没有电晕的,这一点与极不均匀电场先在局部强场区产生电晕,然后电压继续升高间隙才击穿的现象有明显不同。并且均匀电场空气间隙的击穿无极性效应,无论直流击穿电压峰值、交流击穿电压峰值,还是正负极性的50%冲击击穿电压都是相同的,均可用式(2-25)的经验公式进行计算。

图 2-11 给出了间隙距离 10 cm 以内均匀击穿电压的实测结果。图中可见,当间隙距离不过小时($d>1$ cm),均匀电场中空气的电气强度大致等于 30 kV/cm(峰值),比极不均匀场要高很多。而间隙距离较大时,要获得均匀电场就不那么容易了,在多数情况下得到的是稍不均匀电场。

### 2.2.2 稍不均匀电场中空气间隙的绝缘特性

在稍不均匀电场中,各点的场强差不多,某处达到放电场强时,其他各点也几乎达到放电场强。因此稍不均匀场的击穿特点也是击穿前没有电晕,但是有一些不很明显的极性效

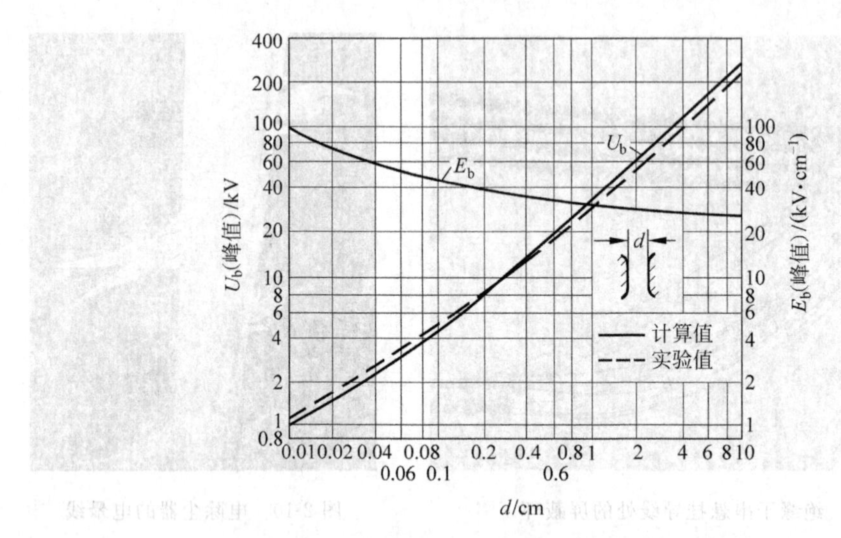


图 2-11 均匀电场中空气间隙的击穿电压 $U_b$ 及击穿场强 $E_b$ 和间隙距离 $d$ 的关系

应,负极性的击穿电压比正极性时稍低,直流击穿电压、工频击穿电压峰值及 50%冲击击穿电压几乎一致。

然而,稍不均匀电场的击穿电压与电场均匀程度关系极大,电场不均匀系数 $f$ 的变化会明显导致击穿电压的变化,因而没有可以概括各种稍不均匀电极结构下击穿电压的统一经验公式。电场的分布虽然可以进行数值计算,但是对各种间隙的击穿电压目前还无法进行比较精确的计算。

稍不均匀电场击穿前无可见电晕,电晕起始的条件就是间隙击穿的条件,因而稍不均匀电场的击穿电压可以通过电晕起始场强的经验公式进行估算。

从 $f=E_{max}/E_{av}$,$E_{av}=U/d$,可得

$$U = E_{max}\frac{d}{f} \tag{2-26}$$

$f$ 取决于电极布置,图 2-2 给出了几种典型电极结构下的电场不均匀系数。

对稍不均匀场,当最高场强 $E_{max}$ 达电晕起始场强 $E_0$ 时,外施电压 $U$ 即为电晕起始电压 $U_c$,也即达击穿电压 $U_b$,从而

$$U_b = U_c = E_0\frac{d}{f} \tag{2-27}$$

实际上,表 2-1 各式中 $U_c$ 与 $E_0$ 的关系也就是从式(2-27)而来的。对没有 $E_0$ 计算表达式的稍不均匀场电极结构,在进行大致估算时也可暂取 $E_0=30$ kV/cm,从而间隙击穿电压 $U_b$ 为

$$U_b = 30\frac{d}{f} \tag{2-28}$$

稍不均匀电场的间隙击穿电压的估算,也可根据实际的电极结构选取与之类似的某种典型电极结构,查阅该典型电极结构击穿电压的实验曲线来进行推算。对球-球、球-板、平行圆柱、垂直圆柱、同轴圆柱等典型电极,一般都有击穿电压试验数据可供查找,对其不均匀系数 $f$ 则可从图 2-2 查找。

**例**：某同轴圆柱空气间隙，内电极接负极性直流高压，半径为 $r$，外筒接地，半径为 $R$。当 $R=20$ cm 保持不变，而 $r$ 从 $r_1=6$ cm 增加到 $r_2=10$ cm，即电极间距离从 $d_1=14$ cm 减小到 $d_2=10$ cm 时，计算该同轴圆柱电极间隙击穿电压的变化情况。

**解**：同轴圆柱空气间隙的电场不均匀系数 $f$ 及间隙击穿电压 $U_c$ 的计算公式见表 2-1。

当 $R=20$ cm，$r_1=6$ cm，$d_1=14$ cm 时，可求得 $f_1=1.94$，$U_{c1}=256$ kV；

而当 $R=20$ cm，$r_2=10$ cm，$d_2=10$ cm 时，可求得 $f_2=1.44$，$U_{c2}=239$ kV。

可见在本题中，虽然间隙距离减小近 30%，但击穿电压却仅仅减小了不到 7%。这是因为外电极半径 $R$ 固定，随着内电极半径 $r$ 的增加，电极间距离虽然减小，但是电场的均匀程度却在增加，电场均匀程度的增加导致间隙击穿场强有了大幅度提高。$U_{c1}/d_1=18.3$ kV/cm，而 $U_{c2}/d_2=23.9$ kV/cm。可见在稍不均匀场中，电场均匀程度对间隙击穿电压的影响是很大的，因而改善电场均匀程度很重要。

### 2.2.3 极不均匀电场中空气间隙的绝缘特性

极不均匀场击穿电压的特点是：电场不均匀程度的变化对击穿电压的影响很弱，而极间距离的变化对击穿电压的影响则显著增大。这是由于此时电场已经极不均匀，无论是增加还是减小一些电极曲率半径，只能改变尖端电极附近很小一部分空间的电场，整个间隙还都属于极不均匀场。随着电压的升高，高场强电极处将发生电晕，电压进一步升高则产生流注或先导，最高场强这时出现在流注或先导前方，电场分布就与尖端电极的曲率半径没有什么关系了。而极间距离的增减直接就是绝缘距离的增减，就是流注或先导必须跨越的距离。

这个结果有很大意义，使得极不均匀电场击穿电压的估算比稍不均匀场要简便很多，提高间隙击穿电压的措施也比较简明。此时不必太在意电极的具体形状和曲率半径，首先分析电场的宏观分布是否对称。通常可以选择电场极不均匀的极端情况，即棒接高压，板接地的"棒-板"电极，和第一个棒接高压，第二个棒接地的"棒-棒"电极作为典型电极结构（在电极距离较小时，常称尖-板和尖-尖电极结构）。它们的击穿电压具有代表性，工程上遇到很多极不均匀的电场时，就可以根据这两种典型极不均匀电场的击穿电压数据来做初步估算。当极不均匀场分布不对称时，可参照棒-板（或尖-板）电极的击穿电压数据；而当极不均匀场分布较为对称时，则可参照棒-棒（或尖-尖）电极的击穿电压数据。

另外，在一定尺寸限度内，对于极不均匀电场电极表面的最大场强及电晕起始电压，无论交流还是直流，仍可按表 2-1 的各式进行估算。

1. 直流电压下的击穿电压

图 2-12 给出了正、负极性尖板电极间隙的击穿电压，可见极不均匀场击穿电压存在明显的极性效应。而尖-尖电极的击穿电压介于两种极性尖-板电极的击穿电压之间，这是因为这种电场有两个强场区，同等间隙距离下，电场均匀程度较尖-板电极为好。

图 2-13 为较大距离时的 $U_b$ 曲线，可见此时空气间隙的平均电气强度为：

正棒-板平均击穿场强：$E_b \approx 4.5$ kV/cm，

负棒-板平均击穿场强：$E_b \approx 10$ kV/cm。

对较大间隙距离 0.5～3 m 的棒-棒电极结构，其直流电压下的击穿场强为：

$E_b \approx 4.8 \sim 5.0$ kV/cm，略高于正棒-板时的击穿场强。

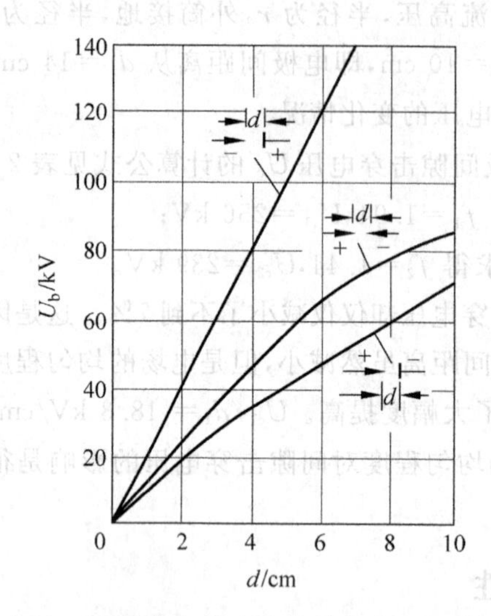


图 2-12 尖-板及尖-尖空气间隙的直流击穿电压和间隙距离的关系

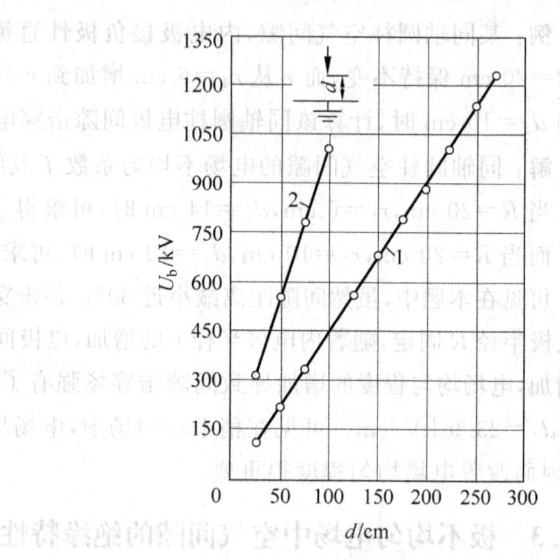


图 2-13 棒-板空气间隙的直流击穿电压和间隙距离的关系

1—正极性；2—负极性

2. 工频电压下的击穿电压

工频电压的击穿，无论是棒-棒电极还是棒-板电极，其击穿都发生在正半周峰值附近（对棒-板电极结构，击穿发生在棒电极处于正半周峰值附近），故击穿电压与直流的正极性相近。工频击穿电压的分散性不大，相对标准偏差 $\sigma$ 一般不超过 2%。图 2-14 给出了棒-棒及棒-板间隙工频击穿电压与间隙距离的曲线。在 1 m 左右的间隙距离下，平均击穿场强为：

棒-棒：$E_b \approx 4.0$ kV/cm（有效值）$\approx 5.66$ kV/cm（峰值）

棒-板：$E_b \approx 3.7$ kV/cm（有效值）$\approx 5.23$ kV/cm（峰值）

在间隙距离不太大时，击穿电压基本与间隙距离呈线性上升的关系；而当间隙距离很大时，平均击穿场强明显降低，即击穿电压不再随间隙距离的加大而线性增加，呈现出饱和现象，这一现象对棒-板间隙尤为明显。图 2-15 给出了长间隙距离下工频击穿电压与间隙距离的关系曲线。

长间隙棒板：$d=10$ m 时，$E_b \approx 210$ kV/m（峰值）$=150$ kV/m（有效值）。

因此在电气设备上，当不可避免地出现极不均匀场时，希望尽量采用棒-棒类对称型的电极结构，而避免棒-板类不对称的电极结构。由于试验时所采用的“棒”或“板”不尽相同，不同实验室的实验曲线会有所不同。这一点在

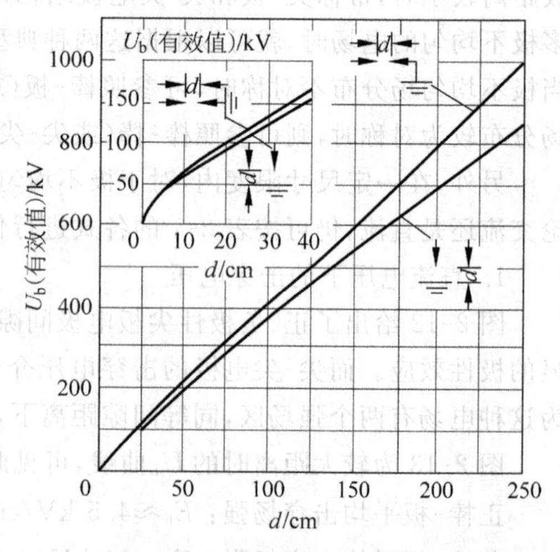


图 2-14 棒-棒及棒-板空气间隙的工频击穿电压和间隙距离的关系

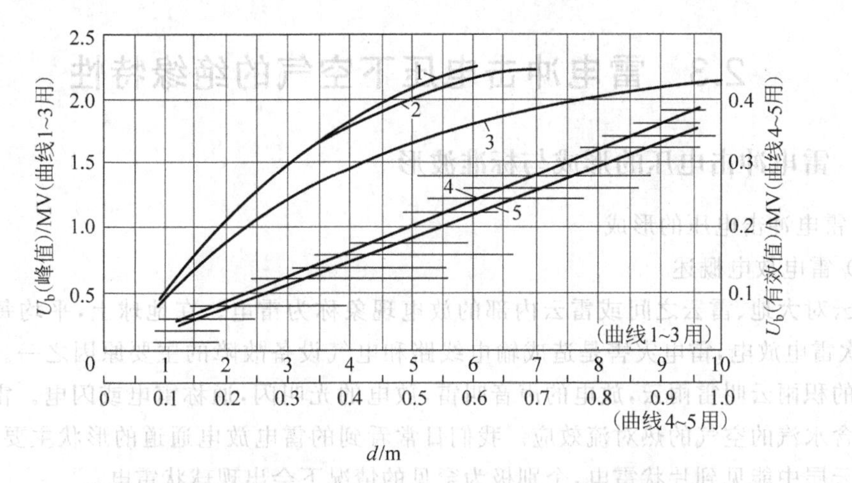


图 2-15 棒-棒及棒-板空气间隙的工频击穿电压和间隙距离的关系

1,2,4—棒-棒；3,5—棒-板

棒-棒试验所用棒为 $\phi$50 mm 的钢管，加高压的上棒长 5 m，接地下棒分别长 6 m(曲线 1)及 3 m(曲线 2)

棒-板试验所用的棒为 10 mm×10 mm 细钢棒，板为 8 m×8 m 薄钢板

各种电压的空气间隙击穿特性中都存在，使用这些曲线时应注意其试验条件。

**例**：某 1000 kV 工频试验变压器，套管顶部为球形电极，球心距离天花板及四周墙壁的距离均为 5 m，问球电极直径至少要多大才能保证在标准参考大气条件下，当变压器升压到 1000 kV 有效值的额定电压时球电极不发生电晕放电？

**解**：由于屋顶、墙壁等远处电极的具体形状对变压器套管顶部高场强电极表面最大场强的影响较小，因此在估算中常常可用几何形状简单、较易进行计算的电极来代替远处电极的具体形状。此题中最大场强显然位于变压器顶端的球电极的外表面，而此球形电极与天花板及四周墙壁大致等距离，因此可按照同心球电极结构来考虑。变压器的球电极为同心球的内电极，四周墙壁为同心球的外电极。这样的简化对估算变压器顶端球电极外表面的场强影响不大。

按题意须保证变压器升压到 1000 kV(有效值)时，球电极表面最大场强 $E_{max}$ 小于球电极的电晕起始场强 $E_0$，即保证

$$\frac{RU}{r(R-r)} = E_{max} < E_0 = 24\delta\,(1 + 1/\sqrt{r\delta})$$

将 $U$=1414 kV(峰值)，$R$=500 cm，$\delta$ =1 代入此不等式，算得 $r$=60 cm 时球电极表面最大场强 $E_{max}$=26.7 kV/cm(峰值)，小于同心球内电极的电晕起始场强 $E_0$= 27.1 kV/cm(峰值)。球电极的起始电晕电压 $U_c$=1012 kV(有效值)>1000 kV(有效值)。

因此，在这种距离天花板和四周墙壁仅 5 m 的空间尺寸下，球电极的直径应达 120 cm 才能保证升压到 1000 kV 有效值的额定电压时，变压器顶端的球电极不发生电晕放电。

# 2.3 雷电冲击电压下空气的绝缘特性

## 2.3.1 雷电冲击电压的形成与标准波形

1. 雷电冲击电压的形成

(1) 雷电放电概述

雷云对大地、雷云之间或雷云内部的放电现象称为雷电。在地球上,平均每天约发生800万次雷电放电,雷电灾害是造成输电线路和电气设备故障的主要原因之一。能产生雷闪放电的积雨云叫雷雨云,放电的声音叫雷,放电的光叫闪,通称雷电或闪电。雷云的成因主要是含水汽的空气的热对流效应。我们日常看到的雷电放电通道的形状主要是线状的,有时在云层中能见到片状雷电,个别极为罕见的情况下会出现球状雷电。

雷闪是雷云中积聚了大量电荷而在大气中引起的放电现象,分云内闪、云间闪与云地闪。能对地面设备造成危害的主要是云地闪。

按雷电发展的方向可区别为下行雷和上行雷两种。下行雷是在雷云中起始并向大地发展的;上行雷则是由接地物体顶部激发起,并向雷云方向发展的。雷电的极性是按照从雷云流入大地的电荷的符号决定的。广泛的实测表明,不论地质情况如何,90%左右是负极性雷。

下行的负极性雷通常可分为三个主要阶段,即先导、主放电和余光。先导过程延续约几毫秒,以逐级发展的、高电导的、高温的、具有极高电位的先导通道将雷云到大地之间的气隙击穿。沿先导通道分布着电荷,其数量达几库仑,当下行先导和大地短接时,发生先导通道放电的过渡过程,这个过程很像充电的长线在前端与地短接的过程,称为主放电过程。在主放电过程中,通道产生突发的明亮,发出巨大的雷响,沿着雷电通道流过幅值很大的(最大可达几百千安)、延续时间为近百微秒的冲击电流。正是这主放电过程造成雷电放电最大的破坏作用。主放电完成后,云中的剩余电荷沿着雷电通道继续流向大地,这时在展开照片上看到的是一片模糊发光的部分,称为余光放电,相应的电流是逐渐衰减的,为$10^1\sim10^3$ A,延续时间约为几毫秒。

上述这三个阶段组成下行负雷的第一个组成部分(以下简称回击)。通常,雷电放电并不就此结束,而是随后还有几个(甚至十几个)后续回击。每个后续回击也是由重新使雷电通道充电的先导阶段、使通道放电的主放电阶段和余光放电阶段所组成。各回击中的最大电流和电流增长最大陡度是造成被击物体上的过电压、电动力、电磁脉冲和爆破力的主要因素。而在余光阶段中流过较长时间的电流则是造成雷电热效应的重要因素。

至于雷云是怎样获得电荷的,怎样将同号电荷聚集到一起而与异号电荷分离的,这些电荷在云中是怎样分布的,雷电放电前后和整个放电过程云中电荷是怎样活动的,等等,目前的研究还很不够,有些假说和理论还缺乏可靠的确证。这里只能简要提及某些已经比较肯定的认识。

目前一般认为,雷云电荷是局限在大量的分散的水性质点(如水滴、冰粒、雪片等)上的,而不是独立的自由活动的离子和电子。水性质点最强烈的荷电过程是与它们转换到不同的存在状态有关,也与它们吸收离子、相互撞击、被破碎分裂或被融合等过程有关。带有异号电荷的水性质点的分离，可能是由于它们在强烈气流和地球引力场作用下具有不同的空气动力学特性，由此，在雷云的不同部位积累了异号电荷，在这些部位之间产生了电场，水性质点在该电场中的极化又可能促进了雷云的荷电过程，其综合效果是造成相当强的产生和分离电荷的能力，使得雷云主要荷电部分的横向范围扩展到几公里，并将雷云电荷在垂直方向分离成两个大的电荷中心。

负电荷云层分布在 1.5～5 km 的高度（中心高度为 2～3 km），而正电荷云层分布在 4～10 km 的高度。云的最低部分不大的区域中也还可能有正电荷的局部聚集，如图 2-16 所示。在极少数情况下，也有测得雷云的上部带有负电荷而下部带有正电荷的。不同极性雷云主要部分的电荷量接近相等；不同雷云中的电荷量可能相差很大，一般雷云中的电荷量达几百库仑。总电荷中只有一部分是通过闪电流入大地的，与此同时，也有云间和云内放电。

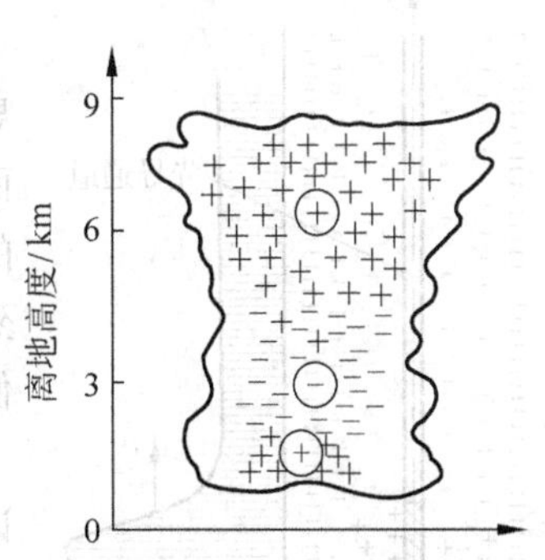

图 2-16 雷云电荷分布示意图

雷云与大地之间的平均场强通常都超过 $10^2$ V/cm，这对于已经形成的下行雷先导的继续前进是足够了。在雷云的主要荷电区域内的平均场强约为 $10^3$ V/cm 级。实际上，雷云电荷并不是均匀分布的，飞机在雷云中用探针法测得：雷云中常存在范围较小（50～200 m）的、电荷密度较大的区域，在该区近旁的场强比上述的平均场强大得多。正是这种不均匀性和局部强场的存在，或是雷云下部的负电荷中心与其下面的正电荷团之间存在的局部强场，给下行先导的初始形成和发展创造了条件。

发展下行先导，需要供给它较大的电流，而这些电荷原来是分散在大量的彼此分离并绝缘着的水性质点上的，雷云的自然电导远远不足以供应先导所需的电荷。这就可以无疑地说，与下行先导形成和发展的同时，在云中一定存在足够强烈的贯穿着相当大区域的气体电离放电过程，它具有很多分支、往雷云深处发展的先导的形式。这些先导的流注区将贯穿到雷云的相当大的部分，并在这宽广区域中，从大量的水性质点上卸下电荷，汇集起来并将它们供给下行先导通道，存在这个过程的间接的证明是：在下行先导发展时间内能观察到云中发出散射的光芒。总的说来，下行先导和云中放电组成一个彼此相互关联的统一的系统，很可能是从云中卸下电荷和汇集电荷的快慢决定着下行先导发展的平均速度。

与上述类似的云中过程也应该在雷电的余光阶段存在。此时，也要从雷云的水性质点上卸下大量电荷以形成余光电流。

正极性雷出现的机会较少，故对它的研究也较少。下面对最常见的下行负极性雷电放电作进一步的讨论。

(2) 雷电先导过程

雷电先导与长间隙火花的先导性质相似。下行负先导具有分级发展的特点，其平均速度约为 $1\times10^5$～$8\times10^5$ m/s。根据实测和推算，雷电先导通道高温高电导部分本身的直径约为毫米级，其轴向场强一般不超过 100 V/cm，但通道外围电离区（电晕套）的半径却相当大，通常超过 6 m。由此可见，绝不能认为雷电先导通道的电荷只是集中在狭窄的、高温的导电通道中，而应认识到还有大量电荷是分布在半径相当大的周围空间中。

雷云电荷中心对地的电位是很难直接测量的，但可以间接推算出先导在云中的根部对地的电位为 50～100 MV。

当下行雷先导从雷云向地面，例如向建筑物方向发展时，从接地的建筑物上可能产生向上的迎面先导。迎面先导在相当大的程度上影响着下行先导的发展路线，并决定雷击点的所在，所以它在雷电的发展中具有很重要的意义。

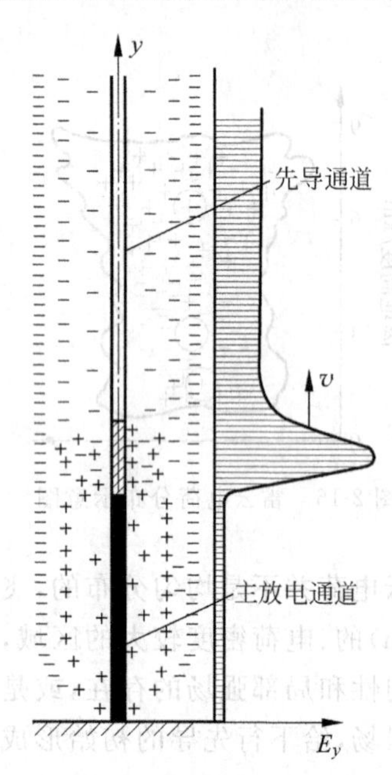


图 2-17　对地雷击通道中电荷分布和轴向场强分布图

(3) 雷电主放电过程

为了将主放电的基本过程搞清，这里先按不存在迎面先导的情况来分析讨论，见图 2-17。随着先导头部逐渐接近地面，先导头部对大地的极大的电位差就全部作用在越来越短的剩余间隙上，使得这剩余间隙中产生极大的场强，造成极强烈的电离，最后形成高导电的通道，将先导头部与大地短接，使主放电通道初步形成。

电离出来的电子迅速流入大地，而留下的正离子中和了该处先导通道中的负电荷。这个剩余间隙中新形成的通道，由于其电离程度比先导通道强烈得多，造成的正、负电荷密度比先导通道中大几个数量级，故具有更强的光亮，更大得多的电导和小得多的轴向场强，就像是一个良导体把大地电位带到初始主放电通道的上端，使该处接近为大地电位。

由于先导通道其余部分中的电荷仍留在原处未变，这些先导电荷所造成的电场也未变，这样，在初始主放电通道上端与原来的先导通道下端的交界段处，就出现极大的场强，形成极强烈的电离，也即是将该段先导通道改造成更高电导的主放电通道，主放电通道就向上延伸。电离出来的电子迅速流入大地，留下的正离子与原来该段先导通道中的负电荷相中和(需要注意的是，这里所说的“中和”，并不一定指正、负离子复合，只要在每个很小的空间内，异号离子的浓度相同，就认为是中和了)，与此相应，入地雷电流有极快的增长，形成雷电流波前的主要部分。

这样，在主放电通道的上端(接近大地电位)与原来先导通道下端的交界处始终保持有极大的场强，促成极强的电离，不断地将原来的先导通道改造成更高电导的主放电通道，主放电通道也就不断地向上延伸，如图 2-17 所示。

与此同时，还进行着径向的放电过程。随着主放电通道的向上延伸，中和了该段先导通道中的负电荷，并使该处的电位接近于大地电位，但原来先导通道四周的负空间电荷仍然存在，这就使得新生的该段主放电通道表面及周围形成很大的径向场强。在此场强作用下，产生电晕流注放电。电离出来的电子迅速流向主放电通道，再经主放电通道流向大地，组成主放电电流的一部分，留下的正离子则中和原先通道周围的负空间电荷。当然，这个径向放电并不能使原先导通道周围的空间电荷全部中和，但可中和其相当大的一部分。

从宏观来看，负先导的发展象是将一条具有很高的负电位的长导线由上向下延伸，而主放电的发展象是将上述具有很高负电位的长线在其下端接地短路，只是雷电通道的导电性是空气电离而成，它不同于金属中的电子电导，所以，沿雷电通道传播的波速，也就不同于金属导线中的波速了。

主放电发展的速度极快，根据统计，在0.07～0.5倍光速的范围。离地越高，速度就越慢。主放电的延续时间一般不超过100 μs，电流峰值大都可达几十千安甚至几百千安。电流瞬时值则是随着主放电向高空发展而逐渐减小，形成具有冲击波形的雷电流。

(4) 雷电的后续回击

形成后续回击的原因，可能是由于雷云中存在几个电荷聚集中心。

后续回击仍是由先导、主放电和余光这三个阶段组成。后续回击的先导总是沿着第一回击的通道前进的，原先通道尚未充分去电离，故后续回击先导可以顺利地连续前进，而不再需要分级了。

后续回击的主放电过程与第一回击的主放电过程在机理上没有什么差别，只是电流幅值较小，通常为第一回击的1/3～1/2，但电流波前时间比第一回击小得多，因此，后续回击的电流幅值虽小，而其电流上升的最大陡度反比第一回击的大3～5倍，会在电感性被击物体上造成较高的过电压，这是应该注意的。

每次负极性雷的回击数目，多的可达十余个甚至二十余个，相邻回击之间的间歇时间约为几十毫秒。

每次雷电对地泄放电荷的总量在很大范围内变化（从不足一库仑到几百库仑），平均约为35库仑，其中有30%～50%是在余光放电过程中泄放入地的。

雷闪放电前，雷云对地的静电电位很高，可达$10^7$～$10^8$ V数量级，然而被雷电击中的物体上所形成的雷电冲击电压，却与雷云静电电位不同。

雷电冲击电压是由于雷云对地放电时，巨大的冲击电流在接地阻抗上产生的巨大的电压降，或极大的电流变化陡度在电感性被击物体上产生的高电压。另外，当输电线路附近落雷时，雷电冲击电流引起的电场、磁场的剧烈改变，也会在线路上感应出很高的电压。

因此雷击巨大的破坏力的根源在于其冲击电流，它能引起被击物电位突然升高，同时具有巨大的热效应和力效应。

2. 标准雷电冲击电压波形

雷电流具有冲击波形的特点，迅速上升，平缓下降。雷电流在接地阻抗上所形成的雷电冲击电压也具有冲击波形。

为模拟雷闪放电引起的过电压，在实验室中常用冲击电压发生装置产生冲击电压，为使所得结果可以互相比较，需规定标准波形，标准波形是根据电力系统中实测到的由雷闪造成的电压波形制定的。由国际电工委员会制定的雷电冲击电压标准波形，分为全波和截波两种。截波是模拟雷电冲击电压被某处放电而截断的波形。

全波冲击试验电压应为图2-18所示的非周期性冲击电压，先是很快上升到峰值，然后逐渐下降到零。

由于实验室中发生的冲击电压的起始部分及峰值部分比较平坦，在示波图上不易确定原点及峰值的确切位置，为对波形的主要部分有较准确和一致的衡量，国家标准规定了波形参数的确定方法。

图2-18中，取波峰值为1.0，在0.3、0.9和1.0峰值高度处画三条水平线与雷电冲击电压波形曲线分别相交于$A$、$B$和$M$点。连接$A$、$B$两点作一直线，并延长之，与时间轴相交于$G$，与峰值水平切线相交于$F$，$A$、$B$及$F$点在时间轴上的投影分别为$C$、$D$及$H$。$GF$线即为规定的波前，$GH$段即为视在波前时间$T_1 = T/0.6 = 1.67T$。在0.5波峰处画一条水

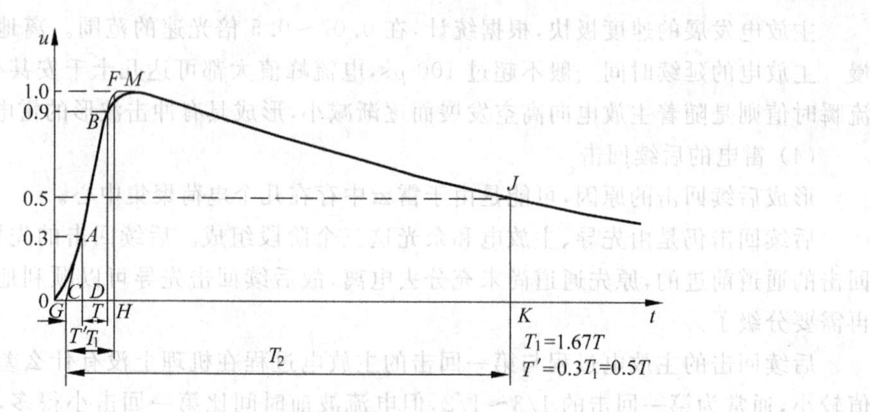


图 2-18 雷电冲击电压全波波形示意图

平线，与波形曲线的尾部相交于 $J$，相应的时间坐标为 $K$ 点，$GK$ 段时间 $T_2$ 被定为视在半峰值时间。

如冲击电压波前峰值附近有振荡而带有过冲（过冲的含义是峰值处因回路引起的阻尼振荡而导致的幅值增加），需根据国家标准 GB/T16927.1—2011 的规定，将记录下来的波形处理成试验电压波形。标准规定过冲的最大允许值是10%。

我国国家标准规定的波形参数与 IEC 推荐的波形参数是一致的，均为：视在波前时间 $T_1=1.2\ \mu s(1\pm30\%)$；视在半峰值时间 $T_2=50\ \mu s(1\pm20\%)$；峰值允许误差±3%。

对雷电波进行计算时，可用双指数波 $u=U_m[\exp(-\alpha t)-\exp(-\beta t)]$，主要分析波头时，也可简化为 $u=U_m[1-\exp(-\beta t)]$。

对正、负极性雷电冲击电压的标准波形规定是一样的。

波前截断及波尾截断的截波冲击试验电压波形示意图如图 2-19 所示。截断时间 $T_c$、截波峰值 $U_c$、反极性过冲 $U_2$、截断时电压跌落、电压过零系数 $U_2/U_c$ 等特性的具体参数值由各类被试电器的技术标准决定。如 JB10780—2007 中给出了 750 kV 等级电力变压器的 $U_c$ 为 2100 kV。通常 $T_c$ 为 2～ 5 $\mu s$，$U_2/U_c$ 不大于 0.3。

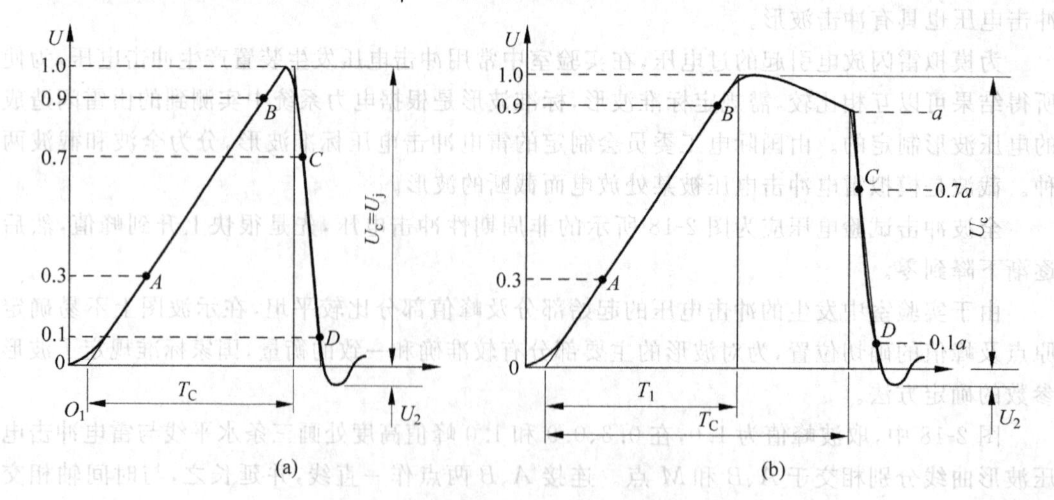


图 2-19 雷电冲击电压截波波形示意图

(a) 波前截断波；(b) 波尾截断波

### 2.3.2 放电时延

每个气隙都有它的最低静态击穿电压，即长时间作用在间隙上能使间隙击穿的最低电压。所以，欲使间隙击穿，外加电压必须不小于这静态击穿电压。但对冲击电压而言这仅是必要条件，而不是充分条件。

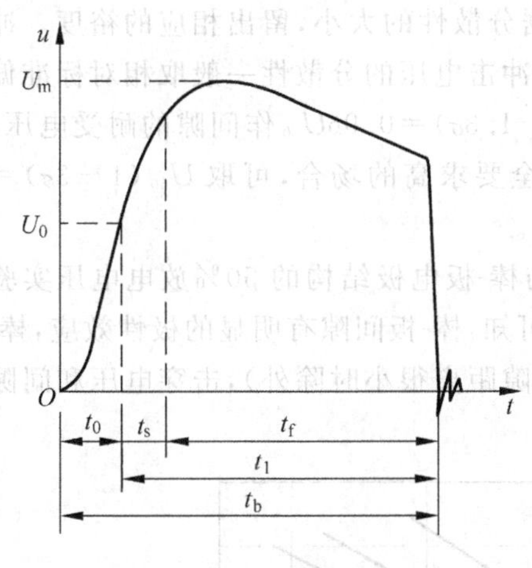

图 2-20 气隙的击穿时间

如图 2-20 所示，当对静态击穿电压为 $U_0$ 的间隙施以冲击电压时，经 $t_0$ 时间，电压已上升至 $U_0$，但间隙并不立刻击穿，而需经过 $t_1$ 后才能完成击穿，即间隙的击穿不仅需足够的电压，还需要足够的时间。从开始加压的瞬时起到气隙完全击穿为止总的时间称为击穿时间 $t_b$，由三部分组成，见图 2-20。

(1) 升压时间 $t_0$：电压从零升高到静态击穿电压 $U_0$ 所需的时间。

(2) 统计时延 $t_s$：从电压升到 $U_0$ 的时刻起到气隙中形成第一个有效电子的时间。

(3) 放电形成时延 $t_f$：从形成第一个有效电子的时刻起到气隙完全被击穿的时间。

这里说的第一个有效电子是指该电子能发展一系列的电离过程，最后导致间隙完全击穿的那个电子。气隙中出现的自由电子并不一定能成为有效电子，因为：

1) 这个自由电子可能被中性质点俘获，形成负离子，失去电离的活力；

2) 可能扩散到间隙以外去，不能参加电离过程；

3) 即使已经引起电离过程，但电离过程可能中途衰亡而停止。

显然，$t_b = t_0 + t_s + t_f = t_0 + t_1$。其中 $t_1 = t_s + t_f$ 称为放电时延。

在短间隙中(1 cm 以下)，特别是电场比较均匀时，$t_f \ll t_s$。这时全部放电时延实际上就等于统计时延。统计时延的长短具有统计的性质，通常取其平均值，称平均统计时延，它与电压、电场、外界照射都有关。一般电压高，照射强，则 $t_s$ 小。在电场很不均匀的长间隙中，放电形成时延 $t_f$ 将占放电时延的大部分。

### 2.3.3 50%放电电压

由于放电时延的影响，当图 2-21 所示幅值为 $U_m$ 的冲击电压加在静态击穿电压为 $U_0$ 的间隙上时，若 $U_m > U_0$，但电压超过 $U_0$ 所持续的时间 $T$ 小于放电时延 $t_1$ 时，击穿概率很低；当 $U_m$ 很高，使得放电时延缩短，$T \gg t_1$ 时，每次冲击都能使间隙击穿；当电压在两者之间时，击穿的概率随电压的升高而提高。因此存在一个电压值，当此电压加到该间隙上时，发生击穿与不击穿的概率各为 50%，则称此电压为该间隙的 50% 放电电压，记为 $U_{50}$。

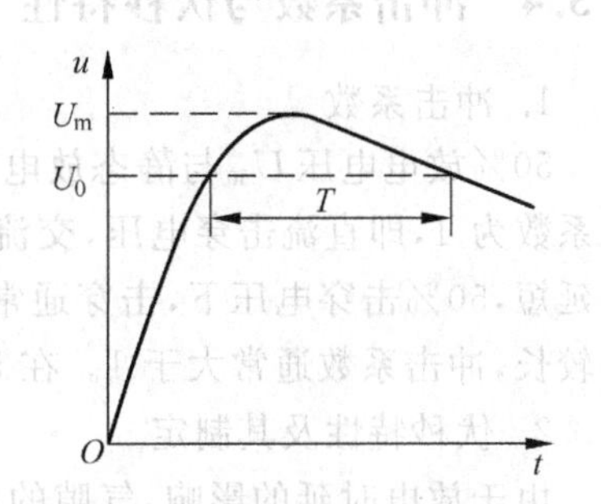

图 2-21 $U_m$ 超过 $U_0$ 的持续时间为 $T$ 的冲击电压波形示意图

因此对冲击电压，一般采用50%放电电压来衡量间隙的绝缘特性，即在多次施加同样电压幅值的冲击电压时，有半数导致击穿的电压。确定某间隙50%放电电压的最简单的方法是：保持标准波形不变，逐级升高电压幅值，每级电压值加10次，直至每10次中有4~6次击穿，则此电压可作为该间隙大致的$U_{50}$。国家标准GB/T 16927.1—2011在附录A.1.1和A.1.2中给出了“多级法”和“升降法”两种确定50%放电电压的方法。

采用50%放电电压决定绝缘距离时，要注意根据分散性的大小，留出相应的裕度。冲击放电电压的放电概率一般认为服从高斯分布，雷电冲击电压的分散性一般取相对标准偏差$\sigma$为3%。对放电可自恢复的外绝缘，常用$U_{50}(1-1.3\sigma)=0.96U_{50}$作间隙的耐受电压，其耐受概率为90%，即10次中有一次击穿。对安全要求高的场合，可取$U_{50}(1-3\sigma)=0.91U_{50}$作为间隙的耐受电压，其耐受概率为99.85%。

图2-22给出了两种电压极性下棒-棒电极结构与棒-板电极结构的50%放电电压实验曲线，以及$d>40$ cm时各曲线的拟合公式。从图中可知，棒-板间隙有明显的极性效应，棒-棒间隙也有不大的极性效应。在如图所示范围内(间隙距离很小时除外)，击穿电压和间隙距离呈直线关系。

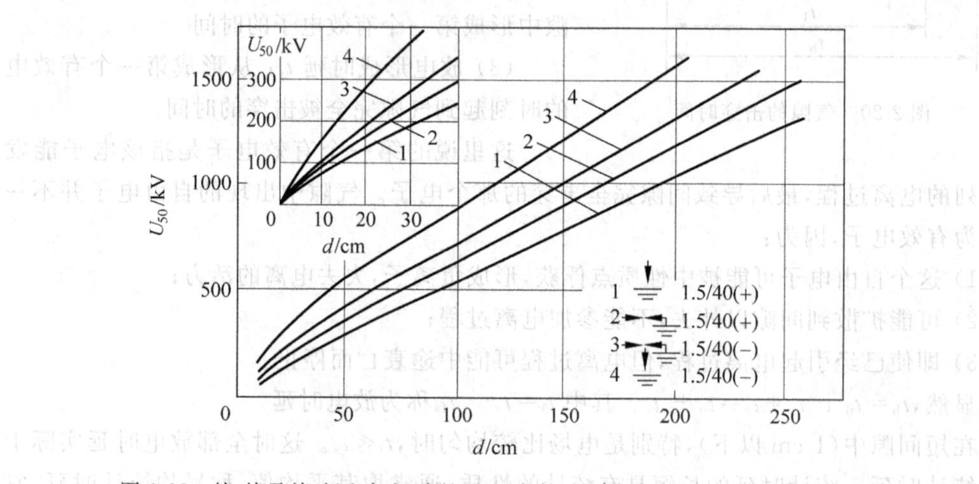


图2-22 棒-棒及棒-板空气间隙的雷电冲击50%击穿电压和间隙距离的关系

1—$d>40$cm时，$U_b=40+5d$；2—$d>40$cm时，$U_b=75+5.56d$；

3—$d>40$cm时，$U_b=110+6d$；4—$d>40$cm时，$U_b=215+6.7d$

## 2.3.4 冲击系数与伏秒特性

1. 冲击系数

50%放电电压$U_{50}$与静态放电电压$U_0$之比称冲击系数。对均匀电场、稍不均匀电场，冲击系数为1，即直流击穿电压，交流击穿电压峰值，50%冲击放电电压三者相等。由于放电时延短，50%击穿电压下，击穿通常发生在波形的峰值附近。对极不均匀电场，由于放电时延较长，冲击系数通常大于1。在50%放电电压下，击穿通常发生在波尾。

2. 伏秒特性及其制定

由于放电时延的影响，气隙的击穿需要一定的时间才能完成，对于不是持续作用的，而是脉冲性质的电压，则气隙的击穿电压就与该电压作用的时间有很大关系。同一个气隙，在峰值较低但延续时间较长的冲击电压作用下可能击穿，而在峰值较高但延续时间较短的冲击电压作用下可能反而不击穿。

如图 2-23 所示，以斜角波电压为例，对静态击穿电压 $U_0=50$ kV 的间隙，当电压从零升至 50 kV 需 5 ms，即电压上升陡度 $\mathrm{d}u/\mathrm{d}t=50\ \mathrm{kV}/5\ \mathrm{ms}=10^7\ \mathrm{V/s}$ 时，若放电时延 $\Delta\tau$ 为 $10^{-6}$ s，则即使考虑放电时延，间隙击穿电压 $U_b=U_0+\Delta u$，其中 $\Delta u=(\mathrm{d}u/\mathrm{d}t)\Delta\tau=10$ V。

由于 $\Delta u \ll U_0$，$\Delta u$ 完全可以忽略不计，于是 $U_b \approx U_0$。

但当电压上升迅速，从零升至 50 kV 仅需 5 μs，即电压上升陡度 $\mathrm{d}u/\mathrm{d}t=50\ \mathrm{kV}/5\ \mu\mathrm{s}=10^{10}\ \mathrm{V/s}$ 时，假设放电时延仍为 $10^{-6}$ s，则 $\Delta u=(\mathrm{d}u/\mathrm{d}t)\Delta\tau=10$ kV，这样 $U_b=U_0+\Delta u=60$ kV，$\Delta u$ 就不能再忽略了。

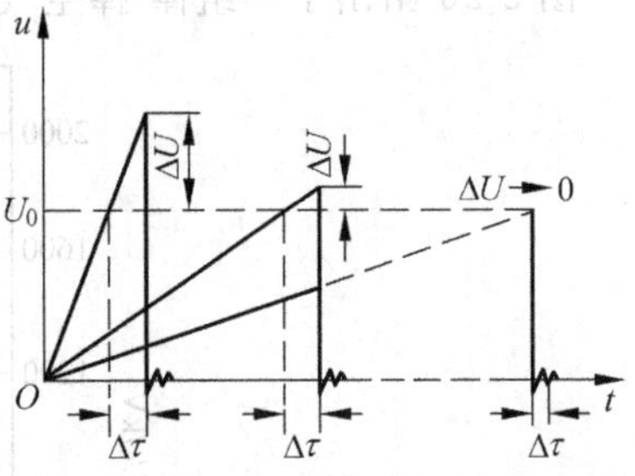

图 2-23 击穿电压和电压上升陡度的关系

（时间坐标轴上虚线前后比例尺不同）

由此可见，在冲击电压下仅用单一的击穿电压值描述间隙的绝缘特性是不全面的。一般用间隙上出现的电压最大值和间隙击穿时间的关系曲线来表示间隙的冲击绝缘特性，此曲线称间隙的伏秒特性。

伏秒特性可用如下方法求取：见图 2-24，保持一定的波形而逐级升高冲击电压的峰值。电压较低时，击穿发生在波尾。在击穿前的瞬时，电压虽已从峰值下降到一定数值，但该电压峰值仍然是气隙击穿过程中的主要因素，因此，以该电压峰值为纵坐标，以击穿时刻为横坐标，得点“1”、点“2”。电压再升高时，击穿有可能正好发生在波峰，则该点当然是伏秒特性曲线上的一点。电压进一步升高时，气隙很可能在电压尚未升到波形的峰值时就已经被击穿，如图中的点“3”。把这些相应的点连成一条曲线，就是该气隙在该电压波形下的伏秒特性曲线。

由于放电时间具有分散性，所以每级电压下可得到一系列放电时间。实际上伏秒特性是以上、下包线为界的一个带状区域，如图 2-25 所示。

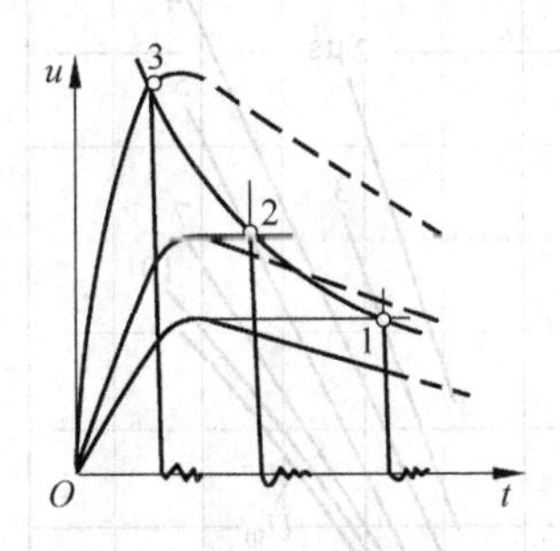


图 2-24 伏秒特性绘制方法

（虚线表示没有被试间隙时的波形）

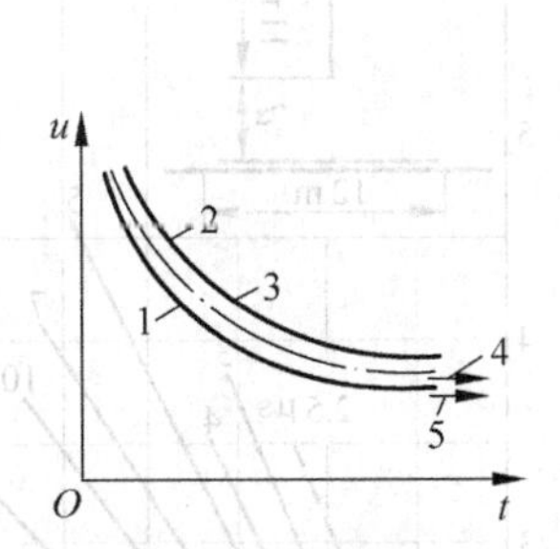


图 2-25 50%伏秒特性示意图

1— 0%伏秒特性；2— 100%伏秒特性；3— 50%伏秒特性；4— 50%冲击击穿电压；5— 0%冲击击穿电压（即静态击穿电压）

工程上还采用所谓50%伏秒特性，或称平均伏秒特性，如图 2-25 所示。每级电压下，放电时间小于下包线横坐标所示数值的概率为 0%，小于上包线横坐标所示数值的概率为 100%。现于上下限间选一个数值，使放电时间小于该值的概率等于 50%，即某个电压下多次击穿中放电时间小于该值者恰占一半，这个数值可称为 50%概率放电时间。以 50%概率放电时间为横坐标，纵坐标仍为该电压值，连成曲线就是50%伏秒特性。同理，上下包线可相应地称为100%及0%伏秒特性。较多采用的是50%伏秒特性，它从较少次数的实验中就可得到。但应用它时应注意到它只是大致地反映了该间隙的伏秒特性，在其两侧还有一定的分散范围。

图2-26给出了一组棒-棒空气间隙的伏秒特性曲线。

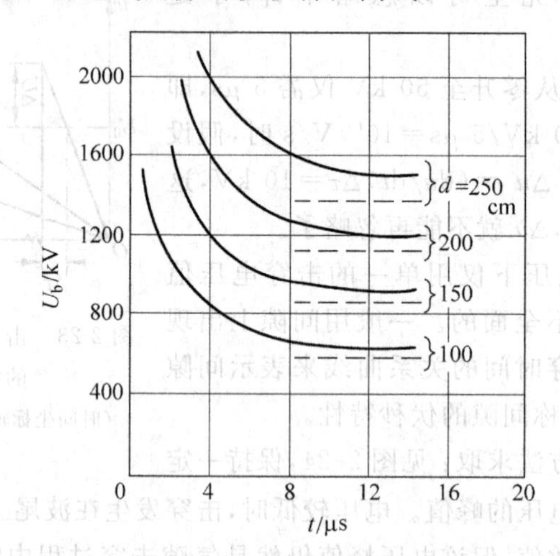


图2-26 棒-棒空气间隙的伏秒特性曲线

（虚线表示该间隙在工频电压下的击穿电压）

图2-27(a)、(b)分别给出了在正、负极性1.2 μs/50 μs标准冲击电压作用下，棒-板空气间隙的冲击击穿电压和间隙距离的关系曲线，图中曲线旁的数字是以微秒计的放电时间，最下边的曲线是50%击穿电压$U_{50}$。这种曲线组也是伏秒特性的一种表示方式。

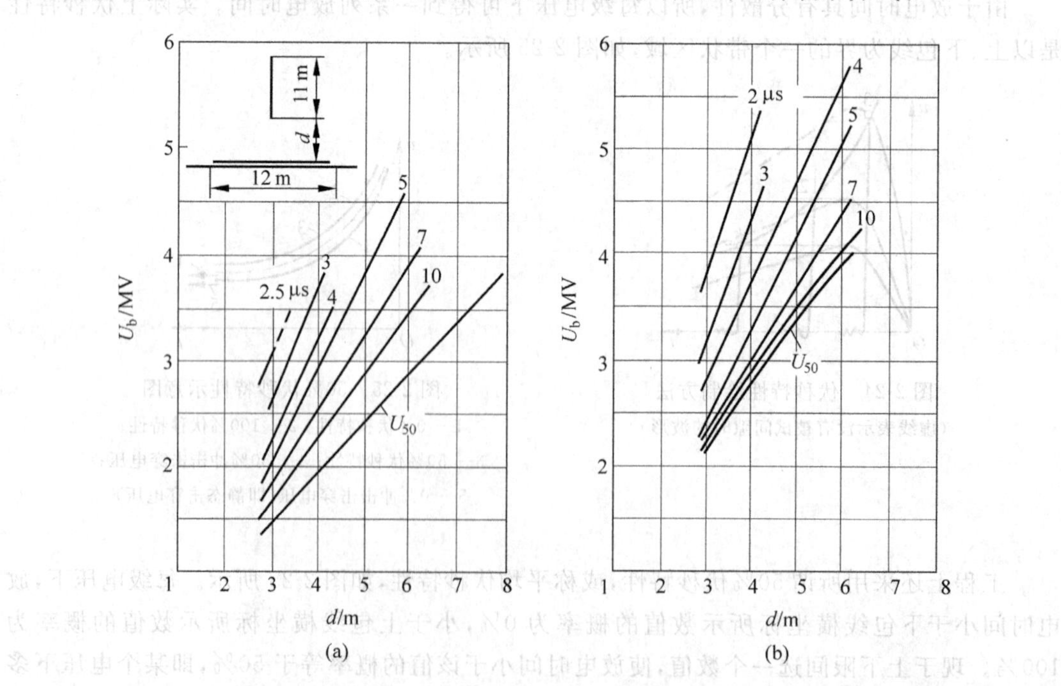


图2-27 不同放电时间下棒-板空气间隙的冲击击穿电压和间隙距离的关系曲线

(a) 正极性冲击电压；(b) 负极性冲击电压

应该注意，同一个气隙，对不同的电压波形，其伏秒特性是不一样的。如无特别说明都是指标准冲击电压下的伏秒特性。

上述伏秒特性的概念也适用于气体介质中的沿面放电，以及液体介质、固体介质和组合绝缘等各种场合中。

3. 伏秒特性的应用

间隙伏秒特性的形状决定于电极间电场分布。极不均匀电场中平均击穿场强较低，放电时延较长，其伏秒特性随放电时间的减少而明显翘向上方，如图 2-28 中的 $S_1$。在均匀及稍不均匀电场中，平均击穿场强较高，相对来说放电时间较短，所以其伏秒特性就比较平坦，如图 2-28 中的 $S_2$。

伏秒特性对于比较不同设备绝缘的冲击击穿特性有重要意义。如果一个电压同时作用在两个并联的气隙 $S_1$ 和 $S_2$ 上，其中某一个气隙先击穿了，则电压被短接截断，另一个气隙就不会再被击穿了。这个原则如用于保护装置和被保护设备，那就是前者保护了后者。设前者的伏秒特性以 $S_2$ 记之，后者的以 $S_1$ 记之，我们来比较图 2-28 和图 2-29 所示的两种情况。

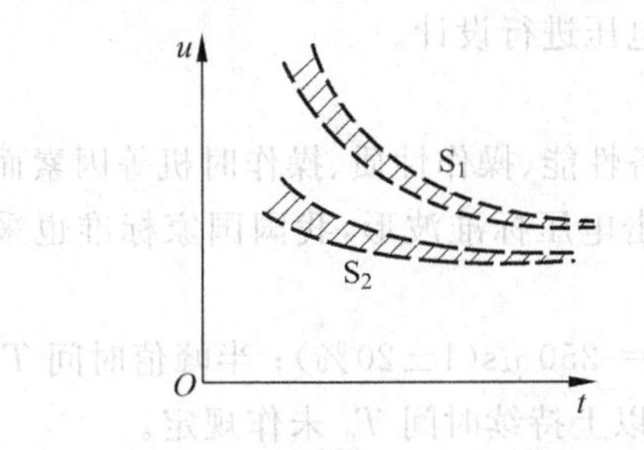


图 2-28 极不均匀电场($S_1$)与稍不均匀电场($S_2$)气隙的伏秒特性举例

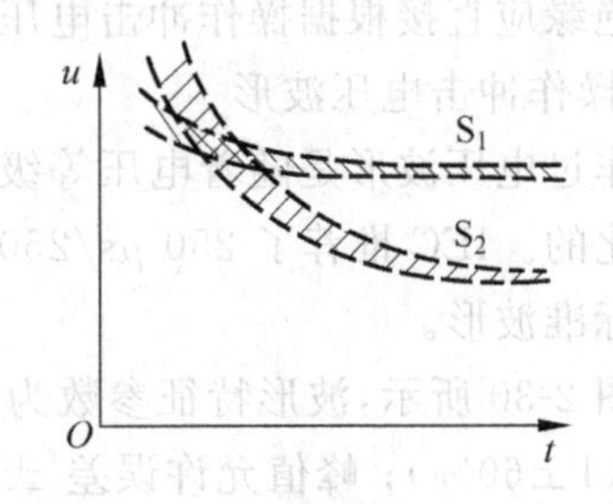


图 2-29 两个气隙的伏秒特性发生交叉的情况

在图 2-28，$S_2$ 全面位于 $S_1$ 之下方，这意味着在任何电压波形下，$S_2$ 都比 $S_1$ 先击穿，就能可靠地保护了 $S_1$ 不会被击穿。

在图 2-29 中，在时延较长的区域，$S_2$ 位于 $S_1$ 的下方；而在时延较短的区域，$S_2$ 则位于 $S_1$ 的上方；介乎其中的为交叉区。这种情况意味着：当冲击电压峰值较低时，击穿前时间较长，则 $S_2$ 先击穿，能保护 $S_1$ 不被击穿；但当冲击电压峰值较高时，击穿前时间很短，则 $S_1$ 将先击穿，而 $S_2$ 不会击穿；当冲击电压峰值相应于交叉区域中，则可能是 $S_1$ 先击穿，也可能是 $S_2$ 先穿。如果要求 $S_2$ 能可靠地保护 $S_1$，则 $S_2$ 的伏秒特性显然必须全面低于 $S_1$。

因而，阀式避雷器等保护装置中，保护间隙都是尽量采用均匀电场的结构。以确保在各种电压下保护装置的伏秒特性曲线都低于被保护设备的伏秒特性。

## 2.4 操作冲击电压下空气的绝缘特性

### 2.4.1 操作冲击电压的形成与波形

1. 操作冲击电压的形成

电力系统的输电线及电气设备都有各自的电感和电容，由于系统运行状态的突然变化(不管是正常操作还是故障操作)，导致电感和电容元件间电磁能的互相转换，就会引起振荡性的过渡过程。

这个过渡过程会在某些电气设备或局部电网上造成很高的电压，远远超过正常运行的电压，称为操作过电压（以别于大气过电压，雷电过电压）。

操作过电压幅值与波形显然和电力系统的参数有密切关系，这一点与雷电过电压不同，后者一般决定于接地电阻，与系统电压等级无关。操作过电压则不然，由于其过渡过程的振荡基值即是系统运行电压，因此，电压等级越高操作过电压的幅值也越高。在不同的振荡过程中，振荡幅值最高可达最大相电压峰值的 3～4 倍。

直到 20 世纪 50 年代，各国还都认为操作冲击下空气间隙及绝缘子的闪络电压和其工频放电电压差别不大，且波形影响可忽略不计，可以用工频电压乘操作冲击系数来反映操作冲击放电电压。对 220 kV 及以下系统，操作冲击系数取 1.1，对 220 kV 以上系统，操作冲击系数取 1.0。

随着电力系统电压等级的提高，操作冲击下的绝缘问题越来越突出。对操作冲击下气体绝缘的放电特性进行了广泛的研究，发现了一系列新特点。因此现在认为操作过电压下的气体绝缘应直接根据操作冲击电压波形下的放电电压进行设计。

2. 操作冲击电压波形

操作过电压波形是随着电压等级、系统参数、设备性能、操作性质、操作时机等因素而有很大变化的。IEC 推荐了 250 μs/2500 μs 的操作冲击电压标准波形，我国国家标准也采用了这个标准波形。

如图 2-30 所示，波形特征参数为：波前时间 $T_{cr}$ = 250 μs(1±20%)；半峰值时间 $T_2$ = 2500 μs(1±60%)；峰值允许误差 ±3%；90%峰值以上持续时间 $T_d$ 未作规定。

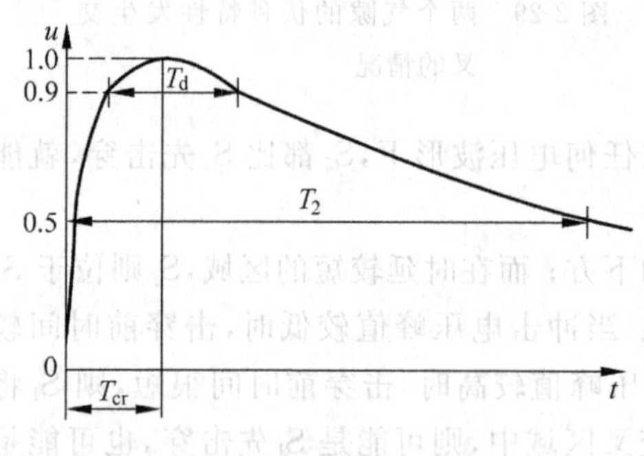


图 2-30 操作冲击电压全波

当认为仅用标准波形的操作冲击电压不能满足要求或不适用时，可采用波头时间更短或更长的操作冲击电压波形，比如采用 100 μs/2500 μs 或 500 μs/2500 μs 波形。此外，还可采用一种衰减振荡波，其第一个半波的持续时间在 2000～3000 μs 之间，反极性的第二个半波的峰值约为第一个峰值的 80%。近年来国际上趋向于用长波尾的非周期性波形的冲击电压来模拟操作过电压的作用。我国在特高压输电技术研究中，就专门进行了空气间隙的长波头操作冲击电压试验。另外，对于试验 220 kV 及以上变压器、互感器、电抗器内绝缘的操作冲击电压波形，在 GB 1094.3—2003《电力变压器 第 3 部分：绝缘水平、绝缘试验和外绝缘空气间隙》中另有规定。

### 2.4.2 操作冲击放电电压的特点

不均匀电场气隙在操作冲击电压作用下的击穿有很多特点，下面先举一些实验结果，再一一加以讨论。

操作冲击电压的作用时间介于工频电压与雷电冲击电压之间，因此均匀与稍不均匀场中，操作冲击 50% 放电电压与雷电冲击 $U_{50}$、直流放电电压、工频放电电压幅值几乎相同，分散性也不大,击穿发生在峰值附近。

在极不均匀场中,操作冲击表现出许多特点:

(1) U形曲线

图2-31表示棒-板间隙在操作冲击电压(正极性)作用下的50%击穿电压(标么值)与波前时间的关系曲线。由图可见,曲线呈U形,当波前时间为某定值时,间隙的50%击穿电压具有最小值,相应于此最小值的波前时间称为临界波前时间。

当棒-板间隙距离 $d$ 增大时,临界波前时间也随之增大。对不超过7m的间隙,临界波前时间大致在100~300 $\mu s$ 范围内。典型试验结果如图2-32所示。

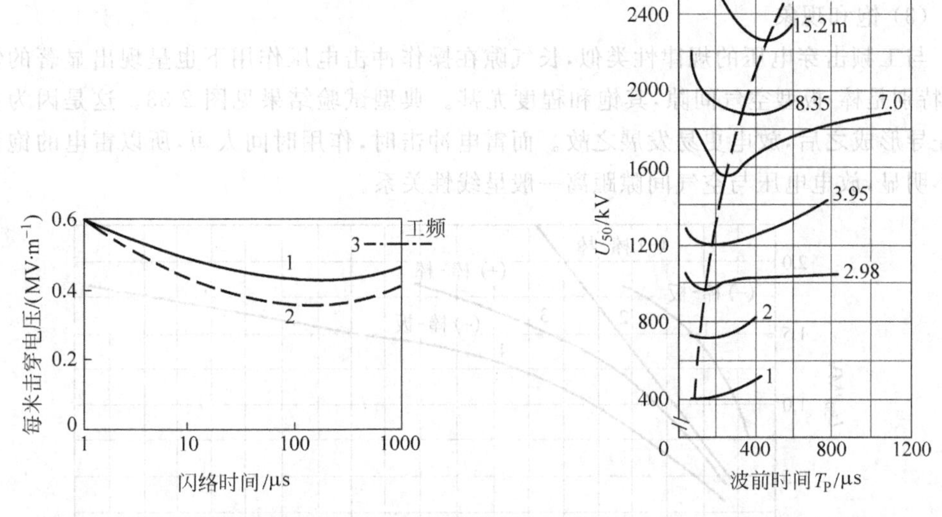


图2-31 棒-板间隙操作冲击击穿电压与波前时间的关系
1—棒-棒间隙; 2—导线-平板间隙; 3—工频击穿电压

图2-32 棒-板气隙的操作冲击击穿电压

对于其他形式的气隙也大多存在U形曲线的规律,棒-板间隙最为显著; 伸长形电极(如分裂导线)所形成的间隙最不显著; 正极性电压的U形规律比负极性电压显著。

需要注意:棒-板间隙在某种波前的操作波作用下的击穿电压甚至比工频电压还低,有时甚至低得较多。不仅棒-板间隙有这种情况,其他形式的间隙(如导线对地,导线对塔柱等间隙)也有这种情况,只是程度较轻。

对以上这些实验结果,初步解释如下:

当波前时间从临界值逐渐减小时,留给放电发展的时间缩短了,相当于放电时延减小了,必然要求有更高的电压才能击穿,这就导致U形曲线左半支的向上升。当波前时间从临界值逐渐增大时,留给放电发展的时间已足够长,再增大放电时间,对放电的发展并不能提供更有利的因素; 而另一方面,起晕棒极(为了叙述的方便,此处以棒极为例来说明)附近电离出来的与起晕极同号的空间电荷却有时间被驱赶到离棒极较远的地方,使得空间电荷不再集中在起晕极近旁,这样,空间电荷所造成的附加电场减弱了,不利于放电的进一步发展,这也必然要求有更高的电压才能击穿,导致U形曲线右半支的向上升。

工频半波相当于波前时间为5000 $\mu s$,位于U形曲线的右半支,故其击穿电压反而比临界波前操作冲击击穿电压高了,这一点是值得特别注意的,因为这对工程中各气隙尺寸的选定有极重要的影响。

从上述解释不难理解，间隙距离 $d$ 越大，放电发展所需的时延越长，相应的临界波前时间就越大。

(2) 极性效应

在各种不同的电场结构中，正极性操作冲击的50%击穿电压都比负极性低，所以是更危险的。在讨论操作冲击电压下的间隙击穿特性时，如无特别说明，一般均指正极性情况。

还有一点是值得注意的，在同极性的雷电冲击标准波作用下，棒-板间隙的击穿电压比棒-棒间隙低得不多，而在操作过电压作用下，前者却比后者低得多。这个情况启示我们在设计高压电力装置时应注意尽量避免出现棒-板型空气间隙。

(3) 饱和现象

与工频击穿电压的规律性类似，长气隙在操作冲击电压作用下也呈现出显著的饱和现象，特别是棒-板型空气间隙，其饱和程度尤甚。典型试验结果见图2-33。这是因为长间隙下先导形成之后，放电更易发展之故。而雷电冲击时，作用时间太短，所以雷电的饱和现象很不明显，放电电压与空气间隙距离一般呈线性关系。

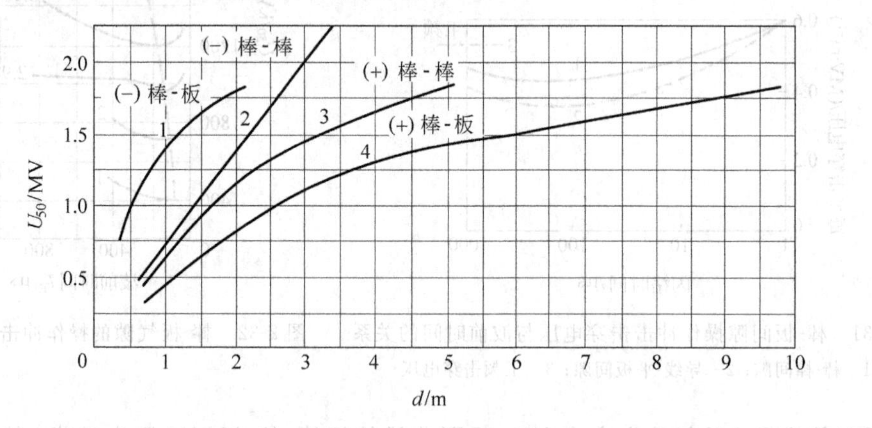


图2-33 操作冲击电压(500 μs/5000 μs)作用下棒-板及棒-棒空气间隙的50%击穿电压和间隙距离的关系

1—棒-板，负极性；2—棒-棒，负极性；3—棒-棒，正极性；4—棒-板，正极性；
1,4—10×10 mm² 钢棒，地面铺7×7 m² 钢板；2,3—ϕ50 mm 钢管，上棒长5 m，下棒长6 m

(4) 分散性大

在操作冲击电压作用下，气隙的50%击穿电压的分散性比雷电冲击下大得多，集中电极(如棒极)比伸长电极(如导线)尤甚，波前时间较长时(比如>1000 μs)比波前时间较短时(比如100～300 μs)尤甚，对棒-板间隙，50%击穿电压的相对标准偏差前者达8%左右，后者约5%。而雷电冲击电压下，分散性小得多，$\sigma\approx3\%$；工频下分散性更小，$\sigma$ 不超过2%。

(5) 邻近效应

电场分布对操作冲击 $U_{50}$ 影响很大，接地物体靠近放电间隙会显著降低正极性的击穿电压(但能多少提高一些负极性击穿电压)，称邻近效应。

(6) $U_{50}$ 击穿电压极小值经验公式

正棒-板空气间隙操作中击U形曲线中50%放电电压极小值 $U_{50,\min}$ 与间隙距离 $d$ 的关系可归纳为式(2-29)的经验公式：

$$U_{50,\min}=\frac{3400}{1+\dfrac{8}{d}} \tag{2-29}$$

其中，$U_{50,\min}$与 $d$ 的单位分别为 kV 和 m。

对 1～20 m 的长间隙，此公式与试验结果吻合很好。

综上所述，可见影响操作冲击 $U_{50}$ 的因素很多，因此在工程设计上，不仅不能仅靠计算确定绝缘间隙的尺寸，也无法用缩比后的小尺寸模型做试验，而是通常希望在 1∶1 的模型上作试验，甚至是在真型杆塔、真型结构上进行试验，工作量及财力物力消耗都很大。

另外需要特别注意的是，虽然都属于极不均匀场，但是不同电极形状的空气间隙，其操作冲击击穿电压的差别还是很大的。在电压较高时，若仍简单套用棒-板或棒-棒电极的击穿数据来计算所需的间隙距离，就差别太大了。图 2-34 给出了几种不同电极结构的极不均匀场空气间隙的操作冲击击穿电压曲线，可见不同电极结构击穿电压的差异之大。

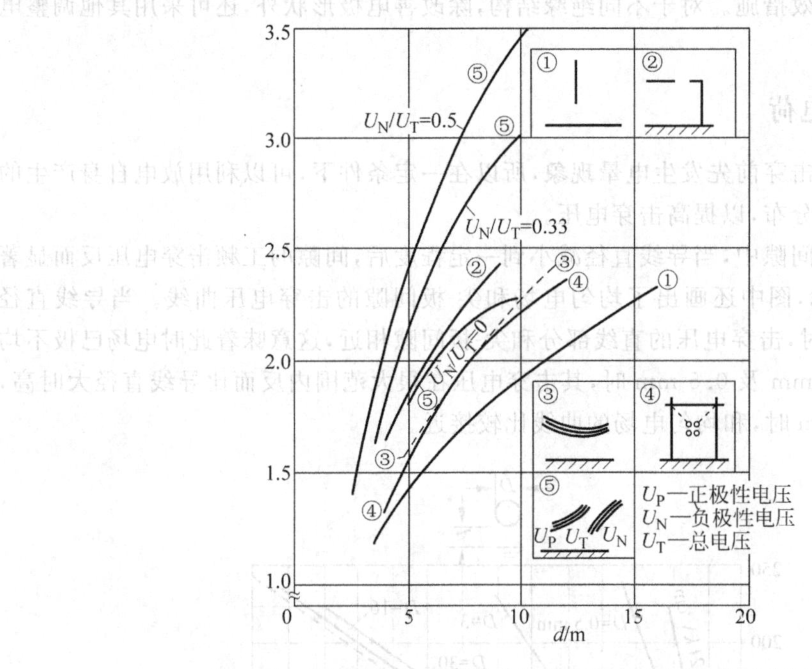


图 2-34 不同电极结构的操作冲击击穿电压与间隙距离的关系

## 2.5 提高气体间隙击穿电压的措施

在高压电气设备中经常遇到气体绝缘间隙。为了减小设备尺寸，一般希望间隙的绝缘距离尽可能缩短。为此需要采取措施，以提高气体间隙的击穿电压。根据前述分析可以想到，提高气体击穿电压不外乎两个途径：一方面是改善电场分布，使之尽量均匀；另一方面是利用其他方法来削弱气体中的电离过程。改善电场分布也可以有两种途径：一种是改进电极形状；另一种是利用气体放电本身的空间电荷畸变电场的作用。以下举例介绍一些提高气体间隙击穿电压的方法。但应注意，这些措施只是提供了解决问题的方向，在解决工程问题时，应根据具体情况灵活处理，才能得出比较合适的具体办法。

## 2.5.1 改进电极形状

均匀电场和稍不均匀电场间隙的平均击穿场强比极不均匀电场间隙的要高得多。一般来说,电场分布越均匀,平均击穿场强也越高。因此,对稍不均匀场的空气间隙,通过改进电极形状,增大电极曲率半径,降低电场不均匀系数,即可明显提高击穿电压。

对极不均匀场的空气间隙,若能通过改进电极形状,使之成为或接近稍不均匀场,则提高间隙击穿电压的效果当然明显。但是在很多情况下,增大电极曲率半径后仍是极不均匀场。这时增大电极曲率半径的效果,主要是大幅度提高电晕起始电压,对间隙击穿电压的提高幅度要小很多。提高电晕起始电压和提高间隙击穿电压这两者是有区别的。对于极不均匀场空气间隙,应尽可能采用对称电场,即棒-棒间隙,尽可能避免出现棒-板类型的不对称场。

调整电场,降低局部过高的场强,不只对于气体间隙,而且对于其他各种绝缘结构也是提高其电气强度的有效措施。对于不同绝缘结构,除改善电极形状外,还可采用其他调整电场的方法。

## 2.5.2 利用空间电荷

极不均匀电场中击穿前先发生电晕现象,所以在一定条件下,可以利用放电自身产生的空间电荷来改善电场分布,以提高击穿电压。

例如导线与平板间隙中,当导线直径减小到一定程度后,间隙的工频击穿电压反而显著提高。如图2-35所示,图中还画出了均匀电场和尖-板间隙的击穿电压曲线。当导线直径为16 mm及30 mm时,击穿电压的直线部分和尖-板间隙相近,这意味着此时电场已极不均匀。当导线直径为3 mm及0.5 mm时,其击穿电压在很大范围内反而比导线直径大时高,特别是直径为0.5 mm时,和均匀电场的曲线比较接近。

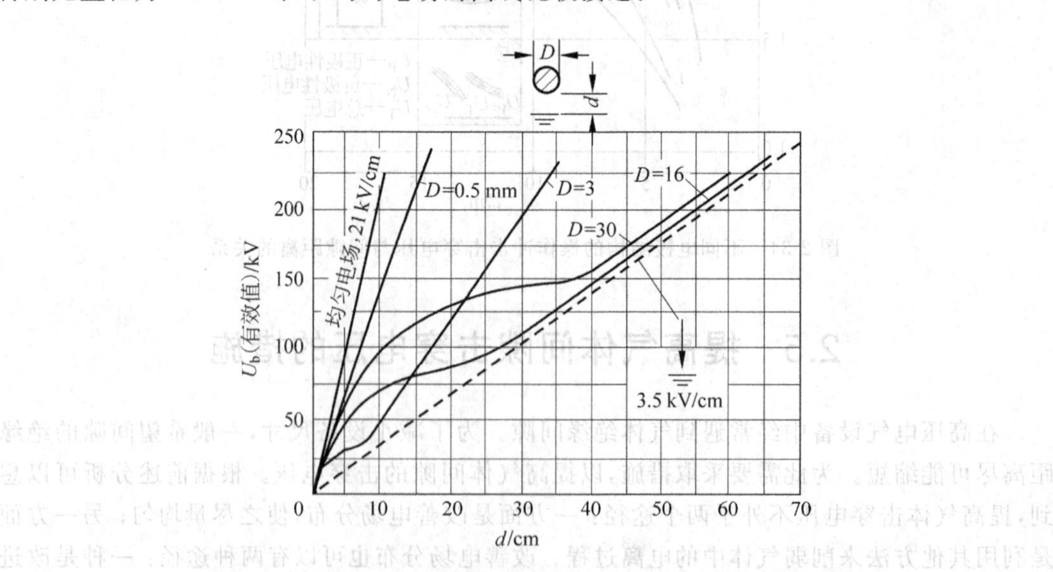


图2-35 导线-平板空气间隙的工频击穿电压和间隙距离的关系

这种现象可解释如下。导线直径很小时,导线周围容易形成比较均匀的电晕层,电压增加,电晕层也逐渐扩大,电晕放电所形成的空间电荷使电场分布改变。由于电晕层比较均匀,电场分布改善了,从而提高了击穿电压。当导线直径较大时,情况就不同了。电极表面不可能绝对光滑,总存在电场局部加强的地方,从而总存在电离局部加强的现象。此外由于导线直径较大,导线表面附近的强场区也较大,电离一经发展,就比较强烈。局部电离的发展,将显著加强电离区前方的电场,而削弱了周围附近的电场(类似于出现了金属尖端),从而使该电离区进一步发展,这样电晕就容易转入刷状放电。从而其击穿电压就和尖-板间隙相近了。

应当指出,只是在一定间隙距离范围内才存在上述"细线"效应。间隙距离超过一定值,细线也将产生刷状放电,从而破坏比较均匀的电晕层,此后击穿电压也和尖-板间隙的相近了。

实验表明,雷电冲击电压下没有细线效应,如图 2-36 所示。这是由于电压作用时间太短,来不及形成充分的空间电荷层之故。利用空间电荷(均匀的电晕层)来提高间隙的击穿电压,仅在持续作用电压下才有效,而且此时在击穿前将出现持续的电晕,这在很多场合下也是不允许的。

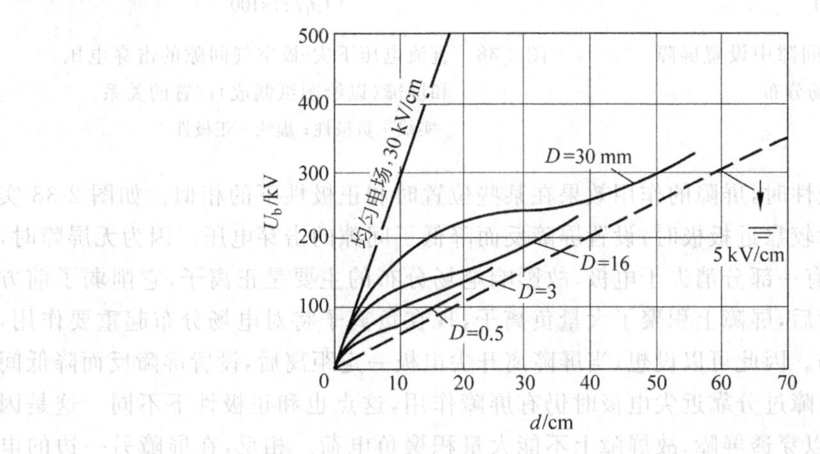

图 2-36 导线与平板空间间隙的正极性雷电冲击击穿电压和间隙距离的关系

## 2.5.3 极不均匀场中屏障的采用

在电场极不均匀的空气间隙中,放入薄片固体绝缘材料(例如纸或纸板),在一定条件下可以显著提高间隙的击穿电压,这就是屏障作用。屏障的作用效果和电压种类有关。

当尖电极为正极性时,设置屏障可显著提高间隙的击穿电压。没有屏障时,在尖电极附近正离子形成了集中的正空间电荷,它加强了前方电场,促进了电离区向前发展,所以击穿电压较低。间隙中设置屏障后,正离子将在屏障上积聚起来,并由于同号电荷的推斥作用,将沿屏障表面比较均匀地分布开来,如图 2-37 所示。从而在屏障前方形成了比较均匀的电场,改善了整个间隙的电场分布。因此能提高击穿电压。屏障的效果显然和屏障位置有关。当屏障靠近尖电极时,屏障和板电极之间的较均匀的电场区扩大,故间隙的击穿电压随之上升。但屏障距离尖电极过近时,屏障上正电荷的分布将很不均匀,屏障前方又出现了极不均匀电场,这时屏障的作用又减弱了。屏障位置和间隙击穿电压关系的试验结果如图 2-38 所示。

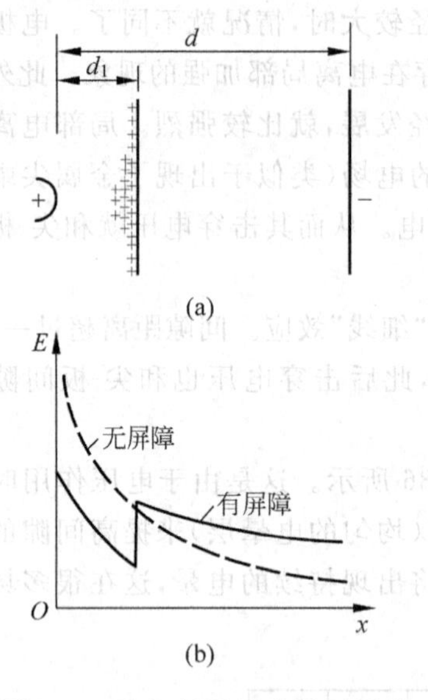


图 2-37　正尖-板间隙中设置屏障后的电场分布

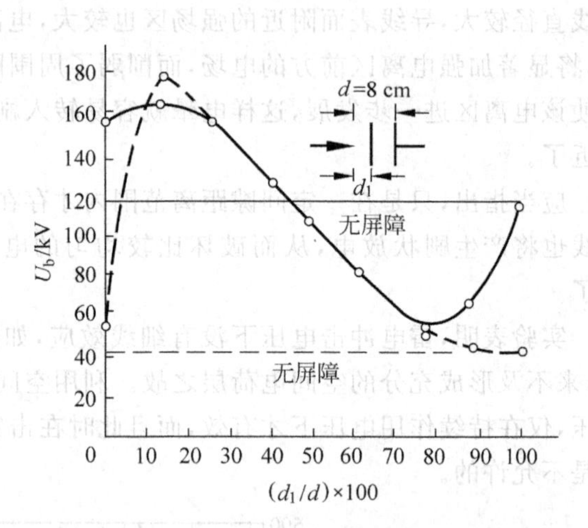


图 2-38　直流电压下尖-板空气间隙的击穿电压和屏障(以绘图纸制成)位置的关系
实线—负极性；虚线—正极性

当尖电极为负极性时，屏障的作用效果在某些位置时和正极性下的相似。如图 2-38 实线所示。然而当屏障较靠近板极时，设置屏障反而降低了间隙的击穿电压。因为无屏障时，负离子扩散于空间，有一部分消失于电极，故影响电场分布的主要是正离子，它削弱了前方的电场。而设置屏障后，屏障上积聚了大量负离子，现在负离子将对电场分布起重要作用，而它将加强前方电场。因此可以设想，当屏障离开尖电极一定距离后，设置屏障反而降低间隙的击穿电压。当屏障过分靠近尖电极时仍有屏障作用，这点也和正极性下不同。这是因为电子速度很高，可以穿透屏障，故屏障上不能大量积聚负电荷。相反，在屏障另一边的电离过程所造成的正电荷将为屏障所阻挡，使屏障带正电，从而削弱了屏障和板极间的电场，所以当屏障紧靠尖电极时，仍有屏障效应。由图 2-38 可以看出，当屏障离尖电极的距离为整个间隙距离的 15%～20%时，间隙的击穿电压最高，也就是说，在此位置的屏障效果最好。

图 2-39 给出了工频电压下尖-板空气间隙中设置屏障后的击穿电压曲线。工频电压下极不均匀电场中同样能形成大量空间电荷，故屏障同样具有积聚空间电荷，改善电场的作用。此外，由于在无屏障时，尖-板间隙中工频电压下击穿都是在尖极为正极性的半周内发生的，所以工频电压下，设置屏障可以显著提高间隙的击穿电压。

雷电冲击电压下，尖-板电极间设置屏障后，间隙击穿电压的变化如图 2-40 所示。从图 2-40 可见，尖电极具有正极性时，屏障也可显著提高间隙的击穿电压。负极性时设置屏障后，间隙的击穿电压和没有屏障时相差不多。雷电冲击电压的作用时间极短，故和持续作用电压下不同，屏障上来不及积聚起显著的空间电荷。所以冲击电压下的屏障效应应该另有原因。有人认为，屏障妨碍了光子的传播，从而影响了流注的发展，提高了间隙的击穿电压。实验表明，屏障如具有小孔，雷电冲击电压下就不能提高间隙的击穿电压了。而在持续作用电压下，只要屏障不是过分靠近尖电极，屏障具有小孔，对其积聚空间电荷的作用影响很小，从而对屏障效应的影响也是不大的。

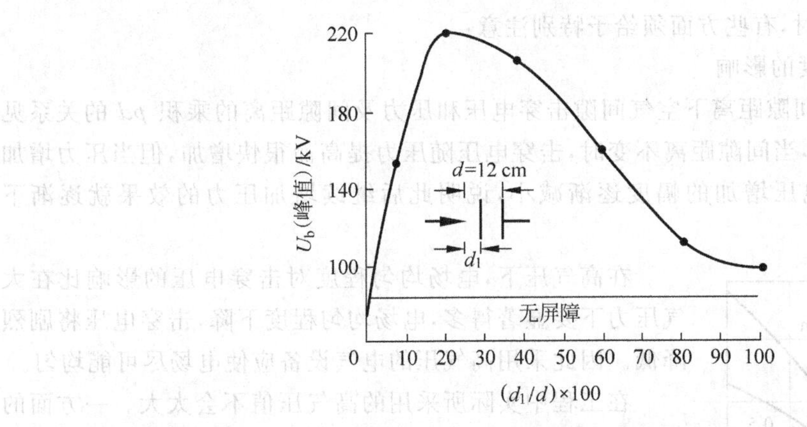


图 2-39 工频电压下尖-板空气间隙的击穿电压和屏障(以绘图纸制成)位置的关系

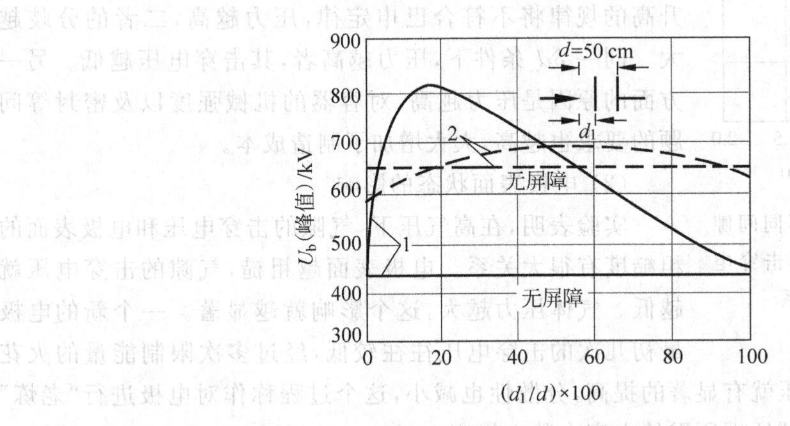


图 2-40 雷电冲击电压下尖-板空气间隙的击穿电压和屏障位置的关系

1—正尖-板；2—负尖-板

在均匀电场及稍不均匀电场中,实验表明,设置屏障是不能提高气体间隙的击穿电压的。因为这时击穿前没有电晕放电阶段,且击穿前间隙中各处场强都已达很高数值,所以屏障不能积聚空间电荷而起改善电场的作用,也不能妨碍流注的发展,因而屏障也就起不到提高击穿电压的作用。

## 2.5.4 固体绝缘覆盖层

在稍不均匀电场中,在高场强电极表面覆盖固体纸绝缘层,也能提高间隙击穿电压,而且覆盖层对提高气隙击穿电压的效果很显著。但是对电极上覆盖绝缘层,以提高气隙击穿电压的研究尚有待进一步深入。

## 2.5.5 高气压的采用

大气压下空气的电气强度并不高,约 30 kV/cm。即使采取上述措施,尽可能改善电场分布,其平均击穿场强最高也不会超过这个数值。提高间隙击穿电压的另一个途径是采取其他方法削弱气体中的电离过程,比如在设备内绝缘等有条件的情况下提高气体压力,以减小电子的平均自由行程,削弱电离过程,从而提高击穿电压。

采用高气压措施时,有些方面须给予特别注意:

(1) 电场均匀程度的影响

均匀电场中不同间隙距离下空气间隙击穿电压和压力及间隙距离的乘积 $pd$ 的关系见图 2-41。从图中可知,当间隙距离不变时,击穿电压随压力提高而很快增加,但当压力增加到一定程度后,击穿电压增加的幅度逐渐减小,说明此后继续增加压力的效果就逐渐下降了。

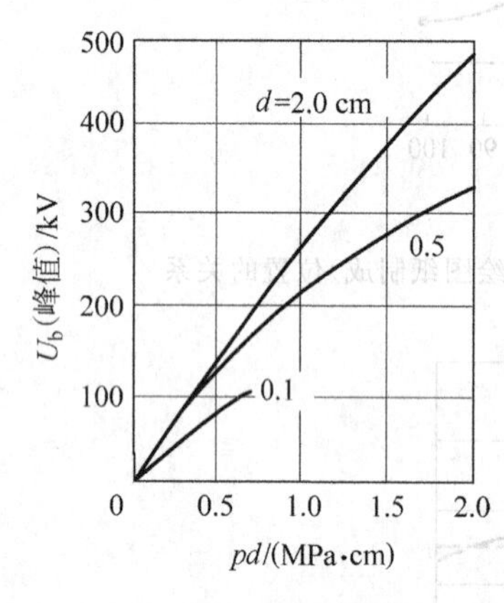


图 2-41 均匀电场中不同间隙距离下空气的击穿电压和 $pd$ 的关系

在高气压下,电场均匀程度对击穿电压的影响比在大气压力下要显著得多,电场均匀程度下降,击穿电压将剧烈降低。因此采用高气压的电气设备应使电场尽可能均匀。

在工程中实际所采用的高气压值不会太大。一方面的原因是气压太高时,如超过 10 个大气压,击穿电压随气压升高的规律将不符合巴申定律,压力越高,二者的分歧越大。同一 $\delta d$ 条件下,压力越高者,其击穿电压越低。另一方面的原因是压力越高,对容器的机械强度以及密封等问题的要求也越高,大大增加了制造成本。

(2) 电极表面状态的影响

实验表明,在高气压下,气隙的击穿电压和电极表面的粗糙度有很大关系。电极表面越粗糙,气隙的击穿电压就越低。气体压力越大,这个影响就越显著。一个新的电极最初几次的击穿电压往往较低,经过多次限制能量的火花击穿后,气隙的击穿电压就有显著的提高,分散性也减小,这个过程称作对电极进行"老炼"处理。气压提高,"老炼"处理所需的击穿次数也越高。

电极表面不洁,有污物以及湿度等因素在高气压下对气隙击穿电压的影响,都要比常压下显著。如电场不均匀,湿度使击穿电压下降的程度将更显著。

综上所述,高气压下应尽可能改进电极形状,以改善电场分布。在比较均匀的电场中,电极应仔细加工光洁,如采用抛光、镀铬等。气体要过滤,滤去尘埃和水分。充气后需放置较长时间静化后再使用。

## 2.5.6 高真空的采用

采用高真空与提高气压类似,也是削弱了电极间气体的电离过程,因为虽然电子自由行程变得很大,但间隙中已无气体分子可供碰撞,电离过程无从发展,从而可以显著提高间隙击穿电压,如图 2-42 所示。

当压力 $p<133\times10^{-4}$ Pa ($10^{-4}$ mmHg) 后,击穿场强 $E_b$ 很高,可达约 4800 kV/cm,但这时 $E_b$ 已与 $p$ 关系不大;当 $p>133\times10^{-4}$ Pa ($10^{-4}$ mmHg) 后,随压力的增加,击穿场强急剧下降;高真空下,击穿场强 $E_b$ 与压力 $p$ 关系不大,说明碰撞电离已不起主要作用,强场放射才是高真空下的击穿机理。因而与场强放射有关的因素,如电极材料逸出功,电极表面光洁度、清洁度(吸附气体杂质)都影响 $U_b$。

另外,高能电子从阳极撞出正离子和光子,它们到达阴极又将引起阴极表面电离,不仅发射出电子,还可能使电极表面局部金属汽化,金属蒸汽进入电极空间。所以电极材料的熔

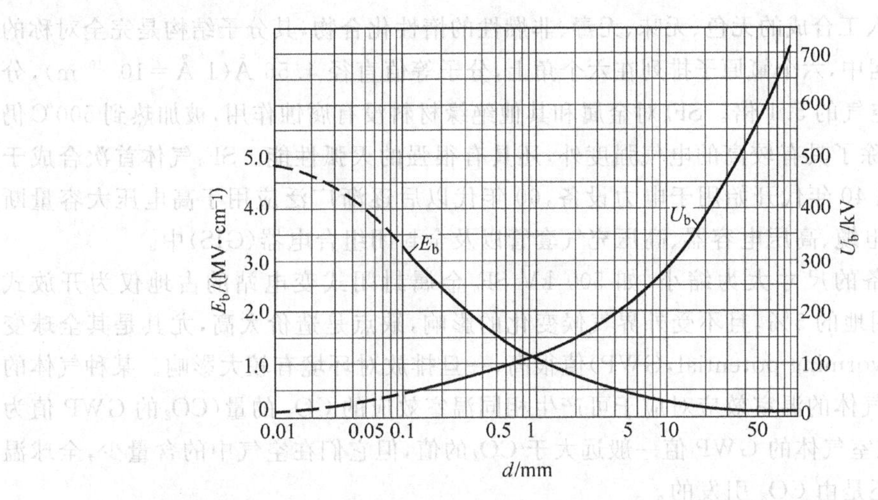


图 2-42 真空中直流电压下，球-板间隙的击穿电压及击穿场强和间隙距离的关系（球电极为不锈钢制，直径 25.4 mm，作为阴极，板电极为钢制，直径 50.8 mm；击穿场强 $E_b$ 是根据击穿电压 $U_b$ 计算得的阴极表面的最大场强）

点及机械强度也影响击穿电压。电极材料熔点越高或机械强度越高，则间隙击穿电压也越高。

电气设备中往往气体、固体、液体几类绝缘材料并存，而固体、液体绝缘材料在高真空下会逐渐释放出气体，所以到目前为止，电力设备中实际采用高真空的还很少，只有在真空断路器、真空电容器等特殊场合才采用高真空作绝缘。

### 2.5.7 高电气强度气体 $SF_6$ 的采用

高气压、高真空到一定限度后，给设备密封带来很大困难，造价也大为上升。而且10个大气压以后，再提高气压，对电气强度的提高效果也越来越小，另外，空气中的氧在高气压下因击穿时的火花还可能引起绝缘材料燃烧。

人们发现许多含卤族元素的气体化合物，如六氟化硫（$SF_6$）、四氯化碳（$CCl_4$）、氟利昂（$CCl_2F_2$）等的电气强度都比空气高很多，这些气体通常称为高电气强度气体。采用这些气体代替空气可以提高间隙击穿电压，缩小设备尺寸。表 2-2 中列出了几种气体的相对电气强度。所谓某种气体的相对电气强度是指在气压与间隙距离相同的条件下该气体的电气强度与空气电气强度之比。

表 2-2 几种气体的相对电气强度及液化温度

| 气 体 | $N_2$ | $SF_6$ | $CCl_2F_2$ | $CCl_4$ |
|---|---|---|---|---|
| 相对电气强度 | 1.0 | 2.3～2.5 | 2.4～2.6 | 6.3 |
| 1 大气压下液化温度/℃ | −195.8 | −63.8 | −28 | 76.8 |

$CCl_2F_2$、$CCl_4$ 虽然相对电气强度高，但因液化温度高而难以采用。$CCl_4$ 在放电过程中如有空气存在，还能形成剧毒物质碳二酰氯（光气）。所以目前只有六氟化硫 $SF_6$ 得到了广泛的应用。

$SF_6$是一种人工合成的无色、无味、无毒、非燃性的惰性化合物，其分子结构是完全对称的八面体，硫原子居中，六个氟原子排列在六个角上，分子等值直径 4.56 Å(1 Å$=10^{-10}$ m)，分子量146，约为空气的5.1倍。$SF_6$对金属和其他绝缘材料没有腐蚀作用，被加热到500℃仍不会分解。$SF_6$除了具有较高的电气强度外，还具有很强的灭弧性能。$SF_6$气体首次合成于1900年，20世纪40年代开始用于电力设备，60年代以后逐渐广泛应用于高电压大容量断路器、高压充气电缆、高压电容器、高压充气套管以及全封闭组合电器(GIS)中。

$SF_6$电气设备的尺寸大为缩小，如500 kV $SF_6$金属封闭式变电站的占地仅为开放式500 kV变电站用地的5%，且不受外界气候变化的影响，缺点是造价太高，尤其是其全球变暖潜能(global worming potential，GWP)值很高，一旦排放对环境有较大影响。某种气体的GWP值是指该气体的温室效应对应于可产生相同温室效应的$CO_2$的量($CO_2$的GWP值为1)。虽然其他温室气体的GWP值一般远大于$CO_2$的值，但它们在空气中的含量少，全球温室效应的60%还是由$CO_2$引发的。

从环境保护的角度看，$SF_6$是1997年《京都议定书》中被禁止排放的6种温室气体之一，$SF_6$的GWP值是这6种温室气体中最大的，IPCC(政府间气候变化专门委员会，Intergovernmental Panel on Climate Change)2007年给出其20年、100年和500年的GWP值高达16300、22800和32600，即$SF_6$单分子的温室效应是$CO_2$的22800倍。并且由于其高度的化学稳定性，$SF_6$在大气中的存留时间可长达3200年。因而$SF_6$设备对密封要求极严，近二十年来为降低$SF_6$设备的泄漏、减小$SF_6$设备本身的体积以减少$SF_6$的用量，各国付出了很大的努力，也取得了积极的成效。另外，也有研究人员将高真空作为完全不用$SF_6$的候选方案之一。对于在性能、价格等方面都能与$SF_6$竞争的温室效应较低的新型高电气强度气体，各国一直在积极探索中，近来取得了一些有较大应用价值的进展。需要说明的是，评价电气设备对环境的影响应该综合考虑设备全生命周期的整体影响，而不是仅仅看其气体的GWP值。

1. $SF_6$等气体电气强度高的原因

卤化物气体具有高电气强度的原因，可从以下几方面来分析：

(1) 由于含有卤族元素，这些气体具有很强的电负性，气体分子容易捕获电子成为负离子，从而削弱了电子的碰撞电离能力，同时又加强了复合过程。

(2) 这些气体的分子量都比较大，分子直径较大，使得电子在其中的自由行程缩短，不易积聚能量，从而减少了电子的碰撞电离能力。

(3) 电子在和这些气体的分子相遇时，还易引起分子发生极化等过程，增加能量损失，从而减弱其碰撞电离能力。

2. 均匀电场中$SF_6$气体的碰撞电离、自持放电与偏离巴申曲线的情况

$SF_6$气体的放电机理同样可用第一章所述气体放电理论加以分析。不同的是，对$SF_6$不仅要考虑电子在电场作用下因碰撞电离而不断产生新的带电质点，同时还要考虑具有强烈电负性的$SF_6$分子吸附电子形成负离子从而阻碍放电发展的可能性。因此，$SF_6$中电子沿电场方向运动时，电子数量增加的规律为

$$n = \exp\left[\int(\alpha - \eta)\,\mathrm{d}x\right] \tag{2-30}$$

其中，$n$为一个电子沿电场方向行经$x$距离后，在该处的电子总数；$\alpha$为电子电离系数，表示

一个电子在电场方向单位长度行程内新电离出的电子数；$\eta$ 为电子附着系数，表示一个电子在电场方向单位长度行程内可能被吸附的次数。

通常以有效电离系数 $\bar{\alpha}$ 来表示 $\alpha$ 与 $\eta$ 之差值，即 $\bar{\alpha}=\alpha-\eta$。图 2-43 所示为 $SF_6$ 的 $\alpha$、$\eta$、$\bar{\alpha}$ 与电场强度 $E$ 和气压 $p$ 的关系，图中同时画出了空气的 $\alpha/p$ 与 $E/p$ 的关系（空气的 $\eta \ll \alpha$，所以 $\bar{\alpha}\approx\alpha$）。

由图 2-43 可知，对于 $SF_6$，仅当 $E/p$ 大于临界值 $(E/p)_{cr}=885\ \text{kV/(cm·MPa)}$ 时，$\alpha>\eta$，$\bar{\alpha}>0$，放电才有可能发展；而对于空气，其 $(E/p)_{cr}=294\ \text{kV/(cm·MPa)}$，由此可知，均匀电场中 $SF_6$ 的电气强度约为空气的 3 倍。

在 20℃ 及 $E/p$ 处于 600～1200 kV/(cm·MPa) 范围内时，$SF_6$ 的

$$\alpha/p = 24\left[(E/p)-550\right] \tag{2-31}$$

$$\eta/p = -4\left[(E/p)-2850\right] \tag{2-32}$$

或

$$\bar{\alpha}/p = \beta\left[E/p-(E/p)_{cr}\right] \tag{2-33}$$

三式中，$\alpha/p$、$\eta/p$ 的单位为 $(\text{cm·MPa})^{-1}$；$E/p$ 为场强与气压之比，单位为 kV/(cm·MPa)；$(E/p)_{cr}$ 为临界值，其值为 885 kV/(cm·MPa)；$\beta$ 为系数，其值为 27.7 $\text{kV}^{-1}$。

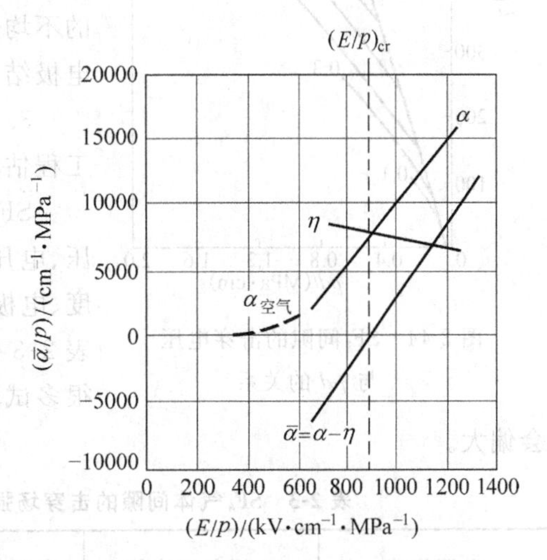


图 2-43 $SF_6$ 的 $\bar{\alpha}/p$ 与 $E/p$ 关系曲线

由式(2-33)可知 $\bar{\alpha}$ 与 $E$ 之间具有线性关系。

均匀电场中，若电极间距离为 $d$，考虑到式(2-30)、式(2-31)及电极间场强处处相等，则当电子由阴极出发移动至阳极时，电子崩头部的电子数为 $n=e^{\bar{\alpha}d}$。当崩头电子数达到临界值 $n_{cr}=0.5\times10^6\sim10^8$，即

$$e^{\bar{\alpha}d}=n_{cr}$$

或

$$\bar{\alpha}d=\ln n_{cr}=K=13\sim18.5 \tag{2-34}$$

时，电子崩转入流注，放电由非自持转入自持阶段。均匀电场中，放电转入自持的条件就是间隙击穿的条件。将式(2-33)代入式(2-34)的条件式，并考虑到此时的场强 $E$ 即为击穿场强 $E_b$，可得

$$E_b/p=(E/p)_{cr}+\frac{K}{\beta pd}$$

在 $K$ 的取值范围内，$K/\beta=0.47\sim0.67$ kV，近似取为 0.5 kV，则

$$E_b/p=885+0.5/(pd) \tag{2-35}$$

或

$$U_b=885\,pd+0.5 \tag{2-36}$$

式(2-35)和式(2-36)中，$E_b$ 为击穿场强，kV/cm；$U_b$ 为击穿电压，kV；$p$ 为气压，MPa；$d$ 为极间距离，cm。

由式(2-35)可知，当 $pd$ 值稍大时，$SF_6$ 的 $E_b/p\approx(E/p)_{cr}=885$ kV/(cm·MPa)。

在均匀电场中，气体间隙的击穿电压符合巴申定律，即温度不变时，$pd$ 乘积相同的不同

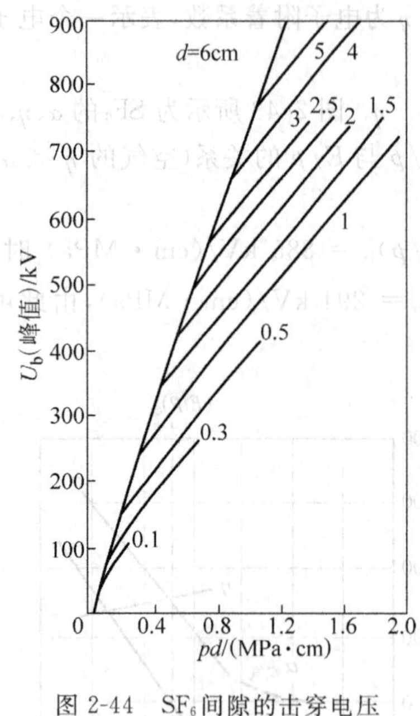


图 2-44 $SF_6$间隙的击穿电压与 $pd$ 的关系

间隙，其击穿电压是相同的。但是对于$SF_6$气体，必须注意到 $pd$ 乘积相同的不同间隙，在气体压力较大时，其击穿电压不再相同，会偏离巴申曲线，如图 2-44 所示。这一点在设计$SF_6$设备时必须给予特别注意。

电场不均匀程度对$SF_6$气体击穿电压的影响远大于对空气间隙的影响，均匀电场下$SF_6$气体的电气强度约为空气的 3 倍，但是在极不均匀场中此倍数大为下降。因而在$SF_6$设备的绝缘结构设计时，都尽可能降低电场的不均匀性，通常采用同轴圆柱或同心球的稍不均匀场电极结构。

3. $SF_6$气体间隙击穿场强 $E_b$ 及沿面闪络场强 $E_f$ 的工程估算

$SF_6$的击穿场强 $E_b$ 与沿面闪络场强 $E_f$ 的数值与气压、电压形式和极性、电场不均匀程度、电极表面粗糙度、电极面积等因素有关。如仅作粗略估算，则可参考表 2-3 的数值，表中的 $E_b$ 和 $E_f$ 是综合了各种情况下的很多试验数据得出的下限值，由此确定的绝缘尺寸可能会偏大。

**表 2-3 $SF_6$气体间隙的击穿场强 $E_b$ 和沿面闪络场强 $E_f$ 的工程估算值**

| 电压形式 | 工频电压峰值 | 负极性直流电压 | 操作冲击电压（$-250\ \mu s/2500\ \mu s$） | 雷电冲击电压（$-1.2\ \mu s/50\ \mu s$） |
|---|---|---|---|---|
| $E_b/(kV \cdot cm^{-1})$ | $65(10p)^{0.73}$ | $65(10p)^{0.73}$ | $68(10p)^{0.73}$ | $75(10p)^{0.75}$ |
| $E_f/(kV \cdot cm^{-1})$ | $45(10p)^{0.64}$ | $45(10p)^{0.64}$ | $56(10p)^{0.65}$ | $64(10p)^{0.66}$ |

注：表中 $p$ 为气压，单位为 MPa。

需要注意的是，$SF_6$气体的击穿也有极性效应。因$SF_6$设备中主要采用的是稍不均匀场的电极结构，而稍不均匀场气体间隙击穿电压的极性效应表现为负极性击穿电压稍低。即对于$SF_6$设备，负极性击穿电压低于正极性击穿电压。因此决定$SF_6$设备尺寸的是负极性下的击穿电压。

4. $SF_6$气体的液化与设备最低运行温度

$SF_6$的气体状态参数见图 2-45。在中等压力下，$SF_6$气体可以被液化，便于储藏和运输。但是这一便于液化的特点也给工程应用带来了问题。

理想气体的状态方程为

$$p = \gamma RT \tag{2-37}$$

其中，$p$ 为气体压力；$\gamma$ 为气体密度；$R$ 为气体常数，对$SF_6$，$R=56.2\ J/(kg \cdot K)$；$T$ 为气体的绝对温度。

提高$SF_6$气体的压力，有助于提高其电气强度。但是当$SF_6$充入电气设备后，体积就固定了，当环境温度下降时，其压力必然下降。从图 2-45 的气体状态参数可见，在 1.3～1.4 MPa 的压力下$SF_6$的液化温度约为 0℃。$SF_6$气体一旦发生液化，则依靠其保持绝缘性能的

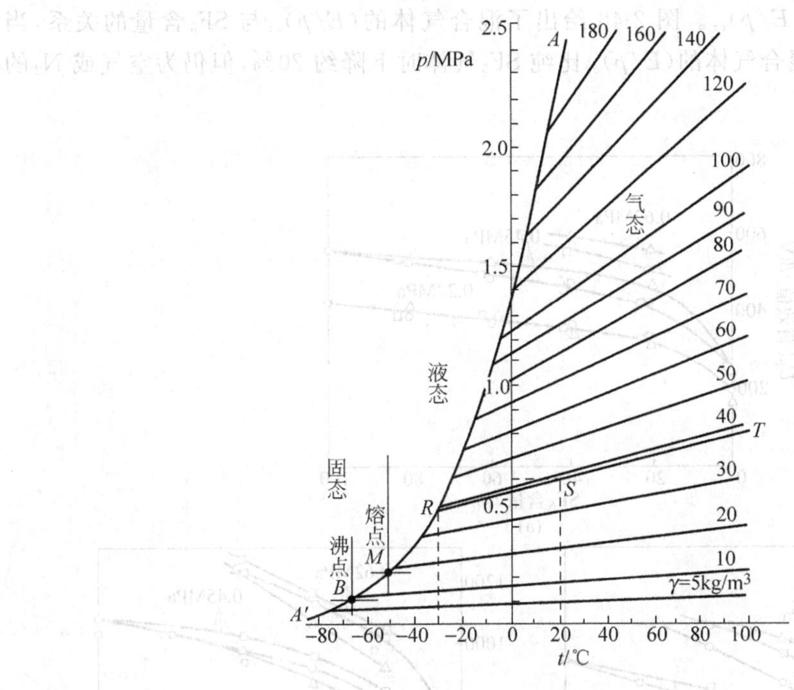


图 2-45 $SF_6$气体的状态参数

间隙势必被击穿。一定体积的高电压设备制造时充入的 $SF_6$ 越多，密度和压力越大，设备能够保持绝缘性能的最低环境温度反而越高。这样就在提高绝缘性能和适应更低的运行环境温度之间形成了一对矛盾，因而 $SF_6$ 的使用压力不宜过高。若使用压力超过 5.5 个大气压，则在低温环境下使用时，需增加加热装置。表 2-4 给出了 $SF_6$ 设备的最低工作温度与 20℃时(设备制造时的通常温度)气体压力的对应关系。

**表 2-4 $SF_6$ 设备的最低工作温度与 20℃时 $SF_6$ 的气体压力**

| 20℃时 $SF_6$ 气体的绝对压力/MPa | 0.4 | 0.6 | 0.7 | 0.88 | 1.10 | 1.35 |
|---|---|---|---|---|---|---|
| 设备的最低工作温度/℃ | −40 | −30 | −25 | −20 | −10 | 0 |

5. $SF_6$ 与其他气体的混合气体及 $SF_6$ 替代气体

(1) $SF_6$ 与氮气等气体的混合气体

为避免 $SF_6$ 液化温度高、价格高的缺点，20 世纪 50 年代开始就已经有人从事 $SF_6$ 混合气体的研究。研究发现，将 $SF_6$ 气体与氮气($N_2$)、或空气、或二氧化碳($CO_2$)气体按一定的容积比例混合，其电气强度虽比纯 $SF_6$ 低，但在一定的混合比例范围内，混合气体的电气强度下降并不很多。因此，用 $SF_6$ 的混合气体来制造电气设备，可较大幅度地减少 $SF_6$ 的使用量。并且由于混合气体较便宜，对用气体量大的电气设备(如 $SF_6$ 输电管道)，在价格上也很有竞争力。

图 2-46 给出了 $SF_6$ 与氮气、或空气、或二氧化碳的混合气体在工频、负极性操作冲击和负极性雷电冲击下 $SF_6$ 含量与击穿电压的关系。可见 $SF_6$ 含量即使下降一半，混合气体的击穿电压也下降不多。图 2-47 给出了 $SF_6$-$N_2$ 混合气体的 $\bar{\alpha}/p$ 与 $E/p$ 的关系，从图中可以

得到使 $\bar{\alpha}=0$ 的临界值 $(E/p)_{cr}$。图 2-48 给出了混合气体的 $(E/p)_{cr}$ 与 $SF_6$ 含量的关系，当 $SF_6$ 含量降到 40%时，混合气体的 $(E/p)_{cr}$ 比纯 $SF_6$ 气体时下降约 20%，但仍为空气或 $N_2$ 的 3 倍左右。

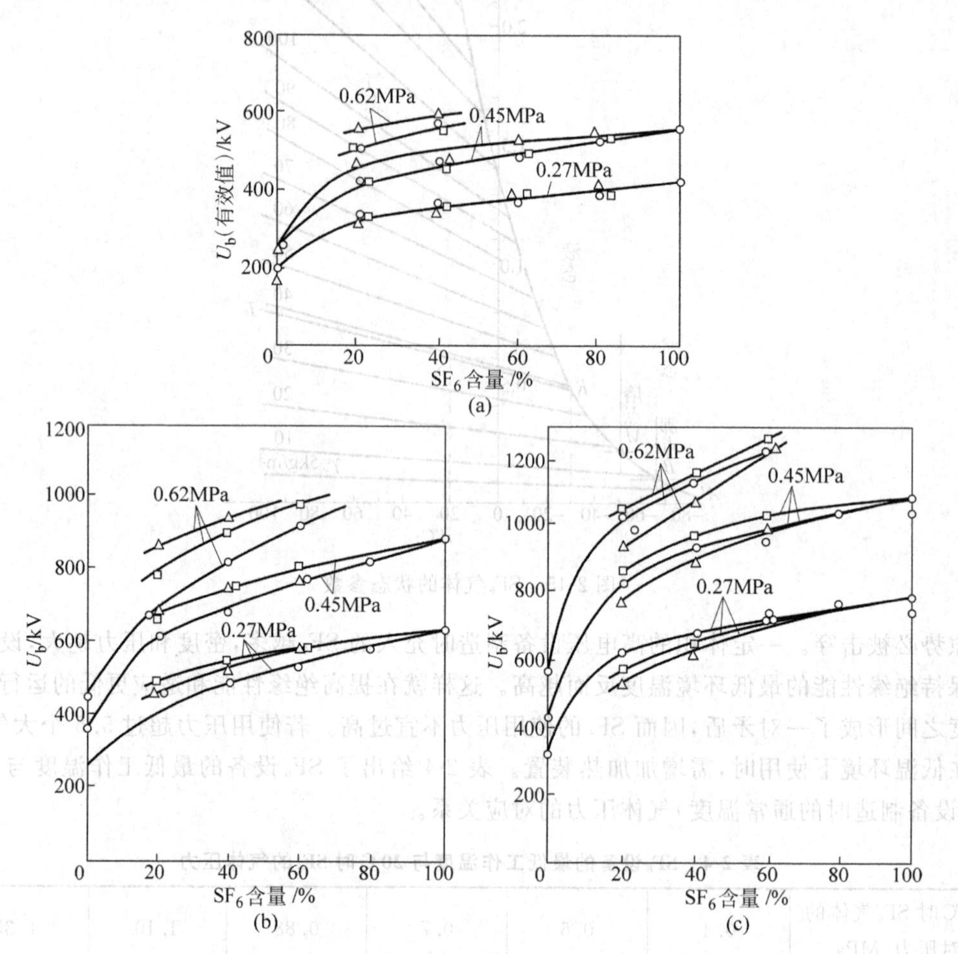


图 2-46　稍不均匀场中，$SF_6$ 含量改变时 $SF_6$ 混合气体击穿电压的变化

(a) 工频击穿电压；(b) 操作冲击(−250/2500 μs)击穿电压；(c) 雷电冲击(−1.2/50 μs)击穿电压

○—$N_2$-$SF_6$　△—空气-$SF_6$　□—$CO_2$-$SF_6$

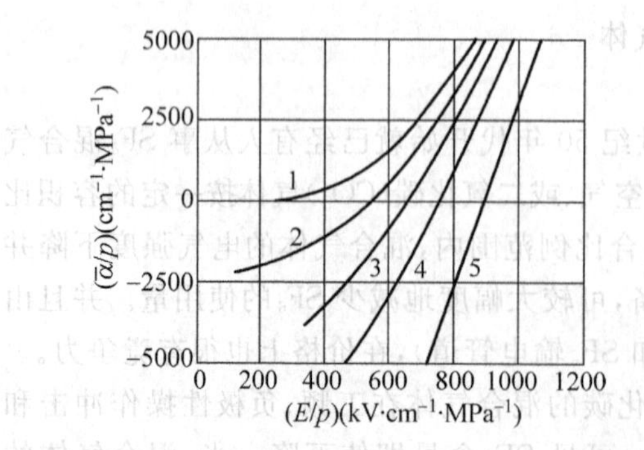


图 2-47　$SF_6$-$N_2$ 混合气体的 $\bar{\alpha}/p$ 与 $E/p$ 的关系

$SF_6$ 含量：1—0%；2—10%；3—25%；4—50%；5—100%

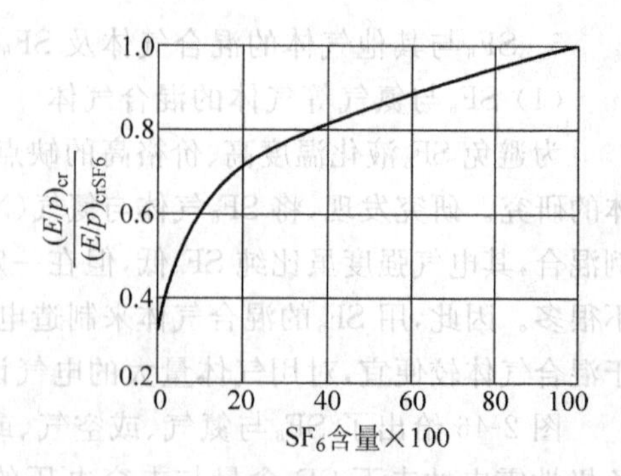


图 2-48　$SF_6$-$N_2$ 混合气体的 $(E/p)_{cr}$ 与 $SF_6$ 含量的关系

$SF_6$与氮气的混合气体已经有少量的工程试用。

(2) $SF_6$替代气体及其混合气体

为了减少$SF_6$的使用，除了采用小比例$SF_6$与其他气体的混合气体，尽量减少$SF_6$的用量外，另一种方向是研究$SF_6$替代气体，即完全不用$SF_6$，而是采用GWP值比$SF_6$低很多的其他气体。希望人工合成的$SF_6$替代气体能够具有低GWP值、高电气强度、高导热性、低液化温度、低毒性以及良好的灭弧性能(用于高压开关时)等特点。各国学者多年来对多种气体进行了研究，如八氟环丁烷($c\text{-}C_4F_8$)、八氟丙烷($C_3F_8$)、六氟乙烷($C_2F_6$)、三氟碘甲烷($CF_3I$)、fluoronitriles等。这些氟碳化合物气体本身具有较强的电负性，电气强度较高，有些甚至比$SF_6$还要高，与$N_2$或$CO_2$等液化温度很低的气体组成混合气体后，也改善了其本身液化温度高、价格高的弱点。

八氟环丁烷($c\text{-}C_4F_8$)的电气强度可达$SF_6$的1.3～1.4倍，而其GWP值只有$SF_6$的36%，但其液化温度较高，为−8℃。将$C_4F_8$与液化温度为−196℃的$N_2$组成$C_4F_8\text{-}N_2$混合气体，在降低液化温度、减少$C_4F_8$用量以降低价格的同时，也具有较高的电气强度。作为GIL的备选气体方案之一，图2-49给出了$C_4F_8\text{-}N_2$混合气体的60 Hz工频击穿电压与$C_4F_8$体积含量$x$的关系，并与$SF_6\text{-}N_2$混合气体的击穿电压进行了比较。$C_4F_8$体积含量为5%～20%的$C_4F_8\text{-}N_2$混合气体在稍不均匀电场中的击穿特性与相同混合比的$SF_6\text{-}N_2$相近，而在非均匀电场中的击穿特性则优于相同混合比的$SF_6\text{-}N_2$。综合考虑电气强度、液化温度和$C_4F_8$的使用量，可以认为该混合气体中$C_4F_8$的体积含量在15%～20%比较合适。

在fluoronitriles系列中，某种气体(称之为“Fluoronitrile”)的电气强度约为$SF_6$的2倍，GWP值仅为2300，但液化温度为−4.7℃。图2-50给出了Fluoronitrile与$SF_6$在不同

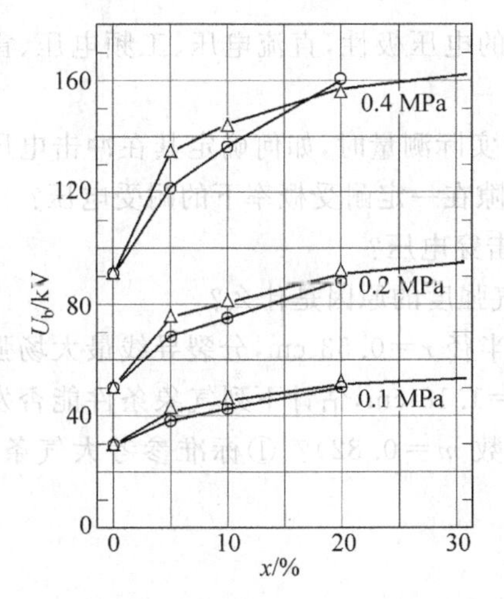


图2-49 混合气体工频击穿电压$U_b$与气体中$C_4F_8$或$SF_6$体积含量$x$的关系 $\phi$30 mm球-板间隙，距离10 mm
○-$C_4F_8\text{-}N_2$；△-$SF_6\text{-}N_2$

注：此图数据摘自O. Yamamoto, et al. Applying a Gas Mixture Containing c-$C_4F_8$ as an Insulation Medium, IEEE TDEI, vol. 8, No. 6 Dec2001, pp1075-1081.

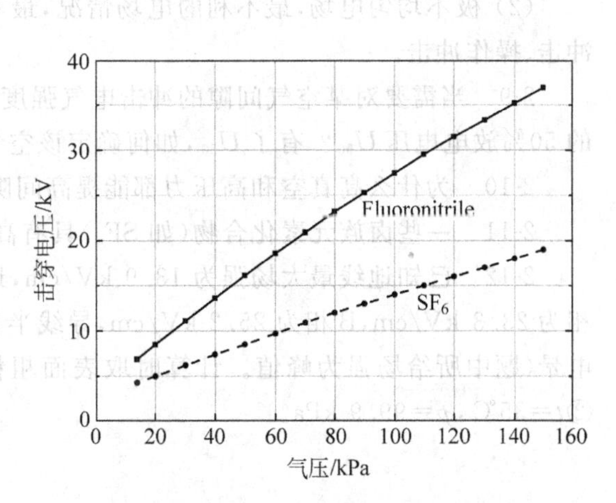


图2-50 Fluoronitrile与$SF_6$在不同气压下电气强度的比较(按ASTM D877试验方法，圆盘电极，间隙距离2.5 mm)

注：此图数据摘自Kieffel Y, et al. $SF_6$ Alternative Development for High Voltage Switchgears. Cigre Session Paper D1-305, Aug. 2014, Paris.

气压下电气强度的比较。在 Fluoronitrile-$CO_2$的混合气体中，当其体积含量达 18%～20%时，该混合气体可达到与纯 $SF_6$相等的电气强度，且由于使用 $CO_2$，混合气体的灭弧性能也较好。Fluoronitrile-$CO_2$混合气体的 GWP 值可比 $SF_6$有极大的降低。

$SF_6$替代气体的探索已经进行了多年，真正要拿出有全面竞争力的方案并投入工业实用，还需要进行大量的研究。

## 练 习 题

2-1 雷电放电可分为哪几个主要阶段？

2-2 国家标准对雷电冲击全波、雷电冲击截波、操作冲击电压的波形是怎样规定的？

2-3 实验室有一对直径 50 cm 的铜球，球间隙可在 30～60 cm 的范围内连续调节。其工频放电电压的范围为多少千伏？

2-4 均匀电场和不均匀电场的放电时延各有什么特点？

2-5 冲击电压下为什么不仅用 50%放电电压，而且用伏秒特性来表示间隙的电气强度？请利用本教材图 2-27(a)的曲线画出 4 m 空气间隙以电压为纵坐标、以时间为横坐标的 10 μs 内的伏秒特性曲线。

2-6 气隙的伏秒特性是怎样制定的？

2-7 间隙的伏秒特性和电场分布有何关系？

2-8 标准大气条件下，下列情况下空气间隙的击穿场强约为多少 kV/cm(间隙距离 1～2 m，电压均以峰值计)？

(1) 均匀电场，各种电压；

(2) 极不均匀电场，最不利的电场情况，最不利的电压极性，直流电压、工频电压、雷电冲击、操作冲击。

2-9 当需要对某空气间隙的冲击电气强度进行实际测量时，如何确定其在冲击电压下的 50%放电电压$U_{50}$？有了$U_{50}$，如何确定该空气间隙在一定耐受概率下的耐受电压？

2-10 为什么高真空和高压力都能提高间隙的击穿电压？

2-11 一些卤族元素化合物(如 $SF_6$)具有高电气强度的原因是什么？

2-12 已知地线最大场强为 13.9 kV/cm，地线半径 $r=0.53$ cm，分裂导线最大场强 A 相为 23.3 kV/cm，B 相为 25.2 kV/cm，导线半径 $r=1.18$ cm，估计下列气象条件能否发生电晕(题中所给场强为峰值。计算时取表面粗糙系数 $m=0.82$)？①标准参考大气条件；② $t=35$℃，$p=99.9$ kPa。

# 第3章 高压外绝缘及沿面放电

**本章核心概念：**

大气条件修正，高压绝缘子，外绝缘，沿面放电，滑闪放电，污秽放电，憎水性迁移，硅橡胶有机外绝缘

## 3.1 大气条件对空气间隙放电的影响

### 3.1.1 大气状态对放电电压的影响

空气间隙中气体的状态，如温度、湿度、气压都会从影响电离的发展方面影响间隙的放电电压。外绝缘破坏性放电电压与试验时的大气条件有关，在不同大气条件下获得的试验结果一般需要修正到标准参考大气条件下，以便不同人员、不同时间、不同实验室试验结果之间的互相比较。反之，也需要将标准参考大气条件下规定的试验电压换算到试验时的大气条件下，以便进行试验。

因此，高压外绝缘所涉及的空气间隙和绝缘子的放电电压都存在大气条件修正的问题。但是大气条件对外绝缘放电电压影响的定量程度目前还只能通过经验公式及相关系数来表述，具体的修正方法需要各国研究人员在不断进行试验研究、积累数据的基础上取得共识，逐步改进。我国1997年以来修订的国家标准采用了IEC新修订的方法，俗称“$g$参数”法。

进入国际标准的大气条件修正方法首先有赖于各国研究人员的大量试验，而各国的高电压实验室绝大多数都位于海拔高度不到1000 m的平原地区，因此目前的大气条件修正方法一般只用于对海拔高度不超过2000 m时的情况。

1. 标准参考大气条件

我国国家标准GB/T 16927.1—2011《高电压试验技术　第一部分：一般试验要求》规定了标准参考大气条件，并规定了大气条件不同时外绝缘放电电压相互间的换算方法。

标准参考大气条件为：温度$t_0=20$℃，压力$p_0=101.3$ kPa，绝对湿度$h_0=11$ g/m$^3$。

1 kPa$=10^3$ N/m$^2$，101.3 kPa相当于0℃时气压计中汞柱高度为760 mm时对应的压强。

2. 大气条件的修正

外绝缘破坏性放电电压与试验时的大气条件有关。通常，给定空气放电路径的破坏性放电电压(沿面闪络电压或空气间隙击穿电压)随空气密度或湿度的增加而升高；但当相对湿度大于80%时，破坏性放电会变得不规则，特别是当破坏性放电发生在绝缘表面时。

为此，引入大气修正因数 $K_t$：

$$K_t = k_1 k_2 \tag{3-1}$$

式中，$k_1$、$k_2$ 分别为空气密度修正因数和湿度修正因数。

(1) 放电电压的修正

试验时的放电电压 $U$ 与标准参考大气条件下的放电电压 $U_0$ 间的换算关系为

$$U = K_t U_0 \tag{3-2}$$

(2) 空气密度修正因数 $k_1$

空气密度修正因数 $k_1$ 取决于相对空气密度 $\delta$，可由下式求得：

$$k_1 = \delta^m = \left(\frac{p}{p_0}\frac{273+t_0}{273+t}\right)^m \tag{3-3}$$

式中，$p$ 及 $p_0$ 均以 kPa 计，$t$ 及 $t_0$ 均以℃计；$m$ 为空气密度修正指数，取值见表3-1或图3-1。

**表3-1 空气密度修正指数 $m$ 和空气湿度修正指数 $w$ 与参数 $g$ 的关系**

| $g$ | $m$ | $w$ |
|---|---|---|
| <0.2 | 0 | 0 |
| 0.2～1.0 | $g(g-0.2)/0.8$ | $g(g-0.2)/0.8$ |
| 1.0～1.2 | 1.0 | 1.0 |
| 1.2～2.0 | 1.0 | $(2.2-g)(2-g)/0.8$ |
| >2.0 | 1.0 | 0 |

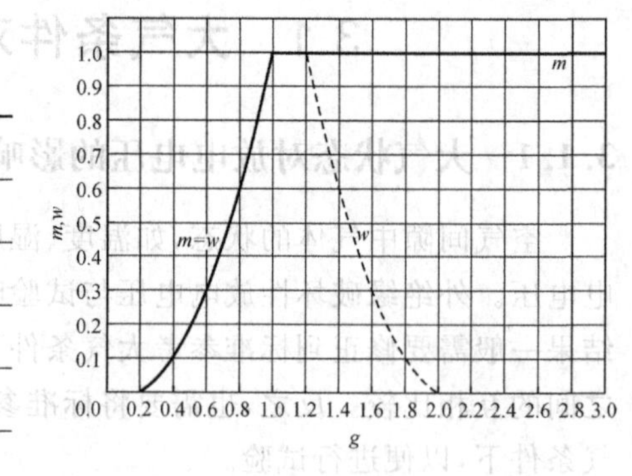

图3-1 $m$ 和 $w$ 与参数 $g$ 的关系

用式(3-3)得到的 $k_1$ 值在0.8～1.05范围内时是可靠的。

(3) 湿度修正因数 $k_2$

湿度修正因数 $k_2$ 可由下式求取：

$$k_2 = k^w \tag{3-4}$$

式中，$k$ 值取决于试验电压类型，由绝对湿度 $h$ 与相对空气密度 $\delta$ 比率 $h/\delta$ 的函数求得，如式(3-5)，也可从图3-2中的曲线查得；$w$ 为空气湿度修正指数，其值见表3-1或图3-1。

$$\left.\begin{aligned}
&\text{直流：}k=1+0.014(h/\delta-11)-0.00022(h/\delta-11)^2, && 1\ \text{g/m}^3<h/\delta<15\ \text{g/m}^3\\
&\text{交流：}k=1+0.012(h/\delta-11), && 1\ \text{g/m}^3<h/\delta<15\ \text{g/m}^3\\
&\text{冲击：}k=1+0.010(h/\delta-11), && 1\ \text{g/m}^3<h/\delta<20\ \text{g/m}^3
\end{aligned}\right\} \tag{3-5}$$

对于 $h/\delta$ 值高于上述使用范围的湿度修正仍在研究中。

对于最高电压 $U_m<72.5$ kV(或间隙距离 $l<0.5$m)的设备，目前不规定进行湿度修正。

绝对湿度 $h$ 之值，通常用通风式精密干湿球温度计实测到的干球温度和湿球温度，由

图 3-3 确定。测量时应提供足够的气流,并应在达到稳定的数值后仔细读数,以免在确定湿度时造成过大的误差。只要有足够的准确度,其他确定湿度的方法也可采用。

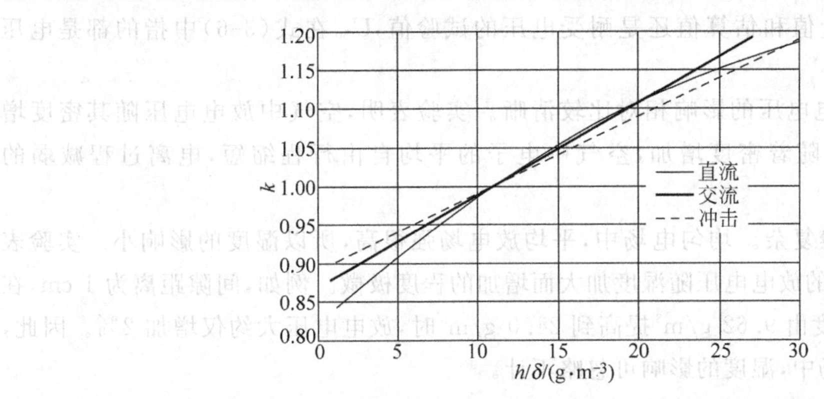


图 3-2 $k$ 与 $h/\delta$ 的关系曲线($h$ 为绝对湿度,$\delta$ 为相对空气密度)

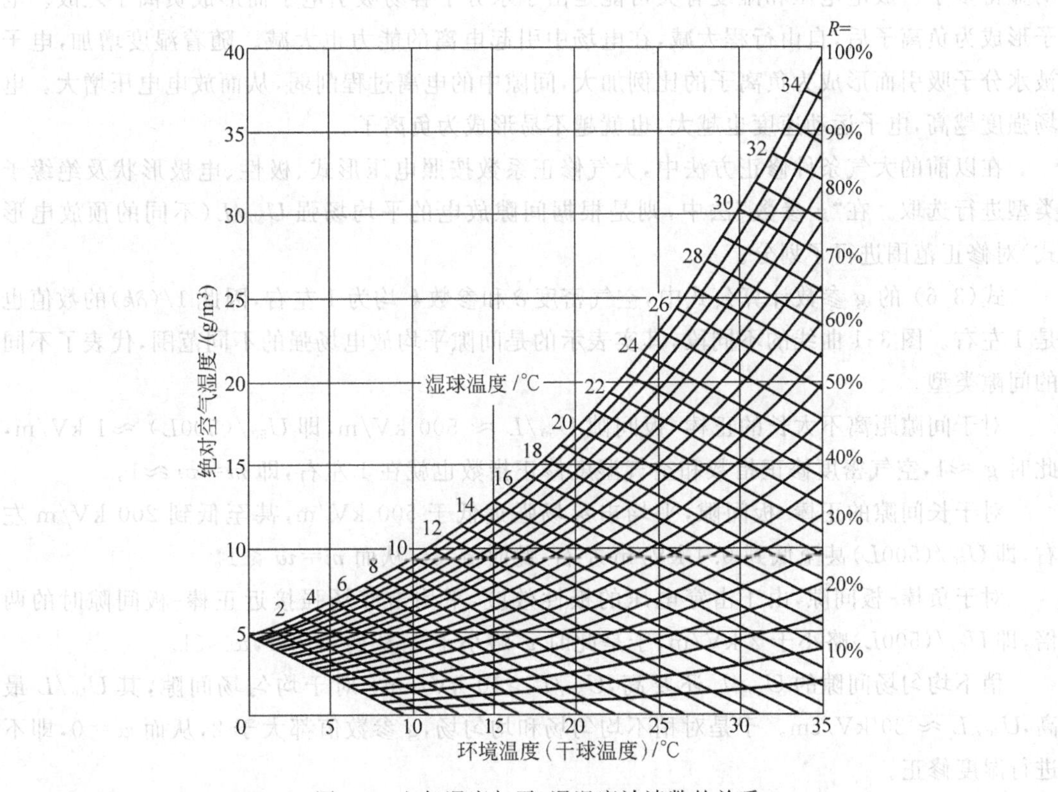


图 3-3 空气湿度与干、湿温度计读数的关系

(4) $g$ 参数

式(3-3) 中的空气密度修正指数 $m$ 与式(3-4)中的空气湿度修正指数 $w$ 的值可由表 3-1 求取,也可由图 3-1 查得,其值与预放电类型有关。为此,引入参数 $g$,如下式所示。

$$g = \frac{U_{50}}{500L}\frac{1}{\delta k} \tag{3-6}$$

其中,$U_{50}$ 是指实际大气条件时 50% 放电电压的测量值或估算值,kV; $L$ 为试品最短放电路径，m；相对空气密度 $\delta$ 和参数 $k$ 均为实际值。耐受试验时，无法得到 50%破坏性放电电压的估算值，$U_{50}$ 可以假定为 1.1 倍试验电压值。

无论 $U_{50}$ 是测量值和估算值还是耐受电压的试验值，$U_{50}$ 在式(3-6)中指的都是电压峰值。

空气密度对放电电压的影响相对比较清晰。实验表明，空气中放电电压随其密度增大而加大，这是由于随着密度增加，空气中电子的平均自由行程缩短，电离过程减弱的缘故。

湿度的影响比较复杂。均匀电场中，平均放电场强很高，所以湿度的影响小。实验表明，均匀电场中空气的放电电压随湿度加大而增加的程度极微。例如，间隙距离为 1 cm，在 1 个大气压下，当湿度由 9.62 $g/m^3$ 提高到 24.0 $g/m^3$ 时，放电电压大约仅增加 2%。因此，均匀及稍不均匀电场中，湿度的影响可忽略不计。

但在极不均匀电场中，平均放电场强较低，空气中的水分对提高间隙击穿电压的效应就明显得多了。放电电压和湿度有关可能是由于水分子容易吸引电子而形成负离子之故。电子形成为负离子后，自由行程大减，在电场中引起电离的能力也大减。随着湿度增加，电子被水分子吸引而形成为负离子的比例加大，间隙中的电离过程削弱，从而放电电压增大。电场强度越高，电子运动速度也越大，也就越不易形成为负离子。

在以前的大气条件修正方法中，大气修正系数按照电压形式、极性、电极形状及绝缘子类型进行选取。在"$g$ 参数"法中，则是根据间隙放电的平均场强 $U_{50}/L$(不同的预放电形式)对修正范围进行了划分。

式(3-6) 的 $g$ 参数计算公式中，空气密度 $\delta$ 和参数 $k$ 均为 1 左右，因此 $1/(\delta k)$ 的数值也是 1 左右。图 3-1 曲线的不同段，其实表示的是间隙平均放电场强的不同范围，代表了不同的间隙类型。

对于间隙距离不太长的正棒-板间隙 $U_{50}/L \approx 500$ kV/m，即 $U_{50}/(500L) \approx 1$ kV/m，此时 $g \approx 1$，空气密度修正指数和空气湿度修正指数也就在 1 左右，即 $m=w \approx 1$。

对于长间隙的正棒-板间隙，平均击穿场强远低于 500 kV/m，甚至低到 200 kV/m 左右，即 $U_{50}/(500L)$甚至低到 0.4 kV/m 左右，此时 $g \ll 1$，从而 $m=w \ll 1$。

对于负棒-板间隙，由于击穿电压的极性效应，平均击穿场强接近正棒-板间隙时的两倍，即 $U_{50}/(500L)$略小于 2 kV/m，于是此时 $g$ 略小于 2，从而 $m=1, w<1$。

稍不均匀场间隙的 $U_{50}/L$ 还要高，$U_{50}/L>10$ kV/cm；对于均匀场间隙，其 $U_{50}/L$ 最高，$U_{50}/L \approx 30$ kV/cm。于是对稍不均匀场和均匀场，$g$ 参数值都大于 2，从而 $w=0$，即不进行湿度修正。

**例**：某距离 6 m 的棒-板间隙。在夏季某日干球温度 $t_{干}=29$℃，湿球温度 $t_{湿}=24$℃，气压 $p=99.8$ kPa 的大气条件下，以及在冬季某日干球温度 $t_{干}=10$℃，湿球温度 $t_{湿}=5$℃，气压 $p=102.7$ kPa 的大气条件下，请分别预估其正极性 50%操作冲击击穿电压 $U_{50夏}$ 和 $U_{50冬}$ 各为多少 kV?

**解**：从图 2-33 查曲线 4 可知，距离为 6 m 的棒-板间隙，其标准参考大气条件下的正极性 50%操作冲击击穿电压 $U_{50标准}=1500$ kV。

在所给夏季某日的大气条件下，可求得空气相对密度 $\delta=0.956$，从图 3-2 可查得空气

绝对湿度 $h=19\ g/m^3$。从而 $h/\delta=19.9\ g/m^3$，再由式(3-5)求得参数 $k=1.089$。

由式(3-5)可求得参数 $g=1500/(500\times6\times0.956\times1.089)=0.48$，于是由表 3-1 可知指数 $m=w=0.168$。空气密度校正因数 $k_1=\delta^m=0.956^{0.168}=0.992$，空气湿度校正因数 $k_2=k^w=1.089^{0.168}=1.014$。

所以在夏季该日的大气条件下，距离 6 m 的棒-板间隙其正极性 50%操作冲击击穿电压为

$$U_{50夏}=U_{50标准}\ k_1\ k_2=1500\times0.992\times1.014=1509(\text{kV})$$

同样，在所给冬季该日的大气条件下，可求得 $\delta=1.05$，$h=4\ g/m^3$，$h/\delta=3.81\ g/m^3$，$k=0.928$。从而参数 $g=0.513$，$m=w=0.20$，$k_1=1.01$，$k_2=0.985$。

故冬季该日该间隙的正极性操作冲击电压为

$$U_{50冬}=U_{50标准}\ k_1\ k_2=1500\times1.01\times0.985=1492(\text{kV})$$

### 3.1.2 海拔高度对放电电压的影响

大气压力随海拔高度的增加而近似线性地下降。例如，在 0 m 海拔高度的大气压力为 101.3 kPa，而在 1540 m 和 2240 m 的海拔高度时，大气压力分别下降到 83.86 kPa 和 76.96 kPa。不同海拔高度下的大气压力可由式(3-7)求得。

$$p=101.3\exp(-H/8150) \tag{3-7}$$

式中，$p$ 为大气压力，kPa；$H$ 为海拔高度，m。

海拔高度超过 1000 m 的地区称为高海拔地区。高海拔地区由于气压下降，从而空气相对密度下降，空气间隙的放电电压及最大耐受电压也随之下降。在海拔 1000～4000 m 的范围内，海拔每升高 100 m，空气的电气强度约降低 1%。因此，对运行在高海拔地区的电气设备，需要对其绝缘性能按其所在的不同海拔高度给予不同的考虑。

对拟用于海拔 1000 m 以上的外绝缘设备，在平原地区进行试验时，其试验电压 $U$ 应按照下式进行修正：

$$U=K_aU_0=U_0\exp\left[q\left(\frac{H-1000}{8150}\right)\right] \tag{3-8}$$

其中，$U_0$ 为平原地区标准参考大气条件下的试验电压，kV；$K_a$ 为海拔修正因数；$H$ 为设备使用处的海拔高度，m；$q$ 值取决于所施加的电压。

对于雷电冲击耐受电压、空气间隙和清洁绝缘子的短时工频耐受电压，均取 $q=1.0$；对于操作冲击耐受电压，$q\leqslant1.0$，$q$ 的具体取值情况较为复杂，需要时可查 GB 311.1—2012《绝缘配合 第1部分：定义、原则和规则》的附录 B。

高海拔地区大气条件对外绝缘放电电压的影响及海拔修正还有待进一步研究。

**例**：某母线支柱绝缘子拟用于海拔 4000 m 的高原地区的 110 kV 变电站，问平原地区的制造厂在标准参考大气条件下进行 1 min 干工频耐受电压试验时其电压应为多少 kV?

**解**：查附表 A-2 可知，110 kV 母线支柱绝缘子的 1 min 干工频耐受电压应为 265 kV。

再根据式(3-7)可算得制造厂在平原地区在标准参考大气条件下进行出厂 1 min 干工

频耐受电压试验时，其耐受电压应为 $U=265\ \exp\left(\dfrac{4000-1000}{8150}\right)=382\ \text{kV}$ 。

与该绝缘子在平原地区 265 kV 的耐受电压相比提高了 44%，可见海拔高度对外绝缘放电电压的影响程度。高海拔地区外绝缘空气间隙及绝缘子所需尺寸均比平原地区要增加很多。

# 3.2 高压外绝缘及高压绝缘子

## 3.2.1 外绝缘及其工作条件

电力系统的高电压绝缘从不同角度可以有不同的划分，如下图所示：

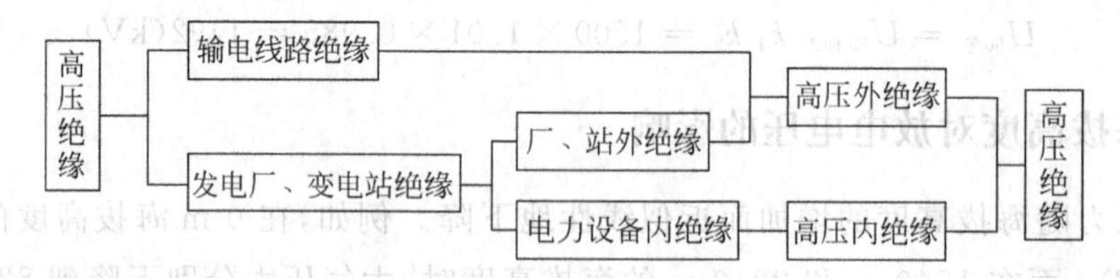


简言之，高压电气设备外壳之外，所有暴露在大气中需要绝缘的部分都属于外绝缘，户外架空输电线路的绝缘主要都是外绝缘。

外绝缘的主要部分是户外绝缘，一般由空气间隙与绝缘子构成，绝缘子是两者中最主要的部分。绝缘子的绝缘又分本体绝缘和沿面绝缘两部分。外绝缘问题的复杂性，主要是由于复杂多变的户外环境条件影响了绝缘子的沿面绝缘而造成的。

交流高压线路及变电站要求的最小空气间隙距离与绝缘子串最少片数见表 3-2 和表 3-3，交流高压配电装置要求的最小空气间隙距离见表 3-4。

**表 3-2 海拔 1000 m 以下交流高压线路最小空气间隙距离和绝缘子串最少片数**

| 系统标称电压/kV | 20 | 35 | 66 | 110 | 220 | 330 | 500 |
|---|---|---|---|---|---|---|---|
| 雷电过电压间隙/cm | 35 | 45 | 65 | 100 | 190 | 230 | 330 |
| 操作过电压间隙/cm | 12 | 25 | 50 | 70 | 145 | 195 | 270 |
| 工频电压间隙/cm | 5 | 10 | 20 | 25 | 55 | 90 | 130 |
| 绝缘子串片数/个 | 2 | 3 | 5 | 7 | 13 | 17 | 25 |

注：表中所列绝缘子片数为清洁地区数值。330 kV 及 500 kV 线路实际使用的最少片数分别为 19 片和 28 片。

**表 3-3 海拔 1000 m 以下交流高压变电站最小空气间隙距离**

| 系统标称电压/kV | 工频电压间隙/cm | | 操作过电压间隙/cm | | 雷电过电压间隙/cm | |
|---|---|---|---|---|---|---|
| | 相对地 | 相间 | 相对地 | 相间 | 相对地 | 相间 |
| 35 | 15 | 15 | 40 | 40 | 40 | 40 |
| 66 | 30 | 30 | 65 | 65 | 65 | 65 |
| 110 | 30 | 50 | 90 | 100 | 90 | 100 |

续表

| 系统标称电压/kV | 工频电压间隙/cm | | 操作过电压间隙/cm | | 雷电过电压间隙/cm | |
|---|---|---|---|---|---|---|
| | 相对地 | 相间 | 相对地 | 相间 | 相对地 | 相间 |
| 220 | 60 | 90 | 180 | 200 | 180 | 200 |
| 330 | 110 | 170 | 230 | 270 | 220 | 240 |
| 500 | 160 | 240 | 350 | 430 | 320 | 360 |

**表 3-4 海拔 1000 m 以下交流高压配电装置的最小空气间隙距离**

| 系统标称电压/kV | 3 | 6 | 10 | 15 | 20 |
|---|---|---|---|---|---|
| 户外间隙距离/cm | 20 | 20 | 20 | 20 | 20 |
| 户内间隙距离/cm | 7.5 | 10 | 12.5 | 15 | 18 |

注：相对地及相间取同一值。

### 3.2.2 绝缘子的分类及基本要求

绝缘子是将处于不同电位的导体在机械上固定，在电气上隔离的一种使用数量极大的高压绝缘部件。比如一条 300 km 长的交流 500 kV 线路，就需要悬式绝缘子八九万片。

1. 绝缘子的分类

高压绝缘子从功能和结构上可分为三类：

(1) (狭义)绝缘子，用作带电体和接地体之间的电气绝缘和机械固定联接。如盘形悬式绝缘子、棒形悬式绝缘子、支柱绝缘子、横担绝缘子等。

(2) 套筒(亦称空心绝缘子)，用作电器内绝缘的容器；由电瓷制成，或由环氧玻璃钢内筒加硅橡胶外套制成。如互感器套筒、避雷器套筒及断路器套筒等。

(3) 套管，用作导电体穿过电气设备外壳、接地隔板或墙壁的绝缘件；由空心绝缘子加内导杆制成。如穿越墙壁的穿墙套管，变压器、电容器的出线套管，以及全封闭组合电器(GIS)的气体绝缘出线套管等。

高压绝缘子从材料上也可分为三类：

(1) 电瓷，是无机绝缘材料，由石英、长石和黏土作原料经高温焙烧而成。电瓷本身的抗老化性能极好，能耐受日晒雨淋和酸碱污秽的长期作用而不受侵蚀，且具有足够的电气和机械强度。因而在高压输电 100 多年的历史中，瓷绝缘子在按材料分类的各类绝缘子中占据了主导地位。但瓷绝缘子耐污秽性能不好，且笨重易碎，运输安装成本大，且制造能耗高。

(2) 钢化玻璃，也是一种良好的绝缘材料，它具有和电瓷同样的环境稳定性，而且生产工艺简单，生产效率高，但须熔融玻璃，制造能耗也较高。玻璃经过退火和钢化处理后，机械强度和耐冷热急变性能都有很大增加。钢化玻璃目前几乎仅用于盘形悬式绝缘子，它具有局部损坏后整体伞盘脱落的“自爆”特性，发生“自爆”的绝缘子仍能保持较高的机械强度。但其伞盘缺失的特征很明显，可以靠目测从地面或从直升机上发现，不必像瓷绝缘子那样必须人工攀登杆塔用带电作业逐片检测的方法去测零值，这对线路维护是非常方便的，因此近年用量增长较快。

(3) 硅橡胶、乙丙橡胶等有机材料，由环氧树脂浸渍单向增强玻璃纤维制成的玻璃钢引拨棒和硅橡胶伞裙护套构成的复合绝缘子是新一代的绝缘子，具有强度高、质量轻、污闪和湿闪电压高等明显优点。它的出现打破了无机材料在高压外绝缘的一统天下，在许多国家得到大量应用。我国的复合绝缘子伞裙材料都采用硅橡胶，其他国家则有硅橡胶、乙丙橡胶和环氧树脂等不同的伞裙材料。在近几年我国新挂网的各种线路绝缘子中，硅橡胶复合绝缘子占据了几乎一半的份额，远远超过瓷或玻璃绝缘子的用量，逐渐成为输电线路中最主要的绝缘子。

几种绝缘子的外形及结构见图 3-4。

2. 对绝缘子的基本要求

从外绝缘的工作条件可知，对绝缘子的基本要求分以下几个方面。

(1) 电气性能

绝缘子的电气性能由贯通两电极的沿绝缘体外部空气的放电电压——闪络电压来衡量。运行中的绝缘子应能在正常工作电压和一定幅值的过电压下可靠工作，出厂的绝缘子必须要耐受住规定的试验电压，不发生闪络。根据工作条件的不同，闪络电压有以下几种。

① 干闪络电压，指绝缘子在表面清洁、干燥状态下的闪络电压，是户内绝缘子的主要性能，主要分为干工频闪络电压、干雷电冲击闪络电压。

盘形悬式绝缘子串和棒形悬式绝缘子串的电场结构比较对称，近似于棒-棒电极，并且绝缘子在干闪时，尤其是雷电冲击干闪时，基本上是绝缘子两端金具间空气间隙的闪络，而不是绝缘子的沿面闪络，因此其干闪络电压也就接近棒-棒空气间隙的击穿电压。

若支柱绝缘子固定在高处的支架上，则其电场结构也就比较对称，其干闪电压也就接近棒-棒空气间隙的击穿电压。若支柱绝缘子是固定在地面或很低的支架上，则其电场结构就不再对称，就近似于棒-板电极，其干闪络电压也就接近棒-板空气间隙的击穿电压。

② 湿闪络电压，指清洁绝缘子在人工淋雨状态下的闪络电压，是户外绝缘子电气性能中最主要的性能指标。主要分湿工频闪络电压，湿操作冲击闪络电压，对直流绝缘子有直流湿闪电压。

③ 污秽闪络电压，指在一定的表面污秽度下，绝缘子在受潮情况下的闪络电压，一般仅指交流绝缘子的工频污闪电压及直流绝缘子的直流污闪电压。

(2) 机械性能

不同的绝缘子在运行中可能承受拉伸、弯曲、扭转等一种或几种机械负荷。

① 拉伸负荷，例如悬挂输电线导线的绝缘子受导线重力和导线拉力造成的轴向拉伸负荷。拉伸负荷以作用在绝缘子两端的轴向拉伸力(kN)来表示。

② 弯曲负荷，例如支柱绝缘子受导线拉力、风力以及短路电流电动力的作用，力的方向与绝缘子轴线垂直，造成弯曲负荷。弯曲负荷以作用在绝缘子顶部的垂直力(kN)来表示。

③ 扭转负荷，例如隔离开关的支持绝缘子在开关操作过程中会受到扭转力矩作用。扭转负荷以作用在绝缘子顶部的扭矩(kN·m)来表示。

(3) 冷热性能及环境老化性能

运行中的绝缘子可能承受温度的剧变，对电瓷材料而言会产生附加的内部应力，可能造

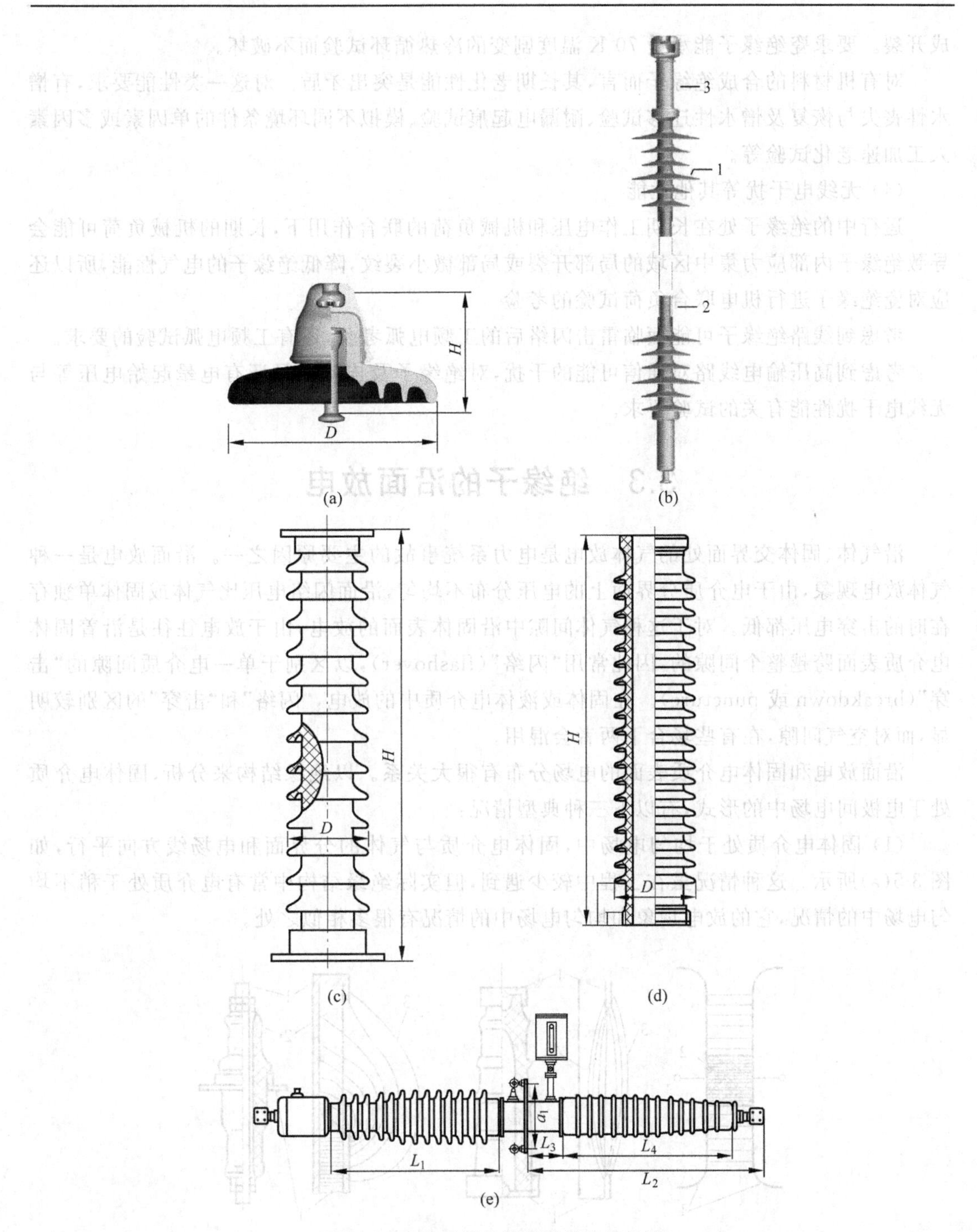


图 3-4 几种常见绝缘子的外形及结构

(a) U70BN～U550BN 盘形悬式绝缘子

U70BN 型，$H=146$ mm，$D=255$ mm，爬距 $L=295$ mm；U160BN 型，$H=155$ mm，$D=255$ mm，$L=315$ mm；
U210BN 型，$H=170$ mm，$D=280$ mm，$L=370$ mm；U300BN 型，$H=195$ mm，$D=320$ mm，$L=390$ mm；
U420BN 型，$H=205$ mm，$D=340$ mm，$L=525$ mm；U550BN 型，$H=240$ mm，$D=380$ mm，$L=600$ mm。

(上述绝缘子以前的型号编号为 XP-70～XP-550)

(b) 棒形悬式复合绝缘子；1—伞裙和护套；2—芯棒；3—金具

(c) 户外棒形支柱绝缘子；(d) 套筒(空心)绝缘子；(e) 穿墙套管

成开裂。要求瓷绝缘子能承受 70 K 温度剧变的冷热循环试验而不破坏。

对有机材料的合成绝缘子而言，其长期老化性能是突出矛盾。对这一类性能要求，有憎水性丧失与恢复及憎水性迁移试验、耐漏电起痕试验、模拟不同环境条件的单因素或多因素人工加速老化试验等。

(4) 无线电干扰等其他性能

运行中的绝缘子处在长期工作电压和机械负荷的联合作用下，长期的机械负荷可能会导致绝缘子内部应力集中区域的局部开裂或局部微小裂纹，降低绝缘子的电气性能，所以还应对瓷绝缘子进行机电联合负荷试验的考验。

考虑到线路绝缘子可能面临雷击闪络后的工频电弧考验，还有工频电弧试验的要求。

考虑到高压输电线路对通信可能的干扰，对绝缘子及连接金具还有电晕起始电压等与无线电干扰性能有关的试验要求。

## 3.3 绝缘子的沿面放电

沿气体、固体交界面处的气体放电是电力系统事故的主要原因之一。沿面放电是一种气体放电现象，由于电介质分界面上的电压分布不均匀，沿面闪络电压比气体或固体单独存在时的击穿电压都低。对于这种气体间隙中沿固体表面的放电，由于放电往往是沿着固体电介质表面跨越整个间隙的，因此常用"闪络"(flashover)，以区别于单一电介质间隙的"击穿"(breakdown 或 puncture)。在固体或液体电介质中的放电，"闪络"和"击穿"的区别较明显，而对空气间隙，在有些场合下两者会混用。

沿面放电和固体电介质表面的电场分布有很大关系。以绝缘结构来分析，固体电介质处于电极间电场中的形式，有以下三种典型情况：

(1) 固体电介质处于均匀电场中，固体电介质与气体的分界面和电场线方向平行，如图 3-5(a)所示。这种情况虽在工程中较少遇到，但实际绝缘结构中常有电介质处于稍不均匀电场中的情况，它的放电现象和均匀电场中的情况有很多相似之处。

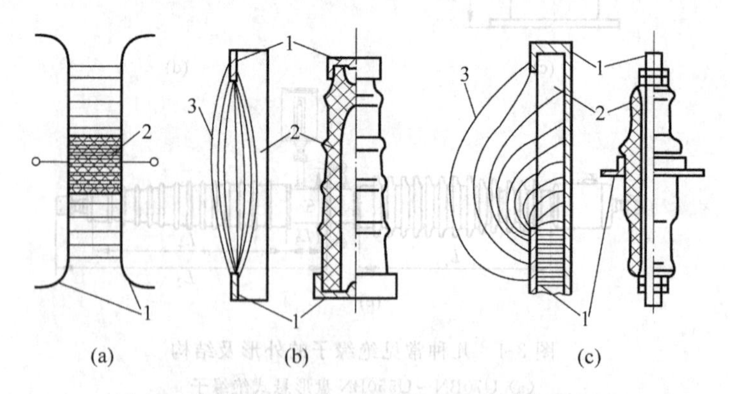


图 3-5 固体电介质在电场中的几种典型布置方式

(a) 均匀电场，场强方向平行于固体电介质表面；(b) 不均匀电场，场强方向大体上与固体电介质表面平行；(c) 不均匀电场，场强方向与固体电介质表面的夹角较大

1—电极；2—固体电介质；3—电位移线

(2) 固体电介质处于极不均匀电场中,但在电介质表面大部分地方(除紧靠电极的很小区域外),电场强度平行于表面的分量要比垂直分量大,如图 3-5(b)所示,支柱绝缘子就属于这种情况。

(3) 固体电介质处于极不均匀电场中,且电场强度垂直于电介质表面的分量,要比平行于表面的分量大得多,如图 3-5(c)所示,套管就属于这种情况。

这三种情况下的沿面放电现象有很大差别,下面分别讨论。

### 3.3.1 均匀电场中气体沿固体电介质表面的放电

图 3-5(a)所示为一圆柱形固体放在均匀电场之中,圆柱表面和电场线平行。虽然固体圆柱的存在似乎并未影响极板间的电场分布,且用固体置换气体,整个间隙的击穿电压似乎至少不应比纯空气间隙低,似乎电极间任何地方的气体发生击穿的可能性是相同的。但实际上放电总是发生在固体电介质表面,而且沿固体表面的闪络电压比纯空气间隙的击穿电压要低得多。图 3-6 给出了一组实测曲线。造成这种现象的主要原因如下:

(1) 固体电介质表面会吸附气体中的水分形成水膜。由于水膜具有离子电导,离子在电场中沿电介质表面移动,电极附近逐渐积累起电荷,使电介质表面电压分布不均匀,从而使沿面闪络电压低于空气间隙的击穿电压。

(2) 电介质表面电阻不均匀以及电介质表面有伤痕裂纹,也会畸变电场的分布,使闪络电压降低。

(3) 若电极和固体电介质端面间存在气隙,气隙处场强大,极易发生电离,产生的带电质点到达电介质表面,畸变了原电场分布,从而使闪络电压降低。

越易吸湿的固体如玻璃、瓷,沿面闪络电压越低。由于表面水中离子沿电场移动需要时间,因此工频下、直流下的沿面闪络电压比冲击电压下的沿面闪络电压还要低。

均匀电场沿面放电的情况在工程实际中很难遇到,稍不均匀场下的沿面放电主要存在于 GIS 内的盆式绝缘子表面,表面清洁状况下的外绝缘更多面对的是 3.3.2 节和 3.3.3 节讨论的两种情况。

### 3.3.2 极不均匀电场具有弱垂直分量时的沿面放电

这种情况以支柱绝缘子较为典型,如图 3-5(b)所示。这时,电场本身已极不均匀,电介质表面电荷的堆积已不会再造成电场更大的改变。另外,电场的垂直分量小,沿面电容电流也小,没有明显的滑闪放电。因而这种情况下沿面放电电压比同电极结构下纯空气间隙放电电压降低不多,提高放电电压的途径也主要是用均压屏蔽环等改变电极形状,缓和局部的高场强,适当均匀整体电场分布。图 3-7 给出了这种电场结构下的一组实例曲线。

### 3.3.3 极不均匀电场具有强垂直分量时的沿面放电

套管的作用在于确保导电杆穿过具有不同电位的箱体外壳或墙壁,因此套管的电场分布是具有强垂直分量的极不均匀场,实例见图 3-5(c)。在这种结构中电介质表面各处的场强差别很大，靠近强场区时，电力线有很大的垂直于电介质表面的分量，在交变电压作用下会出现滑闪放电。工频下的滑闪放电过程如下所述。

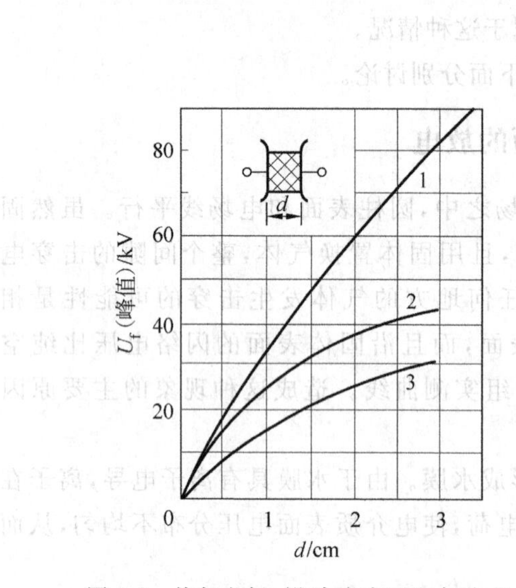


图 3-6 均匀电场，沿玻璃表面空气中的闪络电压与闪络距离的关系

1—空气间隙击穿；

2—雷电冲击沿面闪络电压；

3—工频沿面闪络电压

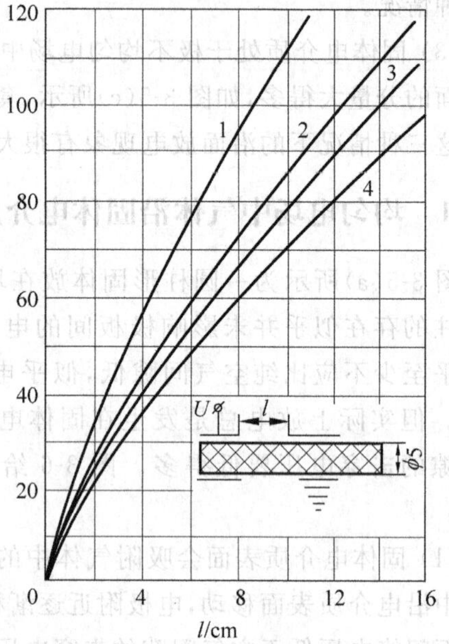

图 3-7 不均匀电场，沿面工频闪络电压与闪络距离的关系

1—纯空气隙；2—石蜡；

3—胶纸；4—瓷、玻璃

如图 3-8 所示，随着外施电压的增高，在法兰的边缘先出现浅蓝色的电晕放电，电压进一步升高，放电形成平行向前伸展的许多细光线，称作细线状辉光放电，其长度随着电压的升高而增长。当电压到某临界值时，其中某些细线的长度迅速增长，并转变为较明亮的浅紫色的树枝状火花。此种放电很不稳定，迅速改变着放电路径，并有爆裂声响，这种放电现象称“滑闪放电”。

滑闪放电的火花长度随外施电压的升高而迅速增长，因而出现滑闪后，电压只需增加不多，放电火花就能延伸到另一电极，形成闪络。

滑闪放电是具有强垂直分量绝缘结构的特有放电形式，前两种绝缘结构不会出现滑闪放电现象。

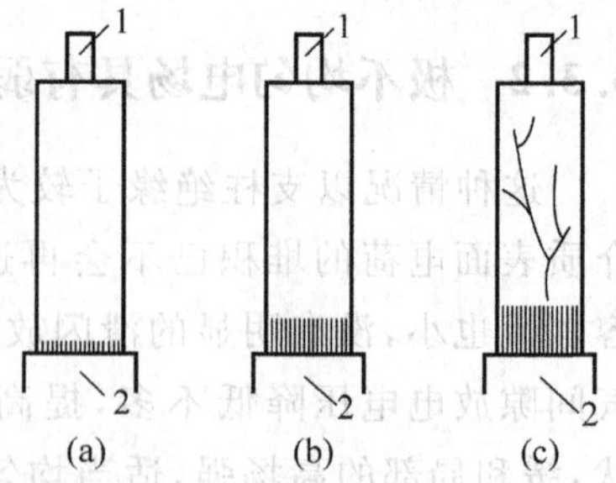


图 3-8 工频电压作用下沿面放电发展过程示意图

(a) 电晕放电；(b) 细线状辉光放电；(c) 滑闪放电

1—导杆；2—法兰

套管的电场分布示意图如图 3-9 所示，滑闪放电现象可用图 3-10 所示的等效电路来解释。不难看出，在接地法兰附近沿电介质表面的电流密度最大，在该处电介质表面的电位梯度也最大，当此处电位梯度达到使气体电离的数值时，就出现了初始的沿面放电。随着电压的升高，此放电向前发展。在电场垂直分量的作用下，带电质

点撞击电介质表面,引起局部温度升高,高到足以引起热电离。从而使通道中带电质点数量剧增,电阻剧降,通道头部场强增加,导致通道迅速增长,这就是滑闪放电。出现了热电离,这是滑闪放电的特征。出现滑闪放电后,放电发展很快,会很快贯通两电极,完成闪络。

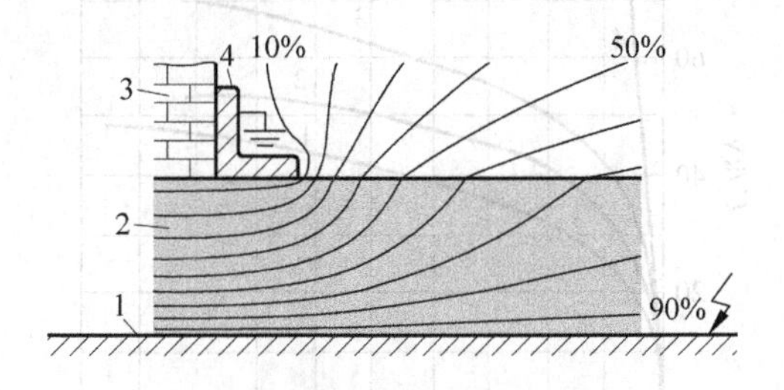


图 3-9 穿墙套管电场分布示意图

1—高压导杆;2—电介质;3—墙体;4—接地法兰

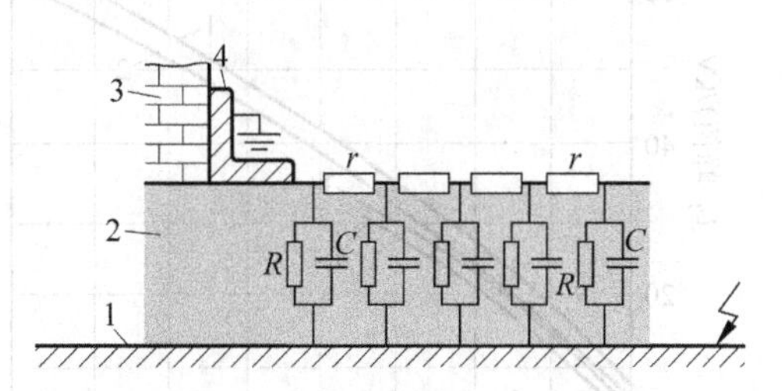


图 3-10 穿墙套管等效电路

1—高压导杆;2—电介质;3—墙体;4—接地法兰;C—表面电容;R—体积电阻;r—表面电阻

滑闪放电的起始电压 $U_0$ 和各参数的关系如下式所示:

$$U_0 = \frac{E_0}{\sqrt{\omega C_0 \rho_s}} \tag{3-9}$$

式中,$E_0$ 是滑闪放电的起始场强;$\omega$ 是电压的角频率;$C_0$ 是比表面电容;$\rho_s$ 是表面电阻率。

比表面电容即单位面积电介质表面与另一电极间的电容值,对导杆半径为 $r_1$、绝缘层外半径为 $r_2$ 的如图 3-10 所示的绝缘结构,其比表面电容 $C_0$ 为

$$C_0 = \frac{\varepsilon_r}{4\pi \times 9 \times 10^{11} \times r_2 \ln \frac{r_2}{r_1}} \tag{3-10}$$

式中,$C_0$ 单位为 $F/cm^2$;$r_1$,$r_2$ 单位为 cm。

出现滑闪放电的条件是,电场必须有足够的垂直分量和水平分量,此外电压必须是交变的,在直流电压作用下不会出现滑闪放电现象。图 3-11 给出了一组直流沿面闪络电压曲线。

由式(3-9)可以看出,电压交变的速度越快,越容易滑闪,冲击电压比工频电压更易引起滑闪。图 3-12 给出了一组冲击沿面闪络电压曲线。滑闪放电电压和比表面电容 $C_0$ 有关,$C_0$ 越大,越易滑闪。增大固体电介质的厚度,或采用相对介电常数较小的固体电介质,都可提高滑闪放电电压。减小表面电阻率 $\rho_s$,也可提高滑闪放电电压,工程上常采用在套管的法兰附近涂半导电漆的方法来减少 $\rho_s$。

在滑闪放电的情况下,沿面闪络电压并不和沿面距离成正比,靠增长沿面距离来提高闪络电压的方法在这种绝缘结构下效果很不好。这是因为当沿面距离增加时,通过固体电介质体积的电容电流和漏导电流都将随之很快增长,不仅没有改善滑闪起始区域的场强,反而使沿面电压分布更加不均匀。

在工频交流电压的作用下,$\omega$ 是定值,对一定的电介质而言,$\rho_s$ 也是定值,滑闪放电的起始场强 $E_0$ 也基本变化不大。因此滑闪放电的起始电压 $U_0$ 主要和比表面电容值 $C_0$ 有关。由试验获得的经验公式如下式所示:

$$U_{cr} = 1.36 \times 10^{-4} / C^{0.44} \tag{3-11}$$

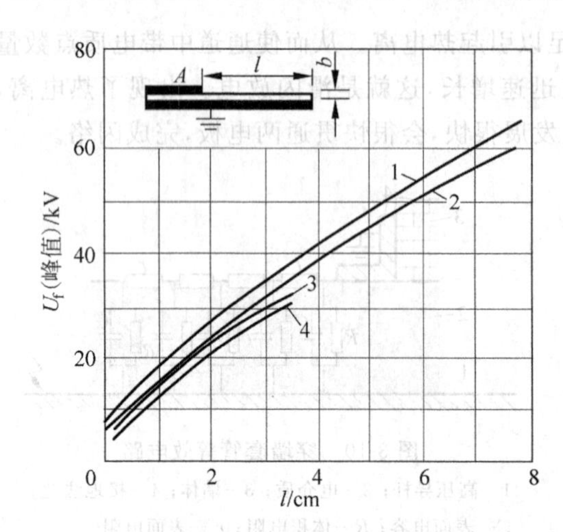


图 3-11　胶纸板的直流沿面闪络电压与闪络距离的关系

1,3—电极 A 为正；1,2—$b$=4 mm；
2,4—电极 A 为负；3,4—$b$=1 mm

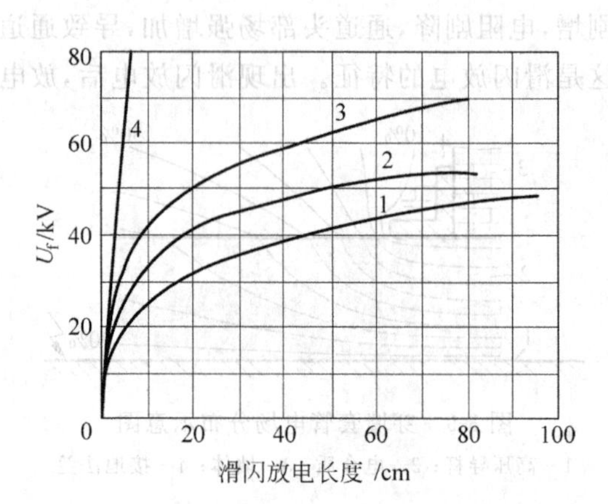


图 3-12　雷电冲击电压下沿玻璃管表面滑闪放电长度与电压的关系

玻璃管内、外径 $\phi_1/\phi_2$(cm)为
1—0.85/0.97；2—0.63/0.90；
3—0.60/1.01；4—空气间隙击穿电压

式中，$U_{cr}$为工频滑闪放电的起始电压有效值，kV；$C_0$为比表面电容，F/cm²。

式(3-11)的适用范围是 $C_0>0.25\times10^{-12}$ F/cm²。工程上可用此经验公式来估算套管的滑闪放电起始电压。当 $C_0$ 小于此值时，用式(3-11)只能作近似估算。

工频滑闪放电起始电压 $U_{cr}$ 的计算对绝缘结构的设计非常重要。工频试验电压下，只要不出现滑闪，绝缘尺寸应尽量小。

冲击电压下，电压的等效频率比工频高得多，电场的强垂直分量更明显。从式(3-9)可知，冲击电压下的滑闪放电电压将更低。因此冲击试验下允许滑闪，但滑闪放电的火花不得贯通两电极。

### 3.3.4　沿面闪络电压的影响因素与提高措施

1. 电场分布情况和电压波形的影响

在均匀电场和具有弱垂直分量的极不均匀电场中，沿面闪络电压 $U_f$ 和沿面闪络距离 $L$ 之间关系的试验结果，分别如图 3-6 和图 3-7 所示。图 3-6 表明，均匀电场中的沿面放电电压明显低于纯空气间隙的击穿电压。工频和直流电压作用下的沿面闪络电压，要低于高频和冲击电压作用下的闪络电压。图 3-7 表明具有弱垂直分量极不均匀电场的沿面闪络电压也低于纯空气间隙的击穿电压，但降低的程度没有均匀电场下显著。

图 3-11 和图 3-12 是具有强垂直分量电场形式的沿面闪络电压和沿面距离之间关系的试验结果。图 3-11 表明，在直流电压作用下，闪络电压和闪络距离仍近似保持线性关系。图 3-12 表明，冲击电压的作用下，随着沿面闪络距离的增大，沿面闪络电压的提高呈现显著饱和的趋势。

2. 电介质材料的影响

图 3-7 也表明了电介质材料对沿面闪络电压的影响。可以看出，石蜡这类不易吸潮的电介质，沿面闪络电压较高，而胶纸、陶瓷、玻璃这些较易吸潮或吸附水分的电介质，沿面闪

络电压较低。若将电介质表面烘干，可以提高沿面闪络电压。工程上常用表面涂覆的方法，如喷涂绝缘漆、涂覆憎水性涂料等来提高易吸潮电介质的沿面闪络电压。

3. 大气体条件的影响

气压和气温对沿面闪络电压的影响，虽和对空气间隙击穿电压的影响规律相类似，但影响的程度远不如纯空气间隙显著。

湿度对沿面闪络电压的影响，与湿度的大小和固体电介质本身的特性有很大关系。当气体中的相对湿度小于40%时，湿度对各种固体电介质的沿面闪络电压均无影响，当气体中的相对湿度大于40%时，湿度对闪络电压的影响和固体电介质表面的憎水状况有关，对于亲水性的电介质如玻璃、陶瓷等，随着湿度的增加闪络电压将明显降低。对于憎水性材料，如石蜡、硅橡胶等，由于吸湿很少，闪络电压随着湿度的增加下降不多。

4. 提高表面憎水性

有机硅类化合物具有很强的憎水性，用有机硅化合物对纤维素电介质(如电缆纸、电容器纸、布、带、纱等)作憎水处理后，纤维素分子被憎水剂分子所包复、纤维素中的空隙被憎水剂高分子物质填满，从而大大降低了纤维素电介质的吸水性和亲水性。对电瓷、玻璃等高表面能的电介质，也可用表面涂覆憎水涂料的方法，大大提高沿面闪络电压。

5. 改变绝缘体表面的电阻率

可在高场强电极附近绝缘表面一定长度的范围内，采用半导体云母缠绕带或涂半导体漆，以控制其电位梯度，如在高压电机的线棒出线处的半导体缠绕带或半导体漆。例如，大电机定子绕组槽口附近导线绝缘上的电位分布很不均匀，槽口附近绝缘表面的电位梯度很高，很容易发生沿面的滑闪放电。在槽口附近涂上半导电漆，使该段绝缘表面电阻减小很多，这样就能大大减小该绝缘表面的电位梯度。

在高压套管的法兰外，也可在一定的沿面距离内喷涂半导体漆，以提高沿面闪络电压。

6. 采用屏障

如果使安放在电场中的固体电介质在电场等位面方向具有凸出的棱缘(称作屏障)，则能显著提高沿面闪络电压。图3-13是在光滑圆柱上加棱后对闪络电压提高程度的试验结果。此棱缘的作用不仅起了增加沿面爬电距离的作用，而且起了阻碍放电发展的屏障作用。实际绝缘子的伞棱都起着屏障的作用。

7. 采用屏蔽

屏蔽是指改善电极的形状，使电极及电极附近绝缘表面的电场分布趋于均匀，从而提高沿面闪络电压。如图3-14所示，电极A的电场分布不均匀，沿面放电容易从此电极处开始。电极B就是一种屏蔽电极。如果此绝缘子两端都采用电极B，则两电极附近的电场分布都可得到改善，从而可提高沿面闪络电压。很多高压电器出线套管的顶端都采用屏蔽电极。

在固体电介质内嵌入金属以改善电场分布的方法，称为内屏蔽。图3-15是$SF_6$组合电器内同轴系统支撑绝缘子的结构实例，内嵌的金属环起到改善电极与固体电介质接触部位电场分布的作用，因而能提高沿面闪络电压。图3-16是内屏蔽电极用在支柱绝缘子的示意图。

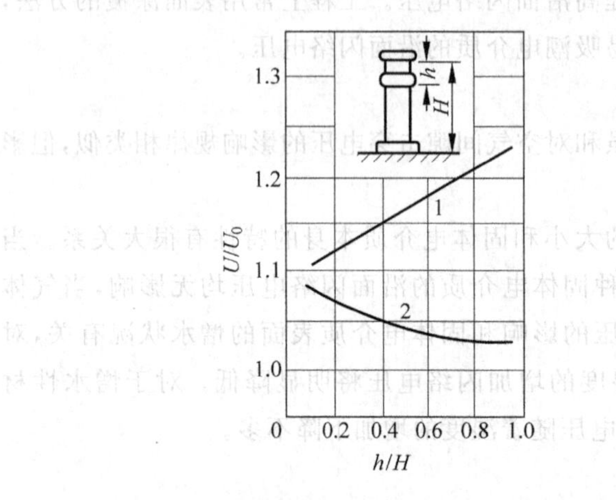


图 3-13 棱位置对冲击闪络电压(8 μs)的影响

1—负极性；2—正极性；$U_0$—光滑圆柱闪络电压

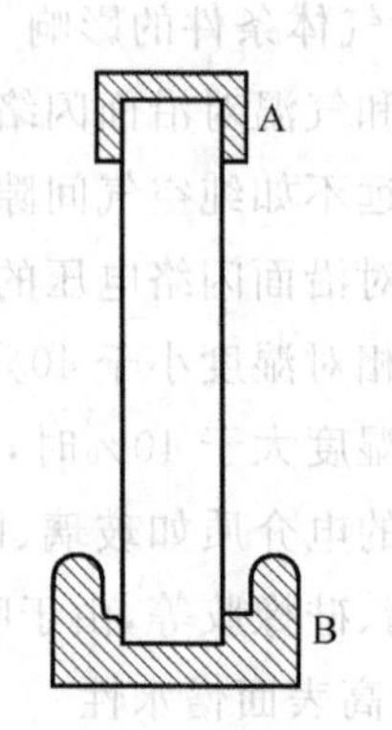


图 3-14 外屏蔽示意图

A—无屏蔽；B—有屏蔽

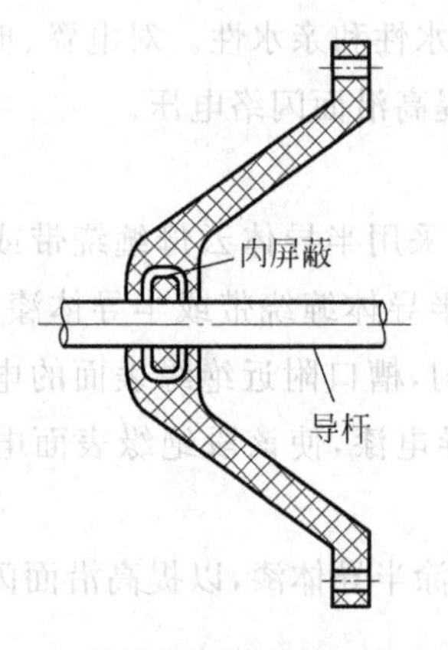


图 3-15 盆形绝缘子中的内屏蔽电极

图 3-16 支柱绝缘子中的内屏蔽电极

8. 消除绝缘体与电极接触面处的缝隙

如果电极与绝缘体接触面不密合，留有缝隙，则在此缝隙处极易发生局部放电，使沿面闪络电压急剧降低。消除缝隙最有效的方法是将电极与绝缘体浇铸嵌装在一起。例如，电瓷或玻璃绝缘体与电极常用水泥浇铸在一起，$SF_6$气体绝缘装置内的绝缘支撑件都是将电极与绝缘体直接浇铸在一起的。

9. 强制固体电介质表面的电位分布

在高压套管及电缆终端头等设备中，常用在绝缘内部加电容极板的方法，使轴向及径向的电位分布更均匀，在降低绝缘内部径向场强的同时，也降低了轴向的沿面电位梯度。从而达到提高沿面闪络电压的目的。图 3-17 所示为电容套管和电缆终端盒采用中间电容极板的结构示意图。图 3-17(a)所示为不带中间电容极板，不仅从导杆到法兰的径向电位分布不均匀，从法兰到导杆的沿面绝缘上的电压分布也很不均匀，接近法兰处的一小部分沿面距离内承担了大部分电压。图 3-17(b)所示为带中间电容极板的示意图，不仅从导杆到法兰的径向电位分布均匀了很多，从法兰到导杆的沿面绝缘的电压分布也得到很大的改善，均匀了很多。

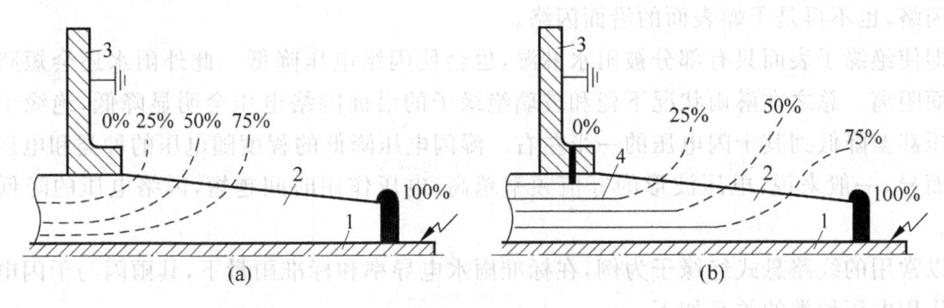


图 3-17 用电容极板调整电场示意图

(a) 不带中间电容极板；(b) 带中间电容极板

1—导杆；2—绝缘层；3—法兰；4—中间电容极板

实际上高压套管的中间电容极板(也称电容屏)的数量比图 3-17 示意的要多得多,极板的厚度与极板间绝缘的厚度均极薄。每层极板的长度和层间距离是经过仔细计算的,极板之间形成的同轴圆柱电容通过电容分压的原理,强制固定了每个极板所在位置的电位,并同时影响了沿面绝缘的电位分布。

在工程实际中还采用在绝缘表面加中间电极,并固定这些电极的电位等方法来使沿面的电位分布较均匀。图 3-18 就是应用这种方法的原理示意图。在静电加速器、串接高压试验变压器等设备中常常会用到这些方法。

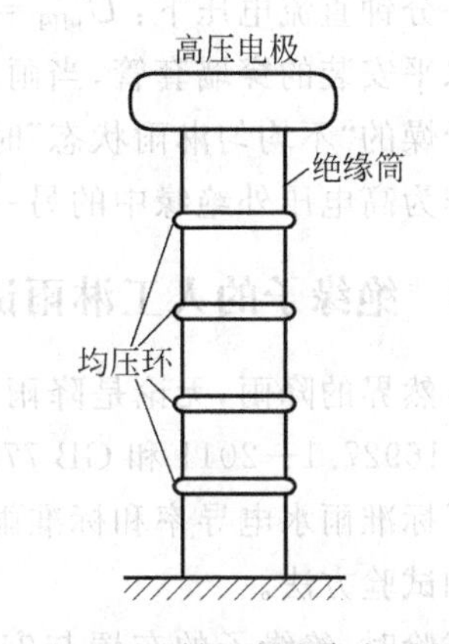


图 3-18 强制固定绝缘表面电位

## 3.4 绝缘子的雨中放电

3.3 节中所介绍的绝缘子沿面放电,指的都是绝缘子在表面清洁条件下发生的沿面放电。本节和 3.5 节介绍的则是绝缘子在表面淋雨和表面染污条件下的沿面放电。这时绝缘子表面状况发生了极大的变化,因而其沿面放电过程和闪络电压也与表面清洁干燥时有了根本的不同。户外绝缘子的外形结构主要由绝缘子的湿闪电压特性和污闪电压特性所决定。

### 3.4.1 绝缘子的淋雨闪络

作为数十年运行在户外环境中的高电压绝缘子,淋雨是必然要面对的。为了尽可能隔断雨水在绝缘子表面形成的连续导电通道,户外绝缘子都设计了各种形状的伞裙,见图 3.4。

所有绝缘子的绝缘都可以划分为本体绝缘和沿面绝缘两部分,淋雨会大大降低瓷和玻璃绝缘子的沿面绝缘性能。淋雨时绝缘子表面被雨水淋湿,沿面泄漏电流大增,在绝缘子未被淋湿的干燥区或因泄漏电流热效应而烘干的干燥区,会产生沿面电弧,沿面电弧的快速漂移、跳跃造成绝缘子闪络电压的大幅度下降。绝缘子此时发生的闪络已经不再是纯空气间隙的闪络，也不再是干燥表面的沿面闪络。

即使绝缘子表面只有部分被雨水淋湿，也会使闪络电压降低。此外雨水还会短路掉部分沿面距离。总之在淋雨状况下瓷和玻璃绝缘子的沿面闪络电压会明显降低，绝缘子的湿闪电压甚至降低到其干闪电压的一半左右。湿闪电压降低的程度随电压的种类和电压作用时间而异，一般来说，电压波形的等值频率越高，电压作用时间越短，闪络电压的降低程度越小。

以常用的线路悬式绝缘子为例，在标准雨水电导率和标准雨量下，其雨闪与干闪电压之比和作用电压种类的关系如下。

雷电冲击电压下：$U_{雨闪}=(0.9\sim0.95)U_{干闪}$；

一分钟工频电压下：$U_{雨闪}=(0.50\sim0.72)U_{干闪}$；

一分钟直流电压下：$U_{雨闪}=(0.36\sim0.50)U_{干闪}$。

水平安装的穿墙套管，当雨水被墙体部分地遮挡，形成套管远离墙壁处被淋湿、靠近墙壁处干燥的"不均匀淋雨状态"时，会发生比完全淋湿时闪络电压更低的"不均匀淋雨闪络"。

作为高电压外绝缘中的另一部分，空气间隙的击穿电压在雨中是下降很少的。

### 3.4.2 绝缘子的人工淋雨试验方法

自然界的降雨，无论是降雨量、降雨持续时间，还是雨水电导率，差别都是很大的。在GB/T 16927.1—2011和GB 775.2—2003《绝缘子试验方法 第2部分：电气试验方法》中，规定了标准雨水电导率和标准雨量等降雨参数，规定了模拟自然降雨对外绝缘影响的试验程序和试验方法。

试验时，绝缘子的布置与安装应接近其正常使用时的电场状况，尤其是进行湿操作冲击试验时。清洁干燥的绝缘子先预淋15 min，保证绝缘子被全部淋湿，再进行耐受电压试验或闪络电压试验。

人工模拟雨水的标准体积电阻率在20℃时应为(100± 15)Ω·m。雨水的电导率对雨闪电压值有很大影响，图3-19所示为雨水电导率对雨闪电压影响的试验结果。

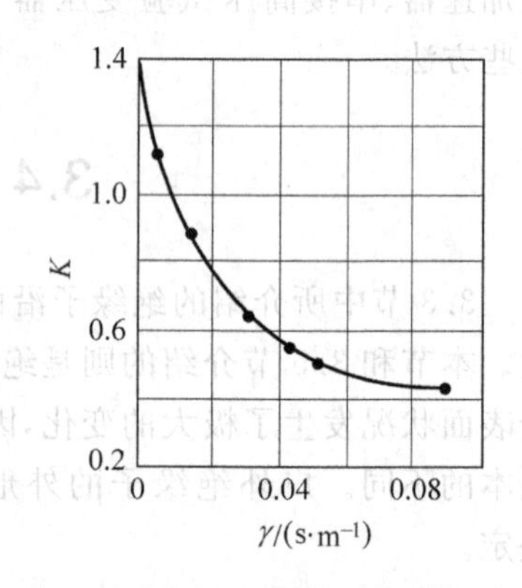


图3-19 雨水电导率对雨闪电压的影响

(取雨水电导率$\gamma$为$10^{-4}(\Omega\cdot\text{cm})^{-1}$时的闪络电压为1.0 V)

淋雨架喷出的雨滴应细小均匀，降雨方向和水平面近似成45°角；降雨量的水平分量和垂直分量都应在1.0～2.0 mm/min的范围。这样的雨量在自然界中已经是很大的雨了。

对于淋雨试验的大气修正，GB/T 16927.1—2011规定，应按照3.1节的方法进行空气密度修正，但不进行湿度修正。

### 3.4.3 提高绝缘子湿闪电压的措施

电力系统所有的户外绝缘子，都必须在这样的标准雨量和雨水电导率的人工淋雨条件下，耐受附表A-2中给出的1 min工频湿耐受电压值，330 kV及以上电压等级的绝缘子还必须耐受规定的湿操作冲击电压值。附表 A-2 中规定的耐受电压值远高于电网的实际运行电压,但是电力系统的雨闪事故还是不能完全避免。有时是因为绝缘子表面往往已经落满了灰尘等污秽物,下雨时绝缘子表面实际流下的雨水电导率远高于 100 Ω·m,这时已经不是原本意义上的单纯雨闪了,绝缘子的污闪见 3.5 节;有时是因为自然界降下了比标准雨量更大的大暴雨,大量的雨水在大风中沿绝缘子某一侧的伞裙集中流下,形成了贯通的雨帘。

提高绝缘子湿闪电压的措施可归纳为如下三类:

一是户外绝缘子必须有适当数量及适当尺寸的伞裙,伞裙彼此间不能太密、伞伸出和伞间距都不能太小,保证在通常的降雨条件下可以隔断沿绝缘子串的雨水;

二是采用憎水性的伞裙材料,或在陶瓷、玻璃绝缘子表面涂覆憎水性涂料,阻断绝缘子表面的连续水膜。比如同等绝缘子串长条件下,憎水性的硅橡胶复合绝缘子的湿闪电压仅比其干闪电压下降 5%~10%,这就比瓷和玻璃绝缘子的湿闪电压提高很多了;

三是在有可能降下特大暴雨的地区,沿绝缘子串加装一定数量的特大伞,保证在特大暴雨下也能隔断雨帘。

## 3.5 绝缘子的污秽放电

电力系统的绝缘事故不外乎两方面原因,或由于电压升高,或由于绝缘下降。运行在户外的各种绝缘子必须长年面对大气环境的侵袭,降雨可能导致湿闪、积污可能导致污闪、覆冰可能导致冰闪、雷击可能导致雷闪、操作过电压可能导致操作冲击闪络。在绝缘子的各类闪络中,闪络次数最多的是雷击闪络,对电力系统安全运行危害最大的却是污闪。所谓绝缘子的污闪,指的是绝缘子由于表面积污并受潮,沿面绝缘性能大幅度下降,从而在运行电压下发生的沿面闪络。大面积污闪是电力系统的灾难性事故。

我国作为发展中国家,不仅目前大范围的大气污染情况较为严重,而且今后一定的时期内仍将面临较严重的大气污染。因此,我国绝缘子由工业污秽导致的积污状况比较严重,另一种由海风带来的海盐污秽,则是所有国家沿海地区的输电线路都不可避免会遇到的。

### 3.5.1 绝缘子污秽闪络的特点

绝缘子污闪之所以危害大,是由污闪的几个特点决定的。首先,积污和污层受潮是大范围内所有绝缘子串同时面临的问题,某串绝缘子发生闪络时,同一条线路邻近的其他绝缘子串,或同一区域其他线路的绝缘子串的沿面污秽及受潮状况也与之相似,闪络概率已较高;并且污闪后想清除绝缘子表面污秽、恢复绝缘也不是小范围、短时间的事,即污闪影响范围大,是一定区域内所有输电线路同时面临的问题。其次,绝缘子的污闪不是发生在雷击等电压升高的瞬间或短时间内,而是发生在长年必须都承受的运行电压之下,从电压的角度看是随时满足发生污闪的条件的,即污闪电压太低,交流系统是不可能靠降低电压来防止污闪的。第三,绝缘子污闪后的重合闸成功率远低于雷击闪络的情况,即污闪导致的停电概率大。而大部分雷击闪络由于雷电时间极短,避雷器动作后若在绝缘子上没有形成工频续流就无须跳闸,或虽形成了工频续流但断路器重合成功,这都是不会导致线路停电的。而且盘形悬式瓷绝缘子串中若有零值绝缘子时，污闪还可能导致绝缘子头部炸裂，使导线落地，这时恢复供电的时间就更长了。

我国除西藏以外的所有省区都发生过不同程度的污闪事故。1971—1994 年全国 35～500 kV 输电线路共发生污秽闪络 3542 条次，1971—1992 年全国 35～500 kV 变电站共发生污闪 1768 站次。如 1974 年春东北，1987 年春西北，1989 年初及年底华东，1990 年春、1996 年冬、1999 年春华北、华东、华中，2001 年春东北、华北，以及 2004—2005 年广东等各地电网一再发生大范围的污闪事故，多次导致电网大范围停电、限电。大面积污闪事故成为我国电力系统安全运行的主要威胁之一，污秽绝缘水平已成为选择超高压、特高压系统外绝缘水平的决定性因素。直流电压下，由于静电积污比交流严重得多，绝缘子的污闪问题更加严重，成为直流输电的几大难题之一，如美国太平洋联络线投运不久就一再发生污闪。

绝缘子污闪最让人困惑的就是其闪络电压下降幅度太大。比如一片盘形悬式瓷绝缘子的工频干闪电压约 75 kV，雨闪电压下降到约 45 kV，但其污闪电压会低于 10 kV。又比如 5 m 长的棒-棒空气间隙，其工频击穿场强约为 400 kV/m(峰值)，而同属于棒-棒间隙，串长 4.34 m 的 500 kV 瓷绝缘子串，额定运行相电压 289 kV(有效值)，其平均工作场强仅为 94 kV/m(峰值)，却还一再发生污闪，说明绝缘子的污闪的确有不同于空气间隙击穿的机理。

### 3.5.2　从积污到污闪

绝缘子在常年的户外运行中，大气中的各类污秽颗粒会逐渐沉积在绝缘子表面，形成薄薄的一层污秽层，在潮湿天气下，污秽层受潮成为覆盖在绝缘子表面的导电层，最终引发局部电弧并发展成沿面闪络。绝缘子从积污到闪络的全过程，大致可以分为如下几个阶段：

(1) 污秽的沉积。在风力、重力、电场力等因素的作用下，大气中的飘尘、气溶胶等各种污秽物会接近并逐渐沉积在绝缘子表面。绝缘子外形通过影响绝缘子周围的气流场，也对绝缘子的积污有明显的影响。

绝缘子表面逐渐积聚的污秽，在风雨较大时又会被冲洗掉一些，因而积污是污秽积聚与自清洁并存的过程。根据降雨的不同，通常在一两年或三五年内绝缘子表面的积污会逐渐趋于饱和，如图 3-20 所示。在近海地带，绝缘子也可能在一场含盐风暴中快速积污到很重的污秽度。

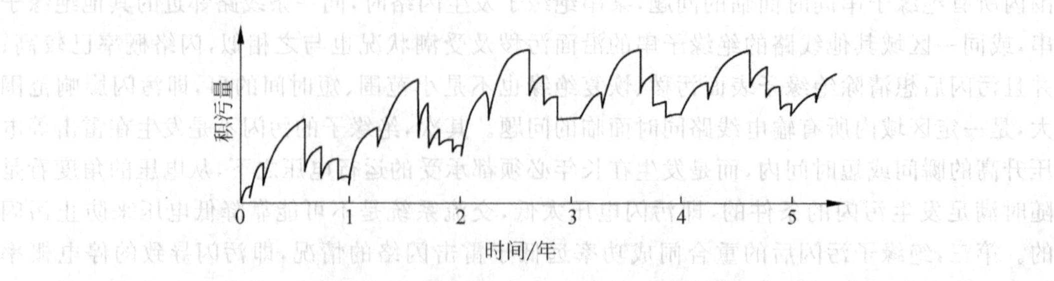


图 3-20　运行中绝缘子表面积污变化示意图

(2) 污秽的受潮。在干燥状态下，绝缘子表面的积污层对沿面闪络电压没有明显影响。但在潮湿的气候条件下污层会受潮，污物中的电解质成分会溶于水中，形成导电的水膜，将产生沿面的泄漏电流。大雾、毛毛雨、凝露、融雪、融冰等降水不大但很潮湿时，污层受潮明显但又很少流失，成为发生污闪最危险的气象条件。大雨虽对污层也有湿润作用但清洗作用更明显，因此从污闪的角度看，大雨一般没有什么威胁。

(3) 干区的形成及局部电弧的产生。由于泄漏电流的焦耳热效应，会使水分蒸发，在电流密度较大的局部区域，热效应显著，因而先形成干区。干区的出现，使得沿面电阻大大增加，泄漏电流受到很大的抑制，并使沿绝缘子表面的电压分布发生了突变。在干区两端承受了较大的电压。当干区某处的场强超过空气放电的临界值时，该处就发生沿面放电，泄漏电流突增，放电的形式可能是火花，也可能是编织状的浅蓝色或黄色细线放电，或是跨越干区的局部小电弧。

(4) 局部电弧的发展及闪络的完成。局部电弧快速烘干邻近的湿润污层，并随干区的扩大向前延伸。若污秽度不重，泄漏电流不大，单位弧长的电阻大于单位爬电距离的剩余污层电阻，则局部电弧会逐渐减弱、熄灭，绝缘子继续受潮，泄漏电流再度增大，局部电弧再度从干区发展；若污秽度较重，泄漏电流较大，单位弧长的电阻小于单位爬距的剩余污层电阻，则局部电弧会继续延伸，并最终发展成贯穿两极间的闪络。

图 3-21 给出了染污绝缘表面受潮、形成干区、产生局部电弧，直至闪络的示意图。瓷绝缘子的污闪电压之所以低，就是因为形成干区、产生局部电弧并不需要很高的电压。在污秽度较重时，泄漏电流较大，维持局部电弧燃烧并延伸发展需要的电压也不高，从而局部电弧在不高的电压下即可不断向前延伸，最终完成沿面的闪络。图 3-22(a)给出了高速摄影拍摄的染污玻璃表面闪络前明显的爬电过程。

### 3.5.3 绝缘子的污秽试验与污闪特性

1. 绝缘子的污秽度

绝缘子表面的积污程度由"现场污秽度"来定量表示，该方法称为等值盐密法。污秽度包括"等值盐密和灰密"两部分，分别反映污秽中湿润后导电的部分(如 NaCl、$CaSO_4$ 等各种盐分)和污层湿润后仍不导电，但吸收水分，使绝缘子表面保持一定的含水量的部分(如 $SiO_2$ 等各种灰分)。

等值盐密法是一种把绝缘子表面的污秽密度按照其湿润后的导电性转化为单位面积上 NaCl 含量的一种表示方法。具体来说是用 300 mL 蒸馏水，去洗下并溶解一片绝缘子(表面积约 1500 $cm^2$)表面的污秽；在另一杯 300 mL 蒸馏水中逐渐放入 NaCl，直至两杯水的电导率相等，则用该 NaCl 的量(mg)除以绝缘子表面积($cm^2$)，所得结果称为该绝缘子的等值盐密(equivalent salt deposit density，ESDD)。将此 300 mL 污秽溶液过滤、烘干，称量其不溶物的重量，也除以绝缘子表面积，得到灰密(non-soluble deposit density，NSDD)。两者的单位都是 $mg/cm^2$。

2. 人工污秽试验

人工污秽试验的目的是得到绝缘子在典型污秽运行条件下的性能。按照对污湿条件模拟的不同，绝缘子的人工污秽试验分固体层法与盐雾法两类。

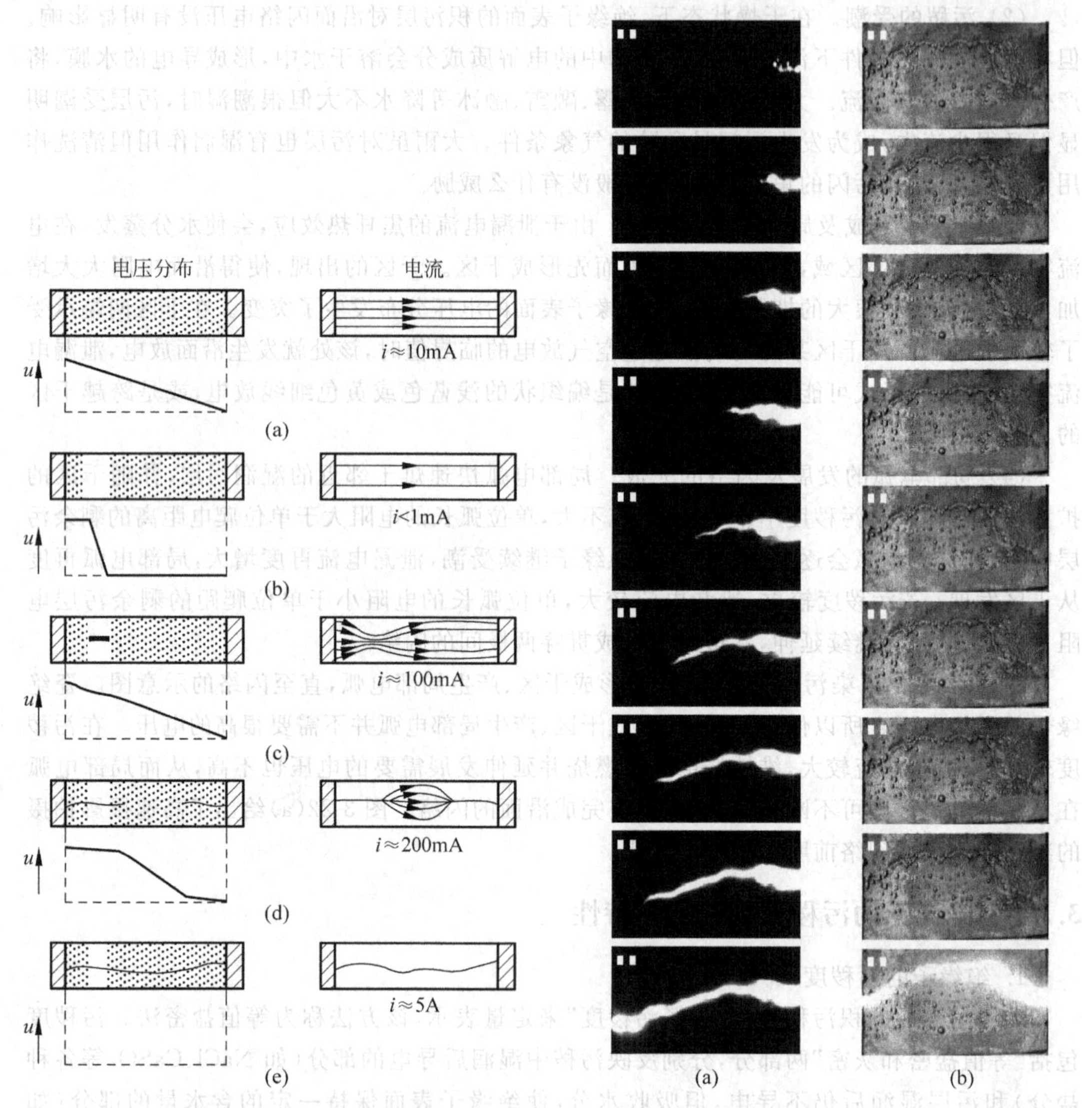


图 3-21 染污绝缘表面放电发展示意图

(a) 污层受潮初期,电压均匀分布,有泄漏电流;
(b) 干区产生,电压主要加到干区上,电流下降;
(c) 产生干带电弧,电流大大增加;
(d) 电弧发展,电压加在剩余污层,电流增长;
(e) 电弧贯通电极,完成沿面污闪

图 3-22 高速摄影下的亲水性表面和憎水性表面污闪过程

(拍摄速度 2000 帧/s,曝光时间 25 μs,每帧拍摄间隔 0.5 ms)
(a) 亲水性表面,闪络前电弧沿面爬电发展;
(b) 憎水性表面,水带逐渐形成,无爬电突然闪络

固体层法用 NaCl 模拟污秽中的导电性物质,用主要成分为 $SiO_2$ 的粉末状硅藻土或高岭土模拟污秽中吸水但不导电的物质。将一定量的模拟污秽物与水混合后涂刷到绝缘子表面,污层干燥后将绝缘子放进雾室,在雾室中用去离子水产生雾(称清洁雾)模拟绝缘子的受潮过程,在受潮的同时对绝缘子施加电压,以获得染污绝缘子在一定污秽度下的闪络电压或耐受电压。固体层法比较接近于在运行中先积污,然后在大雾、毛毛雨等潮湿天气条件下污层逐渐受潮、放电的情况。试验时的盐密范围我国一般取 0.03~0.4 $mg/cm^2$,灰密一般在 1.0 $mg/cm^2$ 左右;或选定盐密后按照灰盐比 5:1 确定灰密。

需要特别注意的是，不能将人工污秽的试验盐密（SDD）与现场污秽的等值盐密（ESDD）混为一谈，不能将ESDD的数值直接拿来作为试验盐密进行人工污秽试验。

另一种人工污秽试验方法是盐雾法。即在雾室中将含NaCl的盐水雾化为盐雾后喷到原本清洁的绝缘子周围，并同时对绝缘子施加电压，以求得在该盐度下绝缘子的闪络电压或耐受电压。盐雾法比较接近于在运行中绝缘子突然面临含高导电率雾水侵袭时的情况，如海雾。试验时的盐度范围为每$m^3$自来水中含2.5～224 kg的NaCl。

人工污秽试验的优点是可以在较短期内获得大量试验数据，其缺点是与自然污秽的等价性有时不好。

3. 自然污秽试验

自然污秽试验也分两类。一类是把带电运行一段时间自然积污的绝缘子取回，在雾室中用清洁雾受潮，求闪络电压与等值盐密的关系，称为自然污秽人工雾试验。另一类则是在带电的自然污秽试验站中，绝缘子在自然条件下积污、在自然条件下受潮闪络的试验。

自然污秽试验可以较为真实地反映运行中绝缘子的实际污秽状况，但取得一个数据花费时间太长，而且往往由于试品数量有限，数据也很有限。并且各地污秽性质不同、湿润条件不同，某地的自然污秽经验也就难以在其他地区推广。图3-23显示了日本三个自然污秽试验站的试验结果，可见自然污秽试验本身的分散性非常大。

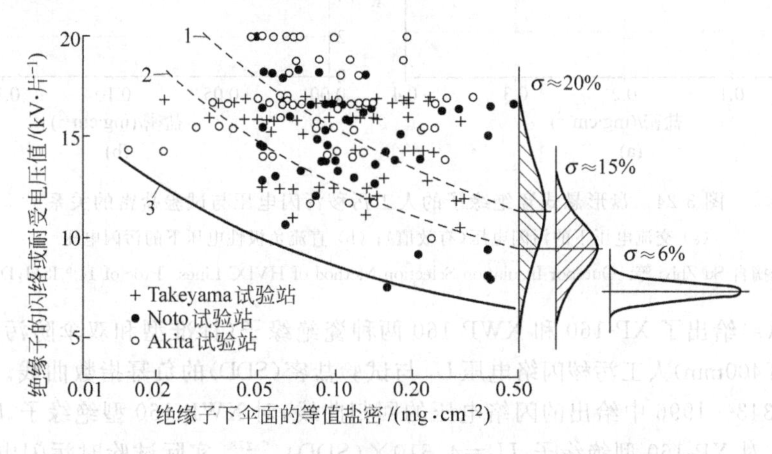


图3-23 交流电压下自然污秽试验与人工污秽试验结果的比较

（试品为盘径250 mm的标准悬式瓷绝缘子，三处自然污秽试验站分别为日本的Takeyama、Noto和Akita试验站）

1—自然积污下的污闪电压$U_{50}$，分散性$\sigma \approx 20\%$；

2—自然积污绝缘子在人工雾受潮下的污闪电压$U_{50}$，分散性$\sigma \approx 15\%$；

3—人工污秽试验的耐受电压，灰密采用Tonoko，为0.1mg/cm²，分散性$\sigma \approx 6\%$

（本图摘自CIGRE Technical Brochure 158，Pollution Insulators：A Review of Current Knowledge，June 2000）

4. 绝缘子的污闪特性

为分析污闪的过程，奥本诺斯（Obennaus）于20世纪50年代首先提出了表面电弧与剩余污层电阻相串联的污闪模型：

$$U = AXI^{-n} + IR(X) \tag{3-12}$$

其中，$U$为外施电压；$X$为电弧长度；$I$为流过表面的电流；$R(X)$为电弧长度为$X$时的剩余污层的电阻；$A$、$n$为静态电弧特性常数。$AXI^{-n}$代表局部电弧的压降，$IR(X)$代表剩余污层电阻上的压降。

对沿面爬电距离为 $L$ 的矩形均匀染污表面，可以推导出

$$U_c = A^{\frac{1}{n+1}} L r_c^{\frac{n}{n+1}} \tag{3-13}$$

其中，$U_c$ 为污闪临界电压；$r_c$ 为每单位长度污层的电阻；$A$、$n$ 同式(3-12)。

式(3-13)表明，污闪电压正比于沿面爬电距离，加大沿面距离即可同比例地提高污闪电压，这也正是输电线路“调爬”(见 3.5.6 节)的理论依据。

绝缘子的污闪特性通常有两类表示方式：一类是污闪电压与污秽度的关系曲线，反映污秽度对污闪电压的影响，如图 3-24 所示；另一类是某一污秽度下污闪电压与绝缘子串长的关系曲线，如图 3-25 中曲线 8 和曲线 10 所示，反映某一污秽度下所需的绝缘子串长，这直接表明了对塔窗尺寸的影响。

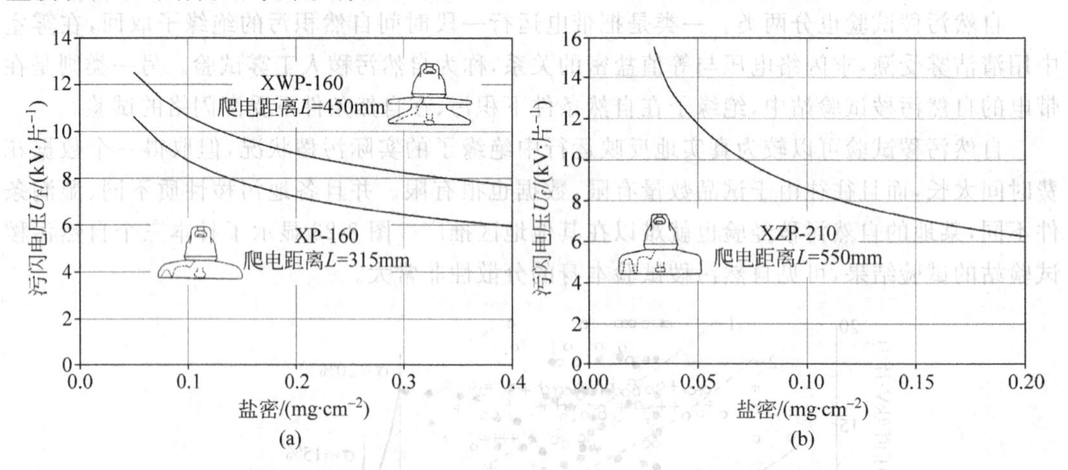


图 3-24　盘形悬式瓷绝缘子的人工污秽污闪电压与试验盐密的关系

(a) 交流电压下的污闪电压(有效值)；(b) 直流负极性电压下的污闪电压

注：图(b)数据摘自 Su Zhiyi 等. Outdoor Insulation Selection Method of HVDC Lines. Proc of 14th ISH，D-18，Aug. 2005。

图 3-24(a)给出了 XP-160 和 XWP-160 两种瓷绝缘子(标准型和双伞防污型，爬距分别为 305mm 和 400mm)人工污秽闪络电压 $U_f$ 与试验盐密(SDD)的负幂指数曲线。图中绘制的是 GB/T 16343—1996 中给出的闪络电压的回归曲线，对 XWP-160 型绝缘子，$U_f = 6.223 \times (\mathrm{SDD})^{-0.233}$，对 XP-160 型绝缘子，$U_f = 4.610 \times (\mathrm{SDD})^{-0.278}$，实际试验时污闪电压的分散性是比较大的，这一点从图 3-23 中也可看出。

图 3-24(b)给出了 XZP-210 型瓷绝缘子的负极性直流人工污秽闪络电压。盘形悬式绝缘子串的直流污闪具有极性效应，负极性时的污闪电压低于正极性污闪电压。这是由于施加负极性高压时，绝缘子铁帽处电弧飘弧所致。因此通常用负极性污闪电压来表示盘形悬式绝缘子的耐污闪性能，而棒形悬式复合绝缘子和棒形支柱绝缘子的污闪电压则没有明显的极性效应。

由于直流电压下没有电弧电流过零时的熄弧过程，直流电弧比交流电弧更容易飘弧，因此同样伞形、同等污秽度时，绝缘子的直流污闪电压(负极性)比交流污闪电压的有效值还要低。比如同样在 SDD＝0.1 $\mathrm{mg/cm^2}$ 的盐密下，XP-160、XWP-160 和 XZP-210 三种绝缘子的沿面污闪梯度分别为 0.277 kV/cm、0.236 kV/cm 和 0.155 kV/cm，直流下的污闪梯度要低得多。再加上同样大气环境条件下直流绝缘子积污比交流绝缘子严重，因此直流线路所需的绝缘子串更长。

在图 3-25 中给出了不同条件下绝缘子串长与各种闪络电压关系的试验曲线。曲线 1～9 为瓷绝缘子，曲线 10 为硅橡胶复合绝缘子。图中的雷电冲击、操作冲击、工频闪络、人工冰闪、人工污闪来自不同的实验室和不同的试验条件，将这些不同的闪络电压曲线放在同一张图中，目的是便于直观地展示不同条件下绝缘子闪络特性的差异。对于绝缘子的污闪、冰闪、湿闪电压，图中选择了在较为典型的污秽度、覆冰量和降雨量下的闪络电压。

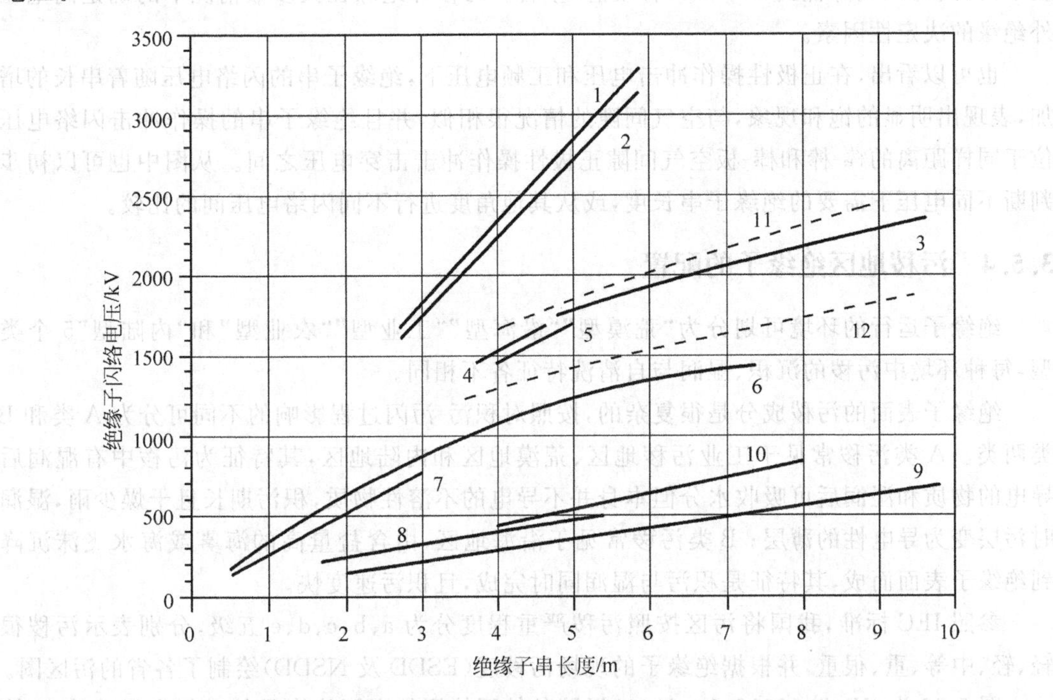


图 3-25 不同条件下的绝缘子串长与闪络电压

1—悬式绝缘子负极性雷电冲击干闪络电压 $U_{50}$；2—悬式绝缘子正极性雷电冲击干闪络电压 $U_{50}$；3—支柱绝缘子正极性操作冲击干闪络电压 $U_{50}$；4—XP-160 悬式绝缘子正极性操作冲击干闪络电压 $U_{50}$(260/3200 μs)；5—XP-160 悬式绝缘子正极性操作冲击湿闪络电压 $U_{50}$(250～290/2800～3300 μs)；6—XP-100 悬式绝缘子工频干闪络电压(有效值)；7—悬式绝缘子工频湿闪络电压(有效值)；8—悬式绝缘子直流人工污秽下的覆冰闪络电压（SDD/NSDD＝0.02/1.0mg/cm²，覆冰水电导率 50μs/cm(20℃)，覆冰厚度大于 2.5cm)；9—XP-300 悬式绝缘子交流人工污秽闪络电压(有效值)(SDD/NSDD＝0.05/1.0mg/cm²)；10—悬式复合绝缘子负极性直流人工污秽闪络电压(SDD/NSDD＝0.05/(0.3～0.4)mg/cm²，HC6 级)；11—棒-棒空气间隙正极性操作冲击干击穿电压 $U_{50}$；12—棒-板空气间隙正极性操作冲击干击穿电压 $U_{50}$。

(本图部分数据摘自：朱德恒，严璋．高电压绝缘．北京：清华大学出版社，1992；刘振亚．特高压直流输电系统过电压及绝缘配合．中国电力出版社，2009；刘振亚．特高压交流输电技术研究成果专辑(2009 年)．中国电力出版社，2011；刘振亚．特高压直流外绝缘技术．中国电力出版社，2009；孙昭英等．±800 kV 直流输电空气间隙外绝缘特性研究．中国电力，2006，39(10)：47-51；李鹏等．高压直流输电线路的覆冰闪络特性．电网技术，2006，30(19)：74-78；Gutman I, et al. Evaluation of OHL performance based on environmental stresses and pollution laboratory testing of composite insulators, Cigre Session Paper C4-112, 2008. Paris)

另外，图 3-25 中还给出了棒-棒电极和棒-板电极空气间隙的正极性操作冲击击穿电压曲线，作为绝缘子闪络电压对比的参照。

虽然绝缘子的每一种闪络电压都与其试验条件相关,每一条曲线都会随试验条件的变化而在一定幅度内升降,我们还是可以从图中看出一些有意义的对比结果。

绝缘子不同闪络电压之间的差异是巨大的,比如同为4.5 m的绝缘子串,雷电冲击闪络电压可以高达2500~2600 kV,操作冲击闪络也有1600~1700 kV,工频干闪络电压约为1200 kV(有效值),到污秽条件下时,在盐密/灰密=0.1 mg·cm$^{-2}$/1.0 mg·cm$^{-2}$的污秽度下,污闪电压则降低到300 kV(有效值)左右。污秽外绝缘在大多数情况下的确是高电压外绝缘的决定性因素。

也可以看出,在正极性操作冲击电压和工频电压下,绝缘子串的闪络电压随着串长的增加,表现出明显的饱和现象,与空气间隙的情况很相似,并且绝缘子串的操作冲击闪络电压位于同样距离的棒-棒和棒-板空气间隙正极性操作冲击击穿电压之间。从图中也可以初步判断不同电压下需要的绝缘子串长度,或从其他角度进行不同闪络电压间的比较。

### 3.5.4 污秽地区绝缘子的配置

绝缘子运行的环境可划分为"荒漠型""沿海型""工业型""农业型"和"内陆型"5个类型,每种环境中污秽的沉积、湿润与自清洗特征各不相同。

绝缘子表面的污秽成分是很复杂的,按照对积污-污闪过程影响的不同可分为A类和B类两类。A类污秽常见于工业污秽地区、荒漠地区和内陆地区,其特征为污秽中有湿润后导电的物质和湿润后可吸收水分但本身并不导电的不溶性物质,积污期长且干燥少雨,湿润时污层变为导电性的薄层;B类污秽常见于沿海地区,由含盐量高的海雾或海水飞沫沉降到绝缘子表面而成,其特征是积污与湿润同时完成,且积污速度快。

参照IEC标准,我国将污区按照污秽严重程度分为a、b、c、d、e五级,分别表示污秽很轻、轻、中等、重、很重,并根据绝缘子的现场污秽度(ESDD及NSDD)绘制了各省的污区图。

图3-26为GB/T 26218.1—2010《污秽条件下使用的高压绝缘子的选择和尺寸确定 第1部分:定义、信息和一般原则》给出的污秽度与污区等级的关系。a-b、b-c、c-d、d-e为各级污区的分界线,三条斜线分别为灰密/盐密比为10∶1、5∶1和2∶1的灰盐比线。我国电力系统主要面对的是A类污秽,绝大部分处于图3-26中灰盐比为10∶1和2∶1的两条斜线之间的区域。利用5∶1的灰盐比直线与污区分界线的交点,可以读出5级污秽分级的等值

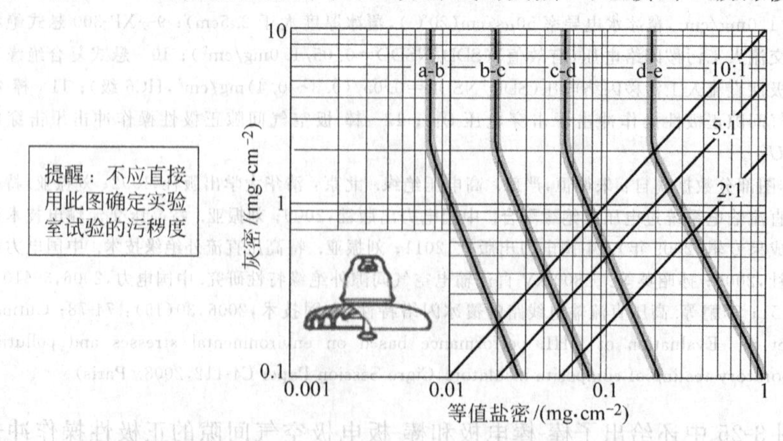


图3-26 普通盘形绝缘子现场污秽度与等值盐密/灰密的关系

盐密范围分别为<0.025、0.025～0.05、0.05～0.1、0.1～0.25、>0.25 mg/cm²。

在确定污区等级时，除了污秽度(等值盐密及灰密)外，还必须依据运行经验和环境的污湿特征进行综合考虑，并且当这三者不一致时，应依据运行经验决定污区等级。

污秽等级越重的地区，需配置的绝缘子串总爬电距离就越大。为了便于对不同参数绝缘子的选取，通常用"统一爬电比距"这一参数。统一爬电比距为绝缘子的爬电距离除以绝缘子上承受的最高工作电压的均方根值，单位为 mm/kV。表 3-5 给出了不同污区瓷和玻璃绝缘子所需的最低统一爬电比距。

表 3-5 各级污区瓷和玻璃绝缘子所需的统一爬电比距

| 污区等级 | a 很轻 | b 轻 | c 中等 | d 重 | e 很重 |
|---|---|---|---|---|---|
| 所需的统一爬电比距/(mm·kV$^{-1}$) | 22.0 | 27.8 | 34.7 | 43.3 | 53.7 |

比如对统一爬电比距为 34.7 mm/kV 的地区，其交流 500 kV 线路所需的瓷绝缘子串总爬距需不低于 34.7×(550/1.732)=11.02 m。若选用 $L=305$ mm，$H=155$ mm 的 XP-160 型绝缘子，需要 37 片，于是绝缘子串长度达到 5.735 m；若选用 $L=400$ mm，$H=155$ mm 的 XWP-160 型绝缘子，仅需要 28 片，绝缘子串长度仅为 4.34 m。可见在伞形合理的前提下大爬距绝缘子在污秽地区的优势。

## 3.5.5 绝缘子的覆冰闪络

在冰雪环境中，绝缘子表面会堆积一些冰或雪。冰雪严重时，绝缘子串会被冰雪完全包裹，伞裙间也会被冰雪填塞。绝大多数这类情况下，并不会导致绝缘子的闪络或绝缘子串空气间隙的击穿，因为干燥的雪柱和冰柱的导电率并不高，绝缘性能足以承受运行电压。

但是在融冰的情况下，沿绝缘子表面的融冰水会产生较大的泄漏电流，引发局部电弧，甚至造成闪络，其过程和机理与污闪类似。当出现大面积冻雨情况时，绝缘子的覆冰闪络问题就较为突出了。比如 2008 年初席卷半个中国的冰雪灾害事故，导致西南、华南、华中多个省份的电网断线倒塌、大面积跳闸停电。

当冰雪经过较差的空气环境降落时，冰雪本身就含有一定量的污秽物，融冰水的电导率会显著升高，绝缘子的覆冰闪络电压也会进一步下降。当绝缘子遭受冰雪之前若表面已经积聚了一定量的污秽，则融冰时绝缘子的冰闪电压会更低。

与污区图类似，根据统计得到的在一定重现期内的导线覆冰量，我国早就有输电线路的冰区划分，比如某地区属于 10 mm 覆冰区，另一地区属于 20 mm 覆冰区等。但是输电线路冰区的划分是基于导线覆冰量而确定的，与绝缘子冰闪的关系并不完全对应。绝缘子的覆冰量如何表述还需要研究。

对于覆冰闪络的试验模拟，各国都有不少探索，但国际上尚无统一的人工覆冰试验方法。图 3-25 中也给出了一条人工模拟覆冰的冰闪电压与绝缘子串长的关系曲线。

对于提高绝缘子的冰闪电压，首先需要隔断贯通绝缘子串的冰柱，最有效的措施即采用具有较大伞间距的绝缘子，并在绝缘子串中布置若干个大伞或大盘径的绝缘子。只要冰柱不能大量桥接伞裙，即可大幅度提高冰闪电压。

### 3.5.6 提高瓷和玻璃绝缘子污闪电压的方法

1. 选择合适的绝缘子伞形

防止或减少绝缘子积污是防污闪的第一步，而绝缘子的伞形对积污有显著影响。但是自清洁效果好的绝缘子，必然是伞下少棱或浅棱，爬电距离偏小；伞下有深棱的绝缘子爬距大，伞下深棱雾中受潮慢，但是自清洁性能差，积污偏多。因此需要针对不同的污源，选择具有更合适伞形的绝缘子。对于沿海快速积污和受潮类型的污秽，多选伞下有深棱的"防雾型"绝缘子；对于积污期长且干燥少雨，污秽度较重的工业型污秽，采用兼顾爬电距离和自清洁效果的双伞型绝缘子更好；对于沙尘类污秽，采用伞下光滑无棱的"开放型"绝缘子(又称"空气动力型"绝缘子)效果较好。

2. 配置足够的爬电距离

如图3-24中，具有相同机械强度、相同结构高度的两种瓷绝缘子，XWP-160比XP-160绝缘子的爬电距离增大了1/3，污闪电压也明显提高了20%～30%。因此新建线路时，应首先配置满足污区等级要求的绝缘子片数。对老线路进行增加爬电距离的改造(调爬)时，常将普通绝缘子更换为防污型大爬距绝缘子；若塔窗尺寸允许，也常采用增加绝缘子片数的方法来提高绝缘子串的污闪电压。

3. 污秽清扫

定期或不定期清扫，人工除去绝缘子表面污秽，是我国曾经长期坚持的做法，在污秽严重的地区甚至"逢停必扫"，即只要有停电机会，就安排对线路和变电站进行污秽清扫。对我国的污秽情况与气象情况而言，清扫最有效的季节是积污已经较重而降水尚未到来的冬季。带电清扫一般只适用于设备集中、交通方便的变电站，而且带电水冲洗还有冲洗不当反而闪络的危险。对输电线路则是停电人工上塔清扫，用湿布去擦，劳动条件极其艰苦，工作量极大，又在野外，清扫效果也很不稳定。国外也没有完全放弃污秽清扫，只是用了一些机械工具，比如直升机水冲洗。

4. 采用硅油、地蜡等涂料

在绝缘子表面涂上一层憎水性物质，使受潮的污层形不成连续的导电膜，抑制了泄漏电流，从而提高闪络电压。但硅油、硅脂、地蜡等涂料寿命短则两三个月，长也不过半年、一年，秋天涂上去，春天再擦下来，年年如此，电力部门不胜其烦。近二十多年，在室温硫化硅橡胶涂料逐渐推广后，这三种涂料已经几乎不再使用。

### 3.5.7 硅橡胶复合绝缘子及有机外绝缘

1. 复合绝缘子的结构与材料

复合绝缘子至少由两种聚合物绝缘材料，即芯棒和伞套所构成，并带有金属端部附件。芯棒为单向玻璃纤维增强的环氧树脂引拔棒，承担绝缘子的机械负荷；伞套为高分子聚合物，保护芯棒免受大气环境的侵袭，并提供绝缘子必需的爬电距离。棒形悬式复合绝缘子的结构如图3-4(b)所示。我国采用的复合绝缘子都采用高温硫化硅橡胶伞套，所以也称硅橡胶绝缘子。

绝大多数有机物的分子主链都是C—C键结构，而硅橡胶分子主链却是Si—O键结构。Si—O键主链化学性质稳定，且硅橡胶分子主链的有机侧基无不饱和键，因而硅橡胶除了具有优异的耐大气老化性、耐臭氧老化性等类似于无机物材料的特性外，还具有许多有机物材料的特点。

纯硅橡胶本身的机械性能太差，绝缘子使用的硅橡胶都是经过填料改性的，如为改进机械强度而加入的气相法白炭黑等补强剂，为改进耐漏电起痕性能而加入氢氧化铝等阻燃剂，以及为改变颜色而加入的各种无机颜料等。优良的配方改性使得硅橡胶伞裙材料在机械、电气、综合老化等各方面都保持了良好的综合平衡。

一般用水滴在固体材料表面接触角来定量表示材料憎水性的强弱。静态接触角大于90°为憎水性材料，静态接触角小于90°为亲水性材料。硅橡胶不仅本身的憎水性很强，而且积污后的硅橡胶绝缘子表面往往仍然是憎水性的，这种现象被形象地称为“憎水性迁移”。硅橡胶之所以具有这种独有的“憎水性迁移”能力，是因为其体内有大量不断向外扩散的低分子硅氧烷链段，这些低分子硅氧烷物质到达表面后被绝缘子表面的污秽颗粒所吸附，使得原本亲水性的污层变为具有憎水性，如图 3-27 所示。污秽种类及污秽量、憎水性迁移所需的时间、硅橡胶配方等都会对憎水性迁移效果有影响。

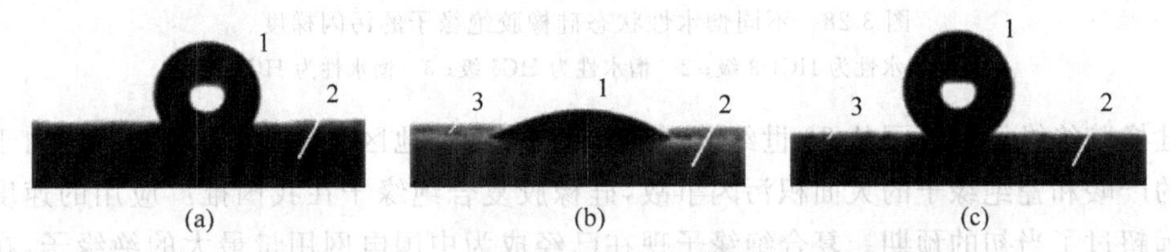


图 3-27 硅橡胶材料表面的憎水性迁移效果示意图

(a)水滴在清洁硅橡胶表面；(b)水滴在刚人工染污的硅橡胶表面，呈亲水性状态；
(c) 水滴在憎水性迁移后的染污硅橡胶表面，呈憎水性状态，静态接触角甚至超过(a)
1—水滴；2—硅橡胶；3—污层

2. 复合绝缘子的污闪特性

憎水性表面在潮湿环境中不会形成连续的水膜，大幅度地抑制了泄漏电流；憎水性迁移后的污层也大大减缓了其中盐分的溶出，绝缘子表面的有效污秽度显著降低，从而大幅度地提高了污闪电压。因此，憎水性迁移是硅橡胶绝缘子能够成功地用于污秽区的关键所在。另外，简单平滑的伞形与较细的杆径也是复合绝缘子污闪电压高的重要因素。

图 3-22(b)所示为高速摄影所拍摄的憎水性表面的污闪过程，憎水性表面的水滴在电场中变形、碰撞，形成水珠-水带的通道，最终的闪络沿此通道瞬间完成。与如图 3-22(a)所示的亲水性表面的污闪过程形成鲜明对照，憎水性表面在污闪前没有那种导致污闪电压大幅度下降的沿面电弧爬电的过程。

复合绝缘子表面的憎水性强弱由憎水性等级(hydrophobicity class，HC 级)来表示，共7 级，从完全憎水性的 HC1 级到完全亲水的 HC7 级。人工污秽试验结果表明，在盐密相同的条件下，硅橡胶绝缘子的污闪电压随表面憎水性的增强而提高，从完全亲水性状态(HC7级)到憎水性很强的状态(HC1、HC2 级)时，硅橡胶绝缘子的污闪电压提高了 70%～80%，其中尤其以从 HC7 级变化到 HC5 级时，污闪电压的提高最为明显。大量的实际运行中的硅橡胶绝缘子，积污后不仅有憎水性较强的状态，也有仅为 HC5、HC6 级的弱憎水性状态，但是即便是处于弱憎水性状态的硅橡胶绝缘子，其污闪电压还是比瓷绝缘子高得多。图 3-28给出了不同憎水性状态的硅橡胶绝缘子在不同污秽度下的人工污秽沿面污闪梯度。在与瓷绝缘子进行污闪试验的比较中，还发现即使硅橡胶绝缘子表面是完全亲水性(HC7 级)的状态，也比瓷绝缘子污闪电压高。

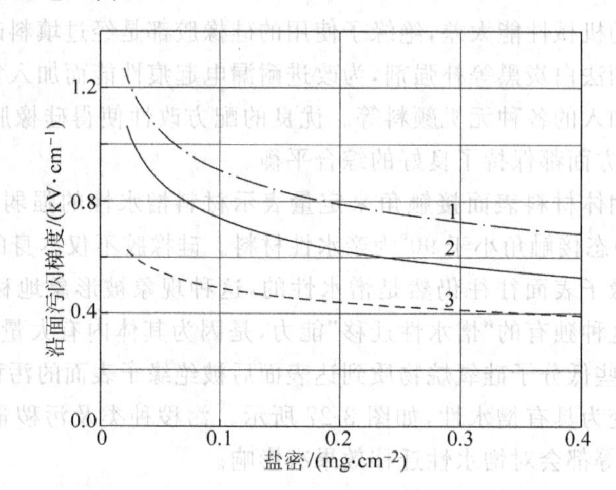


图 3-28 不同憎水性状态硅橡胶绝缘子的污闪梯度

1—憎水性为 HC1-3 级；2—憎水性为 HC6 级；3—憎水性为 HC7 级

硅橡胶绝缘子在我国从 20 世纪 80 年代开始在污秽地区的输电线路上试用，由于污秽环境的严峻和瓷绝缘子的大面积污闪事故，硅橡胶复合绝缘子在我国推广应用的速度和力度远远超过了当初的预期。复合绝缘子现在已经成为中国电网用量最大的绝缘子，在特高压交流和特高压直流系统中，2/3 以上的线路绝缘子为硅橡胶绝缘子，有机外绝缘已在特高压系统占据主导地位。硅橡胶复合绝缘子也从线路走向变电站，各种变电站类的硅橡胶绝缘子也开始得到越来越多的应用。以质量轻、运输安装方便、防人为破坏性能好等为主要优点而在国外发展起来的复合绝缘子，在我国发展成为以利用有机材料表面憎水性为主要特点的新一代防污型绝缘子，在高电压有机外绝缘领域表现出中国自己的特色。

近年来各地的雾霾天使得大众对空气污染有了深切的体会，但对我国已经普遍采用硅橡胶绝缘子的现状而言，雾霾天并未表现出更大的污闪威胁。

3. RTV 涂料及辅助伞

与硅油、硅脂和地蜡相比，室温硫化硅橡胶涂料（简称 RTV 涂料）是一种长效的防污闪涂料，国内有多年的运行经验。其防污闪机理也是改变瓷绝缘子的表面性质，使之成为憎水性表面。当 RTV 涂料运行若干年后，憎水性及憎水性迁移性能严重下降时，可以将原涂层连同其上的污层简单去除后再重复涂刷。按照国内的运行经验，对普通污区，一般要求每五年重新涂刷一遍。

对于变电站内已有设备的电瓷部件，当环境污秽趋于严重，爬电距离不够，但又不愿或无法更换大爬电距离部件时，采用 RTV 涂料是一种较为简便的提高污闪电压的方法。

由硅橡胶制成的大直径辅助裙，可以加贴在瓷支柱绝缘子、瓷套管的伞裙间，阻断大雨时沿绝缘子串的水帘，对防止大雨闪络有很好的效果。

## 练 习 题

3-1 为什么要对实测得到的空气间隙放电电压进行大气修正？国家标准规定要对哪些因素进行修正？标准参考大气条件的参数值是多少？

3-2 在大气条件为 $p=99.8$ kPa，干球温度为 30℃，湿球温度为 27.5℃时，某棒形间隙在 1.2/50 μs 冲击电压作用下测得其 50%击穿电压为 90 kV。问在标准状态下击穿电压应等于多少？

3-3 我国首条百万伏交流线路硅橡胶复合绝缘子的长度为 9.75 m，其操作冲击耐受电压为 1950 kV。在 $t_{干}=30$℃，相对湿度 RH=80%，$p=99.5$ kPa 的气象条件下进行试验时应该施加多少千伏的操作冲击电压？

3-4 均匀电场中沿面闪络电压比纯空气间隙的击穿电压要低，原因是什么？

3-5 电介质材料、作用电压种类、大气环境湿度等对清洁绝缘表面的沿面闪络电压有何影响？

3-6 导致滑闪放电的主要原因是什么？

3-7 提高套管工频滑闪电压有哪些途径？单纯增加沿面距离效果如何？

3-8 某套管在工频试验电压下刚好无滑闪现象，若试验电压幅值不变，但施加标准雷电冲击电压，问试验中能否出现滑闪？

3-9 提高套管滑闪放电与污闪放电的措施有何不同？

3-10 光滑瓷套管，$\varepsilon_r=6$，内直径为 6 cm，壁厚 3 cm，管内分别装有直径为 6 cm 或 3 cm 的导杆时，试用经验公式估算这两种情况滑闪放电的起始电压各为多少？

3-11 某平板玻璃厚 2 mm，要通过工频滑闪放电来测定其相对介电常数，试验中测得工频滑闪电压为 17 kV(有效值)，试估算：

(1) 该平板玻璃的相对介电常数多大？

(2) 该平板玻璃的比表面电容值多大？

3-12 绝缘子的污秽放电是如何形成的？与哪些因素相关？

3-13 为什么大气污染地区的输电线路在大雾、凝露或毛毛雨的天气易发生绝缘子冒火及闪络停电事故，而雷雨季节却少见这类现象？

3-14 电力系统为什么担心绝缘子的污秽放电？提高瓷绝缘子污闪电压的措施有哪些？

3-15 简述对绝缘子电气性能及机械性能的要求。

# 第4章 液体、固体电介质的电气性能

**本章核心概念：**

电介质，极化，电导与损耗，小桥击穿，电击穿，热击穿，电化学击穿，老化，累积效应，空间电荷，油纸绝缘，电介质中的电场

## 4.1 电介质电气性能的基本概念

### 4.1.1 电介质物质结构基本知识

1. 电介质的基本概念

具备无传导电子绝缘体的物理特性，在电场中可发生极化的固体、液体和气体，总称为电介质。作为材料，电介质与导体、半导体和磁性材料一样，在电气电子学科领域占有重要的地位。电介质不仅包括绝缘材料，还包括各种功能材料，如压电、热释电、光电和铁电材料等。工程上，高绝缘电阻作为电介质的主要特性，被广泛应用于电气绝缘材料领域，高介电常数则主要用于储能领域。因而电介质的知识主要包括电介质基础理论、绝缘材料、绝缘测试和绝缘设计和结构、工艺问题。

物质的性质与其微观结构有直接的关系，为掌握电介质在电场中的现象和本质，必须了解其微观结构。

2. 形成分子和聚集态的各种键

分子由原子或离子组成；气体、液体和固体三种聚集态由原子、离子或分子组成。键代表质点间的结合方式，分子及三种聚集态的性质与键的形式密切相关。分子内相邻原子间的结合力称为化学键，化学键有离子键和共价键两大类。分子与分子间的结合力称为分子键。下面从电介质的角度分别讨论各类键的性质。

(1) 离子键

电负性相差很大的原子相遇，原子间发生电子转移，电负性小的原子要失去电子而成为正离子，电负性大的原子要获得电子而成为负离子。正、负离子由静电库仑力结合成分子，即为离子键。离子键的键能很高，很多正、负离子通过离子键结合起来，形成离子性固体，如 NaCl 晶体。大多数无机电介质都是靠离子键结合起来的，如玻璃、云母等。排列不规则的

称为无定形体,排列规则的称为晶体。

(2) 共价键

由电负性相等或相差不大的两个或几个原子通过共有电子对结合起来,达到稳定的电子层结构,称为共价键。共价键分非极性键和极性键。

非极性键的电子对称分布,分子正、负电荷中心重合。非极性键构成非极性分子,如 $H_2$、$CCl_4$、$CH_4$ 等。极性键的电子分布不对称,分子的正、负电荷中心不重合。有机电介质都是由共价键结合而成,某些无机晶体如金刚石也是共价键。

(3) 分子键

分子以相互间的吸引力结合在一起,称为分子键。

3. 电介质的分类

根据化学结构可将电介质分为 3 类。

(1) 非极性及弱极性电介质

分子由共价键结合,由非极性分子组成的电介质称为非极性电介质,如氮气、聚四氟乙烯等。有些电介质由于存在分子异构或支链,多少有些极性,称为弱极性电介质,如聚苯乙烯等。

(2) 极性电介质

极性电介质是由极性分子组成的电介质,如聚氯乙烯、有机玻璃、蓖麻油、胶木、纤维素等。

(3) 离子性电介质

离子性电介质只有固体形式,它没有个别的分子,总体上分为晶体和无定形体两大类。晶体的排列规则,强度、硬度、熔点都较高;无定形体的排列不规则,弹性、塑性较好。云母是晶体结构;石英是无定形体结构;电瓷的结构既有晶体,又有无定形体。

一般无机材料以离子键结合;有机材料以分子键结合,分子内部以共价键结合。

### 4.1.2 电介质电气性能的划分

电介质在电气、电子工程上多用作绝缘材料。绝缘材料必定是绝缘体。作为电工设备,其中的导体必须要考虑绝缘,即在有一定电位差的两导体间进行隔离,使电流按一定电路流动,以确保安全运行。因此,绝缘材料是电工设备中不可缺少的材料。

根据使用目的和使用条件,要求电介质具备电气、热、机械等多方面的性能。从电工绝缘物理性能来看,其基本电气性能可概括成如下 4 个方面:

(1) 介电特性(dielectric property):指电介质的极化及其损耗特性;

(2) 电气传导特性(electrical conduction property):如载流子移动、高场强下的电气传导等;

(3) 电气击穿特性(electrical breakdown property):包括劣化、击穿、伏秒特性等;

(4) 二次效应(secondary effect):如空间电荷、陷阱、局域态中心、界面、化学结构、形态、杂质、环境因素等对上述特性的影响。

绝缘材料的应用,需要正确理解电介质在电场作用下这些性能的物理本质、电气性能与微观物质结构的内在联系以及与周围环境各种变化因素的关系。工程上通常把电介质的介电常数 $\varepsilon$、电导、电介质损耗角正切(也称电介质损耗因数)$\tan\delta$ 和击穿电压(或电气强度)作为电介质绝缘材料的主要电气性能参数并加以利用。

### 4.1.3 常见液体和固体电介质的电气性能参数

液体、固体电介质电气性能受到电压波形和温度等因素的影响，进行电介质电气性能测试时应记录试验电压类型、频率和温度等，一般测量是在20℃、1 atm下完成的。表4-1和表4-2分别给出常见的液体和固体电介质的电气性能参数。

表 4-1 常见液体电介质的电气性能参数

| 液体种类 | 液体名称 | 相对介电常数 | 电阻率/(Ω·cm) | 电介质损耗角正切 | 击穿电压/kV | 纯净程度 |
|---|---|---|---|---|---|---|
| 中性 | 变压器油 | 2.2 | $2\times10^{12}$ | / | / | 未净化(80℃) |
| | | 2.1 | $5\times10^{14}$ | $<10^{-2}$ | >40 | 净化(80℃) |
| | | 2.1 | $2\times10^{15}$ | $<10^{-2}$ | >40 | 两次净化(80℃) |
| | | 2.1 | $>10^{15}$ | $<10^{-2}$ | 75 | 高度净化(80℃) |
| | 电容器油 | 2.2 | $10^{15}$ | $<3\times10^{-3}$(100℃) | >60 | |
| | 电缆油 | 2.6 | $5\times10^{15}$ | $9.6\times10^{-3}$ | >60 | |
| | 硅油 | 2.53 | $>5\times10^{15}$ | $<10^{-2}$ | 65 | |
| 极性 | 三氯联苯 | 5.5 | $10^{13}$ | $<10^{-2}$ | >50 | 工程用(80℃) |
| | 蓖麻油 | 4.5 | $10^{12}$ | $<10^{-2}$ | >35 | 工程用(20℃) |
| 强极性 | 水 | 81 | $10^{7}$ | / | / | 高度净化(20℃) |
| | 乙醇 | 25.7 | $10^{8}$ | / | / | 净化(20℃) |

注：击穿电压的间隙距离为2.5 mm。未作说明的参数为20℃、工频电压下的测量结果。

表 4-2 常见固体电介质的电气性能参数

| 种类 | 名称 | 相对介电常数 | 电阻率/(Ω·cm) | 电介质损耗角正切 | 电气强度/(kV·mm$^{-1}$) |
|---|---|---|---|---|---|
| 非极性或弱极性 | 氟聚合物 | 2.0 | $10^{16}$ | $<2\times10^{-4}$(1 MHz) | 18 |
| | 聚乙烯 | 2.25~2.35 | $10^{15}$ | $3\times10^{-4}$(1 MHz) | 18~24 |
| | 聚乙烯(高密度) | 2.2~2.4 | $10^{16}$ | <0.05 | 26~28 |
| | 交联聚乙烯 | 2.3 | $10^{16}$ | $5\times10^{-4}$ | 35 |
| | 聚丙烯 | 2.0~2.6 | $>10^{16}$ | $<2\times10^{-4}$ | >200(dc),30(ac) |
| | 聚苯乙烯 | 2.45~3.1 | $10^{15}$ | $<4\times10^{-4}$ | >110(dc) |
| | 沥青 | 2.5~3.0 | $10^{15}\sim10^{16}$ | $10^{-2}\sim2\times10^{-2}$ | 100~300(dc) |
| 极性 | 氯丁橡胶 | 6 | $10^{9}$ | 0.1(1 MHz) | 10~20 |
| | 丁基橡胶 | 2.5~3.5 | $10^{15}$ | $3\sim8\times10^{-3}$(1 MHz) | 16~25 |
| | 乙丙橡胶 | 3.0 | $10^{15}$ | $3\times10^{-3}$ | 30~40 |
| | 硅橡胶 | 3.2 | $10^{13}$ | 0.01(1 MHz) | 15~20 |
| | 聚酯薄膜 | 3.2 | $10^{16}$ | $3\times10^{-3}$ | >160(dc) |
| | 环氧树脂 | 3.6 | $10^{16}$ | $4\times10^{-3}\sim5\times10^{-2}$ | 16~18 |
| | 聚碳酸酯 | 3.0 | $10^{16}$ | 0.005 | 17~22 |
| | 油浸纸 | 3.3~4.4 | $10^{15}$ | $10^{-3}$ | >40 |
| | 电缆油纸 | 3.5 | $10^{14}$ | $3\times10^{-3}$ | 30~40 |
| | 电容器纸 | 2.5~3.4 | $10^{15}$ | $2\times10^{-3}$ | >30 |
| | 聚氯乙烯 | 3.3~3.5 | $10^{14}$ | 0.09~0.10(1 MHz) | 12~16 |
| | 尼龙6 | 4.1 | $10^{14}\sim10^{17}$ | 0.08 | 22 |
| | 尼龙66 | 4.0 | $10^{14}$ | 0.01 | 15~19 |

续表

| 种类 | 名称 | 相对介电常数 | 电阻率/(Ω·cm) | 电介质损耗角正切 | 电气强度/(kV·mm$^{-1}$) |
|---|---|---|---|---|---|
| 离子性 | 石英玻璃 | 3.5～4.5 | $10^{19}$ | $1\sim3\times10^{-4}$(1～10 MHz) | 25～40 |
| | 硼玻璃 | 4.5～5.0 | $>10^{14}$ | $15\sim35\times10^{-4}$(1～10 MHz) | 20～35 |
| | 铅玻璃 | 7～10 | $>10^{13}$ | $5\sim40\times10^{-4}$(1～10 MHz) | 5～20 |
| | 金云母 | 5.0～6.0 | $10^{13}\sim10^{15}$ | $5\sim50\times10^{-3}$(0.1～1 kHz) | 80～100(dc,0.05～0.1 mm) |
| | 白云母 | 6.0～8.0 | $10^{14}\sim10^{15}$ | $1\sim50\times10^{-4}$(0.1～1 kHz) | 90～120(dc,0.05～0.1 mm) |
| | 电瓷(滑石) | 5.5～6.5 | $10^{14}$ | $3\sim5\times10^{-4}$(1～10 MHz) | 35～45 |
| | 金红石 | 100 | $10^{10}\sim10^{11}$ | 0.4 | 15～25 |
| | 钛酸钡 | 几千至上万 | $10^{11}$ | 0.03 | 5～20 |

注：未作说明的参数为常温、工频电压下的测量结果。电气强度与试品厚度密切相关，表中电气强度数据来自不同厚度。工频电气强度均为有效值。

* 注：硅橡胶本身是弱极性材料，这里给出的是作为内绝缘用的硅橡胶制品的参数。

# 4.2 液体、固体电介质的极化、电导与损耗

## 4.2.1 电介质的极化及相对介电常数

1. 极化的基本概念

电介质在电场作用下，正、负电荷作微小位移而在电场方向上产生偶极矩，或在电介质表面出现感应束缚电荷的现象称为电介质极化。

2. 极化的基本类型

一个平行平板电容器在真空中的电容量为 $C_0$，如果在平行平板间插入一种固体电介质，则此电容器的电容量将变为 $\varepsilon_r C_0$，$\varepsilon_r$ 为此电介质的相对介电常数，也称电容率，其值大于1。电容量增大的原因在于电介质的极化现象。

电介质的极化有5种基本形式：电子位移极化、离子位移极化、转向极化、空间电荷极化和夹层电介质界面极化。

(1) 电子位移极化

电介质中的原子、分子或离子中的电子在外电场的作用下电子轨道相对于原子核发生位移，从而在电场方向产生偶极矩的过程称为电子位移极化。

此种极化的特点是存在于一切电介质之中。由于电子质量很小，所以建立极化时间极短，为 $10^{-15}\sim10^{-14}$ s。极化程度取决于电场强度 $E$，与电源频率 $f$ 无关，与温度的关系也不大，因为温度不足以引起质点内部电子能量状态的变化。此种极化是弹性的，无能量损耗，去掉外电场，极化现象可立即消失。

(2) 离子位移极化

在由离子结合成的电介质内，外电场的作用使正、负离子产生微小位移，平均地具有了电场方向的偶极矩，这种极化形式称为离子位移极化。

这种极化形式存在于离子结构的电介质中。建立此种极化的时间极短，为 $10^{-13}\sim10^{-12}$ s，极化程度与电源频率 $f$ 无关。但随温度升高，离子位移极化略有增加，即 $\varepsilon_r$ 一般有正的温度系数。由于离子间距离增加、离子间作用力减少，因而离子较易极化。离子位移极化也是弹性的，无能量损失。去掉外电场，极化现象也可立即消失。

（3）转向极化

转向极化又称偶极弛豫极化。在极性电介质中，分子中正、负电荷作用中心不重合，就单个分子而言，就已具有偶极矩，称为极性分子。无外电场作用时，极性分子处于热运动状态，对外平均不具有偶极矩。在外电场作用下极性分子在电场方向的取向概率增加，对外平均具有了电场方向的偶极矩，称此种极化方式为转向极化。

转向极化存在于极性电介质中。偶极子转向极化是非弹性的，转向需克服相互间的作用而做功，消耗的能量在复原时不可能收回。极化需时较长，为 $10^{-6}\sim10^{-2}$ s；极化程度和电源频率 $f$ 有关，在频率较高时极性分子来不及随电场的变化而转向，从而使极化程度减小。

转向极化与温度的关系复杂，随温度增加转向极化程度先增加后降低。在低温段固体与液体电介质的分子间联系紧，难以转向，不易极化。温度提高，极化程度增加。但在温度较高时分子热运动加剧，妨碍偶极子沿电场方向取向，使极化程度又降低。

在结构不紧密的离子性电介质中存在离子弛豫极化，这种极化的特性和偶极弛豫极化相似，可归为转向极化一类。

（4）空间电荷极化

上述三种极化是带电质点的弹性位移或转向形成的，而空间电荷极化则与上述三种极化完全不同，它是由带电质点的移动形成的。

电介质内的自由正、负离子在电场的作用下移动，改变分布状况，在电极附近或电介质内部形成空间电荷，因而称这种极化形式为空间电荷极化。

这种极化形式存在于不均匀电介质中，伴随有能量损失，高压绝缘电介质的电导通常都很小，极化建立需时很长，这种性质的极化只有在低频时才可能发生。

（5）夹层电介质界面极化

在实际电气设备中有不少都是多层电介质的绝缘结构，现以最简单的双层电介质模型来分析电介质界面极化。图4-1中，在合闸瞬间两层电介质的初始电压比由电容决定，稳态时电压比由电导决定：$t=0$ 时，$U_1/U_2=C_2/C_1$；$t\to\infty$ 时，$U_1/U_2=G_2/G_1$。

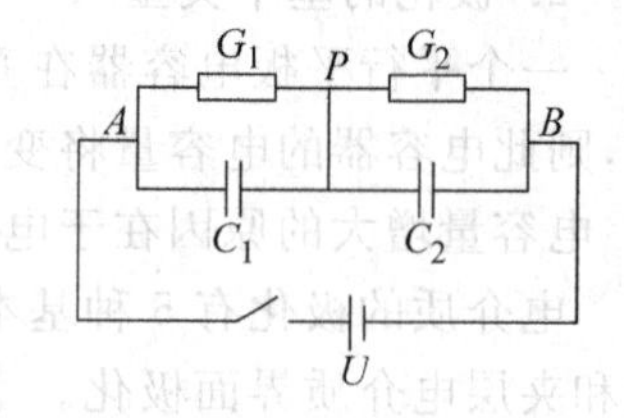

图4-1　双层电介质极化模型

如果 $C_2/C_1=G_2/G_1$，则双层电介质的表面电荷不重新分配，初始电压比等于稳态电压比。但实际上很难满足上述条件，电荷要重新分配，这样在两层电介质的交界面处会积累电荷，故称为夹层电介质界面极化。夹层界面上电荷的堆积是通过电介质电导 $G$ 完成的，它的特性和空间电荷极化相似。

3. 电介质的介电常数

在真空中，有关系式

$$\boldsymbol{D}=\varepsilon_0\boldsymbol{E} \tag{4-1}$$

式中，$\boldsymbol{E}$ 为电场矢量，V/m；$\boldsymbol{D}$ 为电通密度矢量，C/m$^2$。$\boldsymbol{D}$ 与 $\boldsymbol{E}$ 是同方向的，比例常数 $\varepsilon_0$ 为真空的介电常数，其值约为 $8.854\times10^{-12}$ F/m。

在电介质中，则有关系式

$$\boldsymbol{D}=\varepsilon\boldsymbol{E} \tag{4-2}$$

$$\varepsilon=\varepsilon_r\varepsilon_0 \tag{4-3}$$

式(4-2)中，$\boldsymbol{D}$ 与 $\boldsymbol{E}$ 仍是同方向的，比例常数 $\varepsilon$ 为电介质的介电常数，$\varepsilon_r$ 为相对介电常数。

应该说电介质的 ε 并不是常数，ε 不仅随温度、频率而变化，在深入研究时 ε 甚至分实数与虚数两部分，但在通常情况下，仅用 ε 的实数部分，所以在电工术语上称 ε 为介电常数；实数部分的 $\varepsilon_r$ 称为相对介电常数，该常数大于 1，没有量纲和单位。

(1) 气体电介质的介电常数

气体分子间的距离很大，密度很小，气体的极化程度很小，一切气体的相对介电常数都接近 1，表 4-3 列出了几种气体的相对介电常数值。

**表 4-3 部分气体的相对介电常数（20℃，1 atm 时）**

| 气体种类 | He | $H_2$ | $O_2$ | 空气 | $N_2$ | $CH_4$ | $CO_2$ | $C_2H_4$ |
|---|---|---|---|---|---|---|---|---|
| 相对介电常数 | 1.000072 | 1.00027 | 1.00055 | 1.00059 | 1.00060 | 1.00095 | 1.00096 | 1.00138 |

注：1 atm（标准大气压）＝1.01325×$10^5$ Pa。

气体的介电常数随温度的升高略有减小，随压力的增大略有增加，但变化很小。

(2) 液体电介质的介电常数

① 非极性和弱极性电介质。属于这类的液体电介质有很多，如石油、苯、四氯化碳、硅油等。它们的相对介电常数都不大，其值不超过 2.8。相对介电常数与温度的关系和单位体积中的分子数与温度的关系相似。

② 极性电介质。这类电介质的相对介电常数较大，其值在 3～80 之间，能用作绝缘电介质的 $\varepsilon_r$ 值为 3～6。此类液体电介质用作电容器浸渍剂，可使电容器的比电容增大，但通常损耗都较大，蓖麻油和几种合成液体电介质有实际应用。相对介电常数与温度及频率的关系如图 4-2 所示。

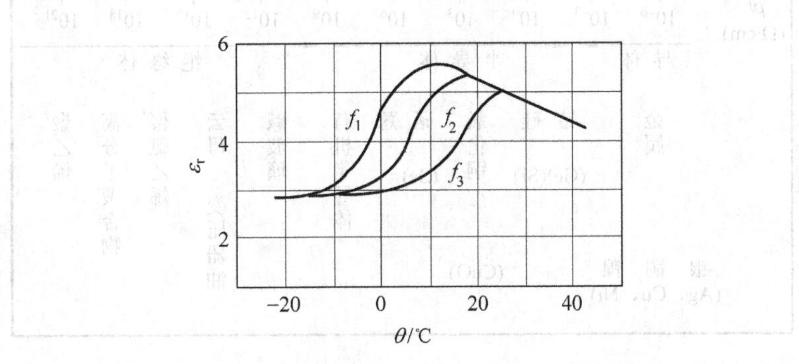


图 4-2 氯化联苯的相对介电常数与温度的关系

（频率 $f_3>f_2>f_1$）

(3) 固体电介质的介电常数

① 非极性和弱极性固体电介质。此类固体电介质的种类很多，聚乙烯、聚丙烯、聚四氟乙烯、聚苯乙烯、云母、石蜡、石棉、硫磺、无机玻璃等都属此类。其中云母、石棉等是晶体型离子结构；无机玻璃则是无定形离子结构。这类电介质只有电子式极化和离子式极化，介电常数不大，通常为 2.0～2.7。相对介电常数与温度的关系也与单位体积内的分子数与温度的关系相近。

② 极性固体电介质。属于此类的固体电介质有树脂、纤维、橡胶、虫胶、有机玻璃、聚氯乙烯和涤纶等。这类电介质的相对介电常数较大，一般为 3～6，还可能更大。相对介电常数与温度及频率的关系类似于极性液体电介质。

根据转向极化的特点，可对介电常数随温度及频率变化的趋势作出解释。

③ 离子性电介质。此类固体电介质有陶瓷、云母等，其相对介电常数 $\varepsilon_r$ 一般为 5～8。

4. 讨论极化的意义

(1) 选择绝缘

在实际选择绝缘时，除应考虑电气强度外，还应考虑介电常数 $\varepsilon_r$。对于电容器，若追求同体积条件有较大电容量，要选择 $\varepsilon_r$ 较大的电介质。对于电缆，为减少电容电流，要选择 $\varepsilon_r$ 较小的电介质。

(2) 多层电介质的合理配合

对于多层电介质，在交流及冲击电压下，各层电压分布与其 $\varepsilon_r$ 成反比，要注意选择 $\varepsilon_r$，使各层电介质的电场分布较均匀。

(3) 研究电介质损耗的理论依据

电介质损耗和极化形式有关，要掌握不同极化类型对电介质损耗的影响。

(4) 绝缘试验的理论依据

为确立电气设备预防性试验项目提供理论根据。

### 4.2.2 电介质的电导、电阻及电导率、电阻率

1. 电介质中的漏导电流和位移电流

按照电阻率，物质可划分为导体、半导体和绝缘体(电介质)，如图 4-3 所示。

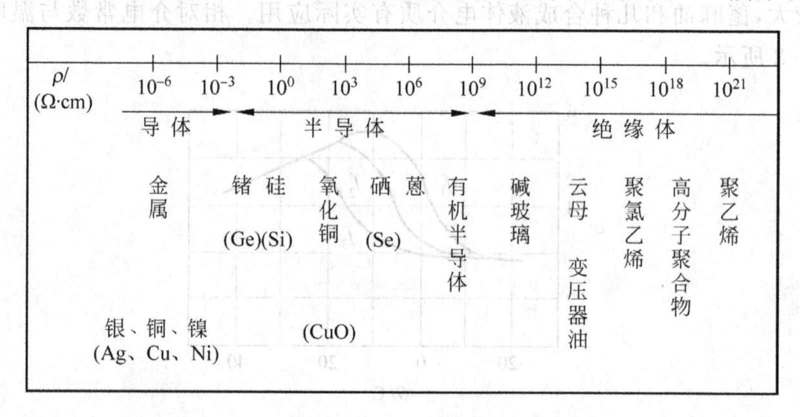


图 4-3　物质常温、常压下电阻率值与导体、半导体和绝缘体(电介质)的划分

漏导电流是由电介质中自由的或联系弱的带电质点在电场作用下运动造成的。电介质电导主要由离子造成，电阻率 $\rho$ 在 $10^9 \sim 10^{22}\ \Omega\cdot\text{cm}$ 范围内。随温度升高，电阻率下降。

金属电导主要由电子造成，电阻率 $\rho$ 在 $10^{-6} \sim 10^{-2}\ \Omega\cdot\text{cm}$ 范围内。随温度升高，金属的电阻率增加。电阻率 $\rho$ 在二者之间的属半导体范畴。

电介质中除了漏导电流外，还存在位移电流。位移电流是指由电介质极化造成的吸收电流。理论上，漏导电流构成电介质的电导，位移电流则是极化引起的过渡过程电流。下面用试验曲线来说明位移电流和漏导电流的区别和联系。

把厚度为 $h$ 的电介质试样放在图 4-4 所示的三电极结构间。图中 3 是被试电介质；1 和 4 分别表示上下电极，它们为圆形电极，上电极外径为 $d_1$；2 是辅助电极，它为环形电极，内径为 $d_2$。再接成如图 4-5 所示的测量体积电流的电路，加辅助电极是为了将流过电介质

表面的电流与电介质内部的电流分开，使得高灵敏度电流表Ⓐ测得的仅是流过电介质内部的电流。

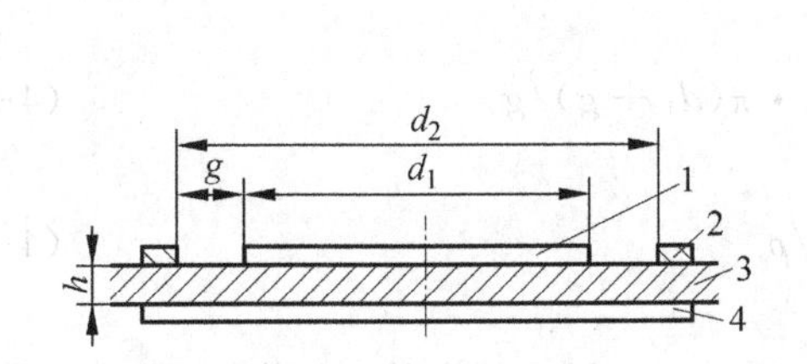


图 4-4 可分别测量电介质表面电流与体积电流的三电极结构

1—上电极（圆板）；2—辅助电极（圆环）；3—被试电介质；4—下电极（圆板）

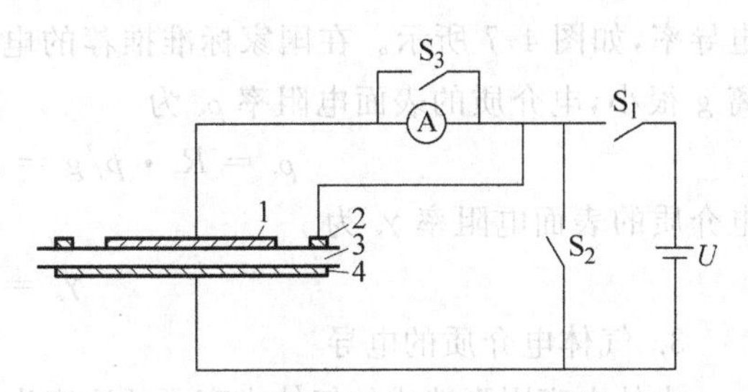


图 4-5 测量电介质中电流的电路图

1—上电极（圆板）；2—辅助电极（圆环）；3—被试电介质；4—下电极（圆板）

$S_1$ 合闸后流过电介质内部的电流随时间变化的规律如图 4-6 上半部曲线所示。图中 $i_c$ 部分是由快速极化造成的位移电流；$i_a$ 是由前述空间电荷极化等缓慢极化所造成，又称为吸收电流。$i_g$ 代表漏导电流，又称泄漏电流。为避免 $S_1$ 刚合闸时电极间的瞬时充电电流 $i_c$ 损坏电流表，可先用 $S_3$ 将电流表短接，经很短的时间又将 $S_3$ 打开。

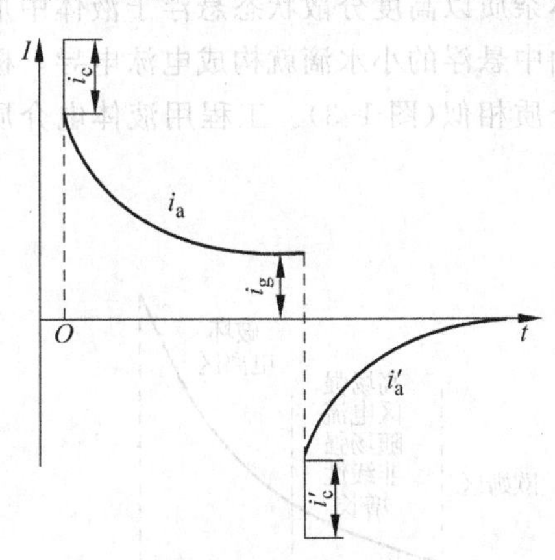


图 4-6 固体电介质中的电流与时间的关系

吸收电流完全衰减至一恒定电流值 $i_g$ 往往需要数分钟乃至更长的时间，如聚乙烯在温度为 20℃时，在其电流与时间的对数坐标中随时间增加电流呈直线下降的趋势，电流很难趋向漏导电流值。因此，通常测绝缘电阻是以施加电压 1 min 或 10 min（如大型电机）后的电流来求出的，不是物理意义上的漏导电阻。

在图 4-5 中施加电压后断开 $S_1$，再合上 $S_2$，则流过电流表Ⓐ的电流如图 4-6 下部曲线所示。有随时间的变化正好与吸收电流 $i_a$ 相反形状的电流 $i'_a$（注意避开瞬时放电电流 $i'_c$），$i'_a$ 也称为吸收电流。

气体中无吸收电流，液体中极化发展快，吸收电流衰减快，固体电介质的 $i_a$ 比较明显，尤其当结构不均匀时。

2. 体积电导和表面电导

GB/T 1410—2006 规定了表面电阻率与体积电阻率的测量方法。体积电阻率测量原理如图 4-4 和图 4-5 所示。被测电介质的体积电阻率 $\rho_v$ 为

$$\rho_v = R_v \cdot A/h = R_v \cdot \pi(d_1 + g)^2/4h \tag{4-4}$$

式中，$A$ 为测量电极的面积；$h$ 为电介质厚度；体积电阻 $R_v$ 由电流 $i_g$ 及电压 $U$ 决定，$R_v = U/i_g$。

电介质的体积电导率 $\gamma_v$ 和电阻率 $\rho_v$ 互为倒数关系：

$$\gamma_v = 1/\rho_v \tag{4-5}$$

只要改变一下图4-5所示电路的接线，设法测量上电极与辅助电极间的表面电流，屏蔽上下电极间的体积电流，就可以用图4-4的三电极结构来测量电介质的表面电阻率或表面电导率，如图4-7所示。在国家标准推荐的电极尺寸中，$d_1$ 与 $d_2$ 比较接近，即两电极间距离 $g$ 很小，电介质的表面电阻率 $\rho_s$ 为

$$\rho_s = R_s \cdot p/g = R_s \cdot \pi(d_1 + g)/g \tag{4-6}$$

电介质的表面电阻率 $\gamma_s$ 为

$$\gamma_s = 1/\rho_s \tag{4-7}$$

3. 气体电介质的电导

由外电离因素造成的气体中离子的浓度为500～1000对/$cm^3$，在外电场作用下，这些带电粒子在电场中运动构成气体电介质的电导。气体电介质的电流与电压的关系曲线见图1-3，在电场强度很小时，电流随 $U$ 的增加而增加，如图 $OA$ 段所示；当 $U$ 进一步增大，外界因素造成的电离接近全部趋向电极时，$i$ 趋向饱和，如图 $AB$ 段所示。在该两段内气体的电导是极微小的，电阻率约 $10^{22}$ Ω·cm量级。$A$ 点和 $B$ 点的场强值分别为 $E_A \approx 5\times10^{-3}$ V/cm 及 $E_B \approx 10^3$ V/cm，当场强超过 $E_B$，气体电介质将发生碰撞电离，从而使气体电介质的电导急剧增大。

4. 液体电介质的电导

构成液体电介质电导的因素主要有离子电导和电泳电导。离子电导由液体本身或杂质的分子解离的离子所决定。电泳电导是由固体或液体杂质以高度分散状态悬浮于液体中形成的胶体质点吸附离子而带电造成的。例如变压器油中悬浮的小水滴就构成电泳电导。极纯净液体电介质的电流与电压的关系曲线与气体电介质相似(图1-3)。工程用液体电介质的电流与电压关系曲线则更接近于图4-8。

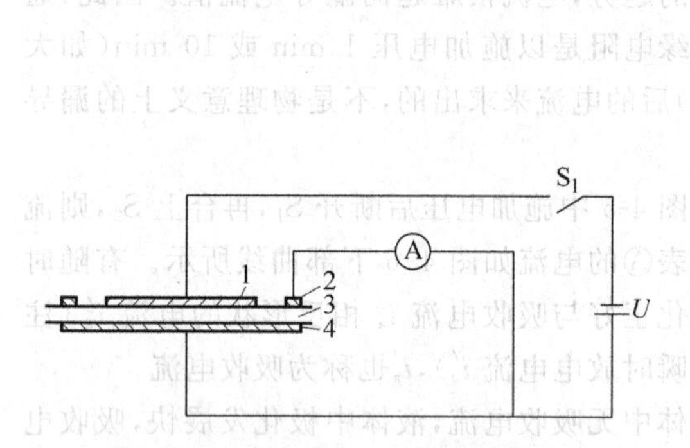


图4-7 测量固体电介质表面电阻率
1—电极(圆盘)；2—电极(圆环)；
3—被试电介质；4—辅助电极(圆盘)

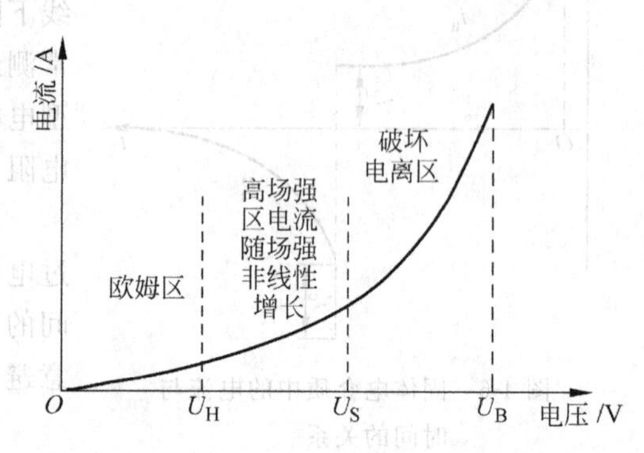


图4-8 工程液体电介质中电流与电压的关系
($U_B$ 为击穿电压)

离子电导的大小和分子极性及液体的纯净程度有关，如表4-1所示。通常情况下，纯净的非极性液体电介质的电阻率 $\rho$ 可达 $10^{18}$ Ω·cm，弱极性电介质 $\rho$ 可达 $10^{15}$ Ω·cm。对于极性液体，极性越大，分子的解离度越大，$\rho$ 为 $10^{10}\sim10^{12}$ Ω·cm。在高频下实际上不使用极性液体电介质，因为损耗太大。强极性液体如水、乙醇等实际上已是离子性导电液了，不能用作绝缘材料。

离子电导随温度的升高而增加，因为温度升高，一方面分子的解离度加大；另一方面离子也较易克服周围位垒而成为自由离子，从而造成液体的电导率迅速增加。

液体电介质电导率 $\gamma$ 与温度的关系为

$$\gamma = A\exp(-B/T) \tag{4-8}$$

式中，$A$、$B$ 为常数；$T$ 为绝对温度。

杂质和水分对液体电介质的绝缘有很大危害，电气设备在运行中一定要注意防潮，可以采用过滤、吸附、干燥等措施除去液体电介质中的水分和杂质。

5. 固体电介质的电导

固体电介质产生电导的机理和规律与工程液体电介质类似(见图 4-8)，只是固体电介质没有电泳电导。

对于离子型电介质，电导的大小和离子本身的性质有关，单价小离子($Li^+$，$Na^+$，$K^+$)束缚弱，易形成电流，因而含单价小离子的固体电介质的电导较大。例如在石英玻璃中若加入碱金属氧化物($Na_2O$，$K_2O$)，则电导率增加较大，若加入碱土金属氧化物($BaO$，$CaO$)，则电导率增加很小。结构紧密、洁净的离子性电介质，电阻率 $\rho$ 为 $10^{17}\sim10^{19}$ Ω·cm；结构不紧密且含单价小离子的离子性电介质的电阻率仅达 $10^{13}\sim10^{14}$ Ω·cm。

对于非极性或弱极性电介质，电导主要是由杂质离子引起的。纯净电介质的电阻率 $\rho$ 可达 $10^{17}\sim10^{19}$ Ω·cm。

对于极性电介质，因本身能解离，此外还有杂质离子共同决定电导，故电阻率较小，较佳者可达 $10^{15}\sim10^{16}$ Ω·cm。

固体电介质的电导除和微观结构有关外，还和材料的宏观结构有关。纤维性材料或多孔性材料因易吸水，一般电阻率较小。

温度对固体介质电导率的影响与对液体电介质电导率的影响相似，式(4-8)也同样适用于固体电介质。需要注意的是聚合物的电阻率与温度的关系，往往只能在不大的温度范围内符合式(4-8)的变化规律，因为其结构随温度的变化较大，从而导致离子电导势垒发生变化。

6. 固体电介质的表面电导

固体电介质除了体积电导以外，还存在表面电导。干燥清洁的固体电介质的表面电导很小，表面电导主要由表面吸附的水分和污物引起。电介质吸附水分的能力与自身结构有关，所以电介质的表面电导也是电介质本身固有的性质。

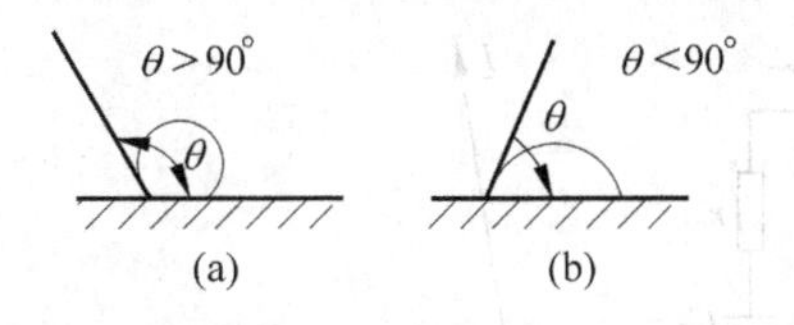


图 4-9 水滴在固体表面的接触角示意图
(a) 憎水性；(b) 亲水性

固体电介质可按水滴在电介质表面的浸润情况分为憎水性和亲水性两大类，如图 4-9 所示。如果水滴的内聚力大于水和电介质的表面亲和力，则表现为水滴的接触角大于 90°，即该固体材料为憎水性材料。憎水性材料的表面电导小，表面电阻率 $\rho_s$ 在 $10^{15}\sim10^{17}$ Ω 数量级，且表面电导受环境湿度的影响较小。非极性和弱极性电介质材料如石蜡、硅橡胶、氟塑料、硅树脂等都属于憎水性材料。如果水滴的内聚力小于水和电介质表面的亲和力，则表现为水滴的接触角小于 90°，即该固体材料为亲水性材料。亲水性电介质的表面电导大，且受湿度的影响大，表面电阻率 $\rho_s$ 在 $10^{13}\sim10^{15}$ Ω 量级。极性和离子性电介质材料都属于亲水性材料。

采取使电介质表面洁净、干燥或涂敷石蜡、有机硅、绝缘漆等措施，可以降低电介质表面电导。

7. 讨论电导的意义

（1）绝缘试验的理论依据

电导是绝缘预防性试验的理论依据，在做预防性试验时，可利用绝缘电阻、泄漏电流及吸收比判断设备的绝缘状况。

（2）直流电压下分层绝缘设计的依据

直流电压作用下，分层绝缘时，各层电压分布与电阻成正比，选择合适的电阻率，可实现各层之间的合理分压。

（3）防水处理的依据

注意环境湿度对固体电介质表面电阻的影响，注意亲水性材料的表面防水处理。

### 4.2.3 电介质中的能量损耗及电介质损耗角正切

1. 电介质损耗角正切

在直流电压作用下电介质的损耗仅有漏导损耗，可用 $\rho_v$ 或 $\rho_s$ 来表征。

在交流电压作用下电介质的损耗除漏导损耗外，还有极化损耗，仅有 $\rho_v$ 或 $\rho_s$ 就不够了，需要另外的特征量来表示电介质在交流电压作用下的能量损耗。

图 4-10 所示为电介质在交流电压作用下，流过电介质的电流$\underline{I}$及作用电压$\underline{U}$之间关系的相量图。由于存在损耗，$\underline{U}$和$\underline{I}$之间的夹角不再是 90°的关系，$\underline{I}_C$ 代表流过电介质的总无功电流，$\underline{I}_R$ 代表流过电介质的总有功电流，$\underline{I}_R$ 包括了漏导损耗和极化损耗。从直观看，若$\underline{I}_R$ 大，则损耗大，因此定义一个新的物理量——电介质损耗角正切值 $\tan\delta$ 来代表电介质在交流电压下的损耗，$\tan\delta$ 仅反映电介质本身的性能，和电介质的几何尺寸无关。

$$\tan\delta = I_R / I_C \tag{4-9}$$

图 4-10 电介质中电压与电流相量示意图

2. 电介质的并联与串联等效电路

分析电介质在交流电压作用下的能量损耗，常用两种等效电路。并联等效电路如图 4-11 所示；串联等效电路如图 4-12 所示。

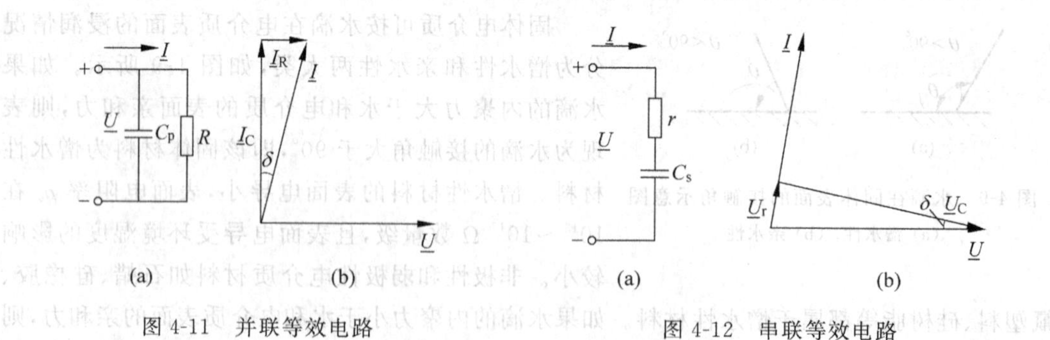


图 4-11 并联等效电路 图 4-12 串联等效电路

并联等效电路中，$\underline{I}_R = \underline{U}_R / R$，$\underline{I}_C = j\omega C_p \underline{U}$，

因此

$$\tan\delta = I_R / I_C = 1/\omega C_p R \tag{4-10}$$

$$P = U^2 / R = \omega C_p U^2 \tan\delta \tag{4-11}$$

串联等效电路中，$\dot{U}_r = r\dot{I}$，$\dot{U}_C = \dot{I}/j\omega C_s$，

因此

$$\tan\delta = U_r/U_c = \omega C_s r \tag{4-12}$$

$$P = I^2 r = \frac{\omega C_s U^2 \tan\delta}{1+\tan^2\delta} \tag{4-13}$$

必须指出，所谓等效电路只有计算上的意义，并不反映电介质损耗的物理过程。如果电介质损耗主要由电导引起，则常用并联等效电路；如果电介质损耗主要由电介质极化及连接导线的电阻等引起，则常用串联等效电路；如果计算多种电介质串联或并联引起的损耗问题，则应根据计算方便，灵活地选用某种等效电路。

同一电介质用不同等效电路表示时，其等效电容是不相同的，由式(4-11)和式(4-13)可以看出

$$C_p = C_s/(1+\tan^2\delta) \tag{4-14}$$

通常 $\tan\delta \ll 1$，$C_p \approx C_s$。这时在两种等效电路中的损耗都可用同一公式表示，即

$$P = \omega C U^2 \tan\delta \tag{4-15}$$

其中，$P$ 为电介质的损耗，W。

单位体积电介质的功率损耗 $p$ 定义为电介质损失率，$W/cm^3$，均匀电场中，有

$$p = \frac{P}{Sd} = \frac{\omega C U^2 \tan\delta}{Sd} = \frac{f\varepsilon_r \tan\delta}{1.8\times 10^{12}}E^2 \tag{4-16}$$

式中，$C=\varepsilon_0\varepsilon_r S/d$；$E=U/d$。

因此，$\varepsilon_r \tan\delta$ 反映了电介质损失率。在高频高压设备中 $\varepsilon_r \tan\delta$ 应尽可能小。

3. 气体电介质的损耗

气体电介质的相对介电系数 $\varepsilon_r$ 接近 1，极化程度极小，气体电介质的损耗就是电导损耗。当电场强度小于使气体分子电离所需值时，气体电介质的电导也是极小的，所以气体电介质的损耗也是极小的。正因为如此，常用气体电介质的电容器作标准电容器。

在强电场下气体易电离，如不均匀电场中出现局部放电时，气体的电介质损耗将明显增加。若固体电介质中含有气泡，气泡内的局部放电也会使电介质损耗增加。

4. 液体和固体电介质的损耗

非极性或弱极性的液体或固体，以及结构较紧密的离子性电介质，它们的极化形式主要是电子位移极化和离子位移极化，它们没有能量损耗，这类电介质的损耗主要由漏导决定。电介质损耗和温度以及电场强度等因素的关系也就取决于电导和这些因素的关系。这类电介质的 $\tan\delta$ 是较小的，约 $10^{-4}$ 数量级。聚乙烯、聚苯乙烯、硅橡胶、云母等都属这类电介质，是优良的绝缘材料，可用于高频或精密的设备中。

极性固体和液体电介质以及结构不紧密的离子性固体电介质除具有漏导损耗外，还有极化损耗。这类电介质的损耗和温度、频率等因素有较复杂的关系。

图 4-13 所示为松香油的 $\tan\delta$ 与温度的关系，在温度较低时电导损耗和极化损耗都很小，随温度的升高因偶极子转向容易，从而使极化损耗显著增加，电导损耗略有增加。在某一温度下总的电介质损耗达到极大值。当温度继续升高时分子热运动妨碍偶极子在电场作用下作规则排列，极化损耗减小。在此阶段虽然电导损耗仍是增加的，但增加的程度比极化损耗减少的程度小，所以总的效果是减小的。随着温度进一步升高电导损耗急剧增大，总的

损耗此时以电导损耗为主，也随之急剧增大。此种情况 $\tan\delta$ 随温度的变化趋势和电介质损失率 $p$ 随温度的变化趋势是一致的。

图 4-14 显示了极性电介质中损耗和频率的关系。低频下单位时间内偶极子转向次数少，极化过程中克服阻力造成的电介质损耗率 $p$ 也小，随频率增加 $p$ 增加。当频率很高时，偶极子转向已完全跟不上频率变化，电介质损耗率趋于恒定。

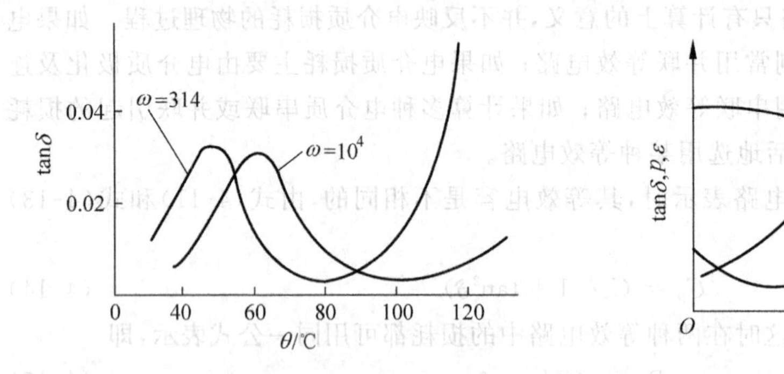


图 4-13　松香油的 $\tan\delta$ 与温度的关系

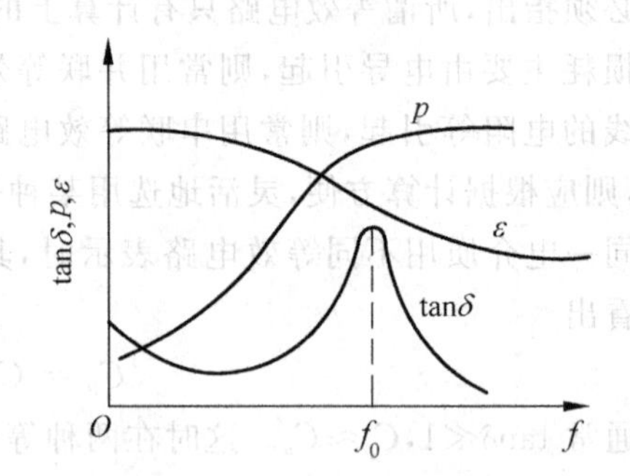


图 4-14　极性液体电介质中的损耗与频率的关系

在低频时弛豫极化得以充分发展，介电常数 $\varepsilon$ 数值较大；当频率很高时弛豫极化跟不上电场变化，$\varepsilon$ 仅由位移极化决定，所以数值较小。

$\tan\delta$ 相当电场变动一个周期内的能量损失，即

$$\tan\delta \propto \frac{p}{f\varepsilon_r} \tag{4-17}$$

由式(4-17)可得 $\tan\delta$ 与 $p$ 及 $f$ 的关系，在频率极低时虽然 $p$ 很小，但由于 $f$ 极小，所以 $\tan\delta$ 较大，但此时 $\tan\delta$ 大并不意味电介质损耗大；以后随 $f$ 的增加 $p$ 急剧增加，$p$ 的增加比 $f$ 的增加来得显著，所以 $\tan\delta$ 是增加的；频率进一步增加，由于弛豫极化不易发展，$p$ 趋于恒定，由式(4-17)可看出，$\tan\delta$ 随 $f$ 增加而下降。

5. 讨论 $\tan\delta$ 的意义

(1) 选择绝缘材料

$\tan\delta$ 过大会引起绝缘电介质严重发热，甚至导致热击穿。例如用蓖麻油制造的电容器就因为 $\tan\delta$ 大，而仅限于直流或脉冲电压下使用，不能用于交流电压下。

(2) 在预防性试验中判断绝缘状况

如果绝缘材料受潮或劣化，$\tan\delta$ 将急剧上升，在预防性试验中可通过 $\tan\delta$ 与 $U$ 的关系曲线来判断是否发生局部放电。

(3) 均匀加热

当 $\tan\delta$ 大的材料需加热时，可对材料加交流(工频或高频)电压，利用材料本身电介质功率损耗的发热，这种方法加热非常均匀，如电瓷生产中对泥坯加热即用这种方法。

# 4.3　液体电介质的击穿

## 4.3.1　液体电介质的击穿理论

液体电介质的电气强度一般比气体高，液体电介质除有绝缘的作用外，还有冷却、灭弧

作用。工程上常用的液体电介质有矿物油、植物油、合成液体等几类。目前应用最为广泛的仍是矿物油,如变压器油、电容器油、电缆油等。

对液体电介质击穿机理的研究远不及对气体电介质击穿机理的研究,还提不出一个较为完善的击穿理论。从击穿机理的角度,可将液体电介质分为两类:纯净的和工程用的。这两类电介质的击穿机理有很大不同,归纳起来,通常有三种不同的理论,下面分别讨论。

1. 纯净液体电介质的电击穿理论

这种理论认为,液体中因强场发射等原因产生的电子在电场中被加速,与液体分子发生碰撞电离。有人曾用高速相机观察了在冲击电压下,极不均匀电场中变压器油的击穿过程:首先在尖电极附近开始电离,有一个电离开始阶段;然后是流注发展阶段,流注是分级地向另一电极发展,后一级在前一级通道的基础上发展,放电通道会出现分支;最后流注通道贯通整个间隙,这是贯通间隙的阶段。这和长空气间隙的放电过程很相似。

2. 纯净液体电介质的气泡击穿理论

当外加电场较高时,液体电介质内会由于各种原因产生气泡,例如:

(1) 电子电流加热液体,分解出气体;

(2) 电子碰撞液体分子,使之解离产出气体;

(3) 静电斥力,电极表面吸附的微小气泡表面积累电荷,当静电斥力大于液体表面张力时,气泡体积变大;

(4) 电极凸起处的电晕引起液体汽化。

由于串联电介质中,交流条件下场强的分布与电介质的介电常数成反比,气泡 $\varepsilon_r=1$,小于液体的 $\varepsilon_r$,液体中的气泡承担了比液体更高的场强,而气体电气强度低,所以气泡先行电离;然后气泡中气体的温度升高,体积膨胀,电离进一步发展使油分解出气体。如果电离的气泡在电场中堆积成气体通道,则击穿在此通道内发生。

由于液体电介质的密度远比气体电介质的密度大,所以液体电介质中电子的自由行程很短,不易积累到足以产生碰撞电离所需的动能,因此纯净的液体电介质的电气强度总比常态下气体电介质的电气强度高得多。

3. 非纯净液体电介质的小桥击穿理论

工程用电介质不总是很纯净的,在运行中不可避免地会吸收气体和水分,混入杂质,如固体绝缘材料(纸、布)上脱落的纤维,液体本身也会老化、分解,所以工程用液体电介质总含有一些杂质。杂质的存在使工程液体电介质的击穿有新的特点,一般用"小桥"理论来说明工程液体电介质的击穿过程。

小桥理论认为,液体中的杂质在电场力的作用下,在电场方向定向,并逐渐沿电力线方向排列成杂质的"小桥",由于水和纤维的介电常数分别为 81 和 6 ～7,比油的相对介电常数 1.8～2.8 大得多,所以这些杂质容易极化而在电场方向定向排列成小桥。如图 4-15 所示。

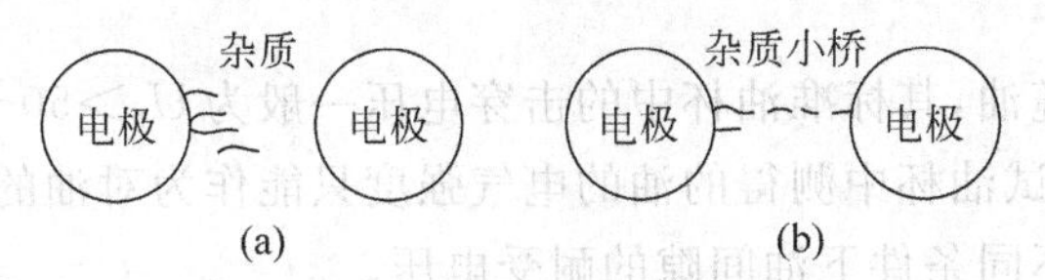


图 4-15 受潮纤维在电极间定向示意图

(a) 未形成"小桥";(b) 形成"小桥"

由于组成此小桥的纤维及水分电导较大，从而使泄漏电流增加，并进而使"小桥"强烈发热，使油和水局部沸腾汽化，最后沿此"气桥"发生击穿。此种形式的击穿是和热过程紧密相连的。

如果油间隙较长，难以形成贯通的小桥，则不连续的小桥也会显著畸变电场，降低间隙的击穿电压。由于杂质小桥的形成带有统计性，因而工程液体电介质的击穿电压有较大分散性。

小桥的形成和电极形状及电压种类有明显关系。当电场极不均匀时，由于尖电极附近会有局部放电，造成油的扰动，妨碍小桥的形成。在冲击电压作用下，由于作用时间极短，"小桥"来不及形成。

总体来说，液体电介质的击穿理论还很不成熟。虽然有些理论在一定程度上能解释击穿的规律性，但大多都是定性的，在工程实际中主要靠试验数据。

## 4.3.2　影响液体电介质击穿电压的因素

对液体电介质，通常用标准试油器，又称标准油杯，按标准试验方法测得的工频击穿电压来衡量其品质的优劣，而不用击穿场强值。因为即使是均匀场，击穿场强 $E_b$ 也随间隙距离 $d$ 的增大而明显下降，如图4-16所示。

我国国家标准GB/T 507—2002对标准油杯推荐了两种形状的电极：一种为球形电极；另一种为球盖形电极，电极材料为黄铜或不锈钢。球形电极由两个直径为12.5～13.0 mm的球电极组成，电极间距离2.5 mm；球盖形电极由两个直径为36 mm的球盖形电极组成，电极间距离也为2.5 mm，见图4-17。标准油杯的器壁为透明的有机玻璃。

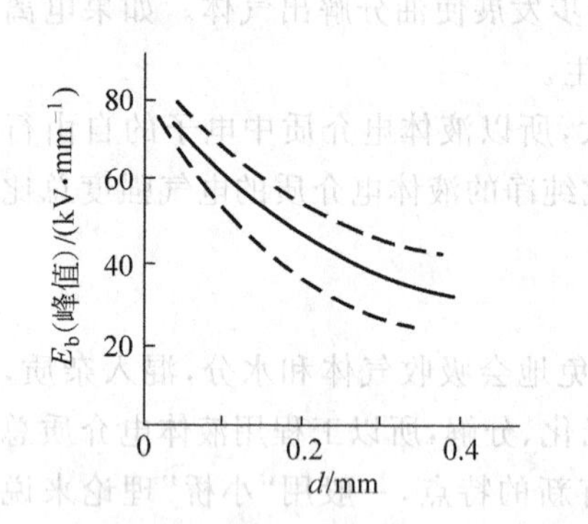


图4-16　均匀电场中，油层的工频击穿场强与油层厚度的关系

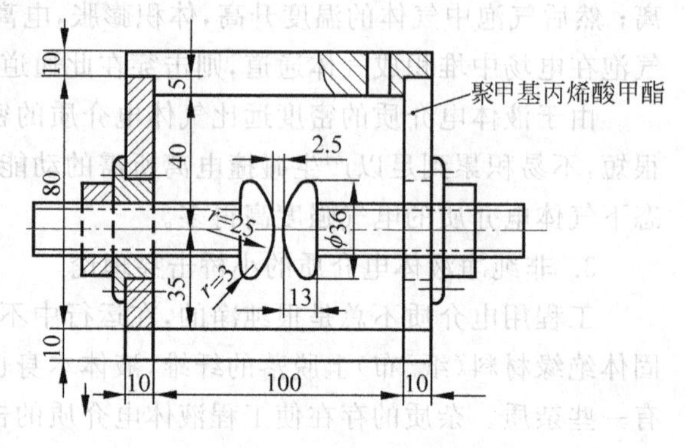


图4-17　标准试油器示意图
（单位：mm）

对变压器油，其标准油杯中的击穿电压一般为 $U_b > 25 \sim 40$ kV，目前特高压工程用变压器油可达70 kV；

对电容器油及电缆油，其标准油杯中的击穿电压一般为 $U_b > 50 \sim 60$ kV。

必须指出，在标准试油杯中测得的油的电气强度只能作为对油的品质的衡量标准，不能用此数据直接计算在不同条件下油间隙的耐受电压。

1. 杂质（悬浮水、纤维）

水在油中有两种存在方式，分子状态溶解或乳化状态悬浮。水分若溶解于油中，对耐压影响不大；若呈悬浮状，则由于易形成小桥，对击穿电压影响较大。

图 4-18 中，含水量仅十万分之几，就使击穿电压显著下降。若含水量继续增多，则只增加几条并联的击穿通道，击穿电压基本不再下降。当有纤维存在时，含水量对击穿电压的影响特别明显。电场越均匀，杂质对击穿电压影响越大，不均匀场因强场处扰动大，杂质不易成桥，故含水量对击穿电压的影响小；冲击电压下因电压作用时间太短，杂质来不及形成桥，故含水量对击穿电压的影响也小。

2. 温度

温度对变压器油击穿电压的影响比较复杂，和油的品质、电场均匀度及电压作用时间有关。在较均匀电场及 1 min 工频电压作用下，变压器油的击穿电压和温度的关系如图 4-19 所示。

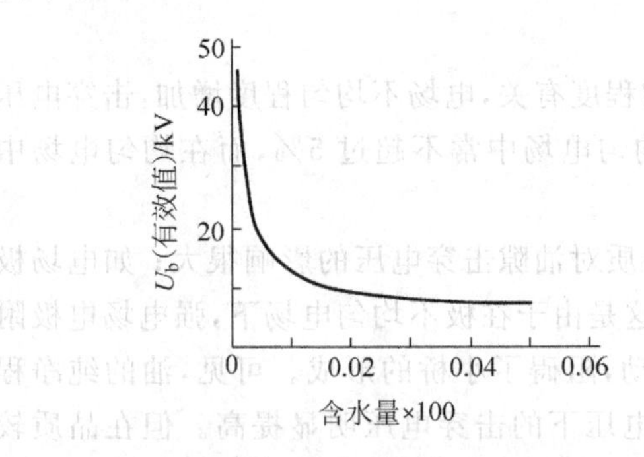


图 4-18 在标准油杯中(间隙距离 2.5 mm)变压器油的工频击穿电压和含水量的关系

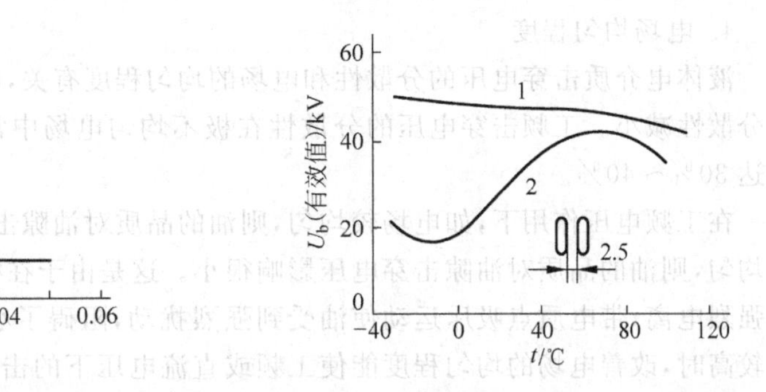


图 4-19 标准油杯中变压器油工频击穿电压与温度的关系

1—干燥的油；2—受潮的油

图 4-19 中，曲线 1、2 分别代表干燥的油和受潮的油的试验曲线。水在油中有两种状态，溶解态和乳化态，前者对油的击穿电压影响小，后者影响较大。受潮的油当温度从 0℃逐渐升高时，水分在油中的溶解度也逐渐增大，有一部分乳化态的水分转变为溶解态，油的击穿电压逐渐升高；当温度超过 60～80℃时，部分水分开始汽化，使油的击穿电压降低；0℃左右呈乳化态的水分最多，故此时油的击穿电压最低；温度再低时水分结成冰粒，不能被电场拉长，此外油也将凝固，因而击穿电压增加；对于很干燥的油，就没有这种变化情况，随着温度的升高，油的击穿电压只是单调地逐渐稍有降低。

在极不均匀电场中，油中的水分和杂质不易形成小桥，受潮的油的击穿电压和温度的关系，不像均匀电场中那样复杂，只是随着温度的上升，击穿电压略有下降。

不论是均匀或不均匀电场，在冲击电压下油隙的击穿电压和温度没有显著关系，也是杂质和水分来不及形成小桥的缘故。

3. 电压作用时间

电压作用时间对油的击穿电压有很大影响，如图 4-20 所示。

在电压作用时间很短时，击穿电压随时间的变化规律和气体电介质的伏秒特性相似。当电压作用时间较长时，主要是受杂质的影响。

电压作用时间越长，杂质成桥，电介质发热越充分，故击穿电压越低。故一般不太脏的油 1 min 击穿电压和长时间击穿电压的试验结果差不多，所以做油耐压试验时，只做 1 min。

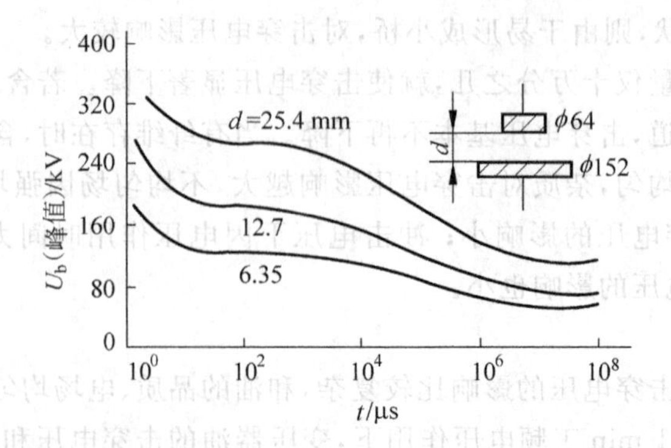


图 4-20 稍不均匀电场中变压器油的击穿电压和电压作用时间的关系

4. 电场均匀程度

液体电介质击穿电压的分散性和电场的均匀程度有关，电场不均匀程度增加，击穿电压的分散性减小。工频击穿电压的分散性在极不均匀电场中常不超过 5%，而在均匀电场中可达 30%～40%。

在工频电压作用下，如电场较均匀，则油的品质对油隙击穿电压的影响很大；如电场极不均匀，则油的品质对油隙击穿电压影响很小。这是由于在极不均匀电场下，强电场电极附近强烈电离，带电质点吸斥运动使油受到强烈扰动，阻碍了小桥的形成。可见，油的纯净程度较高时，改善电场的均匀程度能使工频或直流电压下的击穿电压明显提高。但在品质较差的油中，因杂质的聚集和排列已使电场畸变，电场均匀带来的好处并不明显。

含杂质的油受冲击电压作用时，因为杂质存在惯性来不及形成"小桥"，无论在均匀场还是不均匀场中，油的品质对冲击击穿电压没有明显影响，则改善电场均匀程度能提高其击穿电压。考虑液体电介质绝缘时，如果运行中能保持油的清洁，或主要承受冲击电压的作用，则应尽可能使电场均匀；如果长期承受电压的作用且油运行中容易变脏和老化，则应想办法尽量减少杂质的影响。

5. 压力

对于工程液体电介质，击穿电压是随压力的增加而提高的，如图 4-21 所示。其原因是随着压力的增加，气体在油中的溶解度增加，气泡的局部放电起始电压也提高，这两个因素都将使液体的击穿电压提高。但对于极纯净的液体或在冲击电压下，压力对击穿电压基本无影响。这说明了压力对液体击穿电压的影响，主要原因在于油中所含的气体。总的来说，工程液体电介质击穿电压随压力而上升的程度远不如气隙。

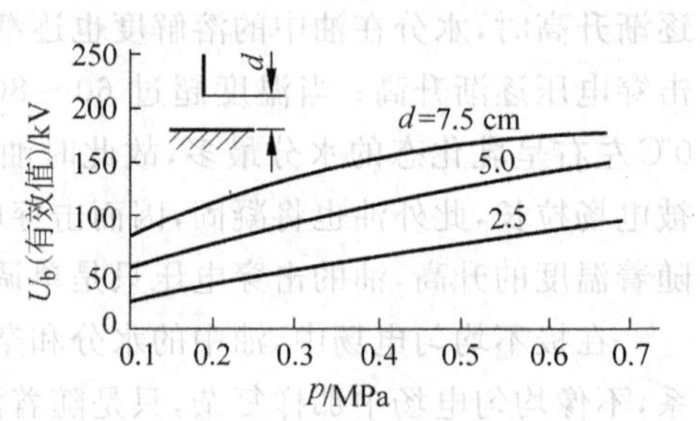


图 4-21 变压器油工频击穿电压与压力的关系

### 4.3.3 提高液体电介质击穿电压的方法

1. 提高以及保持油的品质

提高油的品质的方法之一是过滤。将油在压力下连续通过滤油机中大量的滤纸层，油中的纤维等杂质被滤纸阻挡，油中大部分的水分和有机酸也被滤纸纤维所吸附。若在油中加一些白土、硅胶等吸附剂,吸附油中的水分、有机酸等,然后再过滤,效果会更好。

去除油中溶解的气体,也能提高油的品质。常用的方法是先将油加热,在真空中喷成雾状,油中所含气体和水分即挥发并被抽走,然后在真空条件下将油注入电气设备中。

在运行中保持油的品质的方法是装设吸附剂过滤器。吸附剂是一种很微小的颗粒,但具有很大的吸附表面,常用的吸附剂有:天然的水合硅酸铝、硅胶、活性氧化铝、钠氟石等。由于吸附作用及某些化学作用,吸附剂对油中的水分及某些酸类、树脂类物质有很强的吸附能力。此方法的优点是使可对运行电气设备的油不断地加以净化。

2. 覆盖层

覆盖层是指紧贴在金属电极上的固体绝缘薄层,它使油中的杂质、水分等形成的小桥不能直接与电极接触,从而减小了流经杂质小桥的电流,阻碍了杂质小桥中热击穿过程的发展。在油的品质差、电场较均匀、电压作用时间长等杂质小桥的作用较显著的情况下,覆盖层对提高油间隙击穿电压效果较显著。

3. 绝缘层

绝缘层是指电极表面包覆上较厚的绝缘层,它的厚度可达几十毫米,而覆盖层的厚度小于1 mm。绝缘层的作用不仅能起覆盖层的作用,减小杂质的有害影响,而且它承担一定的电压,改善电场的分布。它通常被覆在曲率半径较小的电极上,固体绝缘层的介电常数比油大,这能降低绝缘层内部的场强,固体绝缘层的电气强度也较高。固体绝缘层的厚度使其外缘处的曲率半径已足够大,致使此处油中的场强已减小到不会发生电晕或局部放电的程度。变压器高压引线、屏蔽环以及充油套管的导电杆上都包有绝缘层。

4. 屏障

屏障是放在电极间油间隙中的固体绝缘板,其形状可以是平板、圆筒、圆管等,其厚度通常为2~7 mm。屏障的作用一方面是阻隔杂质小桥的形成;另一方面和气体电介质中放置屏障的作用类似。在极不均匀电场中,曲率半径小的电极附近场强高,会先发生电离,电离出的带电粒子被屏障阻挡,并分布在屏障的一侧,使另一侧油隙中的电场变得比较均匀,从而能提高油间隙的击穿电压。在油间隙中若合理地布置几个屏障,可使击穿电压更为提高。

5. 沿面放电时改善电场分布

油中也有沿面放电,为提高放电电压所采取的措施和气体时类似,改善电场分布为最常见的措施,如减小比电容等。

## 4.4 固体电介质的击穿

在气、固、液体三种电介质中,一般固体密度最大,电气强度也最高。通常,空气的电气强度一般为3~4 kV/mm;液体的电气强度为10~20 kV/mm;而固体的电气强度在十几至几百 kV/mm;但固体电介质的击穿过程最复杂,且是唯一击穿后不可恢复的绝缘材料。

### 4.4.1 固体电介质的击穿过程

1. 固体电介质击穿特性的划分

固体电介质有几种不同的击穿形式:一种是与气体击穿过程相类似的电击穿;一种是

与热的过程相联系的热击穿；还有一种是长时间的电化学击穿。固体电介质的几种击穿形式与电压的作用时间密切相关，如图 4-22 所示。下面先结合击穿电压和电压作用时间的关系，以及击穿电压和电介质温度的关系，说明电击穿和热击穿的区别及联系。

图 4-23 所示为油浸电工纸板击穿电压和电压作用时间关系的试验结果。在极短时间的电压作用下，击穿电压随击穿时间的缩短而提高，类似于气体电介质击穿的伏秒特性；击穿时间在 10 μs ～0.2 s 范围内时击穿电压大致恒定，与时间无关。这两段的击穿都具有电击穿性质。电压作用时间继续加长，则击穿电压随击穿前电压作用时间的增加而明显下降，具有热击穿的特点。至于电压作用时间更长的电化学击穿，又称电老化，其击穿时间在几十个小时以上，甚至几年。

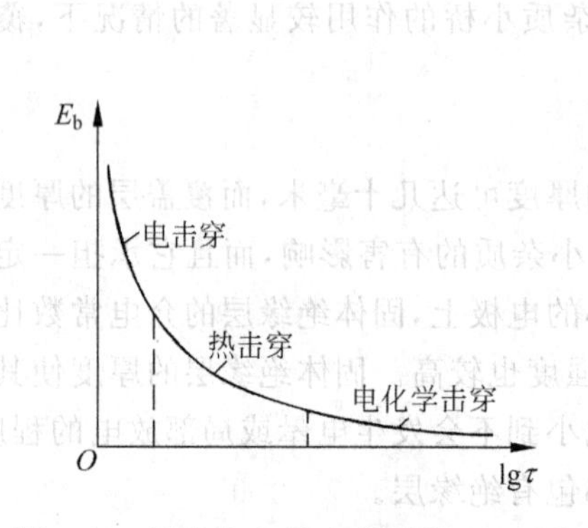


图 4-22　固体电介质击穿场强 $E_b$ 与电压作用时间 $\tau$ 的关系

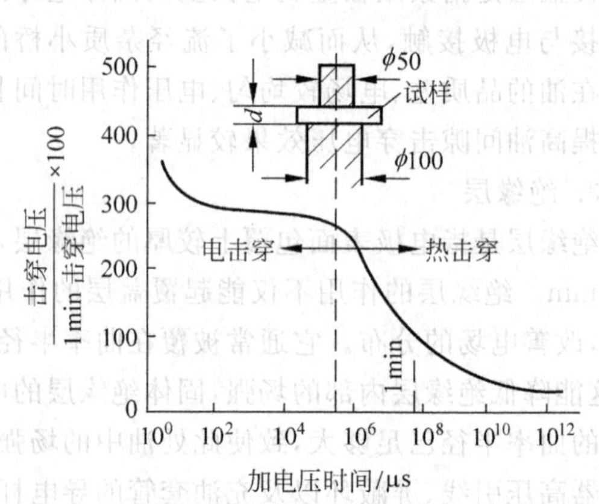


图 4-23　油浸电工纸板的击穿电压与电压作用时间的关系(25℃)

图 4-24 是聚乙烯材料的击穿电压和电介质周围环境温度关系的试验结果。实验曲线明显分为两个范围，周围温度在 $t_0$ 以下时，击穿电压和电介质温度无关，属于电击穿；当周围温度超过 $t_0$ 后，击穿电压随温度的增加而明显下降，属于热击穿。不同材料的转折温度 $t_0$ 是不同的，即使是同种材料，材料越厚，电介质损耗越大，散热越困难，$t_0$ 就越低，即导致热击穿的环境温度就越低。

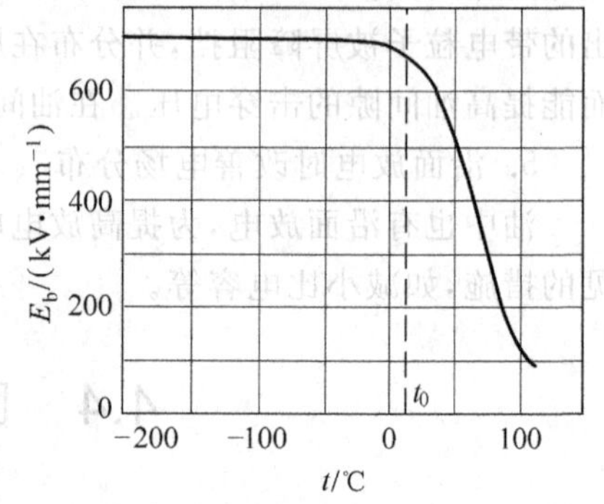


图 4-24　聚乙烯的短时电气强度与周围温度的关系

2. 电击穿

电击穿理论是建立在固体电介质中发生碰撞电离基础上的，固体电介质中存在的少量传导电子，在电场加速下与晶格结点上的原子碰撞，从而击穿。根据对碰撞电离的不同解释，电击穿理论又分为固有击穿理论与电子崩击穿理论。

电击穿的特点：电压作用时间短，击穿电压高，击穿电压与电介质温度、散热条件、电介质厚度、频率等因素都无关，但和电场的均匀程度关系极大。此外与电介质特性也有很大关系，如果电介质内含气孔或其他缺陷，这类缺陷对电场造成畸变，导致电介质击穿电压降低。在极不均匀电场及冲击电压作用下，电介质有明显的不完全击穿现象，不完全击穿导致绝缘性能逐渐下降的效应称为累积效应。电介质击穿电压会随冲击电压施加次数的增加而下降。

3. 热击穿

由于电介质损耗的存在，固体电介质在电场中会逐渐发热升温，温度的升高又会导致固体电介质电阻的下降，使电流进一步增大，损耗发热也随之增大。在电介质不断发热升温的同时，也存在一个通过电极及其他电介质向外不断散热的过程。一旦发热超过散热，则电介质温度会不断上升，以致引起电介质分解炭化，最终击穿，这一过程称为电介质的热击穿过程。

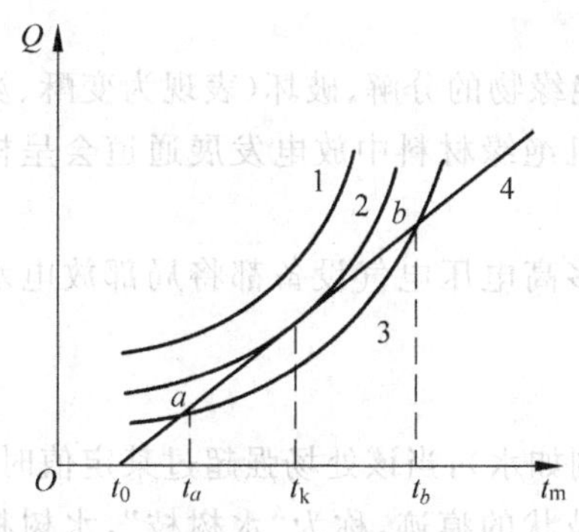


图 4-25 不同外施电压下电介质发热（曲线 1、曲线 2、曲线 3）及散热（曲线 4）与电介质温度的关系

发热、散热与温度的关系曲线如图 4-25 所示，图中曲线 1、2、3 分别为在电压 $U_1$、$U_2$、$U_3$（$U_1>U_2>U_3$）下电介质发热量 $Q$ 与电介质中最高温度 $t_m$ 的关系，直线 4 表示固体电介质中最高温度大于周围环境温度 $t_0$ 时，散出的热量 $Q$ 与电介质中最高温度 $t_m$ 的关系。

对曲线 1，发热永远大于散热，电介质温度将不断升高，因此在电压 $U_1$ 下最终发生热击穿。

曲线 3 部分在直线 4 之下，电介质温度 $t\leqslant t_a$ 时，不会发生热击穿，电介质温度会逐渐升高，最终稳定在 $t_a$，因此称 $t_a$ 为稳定的热平衡点。

电介质温度 $t>t_b$ 时，情况类似曲线 1，最终发生热击穿。

电介质温度 $t=t_b$ 时，虽然发热等于散热，似乎电介质温度不会再上升，但这时只要稍有扰动，使 $t$ 略大于 $t_b$，则电介质温度将不断上升，再也回不到 $t_b$，直至热击穿。因此称 $t_b$ 为不稳定的热平衡点。

$t_a<t<t_b$ 时，不会发生热击穿，电介质温度最终将稳定在 $t_a$。

曲线 2 与直线 4 相切，$U_2$ 为临界热击穿电压；$t_k$ 为临界热击穿温度。

对平板状电介质的发热、散热进行计算推导，可得出热击穿电压 $U_b$ 与各种发热、散热因素的关系如下：

$$U_b=0.342\times\sqrt{\frac{h\lambda\sigma(t_k-t_0)}{f\varepsilon_0\varepsilon_r\tan\delta_0(\sigma h+2\lambda)}} \tag{4-18}$$

其中，$f$ 为频率；$h$ 为电介质厚度；$\varepsilon_r$ 为相对介电常数；$t_k$ 为热击穿临界温度；$t_0$ 为环境温度；$\tan\delta_0$ 为温度 $t_0$ 时的电介质损耗角正切；$\lambda$ 为导热系数；$\sigma$ 为散热系数。

当发热因素 $f,\varepsilon_r,t_0,\tan\delta_0$ 上升或增加时，热击穿电压 $U_b$ 将下降；当散热因素 $\sigma,\lambda$ 上升时，热击穿电压 $U_b$ 将上升；而电介质厚度 $h$ 在分子分母中都有，可见增加厚度，击穿电压 $U_b$ 不一定上升。因此在发生热击穿时，采取加厚绝缘材料的办法不一定有效。

4. 电化学击穿（电老化）

在电场的长时间作用下逐渐使电介质的物理、化学性能发生不可逆的劣化，最终导致击穿，这过程称电老化。电老化的类型有电离性老化、电导性老化和电解性老化。前两种主要在交流电压下产生；后一种主要在直流电压下产生。有机电介质表面绝缘性能破坏的表现，还有表面漏电起痕。

(1) 电离性老化

在电介质夹层或电介质内部如果存在气隙或气泡,在交变场下气隙或气泡的场强会比邻近固体电介质内的场强大得多,而气体的起始电离场强又比固体电介质低得多,所以在该气隙或气泡内很容易发生电离。

此种电离对固体电介质的绝缘有许多不良后果。例如,气泡体积膨胀使电介质开裂、分层,并使该部分绝缘的电导和电介质损耗增大;电离的作用还可使有机绝缘物分解,新分解出的气体又会加入到新的电离过程中;还会产生对绝缘或金属有腐蚀作用的气体,如 $O_3$,$NO_x$ 等;电离还会造成电场的局部畸变,使局部电介质承受过高的电压,对电离的进一步发展起促进作用。

气隙或气泡的电离,通过上述综合效应会造成邻近绝缘物的分解、破坏(表现为变酥、炭化等形式),并沿电场方向逐渐向绝缘层深处发展,在有机绝缘材料中放电发展通道会呈树枝状发展,称为"电树枝"。

这种电离性老化过程和局部放电密切相关,所以许多高电压电气设备都将局部放电水平作为检验绝缘质量的重要指标。

(2) 电导性老化

如果在两电极之间的绝缘层中存在液态导电物质(例如水),当该处场强超过某定值时,该液体会沿电场方向逐渐深入到绝缘层中,形成近似树枝状的痕迹,称为"水树枝",水树枝呈绒毛状的一片或多片,有扇状、羽毛状、蝴蝶状等多种形式。

产生和发展"水树枝"所需的场强比产生和发展"电树枝"所需的场强低得多。产生水树枝的原因是水或其他电解液中的离子在交变电场下反复冲击绝缘物,使其发生疲劳损坏和化学分解,电解液便随之逐渐渗透、扩散到绝缘深处。

(3) 电解性老化

在直流电压的长期作用下,即使所加电压远低于局部放电的起始电压,由于电介质内部进行着电化学过程,电介质也会逐渐老化,最终导致击穿。无机绝缘材料,如陶瓷、玻璃、云母等在直流电压长期作用下,也存在显著的电解性老化。当有潮气侵入电介质时,水分子本身就会离解出 $H^+$ 和 $O^{2-}$,会加速电解性老化。

(4) 表面漏电起痕及电蚀损

这是电介质表面的一种电老化问题。在潮湿、脏污的电介质表面会流过泄漏电流,在电流密度较大处会先形成干燥带,电压分布随之不均匀,在干燥带上分担较高电压,从而会形成放电小火花或小电弧,此种放电现象会使绝缘体表面过热,局部炭化、烧蚀,形成漏电痕迹,漏电痕迹的持续发展可能逐渐形成沿绝缘体表面贯通两端电极的放电通道。在潮湿、脏污地区,此种放电现象会对设备绝缘造成严重危害。耐漏电起痕及耐电蚀损能力也是衡量电介质性能的一项重要指标。

### 4.4.2 影响固体电介质击穿电压的主要因素

1. 电压作用时间

电压作用时间越长,击穿电压越低。当电压作用时间足够长,以致引起热击穿或电老化时,击穿电压急剧下降。因此当选择绝缘材料、绝缘结构、工作场强等时,一定要注意长期电气强度。

2. 温度

当环境温度高到一定程度,电击穿转为热击穿时,击穿电压 $U_b$ 大幅度下降,如图 4-24 所示。且环境温度越高,热击穿电压越低。

3. 电场均匀程度

在均匀场中,$U_b$ 随电介质厚度的增加而线性增加;在不均匀场中,电介质厚度越大,电场越不容易均匀,$U_b$ 不再直线上升。当电介质厚度增加到散热困难出现热击穿时,继续增加电介质厚度就没意义了。

4. 电压种类

冲击击穿电压比工频峰值击穿电压高。直流下损耗小,直流击穿电压也比工频峰值击穿电压高。高频下局部放电严重,发热也严重,其击穿电压最低。

5. 累积效应

由于固体绝缘的损伤是不可恢复性损伤,在多次施加同样幅值电压时,若每次都产生一定程度的绝缘损伤,则绝缘的损伤可逐步累积,最终击穿在该电压下发生。电压较低时,没有累积效应。

6. 局部放电

局部放电对绝缘材料的长期电气强度是很大的威胁。以油纸绝缘为例,一旦发生局部放电,会对油浸纸产生电、热、化学等腐蚀作用,十分有害。为改善耐局部放电性能,提高油纸绝缘在长期电压作用下的电气强度,可从改进浸渍剂的吸气性能、提高浸渍剂的介电常数等方面着手。在长期工作电压作用下油纸绝缘不允许发生局部放电,否则在长时局部放电的作用下会发生电气设备外壳的膨胀(如电容器铁壳)和过早损坏。

7. 极性效应

固体电介质的击穿存在明显的极性效应,与气体相似,通常正极性击穿电压低于负极性的击穿电压。

8. 边缘效应

采用不同结构进行电介质击穿电压的测试时,由于不同结构的电极边缘结构不同,将导致击穿电压的不同。

9. 受潮

受潮与否对固体电介质的击穿有极为重要的影响,对不易吸潮的材料,如聚四氟乙烯,受潮后击穿电压下降一半左右;对容易吸潮的材料,如纸、纤维等,受潮后击穿电压可能仅剩几百分之一。

10. 机械负荷

机械应力可能造成绝缘材料开裂、松散,使得击穿电压下降。

## 4.5 电介质中的空间电荷

1. 空间电荷的基本概念

在外加电场等因素的作用下,气体、液体和固体绝缘电介质中或电介质表面将积聚电荷,称为空间电荷。空间电荷的存在对电介质的电气性能将产生较大的影响。当电极前面积聚了与电极同极性的空间电荷时,称这类空间电荷为同极性空间电荷,其产生的作用称为同极性空间电荷效应；反之，则称为异极性空间电荷，其产生的作用称为异极性空间电荷效应。

空间电荷积聚后，将畸变电介质空间的电场分布，会使得其所在位置一侧的电场增大，另外一侧的电场减小，如图4-26所示。空间电荷将削弱同极性电极与电介质界面的场强，而增强异极性电极与电介质界面的场强。电介质中带电粒子被陷阱捕获后形成的空间电荷可存在较长时间。假设在电极表面有凸起的毛刺等，由此引起的局部场强较高，随着同极性空间电荷的注入，该凸起与电介质之间界面的场强会因此被削弱，一旦电极上施加的电压极性反转后，残留在凸起前面的同极性空间电荷翻转成异极性空间电荷，该凸起表面的场强则被增强了。电气设备在进行破坏性或非破坏性直流试验后均会在设备内部残留空间电荷。空间电荷的这些行为均会影响电介质或电气设备的绝缘性能。

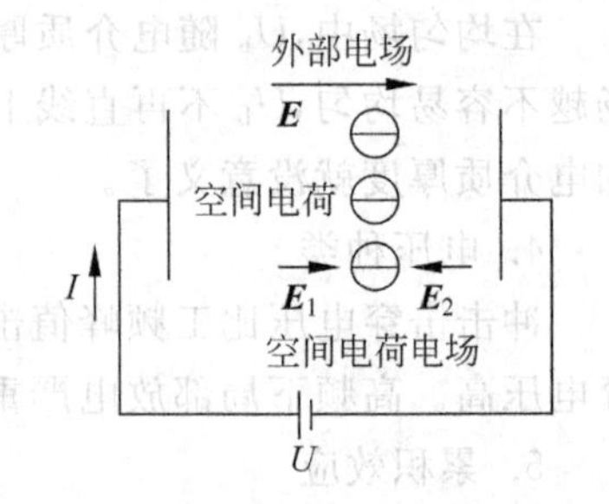

图4-26　电介质中空间电荷分布及其对电场分布影响示意图

$E$—外部电场；$E_1$—空间电荷在异极性电极侧形成的电场；$E_2$—空间电荷在同极性电极侧形成的电场

2. 空间电荷的影响

对于空间电荷如何积聚，以及空间电荷的种类等，目前没有统一的认识，但是电介质中存在不少与空间电荷相关的现象。例如处于极不均匀场中的电介质击穿的极性效应是由空间电荷引起的；直流预加电压对电介质击穿特性的影响；直流系统中极性反转造成设备绝缘可靠性下降；空间电荷极化等。空间电荷的积聚将导致电气设备绝缘内部电场分布发生畸变，严重情况下场强畸变率可高达100%以上，其结果使得绝缘击穿概率增大，绝缘可靠性下降。

# 4.6　组合绝缘

## 4.6.1　组合绝缘中的电场分布与调整

1. 组合绝缘

电力设备内部绝缘中除了单一绝缘电介质外，由几种绝缘电介质组合起来的组合绝缘也大量使用，如在变压器中，是采用油间隙、纸、纸板等组合起来的绝缘；在电缆、电容器中是以纸或高分子薄膜的叠层和各种浸渍剂组合的绝缘；在电机中则是用由云母、胶粘剂、补强材料和浸渍剂组合成的绝缘；充油套管中是用由油隙和胶纸层或油纸层组合的绝缘。在各种组合绝缘方式中又以油浸纸的油纸绝缘方式用得最多。

2. 组合绝缘中的电场分布与调整

(1) 交流电压作用下简单几何结构的电场分布与控制

交流电压作用下，电介质中的电场分布可以通过不同介电常数电介质的配合得到合理的调整与控制。以电缆这一简单几何结构的绝缘为例，工作在交流电压下的电缆绝缘层，如采用均一电介质，内层绝缘承受的场强比外层绝缘高得多。额定电压越高，绝缘层越厚，二者的差别越大。若采用分阶(分层)绝缘，内层用高密度薄纸，$\varepsilon_r$较大，外层用密度较低的厚纸，$\varepsilon_r$较小。这样各阶绝缘的利用率都较好，电场分布较为均匀，如图4-27所示，当导体上施加 $126/\sqrt{3}$ kV 电压时，场强最大值由单阶绝缘的 7.44 kV/mm 下降到双阶绝缘的 5.64 kV/mm，下降了 24.2%。

(2) 交流电压作用下电场控制锥(也称应力锥)的电场分布与调整

除了电缆本体的场强控制外，交联聚乙烯电力电缆在连接时，需要将线芯、电缆绝缘与绝缘屏蔽层逐层剥离并连接。电缆连接头或终端处的绝缘屏蔽层被切断，其电场分布比电缆本身复杂得多。绝缘屏蔽层断口处的电场不仅有垂直于电缆轴向的分量，同时还有沿轴向即沿电缆长度方向分布的不均匀分量。沿电缆长度方向的电场分量在绝缘屏蔽层断口处比较集中，达到最大，该电场分量容易引起绝缘击穿。在图 3-17 中，已经介绍了利用电容屏来控制套管的电场分布与调整。实际应用中，110 kV 及以上电压等级的电缆附件目前有使用电场控制锥结构来减小沿电缆长度方向的电场分量，如图 4-28 所示。电场控制锥通过将绝缘屏蔽层的切断处进行延伸，使零电位面形成喇叭状，改善绝缘层的电场分布。

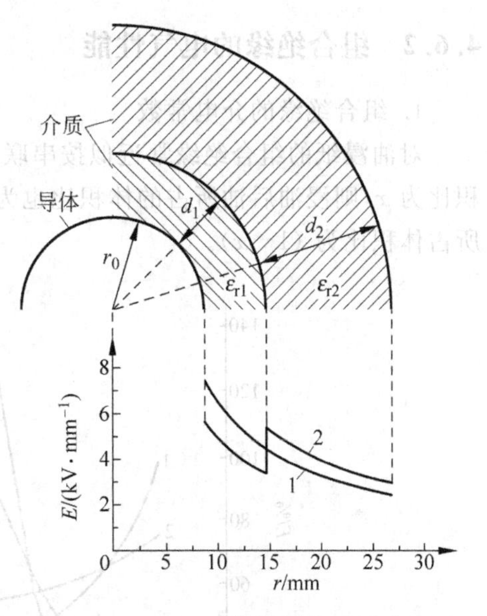


图 4-27　110 kV 电缆不同分阶绝缘时绝缘层中的场强分布

$U=126/\sqrt{3}$ kV，绝缘层厚度 18 mm，导体截面 240 mm$^2$。1—单阶绝缘：$\varepsilon_r=4$；2—双阶绝缘：$\varepsilon_{r1}=4$、$\varepsilon_{r2}=3$

(3) 直流电压作用下组合绝缘中的电场分布

工作在直流电压下的电缆内部电场分布与交流情况不同，场强分布由电阻率决定。采用分阶绝缘时，可考虑内层用低电阻率的电介质，外层用高电阻率的电介质。另外，直流电缆的场强分布还受线芯和护套之间温差的影响，如图 4-29 所示。

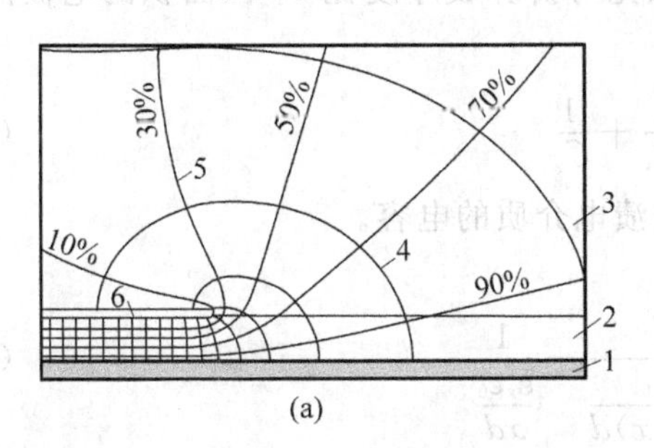


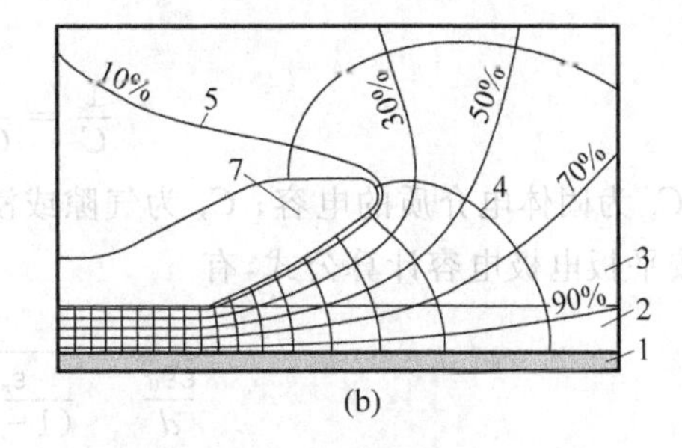


图 4-28　电缆终端中电场控制锥缓解电场集中分布的示意图

(a) 电缆终端未加电场控制锥前的等电位面分布；(b) 电缆终端加装电场控制锥的轴向等电位面分布
1—线芯导体；2—电缆本体绝缘层；3—填充绝缘；4—电场分布面；5—等电位面；6—半导电层；7—电场控制锥

电介质电阻率受温度影响，场强发生严重畸变，而直流电压作用下空间电荷积聚也会引起绝缘层内部电场的畸变，二者的复合作用使得直流下的电场分布控制大为复杂化。

## 4.6.2 组合绝缘的电气性能

1. 组合绝缘的介电常数

对油浸纸的组合绝缘常近似按串联电介质处理，如图4-30所示。未浸油前气隙所占体积比为$x$，则浸油后油所占的体积比也为$x$(假设浸渍非常理想)，而固体电介质(纸或薄膜)所占体积比为$(1-x)$。

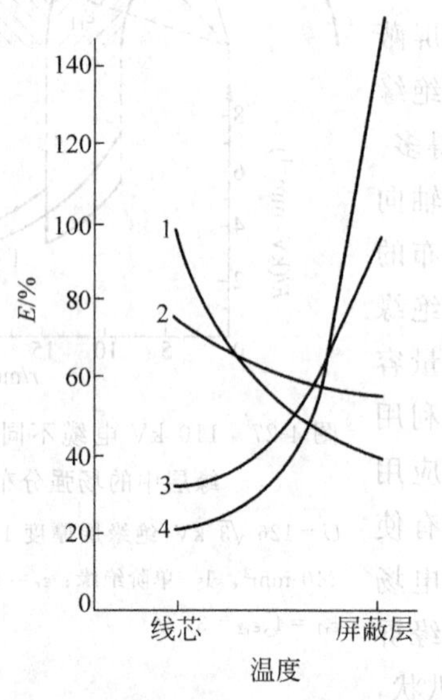


图4-29 绝缘层内外不同温差时直流电缆内的稳态电场分布

(直流电缆截面为240 $mm^2$，绝缘厚度为18 mm，用无温度差时线芯旁场强的百分率来表示)。

1—线芯温度等于护套温度；2—线芯温度高于护套温度5℃；3—线芯温度高于护套温度25℃；4—线芯温度高于护套温度50℃

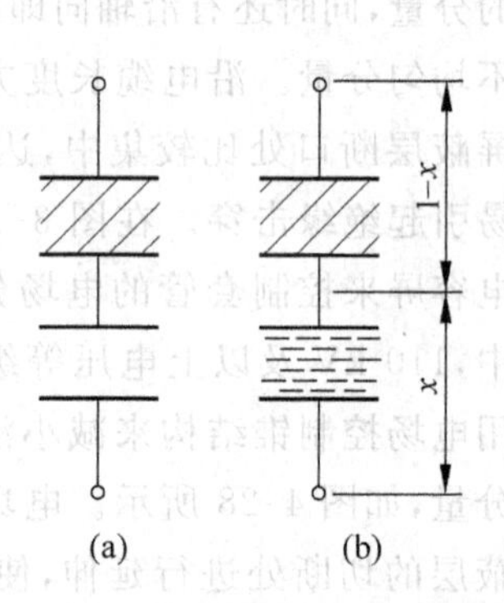


图4-30 油纸组合绝缘串联等效电路

(a) 浸渍前；(b) 浸渍后

对平板电极，设电介质总厚度为$d$，则体积比可折算成厚度比，单位面积的电极间电容$C$为

$$\frac{1}{C}=\frac{1}{C_s}+\frac{1}{C_x} \tag{4-19}$$

其中，$C_s$为固体电介质的电容；$C_x$为气隙或浸渍电介质的电容。

按平板电极电容计算公式，有

$$\frac{1}{\frac{\varepsilon\varepsilon_0}{d}}=\frac{1}{\frac{\varepsilon_s\varepsilon_0}{(1-x)d}}+\frac{1}{\frac{\varepsilon_x\varepsilon_0}{xd}} \tag{4-20}$$

可解得组合绝缘的相对介电常数$\varepsilon$为

$$\varepsilon=\frac{\varepsilon_s}{(1-x)+\frac{x\varepsilon_s}{\varepsilon_x}} \tag{4-21}$$

其中，$\varepsilon_s$为固体电介质(如纸)的相对介电常数；$\varepsilon_x$为浸渍电介质(如油)的相对介电常数。

2. 组合绝缘的电介质损耗

按上述方法同样可得到组合绝缘的总电介质损耗角正切$\tan\delta$为

$$\tan\delta=\frac{\tan\delta_s}{1+\dfrac{x\varepsilon_s}{(1-x)\varepsilon_x}}+\frac{\tan\delta_x}{1+\dfrac{(1-x)\varepsilon_x}{x\varepsilon_s}} \tag{4-22}$$

其中，$\tan\delta_s$ 为固体电介质的电介质损耗角正切；$\tan\delta_x$ 为浸渍电介质的电介质损耗角正切。

3. 组合绝缘的击穿特性

外加电压在组合绝缘中各电介质上的电压分布，将决定组合绝缘整体的击穿电压。电压分布情况和电压的性质及持续时间等因素有关。对于串联的多层绝缘结构，理想的电压分布应是各层电介质所承受的场强与该层电介质的电气强度成正比，这样可使各层绝缘的利用最充分。

下面以油纸绝缘为例，讨论组合绝缘的击穿特性。油纸绝缘广泛用于电容器、电缆、套管、电流互感器及某些变压器。按结构特点可将油纸绝缘分为两类。一类是片状结构，由整张纸卷成；另一类是带状结构，由纸带卷绕而成。

油纸绝缘的缺点是使用温度不能太高，它的工作温度小于 60～90℃，此外易受潮也是它的缺点。油纸绝缘的优点主要是优良的电气性能。干纸的电气强度仅 10～13 kV/mm，纯油的电气强度也仅是 10～20 kV/mm，二者组合以后，由于油填充了纸中薄弱点的空气隙，纸在油中又起了屏障作用，从而使电气强度提高很多，油纸绝缘工频短时电气强度可达 50～120 kV/mm。

油纸绝缘的短时电气强度很高，但因组合绝缘是由多种不同电介质组合而成，在不同电介质的交界处，或层与层、带与带交接等处容易出现气隙，因而容易产生局部放电。局部放电对油纸绝缘的长期电气强度是很大的威胁，它对油浸纸有着电、热、化学等的腐蚀作用，十分有害，而大多数有机电介质耐局部放电的性能都很差。因而油纸绝缘的电气性能应满足下述要求：

(1) 在工作电压下不发生有害的局部放电；

(2) 在工频试验电压下不发生强烈的局部放电，不击穿，不闪络；

(3) 在雷电冲击试验电压下不击穿，不闪络。

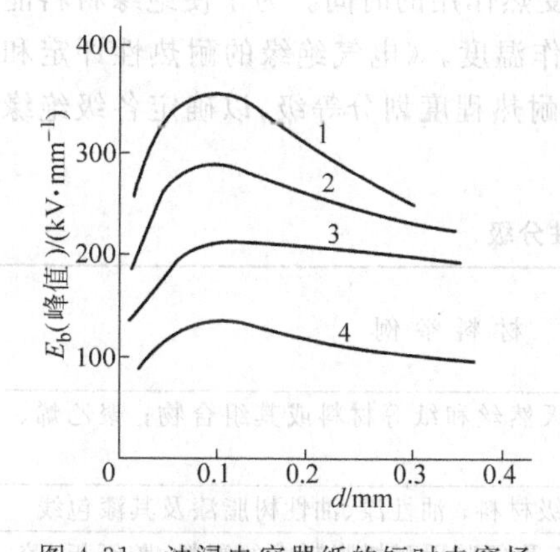


图 4-31 油浸电容器纸的短时击穿场强与极间纸厚 $d$ 的关系

1—每层纸厚 8 μm，直流电压；2—每层纸厚12 μm，直流电压；3—每层纸厚 15 μm，直流电压；4—每层纸厚 12 μm，工频电压

油纸绝缘的长时电气强度决定它的工作场强；短时电气强度决定它的试验场强。

油纸绝缘的电气强度和纸的层数及纸厚有关。若每层纸的厚度不变，增加层数使两极间距离增大，一方面由于纸中弱点重合的机会减小而使击穿场强 $E_b$ 增高；另一方面由于极间距离增大使边缘效应及散热问题都严重起来，使 $E_b$ 下降，这里存在一个纸的层数及厚度的最佳值。例如电容器元件的极板间绝缘常用几层 8～12 μm 厚的电容器纸叠成，实验结果表明，极间距离在 70～90 μm 时其短时电气强度最高，见图 4-31。在电力电容器中常采用此厚度作为每个元件的极间距离，如果所需额定电压比这样一个元件的工作电压要高，可用多个元件串联而成。

由图 4-31 可以看出，同样的极间总厚度时，每层纸越薄，即层数增多时，则短时电气强度增高。这也就是高压变压器等层间绝缘常用较薄的电缆纸包几层，而不用一层厚纸的道理。

纸的密度越大，相对介电常数 $\varepsilon_r$ 就越大，这样分配在其串联的油层（或气隙）上的场强将增大，油层较易发生局部放电，于是油纸绝缘整体的局部放电电压下降。如选用介电常数较小的纸或选用介电常数较大的浸渍剂，就可降低浸渍剂中的场强，改善局部放电性能。采用聚丙烯等薄膜，不但薄膜的介电常数比纸纤维低，电场分布较合理，而且由于薄膜比纸层少含杂质和气孔，工作场强可进一步提高。塑料薄膜常和纸层间隔使用，纸层在其中起着“灯芯”的作用，便于浸渍剂进入所有孔隙处。

油纸绝缘在直流电压下的击穿电压常为工频电压（幅值）下的2倍以上，这是因为工频电压下局部放电、损耗等都比直流下严重得多。

## 4.7　电介质的其他性能

1. 热性能

(1) 耐热性

提高电介质的工作温度对提高电气设备的容量、减小体积、减轻重量、降低成本都有非常重要的意义。电介质的工作温度是由电介质的耐热性决定的。电介质的耐热性，指保证其运行安全可靠时能承受的最高允许温度。耐热性分以下两种：

① 短时耐热性。电介质在高温作用下，短时就能发生明显损坏，如软化、硬化、气化、炭化、氧化、开裂等的温度。

② 热劣化与长期耐热性。电介质在稍高的温度下，长时间后，会发生绝缘性能的不可逆变化，即热劣化。在一定温度下，电介质不产生热损坏的时间称为寿命。在确定寿命的条件下，电介质不产生热损坏的最高允许温度即其长期耐热性。

(2) 电介质的耐热等级

电介质热老化的程度主要取决于温度及电介质经受热作用的时间。为了使绝缘材料能有一个经济、合理的使用寿命，要规定一个最高持续工作温度。《电气绝缘的耐热性评定和分级》(GB/T 11021—2014)将各种电工绝缘材料按其耐热程度划分等级，以确定各级绝缘材料的最高持续工作温度如表4-4所示。

**表4-4　电气绝缘的耐热性分级**

| 级别 | | 最高持续工作温度/℃ | 材料举例 |
|---|---|---|---|
| 耐热等级 | 字母表示 | | |
| 90 | Y | ＞90 | 未浸渍过的木材、棉纱、天然丝和纸等材料或其组合物；聚乙烯、聚氯乙烯、天然橡胶 |
| 105 | A | ＞105 | 矿物油及浸入其中的Y级材料；油性漆、油性树脂漆及其漆包线 |
| 120 | E | ＞120 | 由酚醛树脂、糠醛树脂、三聚氰胺甲醛树脂制成的塑料、胶纸板、胶布板，聚酯薄膜及聚酯纤维，环氧树脂，聚胺酯及其漆包线，改性三聚氰胺漆 |

续表

| 级别 | | 最高持续工作温度/℃ | 材料举例 |
|---|---|---|---|
| 耐热等级 | 字母表示 | | |
| 130 | B | >130 | 用合适的树脂或沥青浸渍、黏合或涂复过的，或用有机补强材料加工过的云母、玻璃纤维、石棉等的制品，聚酯漆及其漆包线；使用无机填充料的塑料 |
| 155 | F | >155 | 用耐热有机树脂或漆黏合或浸渍的无机物(云母、石棉、玻璃纤维及其制品) |
| 180 | H | >180 | 硅有机树脂、硅有机漆，或用它们黏合或浸渍过的无机材料，硅橡胶 |
| 200 | N | >200 | 不采用任何有机黏合剂或浸渍剂的无机物，如云母、石英、石板、陶瓷、玻璃或玻璃纤维、石棉水泥制品、玻璃云母模压品等，聚四氟乙烯塑料 |
| 220 | R | >220 | |
| 250 | — | >250 | |

注：根据 GB/T 11021—2014，字母可以写在括弧中，例如：180(H)，有时根据需要，可仅选用字母表示；耐热等级超过 250 的可按 25 间隔递增的方式表示。

表 4-4 中绝缘材料耐热等级的含义是，以 90 级(Y 级)为例，材料应使用于温度低于 90℃的范围。材料的使用温度若超过规定温度，则劣化加速。使用温度越高，寿命越短，如图 4-32 所示。对 A 级绝缘材料，使用温度若超过规定温度 8℃，则其寿命短一半，称 8℃规则；对 B 级绝缘材料，此温度约为 10℃；对 H 级绝缘材料，此温度约为 12℃。

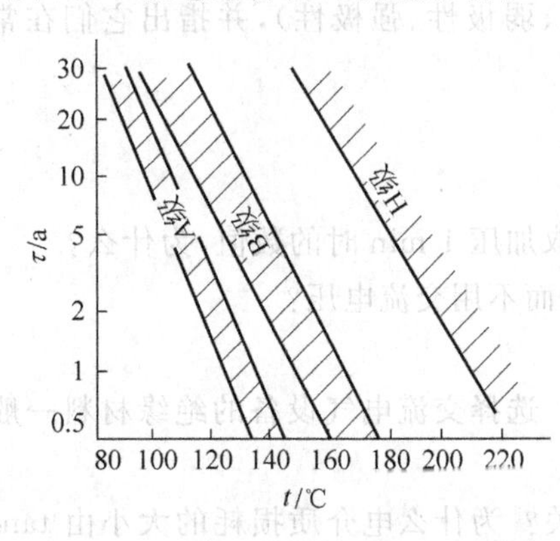


图 4-32 不同耐热等级的电气绝缘材料在各种运行温度下长期运行的寿命

由于习惯上的原因，目前无论对绝缘材料、绝缘结构和电工产品均笼统地使用“耐热等级”这一术语。但今后的趋势是对绝缘材料推荐采用“温度指数”和“相对温度指数”这两个术语(温度指数是指耐热关系中对应于某个指定热寿命，通常是 20000 h 热寿命的摄氏温度)；对绝缘结构推荐采用“鉴别标志”这个术语；对电工产品保留采用“耐热等级”术语。

对于绝缘寿命主要由热老化决定的设备，设备的寿命和负荷情况有极密切的关系。同一设备，如果允许负荷大，则运行期间投资效益高，但该设备必然温升较高，绝缘热老化快，寿命短；反之欲使设备寿命长，应将使用温度规定较低，允许负荷较小，这样运行期间投资效益就会降低。综合考虑上述因素，为能获得最佳综合经济效益，应规定电气设备经济合理的正常使用期限，对大多数电力设备(发电机、变压器、电动机等)，认为使用期限定为 20～25 年较为合适。根据这个预期寿命，就可以定出该设备的标准使用温度。在此温度下，该设备的绝缘能保证在上述正常使用期限内安全工作。

(3) 电介质的耐寒性

耐寒性是绝缘材料在低温下保证安全运行的最低许可温度，否则，固体可能变脆、开裂；液体可能凝固。如 10 号、25 号、40 号变压器油分别表示其凝固温度不高于－10℃、－25℃、

$-40$℃。因而对有可能运行在低温条件下的设备就要充分考虑其耐寒性。

2. 机械性能

固体绝缘材料按其机械性能有脆性、塑性、弹性3种,彼此间性能相差很大,使用时应分别考虑。

3. 吸潮性能

水分对电介质性能影响严重,在潮湿地区,要尽量选用吸湿性小的材料,选用憎水性强的材料。一般而言,非极性电介质吸湿性最低;极性电介质吸湿性较强。

4. 化学性能及抗生物性

化学性能主要指材料的化学稳定性,例如抗各种腐蚀性气体及各种溶剂的稳定性。抗生物性指材料的抗霉菌、昆虫的性能,在湿热地区这一点尤其重要。

# 练 习 题

4-1 电介质极化的基本形式有哪几种?各自的主要特点是什么?

4-2 为什么气体的 $\varepsilon_r$ 比液体和固体的小?

4-3 极性液体或极性固体电介质的介电常数与温度、电压、频率的关系如何?

4-4 电介质在交流和直流电压下的损耗是否有区别?

4-5 对固体电介质和液体电介质,增加电介质温度将使其体积电阻率增加还是降低?

4-6 试将下列常用电介质按极性强弱分类(中性、弱极性、强极性),并指出它们在常温、工频电压下的介电常数各约为多少?

气体类:$H_2$,$N_2$,$O_2$,$CO_2$,$CH_4$,空气

液体类:纯水、酒精、变压器油、蓖麻油

4-7 测定电介质或电气设备的绝缘电阻时,规定取加压1 min时的数值,为什么?

4-8 测量绝缘材料的泄漏电流为什么用直流电压而不用交流电压?

4-9 电介质的电导与金属电导有何区别?

4-10 直流和交流电场下的电介质损耗有何差别?选择交流电气设备的绝缘材料一般应注意什么问题?

4-11 交流电气设备的电介质损耗与哪些因素有关?为什么电介质损耗的大小由 $\tan\delta$ 的大小来反映?

4-12 为什么标准电容器采用气体绝缘?为什么电力电容器采用油纸绝缘?

4-13 设平行平板电极间为真空时电容为0.1 $\mu$F。现放入 $\varepsilon_r=3.18$ 的固体电介质,加上工频5 kV电压后,电介质损失有25 W,试计算放入的固体电介质的 $\tan\delta$。

4-14 设双层电介质各部分的特性为 $C_1$、$\tan\delta_1$ 及 $C_2$、$\tan\delta_2$,试求双层电介质的 $\tan\delta$。

4-15 高压单芯电缆共20 m,$\tan\delta=0.005$,$\varepsilon_r=3.8$,现其中有1 m因发生局部损坏,该部位的 $\tan\delta$ 增至0.05,$\varepsilon_r$ 基本不变,问这时电缆的 $\tan\delta$ 应为多少?

4-16 固体电介质电击穿的特点是什么?为提高其电击穿电压常采取什么措施?

4-17 什么是固体电介质的累积效应?

4-18 固体电介质热击穿有什么主要特点?高压设备的绝缘材料受潮后,为什么容易造成热击穿?

4-19　绝缘材料在冲击电压作用下常常是电击穿而不是热击穿，在高频电压下常常是热击穿而不是电击穿，为什么？

4-20　请定性论述外施电压下固体电介质的热击穿过程。

4-21　纯净液体电介质的电击穿理论和气泡击穿理论，二者本质上的差别在哪里？

4-22　有两个标准油杯，一个是含杂质较多的油；另一个是含杂质较少的油，试问：

(1) 当施加工频电压时，两杯油的击穿电压差别如何？

(2) 当施加雷电冲击电压时，两杯油击穿电压的差别又如何？

4-23　为什么纤维等杂质对极不均匀电场下变压器油的击穿电压影响较小？

4-24　为什么油的洁净度较高时，改善油间隙电场的均匀性能显著提高工频或直流击穿电压？

4-25　为什么油纸组合绝缘的电气强度比纸和油单一电介质时的电气强度都高？

4-26　固体绝缘材料的耐热等级用什么表示，其含义是什么？

4-27　对耐热等级是 A 级的绝缘材料，使用时有什么限制或要求？

4-28　电介质耐寒性的含义是什么？

4-29　为提高油纸绝缘在长期电压作用下的电气强度，可在哪些方面采取措施？

# 第5章 绝缘检测和诊断

**本章核心概念：**

绝缘检测与监测，绝缘诊断，耐压试验，非破坏性试验，绝缘电阻，泄漏电流，$\tan\delta$，西林电桥，局部放电，气相色谱

## 5.1 基本概念

电力设备绝缘在运行中受到电、热、机械、不良环境等各种因素的影响，其性能会逐渐劣化，以致出现缺陷，造成故障，引起供电中断。通过对绝缘的试验和各种特性的测量，可了解并评估绝缘在运行过程中的状态，从而能早期发现故障的技术，称为绝缘检测和诊断技术。

1. 绝缘试验方法

对绝缘的试验有离线和在线之分。在离线检测时，要求被测设备退出运行状态，通常是周期性间断地施行，试验周期由电力设备预防性试验规程(DL/T 596—2005)规定。对于在线检测，是在被测设备处于带电运行的条件下，对设备的绝缘状况进行连续或定时的检测，通常是自动进行的并有监视的作用，称为监测。

绝缘预防性试验的方法有多种，可分为两大类：破坏性试验，即耐压试验；非破坏性试验，亦称绝缘特性试验。耐压试验对绝缘的考验严格，能保证其具有一定的绝缘水平或裕度；其缺点是只能离线进行，并可能在试验时给绝缘造成一定的损伤。非破坏性试验是在较低电压下或用其他不会损伤绝缘的方法测量绝缘的各种情况，从而判断绝缘内部的缺陷。实践证明，这类方法是有效的，其缺点是对绝缘耐压水平的判断比较间接，尤其对于周期性的离线试验更不易判断准确。两类试验是相辅相成的。耐压试验往往是在非破坏性试验之后才进行，而如果非破坏性试验已表明绝缘存在不正常情况，则必须在查明原因，尽量消除不正常情况后再进行耐压试验，以避免造成不应有的击穿。

在线检测采用的是非破坏性试验方法，但由于可连续监测，故除测定绝缘特性的数值外，还可分析绝缘特性随时间的变化趋势，从而显著提高判断的准确性。

非破坏性试验包括：绝缘电阻试验、电介质损耗角正切试验、局部放电试验、绝缘油的气相色谱分析等。绝缘耐压试验的项目主要有：交流耐压试验、直流耐压试验、雷电冲击耐压试验及操作冲击耐压试验。

2. 绝缘检测和诊断的基本环节

对绝缘的检测和诊断技术包括3个基本环节：①正确选用各种传感器及测量手段，检测或监测被测对象的种种特性，采集各种特性参数；②对原始的杂乱信息加以分析处理（数据处理），去除干扰，提取反映被试对象运行状态中最敏感、最有效的特征参数；③根据提取的特征参数和对绝缘老化过程的知识以及运行经验，参照有关规程对绝缘运行状态进行识别、判断，即完成诊断过程。同时，对绝缘性能的发展趋势进行预测，从而对故障的发生情况做出判断，并能为下一步的维修决策提供技术根据。

3. 绝缘诊断的分类

由于绝缘的特征和其状态一般不是一一对应的，因而要根据研究结果与经验，建立一定的诊断规则。根据诊断规则的不同可将诊断方法分为以下三类。

(1) 逻辑诊断

在逻辑诊断中只将特征归结为"有"和"无"两种（即特征参数大于某给定的阈值则为"有"该特征；否则为"无"），诊断对象的状态同样只归结为"有"和"无"，或"好"和"坏"两种，即特征和状态均采用二值逻辑量来描述。逻辑诊断简单明了，应用较广，但把问题过于简化，诊断准确度较低。

(2) 模糊诊断

考虑到被测对象的特征及状态评价的主观不确定性，即模糊性，许多情况不能简单地用"有""无"和"好""坏"来评定。模糊诊断中被测对象的特征和状态不用二值逻辑量描述，而用多值逻辑的特征函数来描述，例如某特征"很强""强""一般""弱""很弱"，某故障"严重""较严重""一般""轻微""无"等，然后按特征或状态参数的取值量确定归入某一类别。若采用连续变化的特征函数，则判断可更加准确。

(3) 统计诊断

统计诊断考虑被测对象特征参数分布的不确定性，即统计性，处于同样状态的同类设备，其特征参数并不相同，而按一定的统计规律分布。如图5-1所示，完好绝缘$D_1$和损坏绝缘$D_2$的某特征参数$x$的概率密度曲线分别为$f_1(x)$及$f_2(x)$，均值分别为$\bar{x}_1$及$\bar{x}_2$。如$f_1(x)$和$f_2(x)$是完全分离的（见图5-1(a)），则可在$a$，$b$区间中选择一点作为阈值$x_0$，当$x \leqslant x_0$时，判定绝缘状态正常，当$x > x_0$时，判定绝缘材料损坏。$x_0$接近$a$值，则偏于安全，接近$b$值则反之。但在大多数情况下，$f_1(x)$和$f_2(x)$是重叠的（见图5-1(b)），这时不论怎样确定$x_0$都有发生谎报（$x_0$左边的阴影面积）和漏判（$x_0$右边的阴影面积）的可能。谎报及漏判都会造成损失。为提高诊断的确诊率，也需付出如添置设备及增加人员等的代价。统计诊断要在考虑到上述各种因素后确定合适的诊断规则，使损失最小。

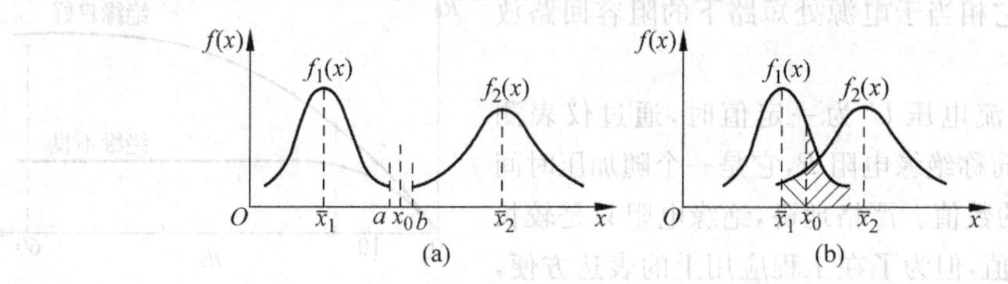


图5-1 某特征参数的概率密度

(a) 绝缘完好和损坏时概率密度曲线不重叠；(b) 两者重叠图

模糊诊断和统计诊断的准确度较高，但方法复杂，还在研究发展之中。目前绝缘诊断仍采用逻辑诊断。

# 5.2 绝缘电阻与泄漏电流的测量

## 5.2.1 工作原理

在第4章讲述电介质极化和电导时，已经知道电气设备的绝缘电阻 $R$ 在测量过程中是随加压时间的增长而逐步上升并最终趋于稳定的。理论与实践证明，当绝缘良好时，不仅稳定的绝缘电阻值较高，而且吸收过程相对进展缓慢；绝缘不良或受潮时，稳定的绝缘电阻值较低，吸收过程相对进展较快。为了对此现象作出解释，以图5-2所示的双层电介质模型为例，分析一下绝缘电阻及吸收电流的变化规律，以及它们与双层电介质 $R$、$C_1$ 及 $R$、$C_2$ 参数间的关系。

在图5-3中，当加直流高压 $U$ 的瞬间，回路电流主要由电容电流 $i_a$ 分量组成。加压时间很久之后，电容 $C_1$ 和 $C_2$ 相当于开路，回路电流为泄漏电流 $I_g$，取决于绝缘电阻 $R_1$ 与 $R_2$ 之和 $R$。对由最初到最终之间的回路过渡过程的电流 $i(t)$，可方便地通过拉普拉斯转换法求得。

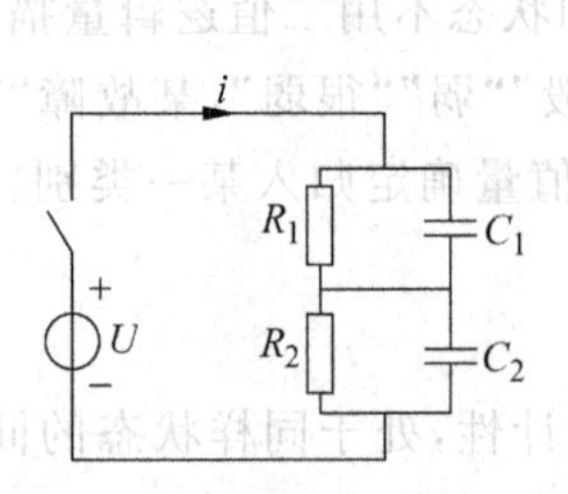

图5-2　双层电介质等效电路图

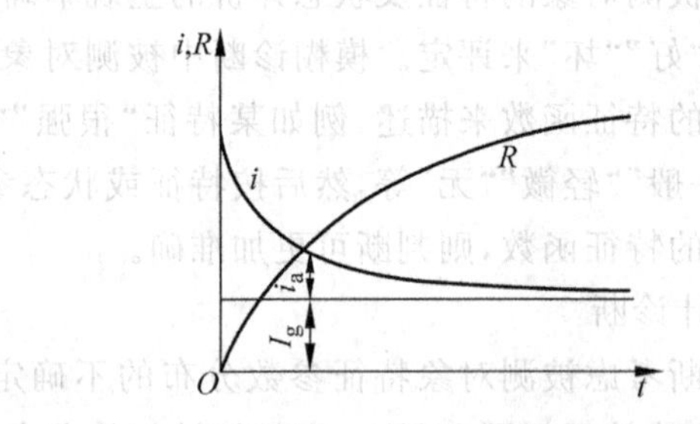

图5-3　吸收电流和泄漏电流及绝缘电阻的变化曲线

经运算可得电流

$$i(t)=[U/(R_1+R_2)]+\{U(R_1C_1-R_2C_2)^2/[(C_1+C_2)^2(R_1+R_2)R_1R_2]\}\exp(-t/\tau) \tag{5-1}$$

时间常数为

$$\tau=(C_1+C_2)R_1R_2/(R_1+R_2) \tag{5-2}$$

式(5-2)说明：$\tau$ 为 $R_1$、$R_2$ 的并联值同 $C_1$、$C_2$ 的并联值的乘积，它相当于电源处短路下的阻容回路放电时间常数值。

当施加的直流电压 $U$ 为一定值时，通过仪表测出的 $U/i$ 数值，简称绝缘电阻 $R$，它是一个随加压时间 $t$ 的增加而上升的数值。严格地讲，绝缘电阻只是较长加压时间后的阻值，但为了在工程应用上的表达方便，把电介质处在吸收过程时的 $U/i$ 也称为绝缘电阻 $R$，不同绝缘状态下的绝缘电阻的变化曲线如图5-4

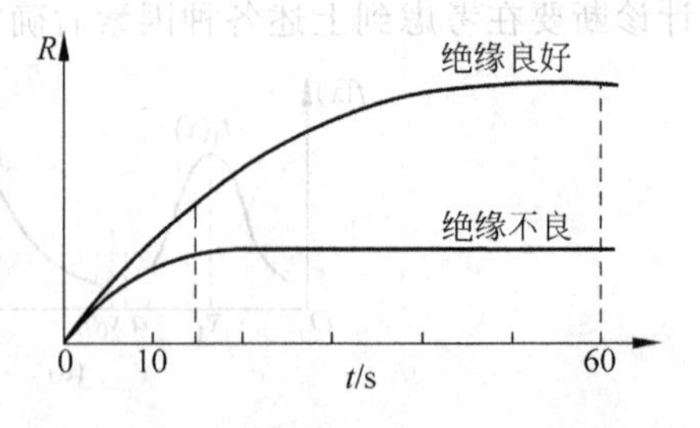

图5-4　不同绝缘状态下的绝缘电阻的变化曲线

所示。

定义吸收比 $K$ 为加压 60 s 时的绝缘电阻 $R_{60\,s}$ 与加压 15 s 时电阻 $R_{15\,s}$ 的比值：

$$K = R_{60s}/R_{15s}$$

定义极化指数 $P$ 为加压 10 min 时的绝缘电阻 $R_{10\,min}$ 与加压 1 min 时绝缘电阻 $R_{1\,min}$ 的比值：

$$P = R_{10min}/R_{1min}$$

我国电力行业标准 DL/T 596—2005，即电力设备预防性试验规程规定，电力变压器及大型发电机凡采用沥青浸胶及烘卷云母绝缘者，$K$ 值应不小于 1.3，$P$ 值应不小于 1.5；大型发电机当采用环氧粉云母者，$K$ 值应不小于 1.6，$P$ 值应不小于 2.0。发电机容量在 200 MW 及以上者推荐测量 $P$ 值。

若绝缘内部有集中性导电通道，或绝缘严重受潮，则电阻 $R_1$，$R_2$ 会显著降低，泄漏电流大大增加，时间常数 $\tau$ 大为减小，吸收电流迅速衰减。即使绝缘部分受潮，只要 $R_1$ 与 $R_2$ 中的一个数值降低，$\tau$ 值也会大为减小，吸收电流仍会迅速衰减，仍可造成吸收比 $K$(及极化指数 $P$，下同)的下降。因此，对电容量较大、吸收现象明显的设备，测量吸收比可以更有利于判断绝缘的状态。此外，$K$ 是一个比值，不像绝缘电阻的稳定值那样，与电力设备的几何尺寸相关，应用起来较为方便。对于绝缘电阻(稳定值)，难以给出具体的绝缘电阻标准值。通常将处于同样运行条件下的不同相的绝缘电阻进行比较，或是把这一次测得的值，与过去历次测得的值进行比较，然后作出绝缘状态的判断。测量绝缘电阻及吸收比应记录试品的温度，因为绝缘电阻值与温度密切相关。规程上虽提供了绝缘电阻的温度换算计算式，但此计算式的准确度不很高。

### 5.2.2 测量绝缘电阻与吸收比的方法

一般用兆欧表进行绝缘电阻与吸收比的测量。为了测准吸收比，需用灵敏度足够高的兆欧表。现场仍较多采用带有手摇直流发电机的兆欧表，俗称摇表。兆欧表电压有 500 V、1000 V、2500 V、5000 V 等几种。按照规程要求，选用不同等级的兆欧表。以测交流电动机的绝缘电阻为例，额定电压为 3 kV 以下者使用 1000 V 兆欧表；为 3 kV 及以上者使用 2500 V 兆欧表。摇表的原理结构如图 5-5 所示。

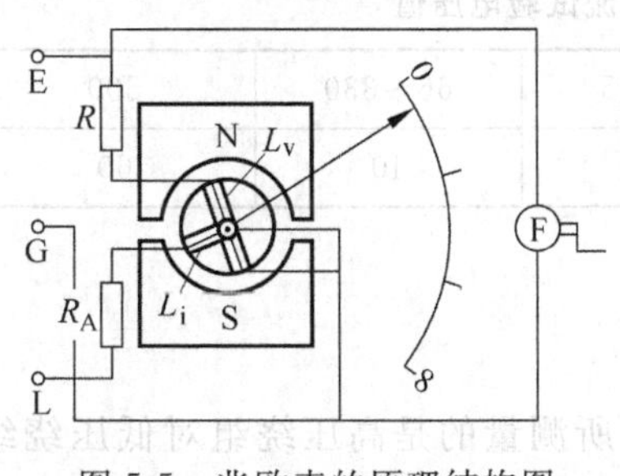


图 5-5 兆欧表的原理结构图

摇表利用流比计的原理做成。它有两个相互垂直并固定在一起的线圈，一个为电压线圈 $L_v$；另一个为电流线圈 $L_i$。它们处在同一个永久磁场中。摇表有 3 个接线端子：端子 L 接试品的加压极；端子 E 接电气设备的外壳或法兰等处，同时应良好接地；端子 G 为屏蔽端，应把它接到试品的外绝缘中间的屏蔽极上。摇动手摇发电机产生一定的直流电压。在电压线圈 $L_v$ 中将流过与电压成正比的电流 $i_v$。因 E 与 L 接在试品的两极，试品内绝缘中流过的泄漏电流 $i$ 将通过图 5-5 中左下的一个电阻 $R_A$ 而流过电流线圈 $L_i$。电流 $i_v$ 和 $i$ 流经线圈 $L_v$ 和 $L_i$ 时，在磁场中产生的转矩的方向是相反的，在两转矩差值的作用下，线圈会带动指针旋转，直到两个转矩平衡为止。此时指针偏转角度 $\alpha$ 就反映了被测绝缘电阻的大小。

以测高压电缆的绝缘电阻为例，在图 5-6 中给出摇表 3 个端子 L、E 和 G 的接法。G 接到外绝缘的屏蔽极上，使流过表面的泄漏电流，通过 G 端直接流至直流发电机的另一极。所以表面泄漏电流不会流过电流线圈 $L_i$，摇表测到的只是电缆的体积绝缘电阻。

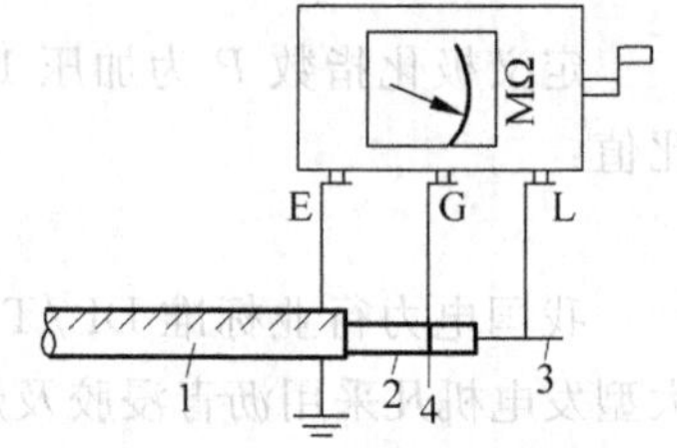


图 5-6 用兆欧表测电缆绝缘电阻的接线图

1—金属外皮；2—绝缘；3—导芯；4—屏蔽

摇表需要持续摇动发电机，使其转速为 120 r/min，在开始转动手柄后的 15 s 及 60 s 时，读出刻度盘上的电阻值(以 MΩ 计)，即可求得吸收比 $K$ 值和稳定的绝缘电阻值。摇表携带方便，不需要其他电源，但摇动发电机比较费劲，特别是求极化指数时，要求发电机持续工作 10 min，人力难以忍受。所以有时用另外一种兆欧表来取代摇表。这种兆欧表采用电池供电，或在室内使用时，采用 220 V 交流电源整流。通过逆变器原理转换成高频交流，经变压器升压及倍压整流后输出直流高压。

## 5.2.3 泄漏电流的测量

根据我国电力行业标准 DL/T 596—2005 的规定，对多种电力设备及电缆常要进行直流耐压试验，结合这项试验要求同时进行泄漏电流的测量。测量主绝缘的泄漏电流值，其实际意义与上述的测量绝缘电阻是相同的，只是测量泄漏电流时，所施加的直流电压较高，有可能发现兆欧表所不能发现的尚未完全贯通的集中性缺陷或其他弱点，所以测试灵敏度比兆欧表高。施加的直流电压是逐步调高的，最后达到规程规定的试验电压值。对于良好的绝缘，其泄漏电流应随所加的电压值线性上升，并在规定的试验电压作用下，其泄漏电流不应随加压时间的延长而增大。读取泄漏电流值的时间，一般规定为到达试验电压后 1 min，并需记录试品绝缘的温度及环境温度。所测得的泄漏电流值应与前一次测试结果相比无明显变化，但相比时最好在绝缘的温度相同情况下，否则要考虑温度的影响。电力设备预防性试验规程(DL/T 596—2005)规定了电力变压器及电抗器测量泄漏电流时所施加的直流试验电压值，如表 5-1 所列。

表 5-1 不同电压等级变压器类试品的直流试验电压值

| 绕组标称电压/kV | 3 | 6～10 | 20～35 | 66～330 | 500 |
|---|---|---|---|---|---|
| 直流试验电压/kV | 5 | 10 | 20 | 40 | 60 |

测量泄漏电流有如下两类方法：

(1) 微安表直读法测泄漏电流

以测量电力变压器为例，其试验接线如图 5-7 所示。所测量的是高压绕组对低压绕组及外壳、铁心之间的主绝缘泄漏电流。图中所示的微安表串接在高压引线中。

微安表周围及其右侧高压引线外面均罩有屏蔽层，屏蔽层与表的左侧高压引线相连。它的作用是防止表的右侧高压引线发生电晕时引起测量误差。若试品尺寸不大，则可以对地绝缘起来，微安表也可以接在试品接地端，如图 5-8 所示。此时微安表可以放置在控制台上，读表比较方便。为了防止高压引线的电晕对测量的影响，接表的引线及仪表应当屏蔽起来，屏蔽接地以减小误差。但具有外铁壳的变压器类产品，即使能对地绝缘起来，由于外铁壳的外表面积较大，仍难以采取屏蔽措施。对高压源和引线可采取加大曲率半径等措施，避免或减小电晕的产生，而周围的交流电场也会对铁外壳的电位产生影响，使微安表读数晃动，难以测准微安值。一般而言，微安表接在高压引线中测量值比较准确。

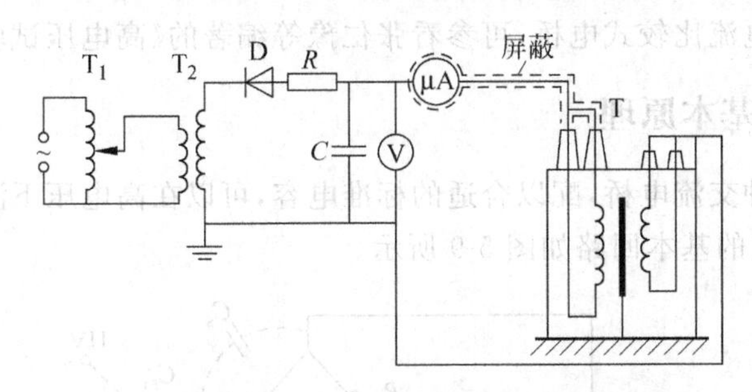


图 5-7 测量电力变压器主绝缘泄漏电流的接线

$T_1$—调压器；$T_2$—高压试验变压器；D—高压硅堆；

$R$—保护电阻；$C$—滤波电容；Ⓥ—电压表；(μA)—微安表；T—被测变压器

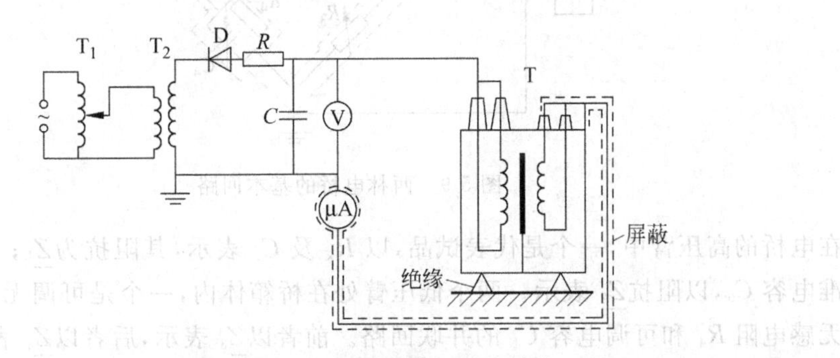


图 5-8 微安表接在试品接地端的接线

(2) 光电法测量泄漏电流

如上所述，测量电力设备或电缆泄漏电流的传统方法是将微安表接在直流高压电源和试品被测端子之间。由于仪表处于高电位，远离测试人员，故读数和更换量程均感到不方便，若采用光电技术测量，就不难解决这一困难，而且还具有下述的其他一些优点。

采用光电技术测量泄漏电流是将电信号先转换为光信号，并将光信号由光纤传输系统传输到低压端控制台上，再转换为电信号后由数字表显示出泄漏电流测量值，故读数可清楚地显示出来且准确度较高。量程选择和高压端检测系统的电源均可从低压端进行控制。光纤用作传输待测信号和控制信号，同时由于其良好的绝缘性能（耐压高于 100 kV/m），可很好地将处于高电位的检测系统和处于低电位的显示控制系统绝缘起来，保证了工作的安全性和可靠性。

## 5.3 电介质损耗角正切的测量

在本书第 4 章已讲到电介质损耗角正切 $\tan\delta$ 可以反映电介质材料或电气设备绝缘的优劣。测量 $\tan\delta$ 的仪器和方法有很多种，测试无线电材料，常采用高频施压法，所加的电压不高。在电工界经常对高电压电力设备的绝缘进行 $\tan\delta$ 的测试，所施加的电压较高。但对于大多数高电压设备来说，由于试验时所加的电压，远低于它的额定工作电压，所以仍可以看作为是一种非破坏性绝缘试验。测量 $\tan\delta$ 的仪器和方法有多种，本节着重介绍西林电桥法。在5.8.1节中结合在线检测还将讲述采用计算机对 $\tan\delta$ 的测量。另有一种测量灵敏度和准确度较高的电流比较式电桥，可参看张仁豫等编著的《高电压试验技术》。

## 5.3.1 西林电桥基本原理

西林电桥是一种交流电桥，配以合适的标准电容，可以在高电压下测量材料和电气设备的 $\tan\delta$ 和电容值，它的基本回路如图5-9所示。

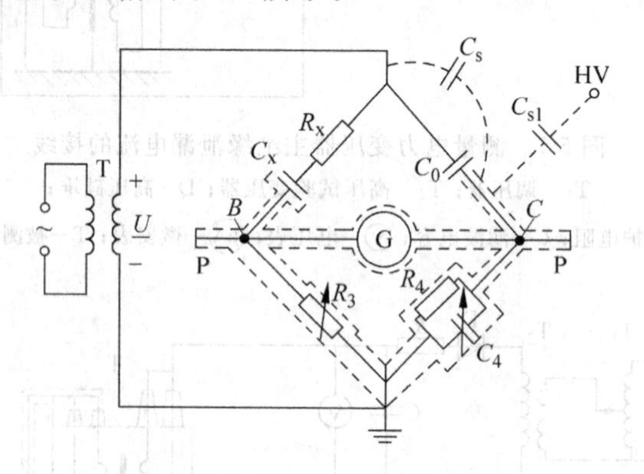


图5-9 西林电桥的基本回路

在电桥的高压臂中，一个是代表试品，以 $R_x$ 及 $C_x$ 表示，其阻抗为 $\underline{Z}_1$；另一个是无损耗的标准电容 $C_0$，以阻抗 $\underline{Z}_2$ 表示。两个低压臂处在桥箱体内，一个是可调无感电阻 $R_3$；另一个是无感电阻 $R_4$ 和可调电容 $C_4$ 的并联回路。前者以 $\underline{Z}_3$ 表示，后者以 $\underline{Z}_4$ 表示。

选择低压臂参数时，已经考虑到在正常情况下，使出现在低压臂上的电压不超过几伏。但万一试品被击穿或 $C_0$ 发生闪络时，在 $B$、$C$ 点上可能出现高电位，为此，在 $B$、$C$ 点对地之间并接有放电管P，可作为人身和低压臂的保护。图5-9中低压臂及检流计外面的虚线是接地的屏蔽层，用它来防止外界电场的干扰影响。

电桥的平衡是依靠调节 $R_3$ 及 $C_4$ 来实现的。当电桥平衡时，流过检流计G的电流为零，此时满足条件：

$$\underline{Z}_1/\underline{Z}_3=\underline{Z}_2/\underline{Z}_4 \tag{5-3}$$

已知

$$\underline{Z}_1=R_x+1/\mathrm{j}\omega C_x;\quad \underline{Z}_2=1/\mathrm{j}\omega C_0;\quad \underline{Z}_3=R_3;$$

$$\underline{Z}_4=[R_4/(\mathrm{j}\omega C_4)]/[R_4+1/(\mathrm{j}\omega C_4)]$$

把上列 $\underline{Z}_1\sim\underline{Z}_4$ 表达式代入电桥的平衡算式(5-3)中，加以展开和整理，并设等式左右的实数部分和虚数部分分别相等，则可求得

$$C_x=R_4C_0/R_3;\quad R_x=R_3C_4/C_0$$

因以前已经证明，在试品的绝缘以串联等效回路代表时，$\tan\delta=\omega R_xC_x$，把上面两关系式代入即可得

$$\tan\delta=\omega R_4C_4 \tag{5-4}$$

在以上的推导中，试品是以串联等效电路来代表的，若以并联等效电路代表试品，计算方法相同，最后可得 $\tan\delta=\omega R_4C_4$，与式(5-4)相同。而

$$C_x = R_4C_0/[R_3(1+\tan^2\delta)] \tag{5-5}$$

由此可见，无论用哪种等值回路，都可以用 $\omega R_4C_4$ 来代表 $\tan\delta$ 的值。一般 $\tan^2\delta$ 极小，所以两种试品等效电路下的电容表达式，实际上差别也是很小的。当电源频率为 50 Hz 时，为了方便起见，常选 $R_4$ 为 $10000/\pi\Omega$ 或 $1000/\pi\Omega$，代入式(5-4)，则 $\tan\delta$ 分别为 $C_4\times10^6$ 或 $C_4\times10^5$。

当试品电容 $C_x$ 较大时，需在 $R_3$ 旁并接一阻值较小的分流电阻。

高压引线与低压臂之间会有电场的影响，可以把此影响看作其间有杂散电容。由于低压臂的电位很低，$C_x$ 和 $C_0$ 的电容量很小，例如 $C_0$ 一般只有 50～100 pF，所以杂散电容 $C_s$ 的引入会产生测量误差。同样，若附近另有高压源，其间的杂散电容 $C_{s1}$ 会引入干扰电流 $i_s$，也会造成测量误差。因此电桥的低压部分的外面设有屏蔽层，在如图 5-9 所示的正接法电桥中屏蔽层接地。当然屏蔽层的存在使低压臂多引入了一个耦合电容，也会造成一定的测量误差。但由于低压臂阻抗相对较小，故误差不大。对于一般电桥来说，测量准确度仍能满足使用的要求。对于高档次的电桥则往往设置较复杂的屏蔽或另有减小误差的措施。

## 5.3.2 反接法的西林电桥

图 5-9 的西林电桥接法中，为了安全起见，电桥本体内有一点接地，和电源的接地点连在一起，桥体和指示仪表都处于低电位，这样对操作者是安全的。但要求被试品是对地绝缘的，通常在实验室内测试材料及小设备是容易做到这点的。但在现场试验中，有许多一端接地的试品，例如敷设在地下的电缆及摆在地面的重大电气设备，要改成对地绝缘是不可能的，只能改变电桥回路的接地点。这样就产生了一种反接法的西林电桥，如图 5-10 所示。

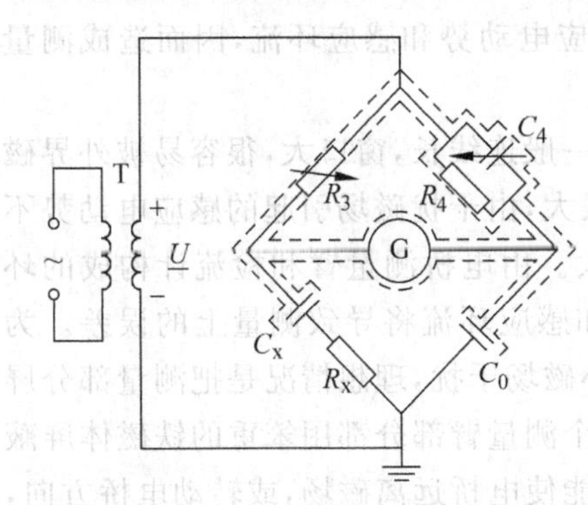

图 5-10 反西林电桥接线

反接法电桥的本体不接地，处在高电位，给操作者造成一定困难。当电桥额定电压不高时，例如不超过 10 kV，可用绝缘材料做电桥的操作把手，检流计通过绝缘变压器再接到电桥回路。这样，使操作部分和指示部分都与高电位隔离，操作者仍可处在地面上，和调节正常西林电桥一样来调节反西林电桥。当电桥额定电压较高不能用此法时，只能使桥本体和操作者一起处在一个绝缘台上的法拉第笼内。绝缘台应能耐受试验电压，法拉第笼是金属材料做的，它与电源相连，笼内各处电位相等，操作者是安全的。

## 5.3.3 存在外界电磁场干扰时的测量

外界电磁场的干扰不仅会引起电桥测量的误差，甚至使电桥根本达不到平衡。这是电桥在变电所现场使用的主要问题之一。

1. 存在外界电场干扰时的测量

现场的试品由于难以实现屏蔽，故干扰较严重。

消除或减小外界电场影响的测试方法是采用两次测量的方法。第一次先将电桥调到平

衡，测得 $\tan\delta_1$ 和 $C'_x$，然后倒换试验变压器一次测电源线的两头，即把试验电压 $U$ 的相位转一个 180°，再测得第二次的数值 $\tan\delta_2$ 和 $C''_x$，可用式(5-6)计算得出准确的 $\tan\delta$ 和 $C_x$ 值。

$$\tan\delta = (C'_x\tan\delta_1 + C''_x\tan\delta_2)/(C'_x + C''_x) \tag{5-6}$$

$$C_x = (C'_x + C''_x)/2 \tag{5-7}$$

对式(5-6)、式(5-7)的计算原理可解释如下。在图 5-11 的相量图中 $\underline{I}'_d$ 或 $\underline{I}''_d$ 代表外接电场引起的干扰电流，$\underline{I}_x$ 为无干扰时流经试品的电流。图中 $\underline{I}_n$ 领先电压 $\underline{U}$ 90°，$\underline{I}_x$ 与 $\underline{I}_n$ 之夹角为 $\delta$。$\underline{I}_x$ 在 $\underline{I}_n$ 方向上的分量为 $\omega C_x U$，称它为 $\underline{I}_{xC}$。$\underline{I}'_x$ 为第一次测量时 $\underline{I}_x$ 与 $\underline{I}'_d$ 的合成电流。第二次测量时干扰电场的相角相对反转了 180°，相当于 $\underline{U}$ 和 $\underline{I}_x$ 的相角不变，而 $\underline{I}''_d$ 的相角转了 180°，故第二次的合成电流为 $\underline{I}''_x$。$\underline{I}'_x$ 和 $\underline{I}''_x$ 在 $\underline{I}_n$ 轴上的分量大小分别为 $\omega C'_x U$ 和 $\omega C''_x U$，可分别称为 $\underline{I}'_{xC}$ 和 $\underline{I}''_{xC}$。$\underline{I}'_x$ 和 $\underline{I}''_x$ 在 $\underline{U}$ 轴上的分量大小分别为 $\omega C'_x U\tan\delta_1$ 和 $\omega C''_x U\tan\delta_2$，分别称为 $\underline{I}'_{xr}$ 和 $\underline{I}''_{xr}$。

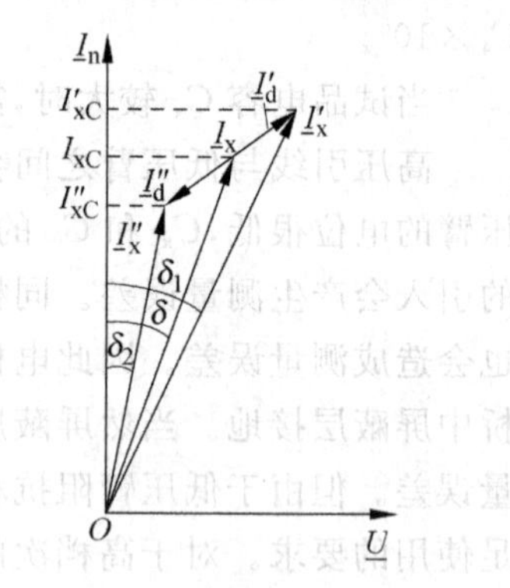

图 5-11　存在电场干扰时电桥的电流矢量图

$$\begin{aligned}\tan\delta &= I_{xr}/I_{xc} = 0.5(I'_{xr} + I''_{xr})/[0.5(I'_{xc} + I''_{xr})]\\ &= (C'_x\tan\delta_1 + C''_x\tan\delta_2)/(C'_x + C''_x)\end{aligned} \tag{5-8}$$

$$\omega C_x U = (\omega C'_x U + \omega C''_x U)/2$$

因此得

$$C_x = (C'_x + C''_x)/2 \tag{5-9}$$

当外界电场很强烈时，会出现 $-\delta$，要使电桥获得平衡，必须使 $C_4$ 与 $R_4$ 脱开而改为与 $R_3$ 并联。在国产 QS-1 型电桥中，即把倒向开关 $K_3$ 从正常 $+\tan\delta$ 位置上，倒向 $-\tan\delta$ 的位置。

2. 存在外界磁场干扰时的测量

做现场试验时如果附近有母线电抗器、通信的滤波器和其他漏磁通较大的设备，则电桥将受到磁场的干扰，有可能在电桥闭合环路内引起感应电动势和感应环流，因而造成测量误差。

由电桥的试品、标准电容器和检流计构成的环路，一般连线长，窗口大，很容易被外界磁通所穿过，但好在试品和标准电容在工频下的阻抗都很大，由干扰磁场引起的感应电动势不致在此环路内造成明显的环流，故干扰磁场的影响不大。由电桥测量臂和检流计构成的环路内阻较小，干扰磁场在此环路内引起的感应电动势和感应环流将导致测量上的误差。为此在设计电桥时，要尽可能布置紧凑，以缩小环路，减小磁场干扰，理想情况是把测量部分屏蔽起来，但低频磁屏蔽需要用好导磁材料来做，要把整个测量臂部分都用笨重的铁磁体屏蔽起来，在实际上是不可能的。在现场遇到磁干扰时，只能使电桥远离磁场，或转动电桥方向，以求得干扰最小的方位。如暂时性的强磁场，则可等待磁场消除后，再进行测量。

检流计是对外界磁场干扰最灵敏的元件。虽然一般都用导磁性能很好的合金把检流计屏蔽起来，但也不一定能全部消除磁干扰。在一个相对稳定的磁场中，通常采取两次测量的方法来消除可能由此产生的误差。先设想当无磁干扰时，将电桥调到平衡，两个测量臂的数值分别为 $R_3$ 和 $C_4$。当存在磁干扰时，调节电桥到平衡，两个测量臂的数值分别为 $R_3+\Delta R_3$ 和 $C_4+\Delta C_4$，此时电桥两臂实际上是有电位差的，由于它克服了磁干扰电势，所以才使检流计指零。假若把检流计和电桥两臂相接的两端倒换一下，由于其他条件不变，故若将电桥调到平衡，则两个测量臂的数值将分别为 $R_3-\Delta R_3$ 和 $C_4-\Delta C_4$。

当检流计正接时测得 $\tan\delta_1=\omega(C_4+\Delta C_4)R_4$，$C_{x1}=C_0R_4/(R_3+\Delta R_3)$。

当检流计反接时测得 $\tan\delta_2=\omega(C_4-\Delta C_4)R_4$，$C_{x2}=C_0R_4/(R_3-\Delta R_3)$。

当无磁场干扰时，有 $\tan\delta=\omega C_4R_4$，$C_x=C_0R_4/R_3$，故可得

$$\tan\delta=(\tan\delta_1+\tan\delta_2)/2 \tag{5-10}$$

$$C_x=2C_{x1}C_{x2}/(C_{x1}+C_{x2}) \tag{5-11}$$

## 5.4 局部放电的测量

### 5.4.1 测量局部放电的几种方法

本节所讲的局部放电(partial discharge,PD)，是指由于电气设备内部绝缘里面存在的弱点，在一定外施电压下发生的局部重复击穿和熄灭现象。这种局部放电发生在一个或几个绝缘内部的气隙、气泡或油隙之中，因为在这个很小的空间内电场强度很大，放电能量很小，所以它的存在并不影响电气设备的短时电气强度。但如果一个电气设备在运行电压下长期存在局部放电现象，这些微弱的放电能量和由此产生的一些不良效应，例如不良化合物的产生，就可以慢慢地损坏绝缘，日积月累，最后可导致整个绝缘性能被击穿，发生电气设备的突发性故障。也就是说，一台存在内部弱点的电气设备，尽管它通过了出厂时和验收时的试验电压，但在长期运行中，可能在正常工作电压下发生击穿。为此，制造厂和运行单位都很重视检测设备绝缘内部的局部放电。国家标准也已对检测局部放电的方法和放电量的指标作出了规定。

当电介质内部发生局部放电时，伴随有许多现象。有些属于电的，例如电脉冲的产生、电介质损耗的增大和电磁波放射；有些属于非电的，例如光、热、噪声、气体压力的变化和化学变化。这些现象都可以用来判断局部放电是否存在，因此检测的方法也可以分为电的和非电的两类。从目前实用的局部放电测量方法来看，使用得最多的是：

(1) 脉冲电流法测 PD 所形成的脉冲电流大小，以判断绝缘 PD 的强弱程度，这种方法可以给出定量的结果，目前的规程中已规定了定量的指标。以下重点讲述这种方法。

(2) 超声波探测法。在电气设备外壁放上由压电元件和前置放大器组成的超声波探测器，用以探测由局部放电所造成的超声波，从而了解有无局部放电的发生，粗测其强度和发生的部位。配合局部放电电测法，可相互验证测试结果的真实性。

(3) 绝缘油的气相色谱分析。这项试验是通过检查电气设备油样内所含的气体组成的含量来判断设备内部的隐藏缺陷。关于绝缘油中溶解气体的气相色谱分析将在后面介绍。

### 5.4.2 测量局部放电的脉冲电流法

在一些浇注、挤制或层绕的绝缘内部，在工艺处理欠佳时，容易出现气隙或气泡。空气的击穿场强和介电常数都比固体电介质和液体电介质的小。在交流电压作用下，电场强度的分布与电介质的介电常数成反比，因此绝缘内部的气隙或气泡会发生局部放电。当绝缘工艺处理不当时，一台电气设备绝缘中的气隙或气泡可能很多，此时很可能在多处发生局部放电，局部放电量也较大。有些设备也可能在某一个绝缘部位缺陷特别严重，仅在该处发生较大的局部放电。用局部放电测试法找到这一部位，重新进行绝缘工艺处理排除缺陷，绝缘

的总的局部放电量便可大大下降，最终便可通过PD的试验。

为了方便起见，采用绝缘的三电容模型来表征气孔的存在，并解释局部放电的机理。图5-12表示在绝缘中，位于g的一块体积中存在一个气泡，b和m处的绝缘状况良好。在图5-12中用$C_g$代表气泡的电容；$C_b$代表和g相串联部分$b_1$和$b_2$的电介质电容；$C_m$代表其余大部分绝缘m的电容。气泡很小时，$C_g$比$C_b$大，$C_m$比$C_g$大很多。若在电极间加上交流电压$u$，则出现在$C_g$上的电压为$u_g$：

$$u_g = uC_b/(C_g + C_b) \tag{5-12}$$

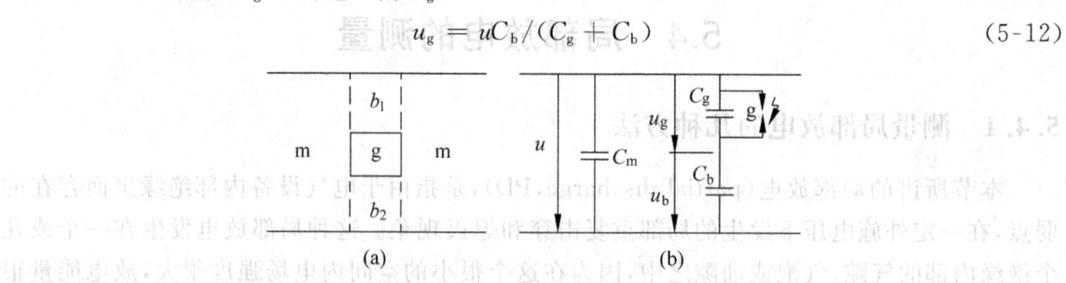


图5-12 固体电介质内部气隙放电的三电容模型

(a) 具有气泡的电介质剖面；(b) 等效电路

局部放电时气泡中的电压和电流变化如图5-13所示。$u_g$随外加电压$u$升高，当$u$上升到$U_s$，$u_g$到达$C_g$的放电电压$U_g$时，$C_g$气隙放电，因此$U_s$也称作局部放电起始电压。于是，$C_g$上的电压一下子从$U_g$下降到$U_r$，然后放电熄灭。$U_r$称为残余电压，它可以接近为零值，也可以为小于$U_g$(均为绝对值)的其他值。放电火花一熄灭，$C_g$上的电压将再次上升，由于此时$C_g$及$C_b$已经有了一个初始的直流电压，所以此后的$u_g$值不能直接用式(5-12)来表达，$u_g$值与式(5-12)表达的值在绝对值上要小一个$(u_g - U_r)$值。外加电压仍在上升，$C_g$上的电压也顺势而上升，当它再次升到$U_g$时，$C_g$再次放电，电压再次降到$U_r$，放电再次熄灭。$C_g$上的电压从$U_g$突变为$U_r$(均为绝对值)的一瞬间，就是局部放电脉冲的形成时刻，此时通过$C_g$有一脉冲电流。

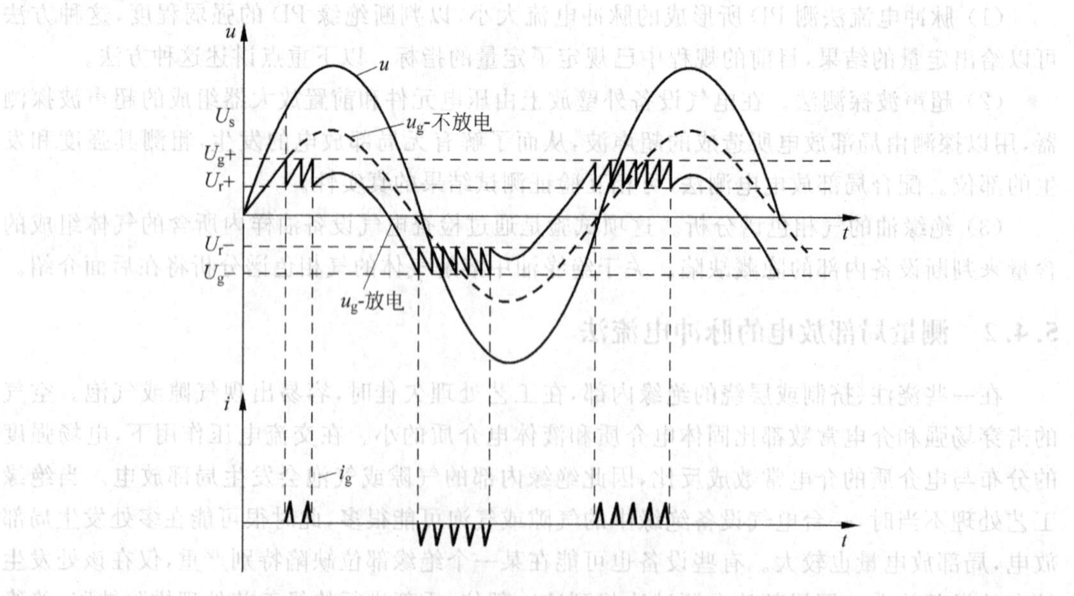


图5-13 局部放电时气隙中的电压和电流的变化

从图 5-12(b)可以看出,当 $C_g$ 放电时,放电总电容 $C_g'$ 应为

$$C_g' = C_g + [C_m C_b/(C_m + C_b)] \tag{5-13}$$

$C_g'$ 上的电压变化为 $U_g - U_r$,故一次脉冲放出的电荷 $\Delta q_r$ 应为

$$\Delta q_r = (U_g - U_r)[C_g + C_m C_b/(C_m + C_b)] \tag{5-14}$$

当 $C_m \gg C_b$,$C_g > C_b$,$U_r = 0$ 时,$\Delta q_r \approx U_g C_g$。

在实际试验时,式(5-14)中所表达的各个量都是无法实测到的。所以,要寻求用其他能反映局部放电的量来测量。外施电压是作用在 $C_m$ 上的,当 $C_g$ 上的电压变动为 $U_g - U_r$ 时,外施电压的变化量 $\Delta U$ 应为

$$\Delta U = C_b(U_g - U_r)/(C_m + C_b) \tag{5-15}$$

由式(5-14)和式(5-15)可得

$$\Delta U = C_b \cdot \Delta q_r/(C_g C_m + C_g C_b + C_m C_b) \tag{5-16}$$

$\Delta U$ 是总电容上的电压变化量,与它相应的电荷变化量为 $\Delta q$,即

$$\Delta q = \Delta U\{C_m + [C_b C_g/(C_b + C_g)]\} \tag{5-17}$$

把式(5-16)代入式(5-17),可得

$$\Delta q = \Delta q_r \cdot C_b/(C_g + C_b) \tag{5-18}$$

真实放电量 $\Delta q_r$ 是无法测量的;而式(5-17)中所表达的 $\Delta U$ 及 $C_m + [C_b C_g/(C_b + C_g)]$ 量都是可以测得的,$\Delta q$ 也是可以测得的。$\Delta q$ 称作视在放电量,它是局部放电试验中的重要参量,在国家标准中,对于各类高压设备的视在放电量 $\Delta q$ 的允许值均有所规定。从式(5-18)可见 $\Delta q$ 比真实放电量 $\Delta q_r$ 小得多,它以 pC 作为计量单位。

除了视在放电量 $\Delta q$ 外,表征局部放电的基本参数还有一次脉冲放出能量 $W$:

$$W = \Delta q_r(U_g - U_r)/2 = \Delta q(C_g + C_b)(U_g - U_r)/(2C_b) \tag{5-19}$$

当外施电压由零上升到 $U_s$ 时,$C_g$ 上的电压为

$$U_g = U_s C_b/(C_g + C_b) \tag{5-20}$$

把式(5-20)代入式(5-19),可得

$$W = \Delta q \cdot U_s(U_g - U_r)/(2U_g) \tag{5-21}$$

若 $U_r = 0$,则

$$W \approx \Delta q \cdot U_s/2 \tag{5-22}$$

$U_s$ 和 $\Delta q$ 都是可以通过试验测得的,故一次脉冲放出的能量也可以求得。

另一个基本参数是放电重复率 $N$。因为在加压半周期内能发生好几个脉冲。所以将 1 s 内产生的脉冲数叫做放电重复率 $N$,$N$ 也是一个重要参量,可以通过试验求得。如果每半周内的放电次数为 $n$,则 $N = 2fn = 100n$。

此外,为了表征局部放电在一定周期内的平均综合效应,还提出了各种累积参数,如平均放电电流、放电功率等。

有时还测量局部放电的起始放电电压和熄灭电压。

影响局部放电特性的因素主要有电压的幅值、波形和频率,电压的作用时间,环境的温度、湿度和气压等。

### 5.4.3　脉冲电流法的基本回路和检测阻抗

1. 基本测量回路

一般推荐 3 种基本测量回路:试品与检测阻抗并联的回路(见图 5-14)、试品与检测阻

抗串联的回路(见图 5-15)和电桥平衡回路(见图 5-16)。图中,$C_x$ 代表被试品的电容;$C_k$ 代表耦合电容;$Z_m$ 和 $Z'_m$ 代表检测阻抗;$Z$ 代表低通滤波器;$u$ 代表由无晕高压试验变压器供给的交流高电压;A 代表放大器;M 代表测量仪器。

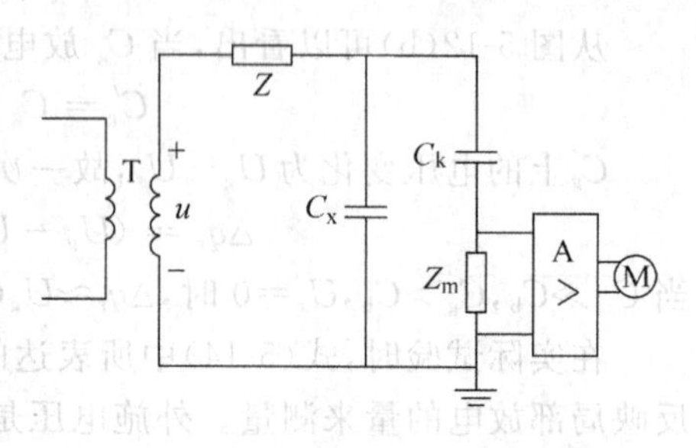


图 5-14 试品通过 $C_k$ 与检测阻抗并联的回路

这三种回路都是要把在一定电压 $u$ 作用下的被试品 $C_x$ 中产生的局部放电信号传递到 $Z_m$ 的两端,然后通过放大器送到测量仪器。耦合电容器 $C_k$ 为被试品 $C_x$ 与测量阻抗 $Z_m$ 之间提供一个低阻抗通道,同时它可以大大降低作用于 $Z_m$ 上的工频电压分量。$C_k$ 必须无局部放电,一般希望 $C_k$ 的电容不小于 $C_x$。为了防止电源噪声流入测量回路和试品的局部放电脉冲流向电源,在电源和测量回路间接入一个低通滤波器 $Z$。$Z$ 上不应该出现放电,它应比 $Z_m$ 大。图 5-14 与图 5-15 的电路对高频脉冲电流而言并无什么差别,两者的测量灵敏度也是相同的。前者可应用于试品一端接地的条件下。此外,在 $C_x$ 值较大的情况下,可以采用一电容值小于 $C_x$ 的 $C_k$,以避免较大的工频电容电流流过 $Z_m$。为了提高抗外来干扰的能力,可采用图 5-16 所示的电桥平衡电路。若 $C_k$ 采用与试品完全相同而其局部放电量极小的辅助试品,且 $Z'_m$ 与 $Z_m$ 也完全相同,则理论上此电桥电路可以对所有频率的外来干扰都能平衡,由此可消除外来干扰的影响。在 $C_x$ 中发生局部放电时,在检测阻抗 $Z_m$ 上可获得 PD 信号。

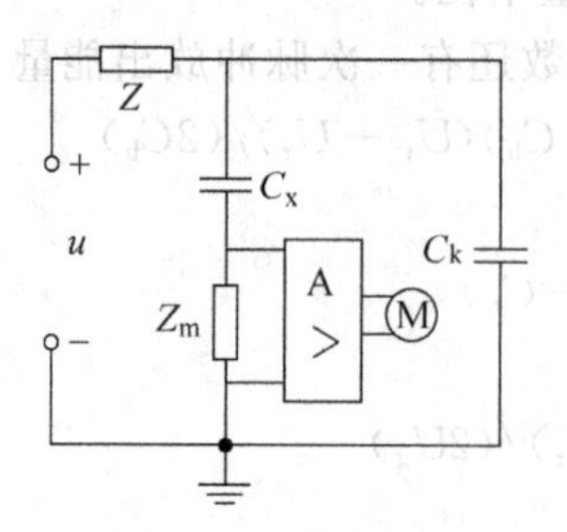


图 5-15 试品与检测阻抗串联的回路

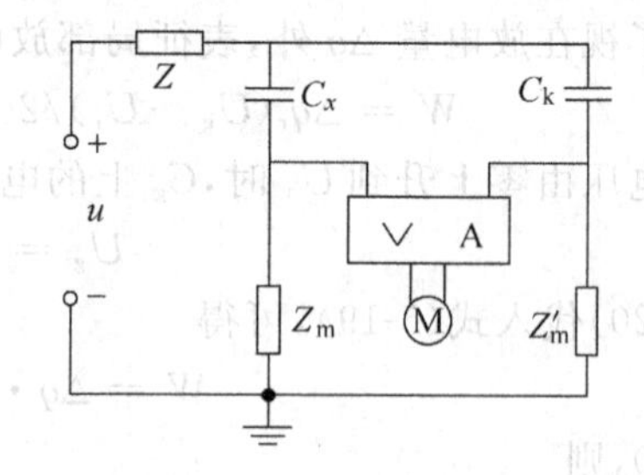


图 5-16 电桥平衡回路

2. 检测阻抗和放大器

检测阻抗 $Z_m$ 的作用是获取局部放电所产生的高频脉冲信号。由于信号幅度很小需经过放大器 A 予以放大,所以 $Z_m$ 与 A 在特性上需相互适应。它们关系到测量的灵敏度和脉冲分辨率。

检测阻抗主要有 RC(并联)型和 RLC(并联)型两类。测量时,检测阻抗上的电压幅值 $\Delta u_d$ 与视在放电量 $q$ 成正比。RC 型的 $Z_m$ 两端电压为非周期性的单向脉冲,脉冲持续时间短,分辨率高。RLC 型的 $Z_m$ 两端 $u_d$ 的频谱中,幅值较大的谐波分量集中在一个中心角频 $\omega_d$ 附近,因此只要选用包括 $\omega_d$ 在内的频带不必很宽的放大器,就可以获得被测信号中的大部分信息。

PD 测量中所用的放大器主要有两大类。

(1) 宽带及低频放大器

频带的下限频率一般为数千赫兹;宽带放大器的上限频率一般取一至数十兆赫兹;低频

放大器的上限频率为避开无线电广播干扰，一般取 100～300 kHz。宽带放大器一般与 RC 型 $Z_m$ 相配用；而低频放大器一般与 RLC 型 $Z_m$ 相配用。宽带放大器易受外界噪声影响。

（2）调谐（选频）放大器

为避开外界干扰大的频域，采用调谐放大器，中心频率 $f_0$ 可调节，又分窄频带与中频带两类，前者 $\Delta f$ 频带窄，约 10 kHz，分辨率差；后者 $\Delta f$ 频带约 100 kHz。

### 5.4.4 脉冲电流法的测量仪器及其校订

测量仪器以往采用阴极示波器，现已被数字存储示波器所取代，后者便于存储并可与计算机相连接，以便供给和处理较多的局部放电信息。用于高压变电站现场的局部放电测试仪，为了防止干扰，常在数字记录仪前装数字滤波器。为了提高信噪比，需采用垂直分辨率很高的数字示波器或其他数字记录仪。现在较完备的 PD 测试仪是配有微处理机及数字记录仪的专用仪器。

在测量仪器上所测得的局部放电脉冲幅值是与试验的局部放电视在电荷量 $\Delta q$ 成比例的，它们之间的具体比例关系与测量回路和放大器等都有关，要从指示值来算得视在放电电荷 $\Delta q$ 是困难的，只能通过试验来确定，亦即 PD 的测量仪器必须进行试验校订。常用的一种校订方法如图 5-17 所示。先不管图中的虚线部分，若在进行 PD 试验时，在显示器上测到了脉冲电压 1 所示的高度，则该值取决于 $Z_m$ 上的初瞬电压 $\Delta U_{m1}$，此时 $Z_m$ 上的分压值取决于其电容 $C_m$。设此时的视在放电电荷为 $\Delta q$，则

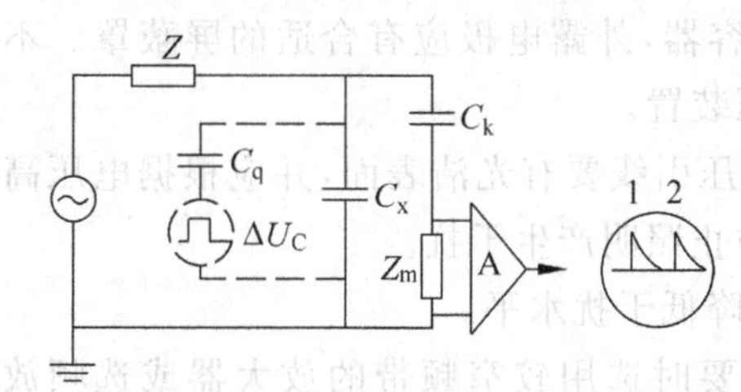


图 5-17 PD 试验的直接校准回路

$$\Delta U_{m1} = \Delta q \cdot C_k / \{[C_x + C_k C_m / (C_k + C_m)](C_k + C_m)\}$$

$$\Delta U_{m1} \approx \Delta q \cdot C_k / (C_x C_k + C_x C_m + C_k C_m) \tag{5-23}$$

进行校订时，通常退去高电压，如图 5-17 所示接入一个小电容 $C_q$，它的电容量一般远小于 $C_k$ 和 $C_x$ 的并联值，而不小于 10 pF。$C_q$ 与方波发生器相连，方波发生器产生一个陡前沿的方波电压 $\Delta U_C$，其波前的上升时间不大于 0.1 $\mu s$，在同样条件下（放大器的放大倍数不变），令显示器上出现的脉冲电压 2 与上述脉冲电压 1 达到同样高度的峰值。峰值 2 的高度 $\Delta U_{m2}$ 取决于 $Z_m$ 上初始时刻的分压值，即取决于 $C_m$ 与 $C_k$ 的分压。

$$\Delta U_{m2} = \Delta U_C \cdot C_q C_k / \{[C_q + C_x + C_k C_m / (C_k + C_m)](C_k + C_m)\}$$

$$\Delta U_{m2} \approx \Delta U_C \cdot C_q C_k / (C_k C_x + C_x C_m + C_k C_m) \tag{5-24}$$

比较式(5-23)与式(5-24)，可得

$$\Delta q \approx \Delta U_C \cdot C_q$$

上述直接校订法准确性较高。但若每次都调节方波发生器，使产生的 $\Delta U_{m2}$ 峰值与所测脉冲的 $\Delta U_{m1}$ 等高，实行起来不是很方便。在显示器垂直方向的线性度很好时，可用类似的方法，测出显示器上的视在放电量的刻度系数，后者即为每单位刻度的视在放电量的数值。若注入的方波电压为 $\Delta U_C$，耦合小电容为 $C_q$，产生的 $\Delta U_{m2}$ 高度为 $h$，则显示器的视在放电量的刻度系数为

$$k = \Delta U_C \cdot C_q / h$$

### 5.4.5 实施PD测量的其他技术问题

1. 抗干扰措施

背景噪声决定最小可见视在放电量,严重噪声将使局部放电测量无法进行。抗干扰措施在局部放电测量中是个重要任务。要消除干扰,必须先找到干扰的来源。但干扰的来源很多,例如送电线路的电晕放电,无线电广播的电磁波,开关的开闭,电焊机、起重机的操作,试区高压线放电,导体接触不良,试验回路接地不良,试验变压器屏蔽不好,内部有放电等。这些干扰源有的在室外,有的在室内;有的与电源有关,有的与电源无关。要发现这些干扰源有时很困难,有时发现了也不见得能排除它,只能躲开它,例如躲开用电时间,晚上做局部放电测量。一般采用如下抗干扰措施:

(1) 建屏蔽室,在屏蔽室内做局部放电试验。屏蔽室上下左右六面都要用金属板或金属网屏蔽起来,注意做好门窗的屏蔽,屏蔽要可靠接地,伸入室内的管道应和屏蔽层连起来,进入室内的电源线应先经滤波装置。在良好的屏蔽条件下,最低可测放电量约为1 pC。

(2) 选用没有内部放电的试验变压器和耦合电容器,外露电极应有合适的屏蔽罩。不要用有炭刷的自耦调压器,应选用无接触电极的调压装置。

(3) 试验室内一切不带电导体都应可靠接地,高压引线要有光洁表面,并应根据电压高低有足够的直径,尖端凸出部分都应加屏蔽罩。要防止照明产生干扰。

(4) 采用如图5-16所示的电桥平衡回路有助于降低干扰水平。

(5) 所选用的放大器,为了增强抗干扰能力,必要时选用较窄频带的放大器或选频放大器。

(6) 在测量仪器前加硬件类滤波器,采用数字式记录仪时,还可加软件类数字滤波器。

2. 按照国家标准施加高电压的过程

应施加的高电压数值及施加电压的测量过程,按不同的电气设备,在国家标准中均有规定。加电压情况分为下述两类。

(1) 无预加电压的测量

在试品上施加电压,从较低值起逐渐增加到规定的电压值,且维持规定的时间。在此时间末了测量用规定参量表示的局部放电量,然后降低电压,切断电源。有时在电压升高、降低或在整个试验期间也测量局部放电量。

(2) 有预加电压的测量

以电力变压器测PD为例,大容量的66 kV以及更高额定电压的电力变压器均要求结合感应耐压试验进行PD测量,根据国家标准规定,在长时感应试验时的加电压过程应如图5-18所示。

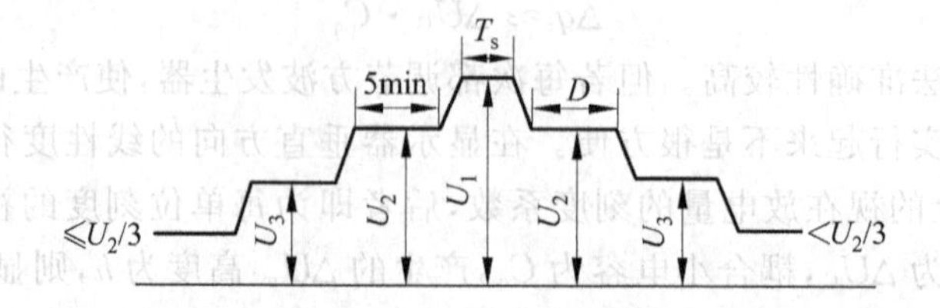


图5-18　电力变压器PD测试的加压过程

设 $U_m$ 为最高工作线电压。图 5-18 表示，先由不大于 $U_2/3$ 的较低电压合闸，后上升到 $U_3(=1.1U_m/\sqrt{3})$，保持 5 min；再上升到 $U_2(=1.5U_m/\sqrt{3})$，保持 5 min；然后上升到规定的耐压值 $U_1(=1.7U_m/\sqrt{3})$，试验时间 $T_s$ 由后续的式(5-25)决定；然后电压下降到 $U_2$，每隔 5 min 测量一次 PD，总持续时间 $D\geqslant 60$ min(当 $U_m\geqslant 300$ kV)或 30 min(当 $U_m<300$ kV)，此后电压下降到 $U_3$，维持 5 min。PD 值在 $U_2$ 下的连续水平不应大于 500 pC，在 $U_3$ 下不应大于 100 pC。

## 5.5 绝缘油中溶解气体的色谱分析

1. 绝缘油中溶解气体的来源

当电气设备内部有局部过热或局部放电等缺陷时，缺陷附近的油纸绝缘就会分解而产生烃类气体、$H_2$、CO、$CO_2$ 等，这些气体不断溶解于绝缘油中，这类气体称为故障特征气体。除了缺陷，某些操作也可生成故障气体。例如，有载调压开关切换时开关油室的油渗漏到变压器主油箱；设备曾经有过故障，故障排除后，油和固体绝缘中残留气体；设备油箱带油补焊；电气设备在出厂进行高压试验和投入运行过程中，绝缘油和有机绝缘材料会逐渐老化，绝缘油中也就可能溶解微量或少量的 $H_2$、CO、$CO_2$ 或烃类气体，但其量一般不会超过某些经验参考值(随不同的设备而异)。

除了故障类气体，油中可能还含有非故障类气体。例如，新绝缘油中溶解的气体主要是空气，空气中含有 $N_2$(78.1%)、$O_2$(20.9%)和少量的惰性气体、$CO_2$ 及水蒸气等；油中含有水，可以与铁作用生成氢气；过热的铁心层间油裂解生成氢气；新的不锈钢部件加工过程中或焊接时吸附氢而又慢慢释放到油中；在较高温度下，油中溶解的氧通过不锈钢催化使得油漆(醇酸树脂)生成氢气；聚酰亚胺型绝缘材料生成气体溶解于油中；油在阳光照射下生成气体；设备检修时暴露在空气中的油吸收空气中的 $CO_2$ 等。这些气体的在含量有限的情况下，一般不影响设备的正常运行。

2. 测量绝缘油中溶解气体的气相色谱法

对绝缘油中溶解的气体进行气相色谱分析，是广泛采用的有效试验方法。应用这种方法分析绝缘油中所溶解的气体组分和含量，可以判断设备内部的隐藏缺陷。

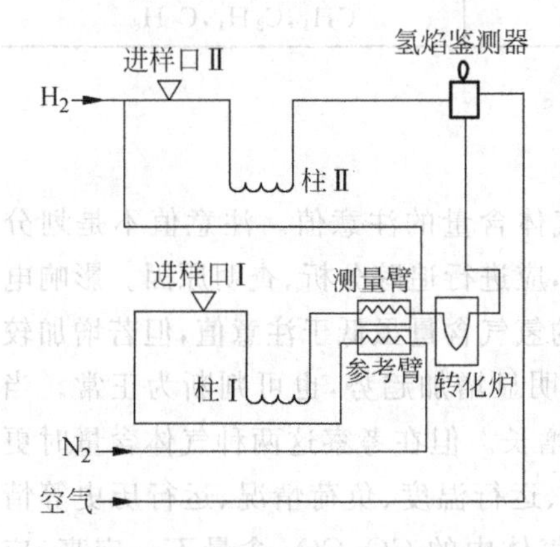

图 5-19 102G-D 气相色谱仪操作流程

试验时先将取来的电气设备油样中的溶解气体脱离(经真空罐或经滤膜脱出气体)，压缩至常压，用注射器抽取气体试样进行分析。图 5-19 是 102G-D 气相色谱仪的操作流程。图中 $N_2$、$H_2$ 为载气，气样通过进样口Ⅰ、Ⅱ分别进入色谱柱Ⅰ、Ⅱ进行气样中所包含的各种气体成分的分离。色谱柱为 U 形或圆盘形管，装有吸附剂。如柱Ⅰ装碳分子筛吸附剂(80～100 目)，当气样进入管中，这些吸附剂便能使不同成分的气体有次序地先后流出色谱柱，柱Ⅰ可分离出 $H_2$、$O_2$、CO、$CH_4$、$CO_2$；色谱柱Ⅱ用微球硅胶(80～100 目)，它能使烃类气体成分分离出来，如 $CH_4$、$C_2H_6$、$C_2H_4$、

$C_3H_8$、$C_2H_2$、$C_3H_6$等。

分离出来的气体种类和含量可采用热导池检测器和氢焰检测器进行检测。热导池采用电桥平衡的原理，利用不同成分和含量的气体导热系数的不同，引起不同大小的电桥不平衡信号实现检测。氢焰检测器是通过氢气在空气中燃烧生成火焰使被检测气体电离，形成大小不同的电流反映被检测气体的含量。

3. 油中溶解气体的故障分析

GB/T 7252—2001对变压器、电抗器、电流互感器、电压互感器、充油套管、充油电缆等油浸式电气设备的故障分析进行了详细的规定。气相色谱法是通过分析油中溶解气体的成分、含量及其随时间而增长的规律来鉴别故障的性质、程度及其发展情况，适合于测定缓慢发展的潜伏性故障。在进行故障特征分析时，需要排除上述非故障类气体的干扰。以下分别就油中溶解气体的成分、含量及其随时间的变化规律在故障诊断中的应用进行叙述。

(1) 特征气体成分与故障类型

不同故障类型产生的特征气体组分见表5-2。油和固体绝缘材料在电或热的作用下分解产生的各种气体中，对判断故障有价值的气体有甲烷($CH_4$)、乙烷($C_2H_6$)、乙烯($C_2H_4$)、乙炔($C_2H_2$)、氢($H_2$)、一氧化碳(CO)、二氧化碳($CO_2$)。正常运行老化过程产生的气体主要是CO和$CO_2$。出厂和新投运的设备，油中不应含有$C_2H_2$，其他各组分也应该很低。随着温度的升高，会分解出不同类型的气体，$H_2$是最容易裂解产生的气体，温度在200℃时即可产生。$C_2H_2$是较难产生的，当温度高于800℃时，例如在电弧温度的作用下，开始油裂解产生。当故障涉及固体绝缘材料时，就会产生较多的CO和$CO_2$。

**表5-2 不同故障类型产生的气体**

| 故障类型 | 主要气体组分 | 次要气体组分 |
|---|---|---|
| 油过热 | $CH_4$，$C_2H_4$ | $H_2$，$C_2H_6$ |
| 油和纸过热 | $CH_4$，$C_2H_4$，CO，$CO_2$ | $H_2$，$C_2H_6$ |
| 油纸绝缘中局部放电 | $H_2$，$CH_4$，CO | $C_2H_2$，$C_2H_6$，$CO_2$ |
| 油中火花放电 | $H_2$，$C_2H_2$ | |
| 油中电弧 | $H_2$，$C_2H_2$ | $CH_4$，$C_2H_4$，$C_2H_6$ |
| 油和纸中电弧 | $H_2$，$C_2H_2$，CO，$CO_2$ | $CH_4$，$C_2H_4$，$C_2H_6$ |

注：进水受潮或油中气泡可能使油中的$H_2$含量升高。

(2) 特征气体含量与故障程度

GB/T 7252—2001规定了运行中设备内部油中气体含量的注意值。注意值不是划分设备有无故障的唯一标准。当气体浓度达到注意值时，应进行追踪分析、查明原因。影响电流互感器和电容式套管油中氢气含量的因素较多，有的氢气含量虽低于注意值，但若增加较快，也应引起注意；有的仅氢气含量超过注意值，若无明显增加趋势，也可判断为正常。当故障涉及固体绝缘时，会引起CO和$CO_2$含量的明显增长。但在考察这两种气体含量时更应注意结合具体电气设备的结构特点(如油保护方式)、运行温度、负荷情况、运行历史等情况加以综合分析。突发性绝缘击穿事故时，油中溶解气体中的CO、$CO_2$含量不一定高，应结合气体继电器中的气体分析作判断。

(3) 特征气体含量随时间的增长率与故障程度

除了根据油中特征气体含量的绝对值可对故障程度进行判断外，可利用故障的产气速率来判断故障的发展趋势。产气速率是与故障消耗能量大小、故障部位、故障点的温度等情况有关的。产气速率包括绝对产气速率和相对产气速率。GB/T 7252—2001 给出了变压器和电抗器绝对产气速率的注意值，当产气速率达到注意值时，应缩短检测周期，进行追踪分析。相对产气速率也可以用来判断充油电气设备内部状况。总烃的相对产气速率大于10%时，应引起注意，但对总烃起始含量很低的设备不宜采用此判据。

需要指出，有的设备，其油中某些特征气体的含量，若在短期内就有较大的增量，则即使尚未达到注意值，也可判为内部有异常状况；有的设备因某种原因使气体含量基值较高，超过注意值，但增长速率低于产气速率的注意值，则仍可认为是正常的。

(4) 故障特征的综合判断

通过上述特征气体类型、含量和产生速率，可对设备中是否存在故障作出初步判断。在此基础上，GB/T 7252—2001 推荐了三比值法作为判断变压器或电抗器等充油电气设备故障性质的主要方法。取出 $H_2$、$CH_4$、$C_2H_2$、$C_2H_4$ 及 $C_2H_6$ 这 5 种特征气体含量，分别计算出 $C_2H_2/C_2H_4$、$CH_4/H_2$、$C_2H_4/C_2H_6$ 这三对比值，再将这三对比值按一定规则进行编码，再按一定规则来判断故障的性质。如比值为 0∶1∶0 时，则设备内部发生高湿度、高含气量引起的油中低能量密度局部放电。

用油中溶解气体色谱法来检测充油电气设备内部的故障，是一种有效的方法，而且可以带电进行。但是由于设备的结构、绝缘材料、保护绝缘油的方式和运行条件等差别，迄今尚未能制定出统一的严密的标准，上述的三比值法是在大量的经验基础上总结出来的。实际应用过程中，一旦发现有问题，一般还需缩短测量的时间间隔，跟踪，并多做几次试验，再与过去气体分析的历史数据、运行记录、制造厂提供的资料及其他电气试验结果相对照比较，综合分析后，才能作出正确的判断。

## 5.6 耐压试验

耐压试验是一种确认电气设备绝缘或绝缘材料可靠性的试验，如前所述是一种破坏性试验，所施加的电压比额定工作电压高得多。对电力设备而言，施加的电压是模拟电力系统中可能遭受到的各种过电压，耐压幅值由绝缘配合关系(见10.6节)决定。

施加的电压类别有交流(含工频及倍频感应)耐压、直流耐压、雷电冲击耐压、操作冲击耐压4种。

### 5.6.1 交流耐压试验

交流耐压试验是考验交流设备的基本耐压方式。它能有效地发现集中性缺陷，试验进行起来相对比较方便。耐压时间一般是 1 min，对 $SF_6$ 断路器及 1000 kV 电力变压器类的耐压时间为 5 min。标准规定，交流及直流耐压的持续时间不超过 1min，试验电压的测量值应维持在规定值的偏差±1%之内；耐压的持续时间超过 1min 时的偏差值允许为±3%。

《电力设备预防性试验规程》(DL/T 596—2005)已对各类设备的耐压值作出了规定。规程给出了电力变压器的交流工频耐压值，全部更换线圈时的耐压值与附表 A-2 所示数值相同。部分更换线圈时的耐压值，为全部更换线圈时的耐压值的0.85倍。附表A-2中示明了各种电力设备的交流工频耐压值。对电力变压器的耐压值，还可以参阅GB 1094.3—2003的规定。

对于试品为电力变压器的交流耐压试验接线，读者可仿照图5-7自行画出。

倍频感应耐压试验，是指在电力变压器低压绕组上施加倍频电压，这样施加的电压值可高于额定工作电压，在高压绕组上感应而产生高电压。在变压器制造厂里进行本项试验是为了考验变压器的纵向(匝、层间)绝缘及端部主绝缘，由专门的倍频发电机供给试验电压源。在电力系统现场进行本项试验，是为了考验变压器的主绝缘和纵绝缘。因为在现场进行变压器的外施耐压试验，装设试验装置是很困难的。采用被试变压器自行感应升压相对比较方便。电源可采用移动式中频发电机装置，高功率晶体管变频装置，或是通过3个单相变压器连接成“星形/开口三角形”，以产生3倍频电压。后者试验设备比较笨重，调试也较费时。

当试验所采用的频率超过100 Hz时，为了避免频率的提高加重对绝缘的负担，应缩短试验的时间。在工频耐压下，对变压器加压1 min。在频率为$f$时，耐压试验的时间$t$(单位为s)应由下式决定，但不短于15 s。

$$t = 60 \times 100/f \tag{5-25}$$

## 5.6.2 直流耐压试验

直流耐压试验是测量直流电力设备的基本耐压方式。对于交流电网中的长电力电缆等，在现场进行交流耐压试验时常出现困难，因为长电缆的电容量较大。为了减小试验电源的试验容量，规程规定采用直流耐压试验来检查电缆绝缘的质量。直流耐压试验基本上不会对绝缘造成残留性损伤，因为当直流电压较高而在固体或液体的气隙中发生局部放电后，由放电产生的电荷会使气隙里的场强减弱，从而抑制了气隙内的局部放电发展。如果是交流耐压试验，则电压不断改变方向，每个半波里都重复发生局部放电，这样就促使有机绝缘材料分解、老化、变质，产生残留性损伤。对于电缆等油纸绝缘，在交、直流电压作用下，在油和纸上的电压分布不一样。交流电压时电压按介电常数$\varepsilon$分布，电压较多作用在油层上；直流电压时电压按电阻率$\rho$分布，电压较多作用在纸上，纸的耐压强度较高，所以电缆能耐受较高的直流电压。为了加强对绝缘的考验，电缆的直流耐压值规定得较高。尽管如此，对于使用在交流电网中的电缆，进行直流耐压试验不如进行交流耐压试验接近实际。对电力电缆的直流耐压试验持续时间为5 min，可同时进行泄漏电流的测量，加压极性为负。对电力变压器绝缘的泄漏电流测试时所施加的直流电压不很高，可以认为是非破坏性试验。对电机绝缘进行直流耐压试验，也是发现绝缘缺陷的重要方法。

由于直流耐压试验过程中，电气设备如电缆和变压器等内部会积聚空间电荷，引起设备内部电场畸变，导致设备局部放电起始电压和电气强度下降。因此，试验后投入运行前，应经过充分放电，使得积聚的空间电荷得以消散，以免发生设备因空间电荷畸变电场而发生绝缘击穿。

## 5.6.3 雷电冲击耐压试验

雷电冲击耐压试验用作考察电力设备承受雷电过电压的能力。对电力变压器类试品本项试验不仅是考验主绝缘的主要方法，而且是考验纵绝缘的主要方法。目前本项试验只在制造厂进行，因为试验会造成绝缘的积累效应，所以在规定的试验电压下只施加 3 次冲击。对小变压器本项试验是作为型式试验进行的。国家标准规定额定电压不小于 110 kV 的变压器出厂时应进行本项试验。电力系统中的绝缘预防性试验，不进行本项试验。电力设备的雷电冲击耐压值参见附录 A 中的表 A-1。

### 5.6.4 操作冲击耐压试验

因为工频耐压试验简单，以往用来代表雷电和操作过电压试验对设备的要求，后续的研究发现在许多情况下用工频耐压试验替代存在问题，因此提出进行操作冲击耐压试验，本项试验本身在电压幅值合理时不会在绝缘内部造成残留性损伤。对避雷器、断路器、开关和绝缘子等，额定电压 330 kV 及以上者，出厂试验时进行本项试验。而对电力变压器的内绝缘，则规定额定电压 220 kV 及以上的，出厂时进行本项试验。

国家标准规定了超高压和特高压电气设备和外绝缘一般进行 250 μs/2500 μs 的操作冲击耐压试验，各种设备的委员会可以规定不同的波形进行试验。IEC 60076-3：2000 和 GB 1094.3—2003 规定电力变压器、互感器和电抗器类设备的内绝缘，进行操作冲击耐压试验的波形为：视在波前时间 $T_f$ 至少为 100 μs，超过 90％规定峰值的时间 $T_d$ 至少为 200 μs，从视在原点 $O_1$ 到第一个过零点的全部时间 $T_z$ 至少为 500 μs，最好为 1000 μs。该波形示意图如图 5-20 所示，第一个半波极性为负。

对电力变压器、互感器和电抗器类设备的内绝缘，可以通过外施高电压试验，电力变压器也可以通过施加电压与变压器低压侧，依靠被试变压器电磁感应，在高压侧产生操作冲击电压来考核内绝缘的耐压水平，如图 5-21 所示。在图 5-21 中，高压绕组中性点接地，在被试相端部产生额定试验电压；在其余两相端部产生与它极性相反，幅值为 1/2 额定试验电压值的操作波。这样使被试相的对地绝缘受到了考核；相间绝缘在出线处受到了 1.5 倍额定试验电压的考核。

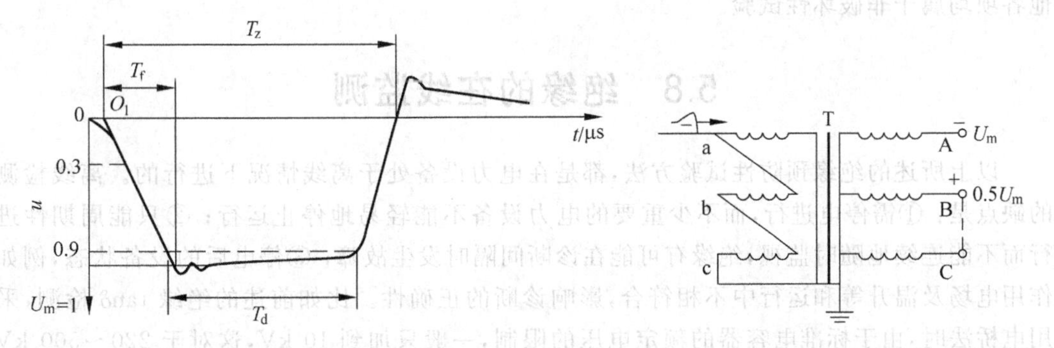


图 5-20 规定的电力变压器、互感器和电抗器类设备操作冲击波形示意图

图 5-21 国标规定的变压器试验接线

电力变压器操作冲击感应耐压试验的原理接线和原理性解释与 6.3.5 节所述的内容基本上相同。

表 5-3 中列出 220～1000 kV 变压器线端的操作冲击耐受电压。此表是根据 GB 1094.3—2003 及 JB/T 10780—2007 的数值列出的。

表 5-3　220～1000 kV 变压器线端操作冲击耐受电压

<table>
<tr><td>电压等级/kV</td><td>220</td><td>330</td><td>500</td><td>750</td><td>1000</td></tr>
<tr><td rowspan="2">操作冲击耐受电压/kV</td><td>650</td><td>850</td><td>1050</td><td rowspan="2">1550</td><td rowspan="2">1800</td></tr>
<tr><td>750</td><td>950</td><td>1175</td></tr>
</table>

注：220～500 kV 中有两个数值是因为有两种绝缘水平。

表 5-3 所列出的耐受电压值适用于大修、全部更换绕组后的试验用，部分更换绕组及交接试验时应取表中值再乘以 0.85。

## 5.7　各种预防性试验方法的特点总结

表 5-4 总结了各种预防性试验方法的特点。

表 5-4　各种预防性试验方法的特点

| 序号 | 试验方法 | 能发现的缺陷 |
|---|---|---|
| 1 | 测量绝缘电阻及泄漏电流 | 贯穿性的受潮、脏污和导电通道 |
| 2 | 测量吸收比 | 大面积受潮、贯穿性的集中缺陷 |
| 3 | 测量 $\tan\delta$ | 绝缘普遍受潮和劣化 |
| 4 | 测量局部放电 | 有气体放电的局部缺陷 |
| 5 | 油的气相色谱分析 | 持续性的局部过热和局部放电 |
| 6 | 交流或直流耐压试验 | 使抗电强度下降到一定程度的主绝缘局部缺陷 |
| 7 | 操作波或倍频感应耐压试验(限于变压器类设备) | 使抗电强度下降到一定程度的主绝缘或纵绝缘的局部缺陷 |

表 5-4 中序号 6 和序号 7 两项为破坏性试验。序号 1 中的测量泄漏电流项虽然也加直流高压，但规程规定的加压值不很高(见表 5-1)，所以一般而言也可算为非破坏性试验。其他各项均属于非破坏性试验。

## 5.8　绝缘的在线监测

以上所述的绝缘预防性试验方法，都是在电力设备处于离线情况下进行的。离线检测的缺点是：①需停电进行，而不少重要的电力设备不能轻易地停止运行；②只能周期性进行而不能连续地随时监视，绝缘有可能在诊断间隔时发生故障；③停电后的设备状态，例如作用电场及温升等和运行中不相符合，影响诊断的正确性。比如前述的绝缘 $\tan\delta$ 检测，采用电桥法时，由于标准电容器的额定电压的限制，一般只加到 10 kV，这对于 220～500 kV 的电力设备，电压是很低的。在线监测和诊断是电力设备在运行状态下进行的，故可避免离线检测及诊断的上述缺点，可使判断更加准确。自 20 世纪 70 年代以来，随着传感、信息处理及电子计算机技术的快速发展，在线监测和诊断技术也得到迅速的发展。根据在线监测和诊断的结论，还可以做到有的放矢地进行维修，这种维修称为预知性维修。在线监测和诊断技术的不足是投资费用大，只适用于大型和重要设备及变电所。

### 5.8.1 tanδ的在线监测

这是一种用 A/D 转换器分别对加在试品上的电压和流过试品的电流波形进行数字采集,然后根据傅里叶分析法的原理进行的数字运算,最终可以求得 tanδ 值,称为全数字测量法,又称数字积分法。

本法的优点是硬件系统比较简单。此外,因只对基波进行运算,故等于对谐波进行了比较理想的数字滤波。

### 5.8.2 局部放电的在线监测

对于变压器类电力设备常用的 PD 检测手段之一是油的气体分析法。实现在线自动监测,可比定时取油样后送回实验室分析更能及时发现缺陷。在现场可采用若干种脱气装置,例如让油中所含的气体通过一种透气性高分子塑料薄膜透析到气室里,然后用色谱仪进行数种可燃性气体的分析。若仅对氢气进行连续监测,则选用合适的气敏半导体元件即可实现,如此可实现简易的在线监测。

另外一种 PD 检测手段是对电力变压器 PD 的声电联合检测。由于被测信号很弱而变电所现场又具有多种的电磁干扰源,使用同轴电缆传递信号会接受多种干扰,其中之一是电缆的接地屏蔽层会受到复杂的地中电流的干扰,因此传递各路信号用的是光纤。通过电容式高压套管末屏的接地线、变压器中性点接地线和外壳接地线上所套装的带铁氧体(高频磁)磁心的罗戈夫斯基线圈供给 PD 脉冲电流信号。通过装置在变压器外壳不同位置的超声压力传感器,接收由 PD 源产生的压力信号,并由此转变为电信号。综合分析各个传感器信号的幅值和时延,可以初步判断变压器内部 PD 源的位置。由于现场存在大量的干扰,故在线监测 PD 可发现的最小放电量要比在屏蔽的实验室条件下测量的大得多。在 5.4.5 节中提到,国标规定≥300 kV 变压器在制造厂的实验室里试验时,在试验电压 $U_2=1.5U_m/\sqrt{3}$ 下,PD 的视在放电量应小于 500 pC。而现场在线监测,则一般认为大变压器的 PD 量在≥10000 pC 时,应引起严重关切。所以 PD 的可发现的最小放电量至少应达到 5000 pC。然而即使是这样一个要求,在进行在线测量时,也并非一定能够实现。

## 练 习 题

5-1 绝缘诊断技术包括哪些基本环节?

5-2 什么叫绝缘的破坏性试验和非破坏性试验? 你所知道的电力设备的破坏性试验和非破坏性试验有哪几种?

5-3 为什么用绝缘电阻表测量电力设备绝缘吸收比的方法,可比仅测量施压 60 s 下的绝缘电阻值的方法检出绝缘缺陷的灵敏度更高一些?

5-4 用光电法测量泄漏电流比传统法具有什么优点?

5-5 请画出进行单相 220 kV/10 kV 电力变压器高压绕组对低压绕组,同时对外壳的主绝缘进行 tanδ 测试的试验接线全图,其中应包括西林电桥的接线和试品的详细接法。

5-6 当用并联等效电路代表有损耗的试品绝缘时,请推导出如式(5-4)、式(5-5)所示的结果。

5-7 西林电桥用于电场强烈的环境时，有可能需将 $C_4$ 和 $R_4$ 脱开，而改与 $R_3$ 并联才能取得平衡。请推导证明，此时的 $\tan\delta=-\omega C_4 R_3$。

5-8 正接法和反接法西林电桥各应用在什么条件下？

5-9 电气设备局部放电测试中常说到真实放电量和视在放电量，实际现场试验时测量的是真实放电量还是视在放电量？

5-10 在现场，由于条件限制和干扰严重等原因，通常给局部放电试验造成比较大的困难，能否通过测量电介质损耗角正切 $\tan\delta$ 的办法来间接反映设备是否存在局部的放电性故障？

5-11 在对某高压设备进行电介质损耗角正切测量时，发现设备的 $\tan\delta$ 随着外加电压的增大而显著增大，请问该高压设备是否有可能存在局部放电性故障？

5-12 测量电力设备的绝缘局部放电时，常测量“视在局部放电量”这一指标。它是什么含义？试用电介质三电容模型，推导说明视在放电电荷量 $q$ 与电介质中真实放电电荷量 $q_r$ 之间的关系。一台 500 kV 电力变压器新产品在实验室中的 PD 放电量允许值约为多大？

5-13 图 5-22 为进行绝缘局部放电试验的原理接线图。HV 为交流高压试验源，$Z$ 为低通滤波器，$C_x$ 为被试品电容，其值为 2000 pF。$C_k$ 为耦合电容，其值为 200 pF。由 $C_m$ 和 $R_m$ 组成检测阻抗。当 HV 达到一定的试验电压值时，若 $C_k$ 上产生了 5 pC 的局部放电量，请问由此因素可误解为 $C_x$ 上发生了多少 pC 的视在局部放电量（本题需有推导说明）？

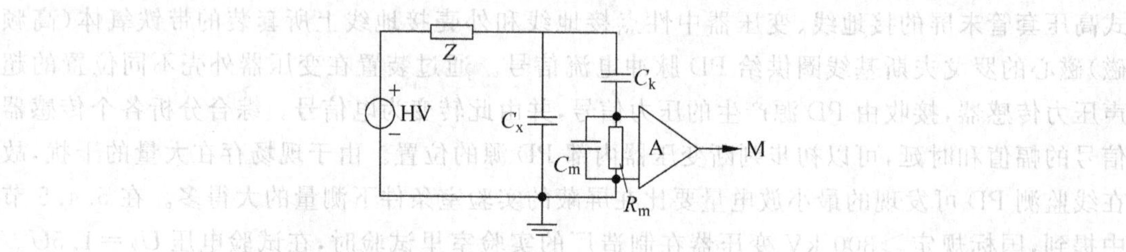


图 5-22 局部放电试验原理接线图

5-14 除了用脉冲电流法测量绝缘中的局部放电外，还采用哪些方法来测量局部放电？

5-15 有哪几种绝缘预防性试验方法，各具有什么特点？

5-16 对电力设备绝缘进行高电压耐压试验时，所采用的电压波形是哪几种？各应用在什么场合？

5-17 什么叫做电力设备的在线监测？它比离线的检测具有什么优点？

# 第6章 高电压和冲击大电流的产生

**本章核心概念：**

试验变压器，串级试验变压器，容性试品电压的升高，高压谐振试验设备，倍压直流和串级直流，纹波因数，冲击电压发生器，并联充电与串联放电，波前电阻与放电电阻，冲击电流发生器

## 6.1 交流高电压的产生

### 6.1.1 概述

1. 试验变压器的用途

交流高电压试验设备主要是指高电压试验变压器，此外本章中也介绍高电压串联谐振试验设备。试验变压器的主要用途有以下几点：

(1) 产生试验用的工频电压；

(2) 作为直流、冲击电压发生器电源；

(3) 产生操作冲击电压。

电力系统中的电气设备，其绝缘不仅经常受到工作电压的作用，而且还会受到诸如大气过电压和内部过电压的侵袭。高电压试验变压器的作用在于产生工频高电压，使之作用于被试电气设备的绝缘上，以考察被测试电气设备在长时间的工作电压及瞬时的内过电压下是否能可靠工作。另外，它也是试验研究高压输电线路的气体绝缘间隙、电晕损耗、静电感应、长串绝缘子的闪络电压、电力设备内部绝缘中的局部放电以及带电作业等项目的必需的高压电源设备。近年来，由于超高电压及特高电压输电的发展，必须研究内绝缘或外绝缘在操作波作用下的击穿规律及击穿数值。利用高压试验变压器还可以产生“长波前”类型的操作冲击波。因此工频试验变压器除了固有的产生工频试验电压，以及作为直流高压和冲击高压设备的电源变压器的功用外，还可以用来产生操作冲击波试验电压。所以，工频试验变压器是高电压实验室内不可缺少的主要设备之一，由于它的电压值需要满足不同电压等级的耐压试验甚至要达到操作冲击电压值的要求，故试验变压器的工频输出电压将大大超过电力变压器的额定电压值，常达几百千伏或几千千伏的数值。目前我国和世界上多数工业

发达国家都具有2250 kV的试验变压器，个别国家试验变压器的电压已达到3000 kV。

2. 试验变压器与电力变压器的差异

试验变压器在原理上与电力变压器并无区别，只是前者电压较高，变比较大。由于电压值高，所以要采用较厚的绝缘及较宽的间隙距离，因此试验变压器的漏磁通较大，短路电抗值也较大，而电压高的串级试验变压器的总短路电抗值则更大。在大的电容负载下，试验变压器一、二次侧的电压关系与线圈匝数比有较大差异，因此试验变压器常常有特殊的测量电压用的线圈(在后续章节将具体介绍其原理)。当变压器的额定电压升高时，它的体积和质量的增加趋势超过按额定电压的三次方($U^3$)的上升速度。为了限制单台试验变压器的体积和质量，有必要在接线上和结构上采取一些特殊措施，例如目前采用的串级装置等。这样可使试验变压器在某些情况下具有特殊形式。

试验变压器的运行条件与电力变压器的不同，例如：

(1) 试验变压器在大多数情况下，工作在电容性负荷下；而电力变压器一般工作在电感性负荷下。

(2) 试验变压器所需试验功率不大，所以变压器的容量不是很大；而电力变压器的容量都很大。

(3) 试验变压器在工作时，经常要放电；电力变压器在正常运行时，发生短路事故的机会不多，而且即使发生，继电保护装置也会立即将电源断开。

(4) 电力变压器在运行中可能受到大气过电压及操作过电压的侵袭；而试验变压器并不受到大气过电压的作用。但当试品放电时，沿试验变压器绕组的电压分布可能十分不均匀。

(5) 试验变压器工作时间短，在额定电压下满载运行的时间更短。比如进行电气设备的耐压试验时常常用的是1 min工频耐压。而电力变压器则几乎常年在额定电压下满载运行。

(6) 由于上述原因，试验变压器工作温度低，而电力变压器温升较高。也因此电力变压器都带有散热管、风冷甚至强迫油循环冷却装置。而试验变压器则没有各种附加的散热装置，或只有简单的散热装置。

3. 试验变压器的安全系数

上述情况表明，试验变压器在运行条件方面比电力变压器有利，而在重要性方面则不如电力变压器，所以设计时采用较小的安全系数。例如50～250 kV试验变压器本身的试验电压比额定电压仅高25 kV；更高电压(≥300 kV)的试验变压器的试验电压比额定电压仅高10%。例如500 kV试验变压器的5 min 100 Hz自感应试验电压为550 kV；国产YDC-1500/1500(额定电压为1500 kV，额定容量为1500 kV·A)二级串级试验变压器，单台750 kV变压器的5 min 100 Hz自感应试验电压为额定电压的110%；两台串级时所取的感应试验电压仅为额定电压的105%。而电力变压器的试验电压常比额定电压高得多，例如220 kV电力变压器的出厂1 min工频试验电压为325～400 kV(有效值)；330 kV变压器的出厂1 min工频试验电压为510 kV。正因为高压试验变压器的试验电压较低，设计温升较低，故在额定功率下只能做短时运行。例如上述的(由苏联生产的)500 kV试验变压器，在额定电压下只能连续工作30 min，在330 kV电压及330 kV·A容量下才能持续运行。有的特高电压的试验变压器，在额定电压及容量下只能运行5 min。

试验变压器铁芯的磁通密度应设计得较小，从而可避免较大的激磁电流在供电的调压器中产生较大的谐波，后者会使所产生的电压波形达不到“正弦波”的要求。

为了满足测量电力设备绝缘局部放电量的要求，有些特殊设计的高压试验变压器，其本身的局部放电量极小，只有几个皮库，这类试验变压器称为无晕试验变压器。

4. 试验变压器的接线

高压试验变压器进行试验时的接线如图 6-1 所示。

图 6-1 中保护电阻 $R_1$ 的作用是防止试品放电时发生的电压截波对试验变压器绕组绝缘的损伤，同时它也起着抑制试品闪络时所造成的恢复电压的作用(见 6.1.4 节)。该保护电阻的数值应由变压器制造厂供给，若制造厂未供给它的数值大小，一般可按 0.1 Ω/V 选取。个别制造厂所生产的试验变压器，允许不接保护电阻。

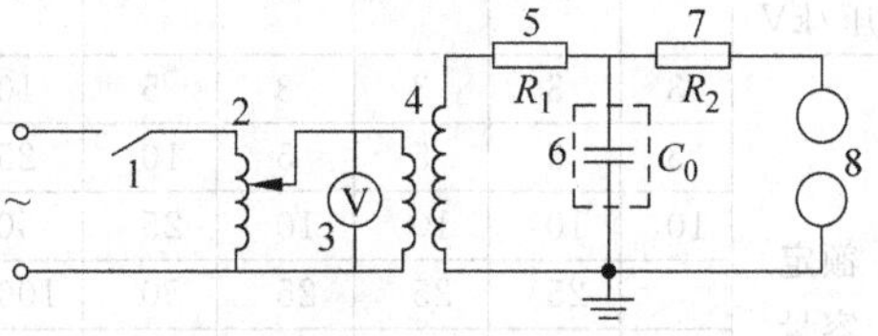

图 6-1　工频高电压试验的基本线路
1—电源开关；2—调压器；3—电压表；
4—试验变压器；5—变压器保护电阻；6—试品；
7—测量铜球保护电阻；8—测量铜球

5. 试验电压的频率和波形

试验电压的频率和波形对各种试验有不同程度的影响。在进行交流耐压试验时，有些测量电压的仪表所测得的是电压有效值，不少电气产品的试验也只提出电压有效值的要求。但是工频放电或击穿一般取决于电压的峰值。试验波形实际上很难保证是严格的正弦波，当波形畸变时，电压峰值与有效值之比不是$\sqrt{2}$。由于波形上主要叠加了较大的三次谐波分量，峰值与有效值之比可达 1.45～1.55。此时若再根据所测得有效值乘$\sqrt{2}$来求峰值，就会造成很大的误差。此外，因为有些绝缘材料的绝缘性能还与电压频率相关，所以电压频率加高或含有高次谐波的非正弦波加在有机绝缘材料上，会产生较大的介质损耗，容易使绝缘过热而造成耐压性能降低。

为此，国家标准 GB/T 16927.1—2011 规定试验电压一般应是频率为 45～55 Hz 的交流电，IEC 60060—1:2010 则规定为 45～65 Hz。按有关设备标准规定，有些特殊试验可能要求频率远低于或高于这一范围。试验电压的波形为两个半波相同的近似正弦波，且峰值和方均根(有效)值之比应为$\sqrt{2}\times(1\pm0.05)$。必须重视试验变压器输出的电压波形是否合乎标准。

造成试验变压器输出电压畸变的最主要原因，是试验变压器铁芯磁化曲线的非线性，特别是当使用到临近饱和段时，激磁电流就含有三次谐波分量，在调压器漏感较大时，输出波形就会产生明显畸变。此外，供电电网的电压波形有时也包含谐波分量。为了减小波形畸变，试验变压器应选用优质低磁密的铁心，变压器和调压器的短路电抗都应较小，必要时可设置 *LC* 滤波装置。在波形质量要求高时，可采用电动发电机组产生可调压的正弦波电压。这也意味着进行工频耐压试验时，应当采用测量波形的表计。仅测量峰值或有效值的表计，如后面将要讲到的峰值电压表和静电电压表，只是在验证工频波形完全合格时，才予以应用。

### 6.1.2 试验变压器的电压与容量

1. 常规试验变压器

由于试验变压器的体积和质量随其额定电压值的增加而急剧增加，一般单台变压器的电压都限制在1000 kV以下，目前国产变压器的电压限制在750 kV。高于750 kV者都采用串级方式(见6.1.3节)。部分国产试验变压器的额定电压和容量如表6-1所示，单台式和串级式分别叫做YD型和YDC型。

**表6-1 国产试验变压器的额定电压和额定容量**

| 额定电压/kV | 5 | 10 | 25 | 35 | 50 | 100 | 150 | 250 | 300 | 500 | 750 | 1000 | 1500 | 2250 |
|---|---|---|---|---|---|---|---|---|---|---|---|---|---|---|
| 额定容量/(kV·A) | 3 | 3 | 3 | 3 | 5 | 10 | 25 | 250 | 300 | 300 | 750 | 1000 | 750 | 2250 |
| | 5 | 5 | 5 | 5 | 10 | 25 | 50 | 500 | 1200 | 500 | 1500 | 2000 | 1500 | 9000 |
| | 10 | 10 | 10 | 10 | 25 | 50 | 100 | 1000 | | 1000 | 3000 | | | |
| | | 25 | 25 | 25 | 50 | 100 | 150 | | | 1500 | | | | |
| | | | 50 | 50 | 100 | 200 | 300 | | | | | | | |
| | | | | 100 | 250 | 250 | | | | | | | | |
| | | | | 150 | 500 | 400 | | | | | | | | |
| | | | | 200 | 750 | | | | | | | | | |

2. 试验变压器选型

(1) 试验变压器的电压

所需的试验变压器的额定电压$U_n$应不低于试验电压$U$。

(2) 试验变压器的电流

试品大多为电容性的，当知道试品的电容量(参见表6-2)及所需施加的试验电压值时，便可按式(6-1)计算出试验电流：

$$I_s = \omega CU \times 10^{-9}\text{(有效值)(A)} \tag{6-1}$$

其中，$U$为所加的试验电压(有效值)，kV；$C$为试品的电容量，pF；$\omega$为所加电压角频率，rad/s。试验变压器的额定电流应不小于试验电流$I_s$。

**表6-2 常见的试品电容量**

| 试品名称 | 电容值/pF |
|---|---|
| 线路绝缘子 | <50 |
| 高压套管 | 50～600 |
| 高压断路器，电流互感器，电磁式电压互感器 | 100～1000 |
| 电容式电压互感器 | 3000～5000 |
| 电力变压器 | 1000～15000 |
| 电力电缆(1 m) | 150～400 |
| $SF_6$绝缘的GIS | 1000～10000 |

(3) 试验变压器的容量

试验变压器的额定容量$P_n$应按下式来选择：

$$P_n \geqslant U_n I_s \tag{6-2}$$

以下为选用试验变压器额定电压及容量实例。

**例**：某二次变电所需对大修后的一台35 kV/10 kV/3200 kV·A的电力变压器进行高压绕组对低压绕组和铁心、铁外壳(后两者良好接地)进行工频耐压试验，已用电桥测出其高压绕组对低压绕组和地之间的电容量为5870 pF，请选择一台合适的高压试验变压器。

**解**：查阅有关规程可知，此时变压器应施加的试验电压为72 kV。根据式(6-1)计算出

加压时，试验变压器高压绕组流过的电流为

$$I_s = 2\pi fCU \times 10^{-9} = 314 \times 5870 \times 72 \times 10^{-9} = 0.133(\text{A})$$

试验容量为

$$P_s = 0.133 \times 72 = 9.58(\text{kV} \cdot \text{A})$$

据表 6-1，试验变压器的额定电压选 100 kV，但应注意试验变压器的额定容量不能选择 10 kV·A 的，因为这种容量的变压器高压绕组最大只能流过 0.1 A 的电流。此时应选择 100 kV/25 kV·A 的现成商品试验变压器以满足式(6-2)的条件，即

$$25(\text{kV} \cdot \text{A}) > 13.3(\text{kV} \cdot \text{A})$$

3. 大电容量负载的试验变压器

除了一般试品外，有时也有电容量较大的试品。有些高压实验室，户外有高压试验线路，需要考虑供应较大的电容电流及电晕电流。当然试验线路的电容值与线路的长短有关。架设试验线路的目的之一是研究电晕损耗，为了测量准确起见，线路较长是有利的，但又由于经济上的考虑，有时超高压试验线路选取 500 m 左右。根据运行经验 330 kV 的试验线路，选取 1 A 制的试验变压器是有可能满足试验要求的；而对于不低于 500 kV 的试验线路，1 A 制的试验变压器就难以满足要求了，例如为了研究 750 kV 线路的电晕损耗，需要变压器供给 3 A 左右的电流。

对于特大的电容试品，例如电缆厂中的成卷高压电缆的耐压试验，特大容量发电机的耐压试验等，往往要特制试验变压器来适应试验功率的要求，目前常用串联谐振装置(见 6.1.5 节)来满足试验的要求。此外也正在发展采用低频(2 Hz)和超低频(0.1 Hz)的耐压试验方法。

有时在试验大电容值的试品时，可采用补偿的方法来减小流经变压器高压绕组中的电流。假如在高压侧进行补偿，则可和电容性试品并联一电感线圈。不过采用补偿时，要兼顾经济和技术两方面，首先是高压补偿线圈比较贵，其次采用补偿后可能使输出电压波形畸变。因此在对波形要求较高的试验中，例如在测介质损耗及测电晕损耗时，一般宁愿采用大容量试验变压器，而不愿采用补偿法。

为满足特高压电抗器耐压试验的需要，保定天威变压器厂配备有额定电压 1100 kV、电流 563.7 A 的大容量试验变压器。

4. 电导性负载的试验变压器

试验变压器有时也可能遇到电导性负载，例如做绝缘湿闪试验及染污放电试验时，电导电流较大。此时由于沿介质表面的湿放电及污秽放电都属于电弧放电过程，如果试验电流不够大，不能形成电弧，则此项试验将失去意义。而且在容量较小、阻抗较大时，提高试验电压，试验电流增加，将引起压降的增加，而真正作用在试品上的电压并未增加，在试验时无法获知在什么电压值下发生闪络。对高于 100 kV 的绝缘湿试验或者绝缘干试验，有持续的流注局部放电发生，要求试验系统的额定电流达 1 A、短路阻抗小于 20%。在对固体、液体或者两者组合的绝缘小样品上进行低于 100 kV 的干试验及对试验电压高于 100 kV 的自恢复外绝缘的干试验，且无流注局部放电产生的条件下，一般要求试验系统的额定电流大于 0.1 A、短路阻抗小于 20%，才可以满足要求。对于人工污秽试验，一般需要 15 A 或以上的较大短路电流值。IEC 60060—1：2010 中提到，人工污秽试验稳定状况下的额定电流为 1～5 A。该标准还建议在高于 100 kV 的交流试验回路中，应安装不小于 1.0 nF 的电容器，以防止局部放电对测量电压的影响。

### 6.1.3 串级高压试验变压器

1. 串级变压器的基本原理

单台变压器的电压超过 500 kV 时，费用随电压的上升而迅速增加。同时在机械结构上和绝缘上都有困难，此外运输与安装亦出现困难。所以目前单台变压器的额定电压很少超过 750 kV。电压很高时，常采用几台变压器串接的方法。几台试验变压器串接的意思是使几台变压器高压绕组的电压相叠加，从而使单台变压器的绝缘结构大为简化。对于绝缘而言，相当于是化整为零的一种做法。

自耦式串级变压器是目前最常用的串级方式，在此法中高一级的变压器的激磁电流由前面一级的变压器来供给。图 6-2 为由 3 台变压器组成的串级装置，图中绕组 1 为低压绕组，2 为高压绕组，3 为供给下一级激磁用的串级激磁绕组。设该装置输出的额定试验容量为 $3U_2I_2$ kV·A，则最高一级变压器 $T_3$ 的高压侧绕组额定电压为 $U_2$ kV，额定电流为 $I_2$，装置额定容量为 $U_2I_2$ kV·A。中间一台变压器 $T_2$ 的装置额定容量为 $2U_2I_2$ kV·A，这是因为这台变压器除了要直接供应负荷 $U_2I_2$ kV·A 的容量外，还得供给最高一级变压器 $T_3$ 的激磁容量 $U_2I_2$ kV·A。同理，最下面一台变压器 $T_1$ 应具有的装置额定容量为 $3U_2I_2$ kV·A。所以每级变压器的装置容量是不相同的。如上例所述，当串级数为 3 时，串级变压器的输出额定容量为 $P_{试}=3U_2I_2=3P$，而串级变压器整套设备的装置总容量应为各变压器装置容量之和，即

$$P_{装}=U_2I_2+2U_2I_2+3U_2I_2=(1+2+3)P=6P$$

所以装置总容量 $P_{装}$ 与可用的试验容量 $P_{试}$ 之比为

$$P_{装}/P_{试}=6P/3P=2$$

如果串级数为 $n$，则 $P_{试}=nU_2I_2=nP$，而装置总容量为

$$P_{装}=(1+2+3+\cdots+n)P=[n(n+1)/2]P \quad (6\text{-}3)$$

这样，在 $n$ 级时的串级装置的容量之和等于它的有用输出容量的 $(n+1)/2$ 倍，即 $P_{装}/P_{试}=(n+1)/2$。换言之，试验装置的利用率 $\eta=P_{试}/P_{装}=2/(n+1)$。所以随串级级数的增加，装置的利用率显著降低，这是这类串级试验变压器的一个缺点。一般串级的级数 $n\leqslant 3\sim 4$。

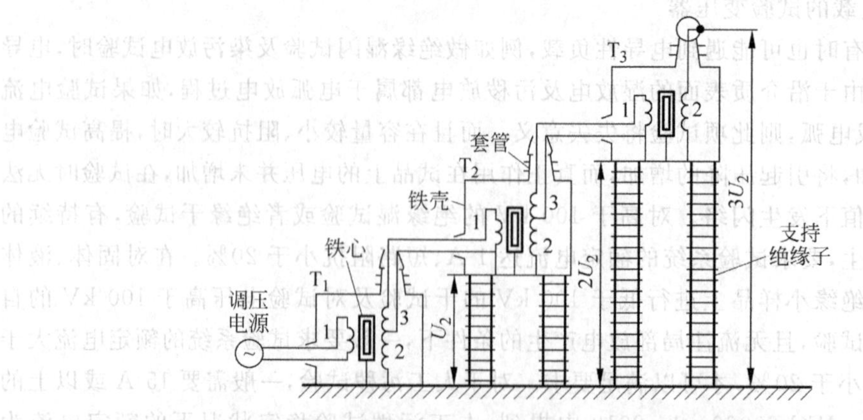


图 6-2 由单(高压)套管变压器元件组成的串级变压器示意图

1—低压绕组；2—高压绕组；3—供给下一级激磁用的串级激磁绕组；

$T_1$——一级变压器；$T_2$—二级变压器；$T_3$—三级变压器

由图 6-2 可见串级变压器在稳态工作时各级变压器的电位分布情况。各级变压器的铁心和它的外壳接在一起，它们具有同一个电位。串级变压器的输出电压为 $3U_2$，则第 3 级变压器的外壳对地有 $2U_2$ 的电位差；第 2 级变压器的外壳对地有 $U_2$ 的电位差，所以需分别用相应的支柱绝缘子把它们对地绝缘起来。各级变压器的高压绕组 2 以及激磁绕组 3，对低压绕组 1 和外壳、铁心之间的主绝缘，只需要耐受 $U_2$ 水平的电压。同样，每级变压器的高压套管也只需耐受 $U_2$ 等级的电压。低压套管只耐受绕组 1 的两端电压，一般只有 10 kV 及其以下的电压。

在试验电压水平更高时，还常采用双高压套管引入和引出的试验变压器，每级变压器高压绕组的中点接外铁壳(见图 6-3)。其优点是可比图 6-2 所示变压器进一步降低绝缘水平。每个高压套管引出端对铁壳和铁心的压差是高压绕组总电压的一半，因此高压套管以及内部主绝缘的绝缘水平，只要能耐受每级电压的一半就可以了。每一级变压器的外壳都带有一定的电位，如图 6-3 中所示，所以都需要有相应高度的支柱绝缘子把它们对地绝缘起来。在图 6-3 中为了简明，没有画出为减小变压器短路电抗而设置的平衡绕组。图中所示的相邻每级变压器套管之间的连接管是用来屏蔽套管间的连接线的。另外套管与它同电位的、设置在支持绝缘子上的均压环之间也设有连管。这些连管都由金属壳做成，要求有一定的曲率半径和表面光滑度，它们起着固定电位及均匀电场的作用。

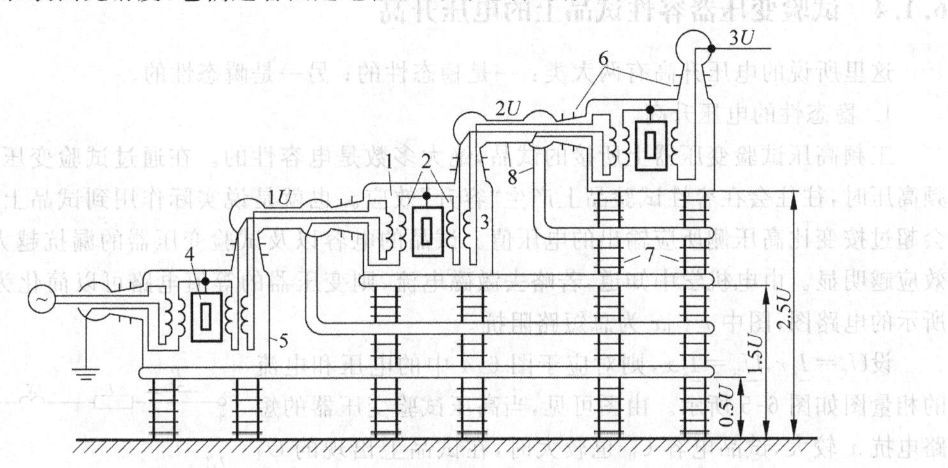


图 6-3 由双高压套管变压器元件组合的串级变压器示意图

1—低压绕组；2—高压绕组；3—串级激磁绕组；4—铁心；
5—外铁壳；6—高压套管；7—支持绝缘子；8—屏蔽联管

对于试验变压器来说，希望它的短路电抗不能过大，否则会降低短路容量，从而影响绝缘子湿闪或污闪电压的测试结果，还会造成在电容性负载下的电压“容升”现象，后者将在 6.1.4 节中予以叙述。变压器串接时会使阻抗电压值大为上升。比如单台试验变压器的阻抗电压一般为 4.5%～9%，但 3 台变压器串接时，则阻抗电压可高达 22%～40%。详细串级变压器阻抗电压升高的原因和短路电抗的计算可参见张仁豫等的《高电压试验技术》。

2. 串级试验变压器的优缺点

(1) 串级试验变压器的优点

① 单台变压器的电压不必太高，因此绝缘结构的制造相对比较方便，绝缘的价格较便宜，每台变压器的质量不会过重，运输及安装方便。

② 可以改接线，供三相试验。两台串级的情况，可改接为V形接线；三台串级的情况，可改接成Y或△接线，也可以改接线，使变压相互并联，以供给大的负荷电流。显然，当改接为三相试验接线，或改为并联连接时，试验电压要相应地降低。

③ 当需要低的试验电压时，可以只使用其中的一两台变压器，以使作为其电源的发电机的激磁不致过小，工作较容易。而且串级变压器的台数少，可使总的试验回路的短路电抗大为减小。

④ 每台变压器可以分开单独使用，这样工作地点可以有所增加。

⑤ 一台变压器出故障时，其余的几台仍可以继续使用，损失相对可减小。

(2) 串级试验变压器的缺点

① 在自耦式串级变压器的情况下，由于上一级变压器的功率需要由下一级来供给，故整个装置的利用率低。

② 由于激磁绕组及低压绕组中的漏抗及由于整套串级变压器中的漏抗，当级数增多时，总的电抗增加甚剧。故一般认为串级数不应超过4级。

③ 发生过电压时，各级间瞬态电压分布不均匀，可能发生套管闪络及激磁绕组中的绝缘故障。

### 6.1.4 试验变压器容性试品上的电压升高

这里所说的电压升高有两大类：一是稳态性的；另一是瞬态性的。

1. 稳态性的电压升高

工频高压试验变压器上所接的试品，绝大多数是电容性的。在通过试验变压器施加工频高压时，往往会在容性试验品上产生"容升"效应。也就是说实际作用到试品上的电压值会超过按变比高压侧所应输出的电压值。试品的电容以及试验变压器的漏抗越大，"容升"效应越明显。由电机学中知道，若略去激磁电流，则变压器的等值电路可以简化为如图6-4所示的电路图，图中$r+\mathrm{j}x$为总短路阻抗。

设$\underline{U}_r=\underline{I}_2 r$，$\underline{U}_x=\underline{I}_2 x$，则对应于图6-4中的电压和电流的相量图如图6-5所示。由图可见，当高压试验变压器的短路电抗$x$较大，试品电容$C_0$也较大时，在试品上出现的$U_2$电压值超过按变比换算所应得到的$U_1'$。由此说明，用试验变压器的一次侧(低压侧)的电压按变比求高压侧电压常是不准确的。一般不低于100 kV的试验变压器常备有第3个绕组专供测量电压用，它的匝数是高压绕组匝数的1/1000，因此接上去的电压表的读数，就是以千伏为单位的被测电压值。测量绕组最好设置在高压绕组的X端(接地端)附近(见图6-6)，这样可在结构上保证该绕组与高压绕组之间有较好的耦合，因此可使测量误差相对更小。但尽管如此，由于试品的负荷效应所引起的测量误差，仍然是不可避免的，特别是在串级装置中，各级高压绕组的电压分布不均匀，因此只用第一级变压器的测量绕组的电压简单地换算整个串级装置的电压是不可行的。所以，应在一定的试品下作出测量绕组的电压与输出高压之间的校正曲线。

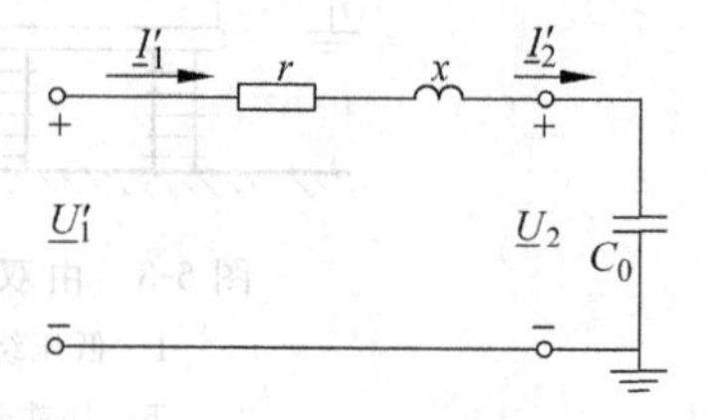


图6-4 试验变压器的简化等效电路图

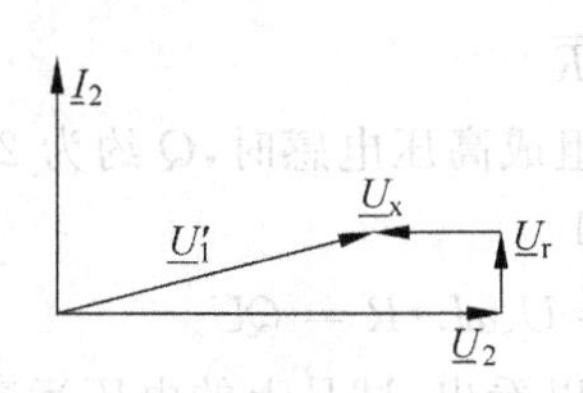

图 6-5 试验变压器接容性试品后的电压相量图

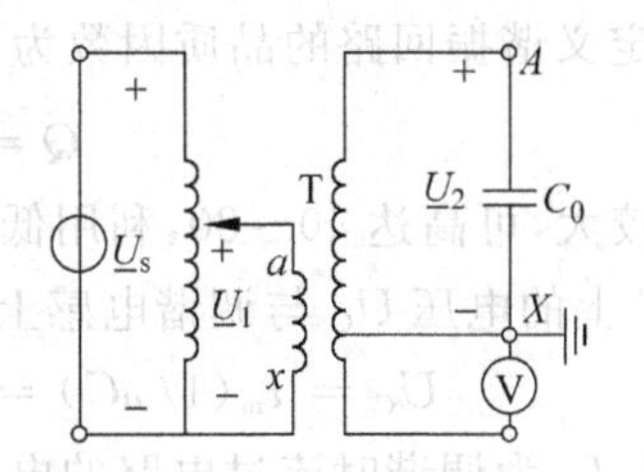

图 6-6 电压 100 kV 及以上的试验变压器常具有的测量绕组图

2. 瞬态性的电压升高

瞬态性的电压升高又可分两种情况。第一种情况是试验变压器的试品等的负荷电容，可能与变压器及调压器的短路电抗在升压或耐压过程中发生了串联谐振，从而造成过电压事故。由于某些调压器的短路电抗与调压位置有关，所以过电压可以在调压过程中突然发生。为预防此类过电压的产生，试品应并接球隙进行保护。瞬态过电压的第二种情况是由于容性试品在空气中在交流正半周峰值下发生闪络，后又因电弧过零而熄灭，由于恢复电压的建立取决于 $RLC$ 回路的参数，所以在一定的参数条件下可能会产生多次闪络及熄弧的过程，从而会发生负极性恢复电压波形的幅值升高，危及试验变压器的内绝缘。在试验变压器一次侧采用晶闸管的保护装置，当过电压发生时，控制晶闸管将变压器首端短路，然后由继电保护装置控制供电断路器跳闸，从而避免此类过电压事故的发生。

### 6.1.5 高压串联谐振试验设备

为适应具有大电容量的试品的工频耐压试验的需要，可使用工频高压串联谐振试验设备。具有大电容量的试品通常是指电缆、GIS、六氟化硫管道、电容器以及容量大于 300 MW 的大容量发电机。

1. 串联谐振原理

串联谐振试验设备是利用 $LC$ 串联谐振的原理，使试品能受到工频高电压的作用，而供电设备的额定电压及容量可大为减小。其原理性的试验接线如图 6-7 所示，而其等效电路图如图 6-8 所示。图 6-7 中，T 为供电变压器，$L$ 为调谐用可变电感，$C$ 为试品及分压器和外加电容器的总电容。在图 6-8 中的 $R$ 是代表回路中实际存在的总电阻，它包括引线及调谐电感固有的电阻，也代表了高压导线的电晕损耗及试品介质损耗的等效电阻，有时也包括特地接入的调整电阻。工作时，调整电感 $L$ 的大小，使之与电容 $C$ 在工频电压下发生串联谐振。要求 $\omega L=1/(\omega C)$，$\omega=2\pi f$，$f=50$ Hz。在谐振时，流过高压回路 $L$ 及 $C$ 的电流达到最大值，即 $I_m=U_s/R$，其中 $U_s$ 为试验时的电源电压。

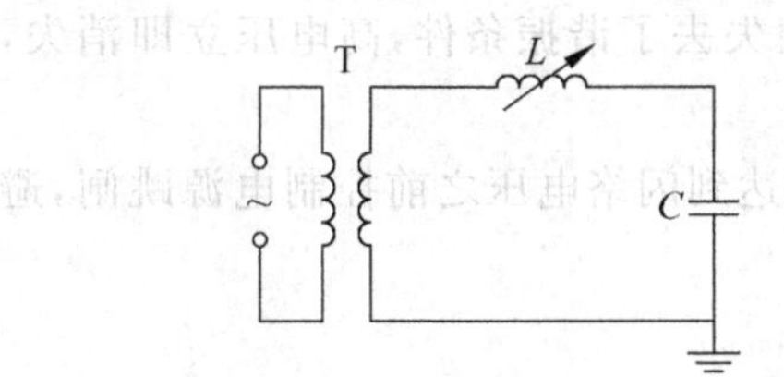

图 6-7 串联谐振的原理图

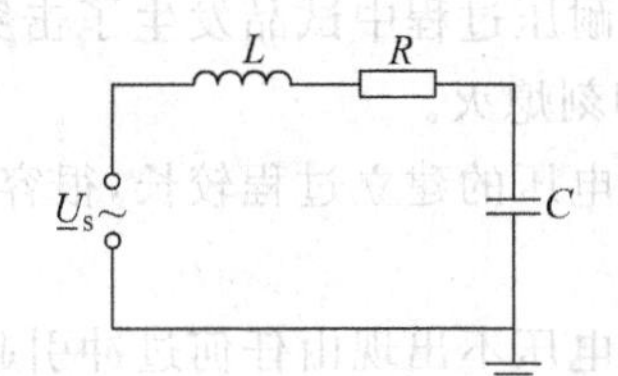

图 6-8 串联谐振装置的等效电路

通常定义谐振回路的品质因数为

$$Q = \omega L/R = \sqrt{LC/R} \tag{6-4}$$

$Q$ 的数值较大，可高达 40～80，利用低压电感经变压器组成高压电感时，$Q$ 约为 20。在调谐时，试品 $C$ 上的电压 $U_C$ 与调谐电感上的电压一样大，即

$$U_C = I_m(1/\omega C) = U_L = I_m(\omega L) = U_s\omega L/R = QU_s \tag{6-5}$$

式(6-5)中，$I_m$ 为调谐时流过电路的电流。从式(6-5)可以看出，试品上的电压远高于电源电压 $U_s$。另一方面可以看到，电源变压器的容量为

$$W = U_s \cdot I_m = U_s^2/R = I_m^2 R \tag{6-6}$$

从式(6-6)可以看出，在谐振时试验所消耗的功率仅为电阻上的有功功率，此时 $R$ 值又不会较大，故在试品电容量较大时，供电变压器的容量要比普通工频耐压所用的试验变压器小得多。

2. 串联谐振装备

如 $U_C$ 值较高，则 $U_L$ 值也较高。若高电压的调谐电感不便于制作，可将调谐电感接在试验变压器(也叫调谐变压器)的低压侧，组成调谐电感与调谐变压器的组合，后者相当于一台高压调谐电感。国外已将上述“组合”做成一个元件，如图 6-9 所示。为产生高的试验电压，可以由数台这样的组合串联起来，以组成更高电压的调谐电感。

当对 GIS 进行交流耐压试验时，施加电压的频率允许在 45～300 Hz 的范围内变化，所以可调整变频电源的频率来产生回路的谐振，这种串联谐振装备，由于是在较高的频率下调谐，所以 $Q$ 因数可较大，例如可达 100 或更高，有利于实现试验设备的小型化。

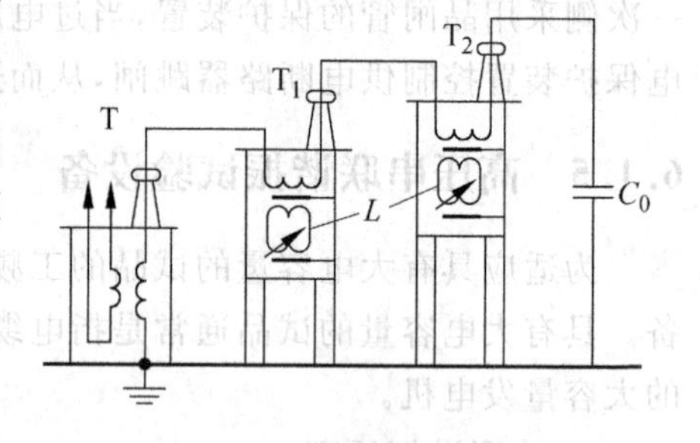


图 6-9　串联谐振装置

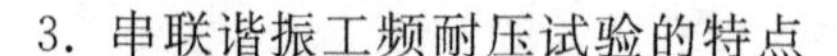

3. 串联谐振工频耐压试验的特点

(1) 供电变压器和调压器的设备容量小。因为它的供电电压 $U_s = U_C/Q$，既然高压回路中流过的电流一样大，所以它们的容量，在理论上只需试验所需容量的 $1/Q$。

(2) 高压电抗器(或低压电抗与高压变压器的组合电抗)的串并联运行较简单而有效，比较灵活。任意多的组均可串联，不会像串级试验变压器中会出现高短路阻抗问题。用适当控制单个电抗器阻抗的方法可保证串联时的电压均匀分布。

(3) 串联谐振装置所输出的电压波形较好。这是因为仅对工频(基波)产生谐振，而对其他由电源带来的高次谐波分量来说，回路总阻抗甚大，所以试品上谐波分量甚弱，试验波形就较好。

(4) 若在耐压过程中试品发生了击穿或闪络，则因失去了谐振条件，高电压立即消失，从而使电弧即刻熄灭。

(5) 恢复电压的建立过程较长，很容易在电压再次达到闪络电压之前控制电源跳闸，避免重复击穿。

(6) 恢复电压不出现由任何过冲引起的过电压。

正因为上述(4)、(5)的特点，试品击穿后所形成的烧伤点并不大，这有利于对试品的击穿原因进行研究。由于以上特点，这种装置使用起来比较安全，既不会产生大的短路电流，

也不会发生恢复过电压。

由于串联谐振装置具有上述一些特点，又由于试验装备的质量比试验变压器轻，并具有装拆方便的积木式特点，所以运输也方便，有利于供现场试验用。串联谐振装置的使用局限性是不能进行绝缘子和套管的湿闪和污闪试验。因此它不能完全取代高压试验变压器的作用。

4. 串联谐振对闪络引起的负向过电压的抑制作用

对于上述(5)、(6)两个特点，说明如下。

使用高压串联谐振设备做试验时，若供电变压器给出的电压为 $U_m\cos(\omega t-\theta)$，则试品在初次闪络而又熄弧后，在试品上会出现恢复电压 $u_{01}$，它由两部分构成：一为稳态分量；另一为瞬态分量。串联谐振设备的等效电路如图 6-10 所示。若选择一合适的 $U_m$ 和 $\theta$，以使试品 $C$ 两端的稳态分量恰好可表示为 $\cos\omega t$，则 $u_{01}$ 可表达为

$$u_{01} \approx [1-\exp(-\pi n/Q)]\cos\omega t \tag{6-7}$$

其中：$Q=\omega L/R=40\sim80$，$n$ 是 $t$ 从零开始算起的周期数。

如果第二次的闪络出现在比第一次的耐压值略低的电压下，假设在指数项衰减至 5% 左右出现再次闪络，则 $\pi n/Q\approx3$，$n/Q\approx1$ 即 $n\approx Q$，由于谐振装置中 $Q$ 值较大，故 $n$ 值也较大，所以在另一次闪络出现之前要经历几十个周期的时间，在这样长的时间内，电源很容易被切除掉。

图 6-11 为一台实际串联谐振装置在试品闪络后所出现的恢复电压波形，该装置的品质因数 $Q$ 为 40。由图 6-11 可见，试品闪络后并不会出现负向过冲过电压。恢复电压重新达到再次击穿值所需的时间间隔接近 1 s。

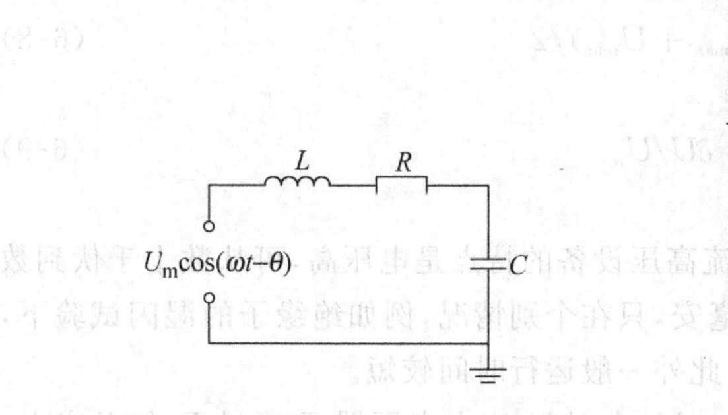

图 6-10 串联谐振设备的等效电路图

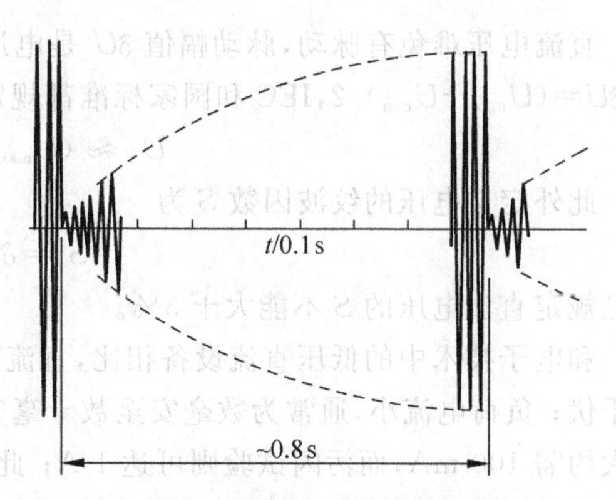

图 6-11 试品闪络后的恢复电压波形

# 6.2 直流高电压的产生

电力设备常需进行直流高压下的绝缘试验，例如测量其泄漏电流。对一些电容量较大的交流设备，例如电力电缆，需用直流耐压试验来代替交流耐压试验。对超高压直流输电所用的电力设备则更得进行直流高压试验。此外，对一些高电压试验设备，例如冲击试验设备，需用直流高压作电源。因此直流高压试验设备是进行高电压试验的一项基本设备。

### 6.2.1 半波整流直流装置

一般用整流设备来产生直流高压，常用的整流设备是如图 6-12 所示的半波整流电路。弱电技术中所采用的全波整流或桥式整流回路有利于减小脉振 $\delta U$，但在高压装置中因其价格昂贵并不常用。

### 6.2.2 直流输出电压和纹波因数

半波整流电路所产生的电压波形如图 6-13 所示。

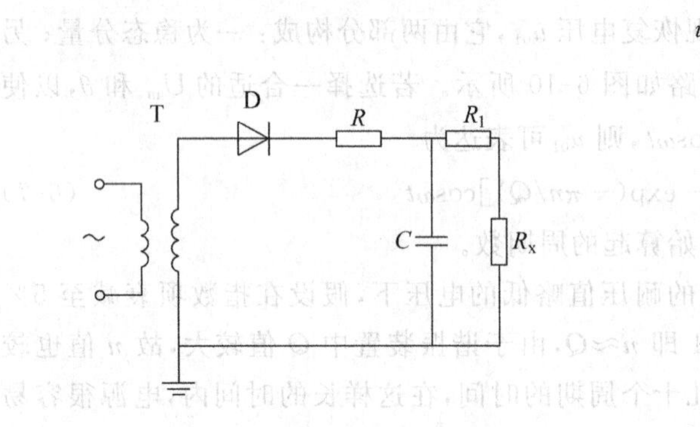


图 6-12 半波整流电路

T—试验变压器；$C$—滤波电容器；D—高压硅堆；$R$—保护电阻；$R_x$—试品；$R_1$—限流电阻

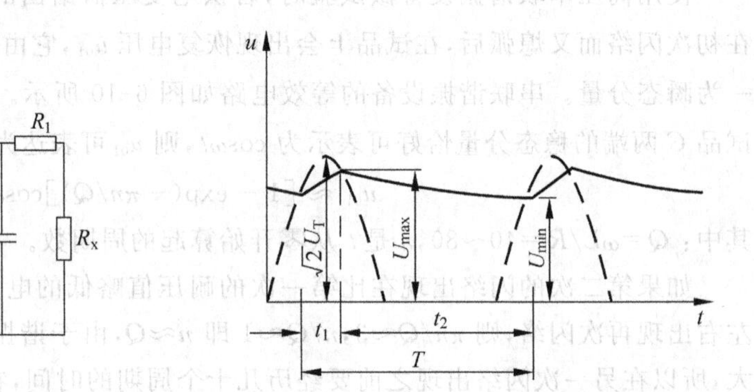


图 6-13 半波整流的输出电压波形

$U_T$—变压器额定电压；$t_1$—硅堆导通时间；$t_2$—硅堆截止时间；$T$—正弦波周期；$U_{max}$—电压最大值；$U_{min}$—电压最小值

直流电压难免有脉动，脉动幅值 $\delta U$ 是电压最大值 $U_{max}$ 与电压最小值 $U_{min}$ 之差的一半，即 $\delta U=(U_{max}-U_{min})/2$，IEC 和国家标准都规定直流电压是电压的算术平均值 $U_d$，即

$$U_d \approx (U_{max}+U_{min})/2 \tag{6-8}$$

此外定义电压的纹波因数 $S$ 为

$$S = \delta U/U_d \tag{6-9}$$

并已规定直流电压的 $S$ 不能大于 3%。

和电子技术中的低压直流设备相比，直流高压设备的特点是电压高，可从数十千伏到数千千伏；负荷电流小，通常为数毫安至数十毫安，只在个别情况，例如绝缘子的湿闪试验下，最大约需 100 mA，而污闪试验则可达 1 A；此外一般运行时间较短。

图 6-13 中 $t_1$ 是整流元件硅堆 D 的导通时间，在时间 $t_1$ 内变压器 T 通过 D 向 $C$ 充电，同时向试品 $R_x$ 放电。设在 $t_1$ 时间内电源向 $R_x$ 送出电荷 $\Delta Q$，同时向 $C$ 送出电荷 $Q_2$，总共送出电荷 $Q_1$，$Q_1=Q_2+\Delta Q$。$t_2$ 是 D 的截止时间，在时间 $t_2$ 内电容器 $C$ 向试品 $R_x$ 放电，在 $t_2$ 时间内 $C$ 向 $R_x$ 送出的电荷应在 $t_1$ 时间内由变压器 T 向 $C$ 送出的电荷来补偿，此电荷量即为 $Q_2$。因为只有这样才能保证 $U_d$ 和电流 $I_d$ 的数值和波形稳定不变。因此在整个周期 $T$ 内总共流过 $R_x$ 的电荷为 $Q_1$，通过 $R_x$ 的直流电流的平均值为

$$I_d = Q_1/T \tag{6-10}$$

而电压的脉动幅值 $\delta U$ 应为

$$\delta U = Q_2/(2C)$$

由于纹波因数 $S$ 规定在 3%以下，时间常数 $R_xC$ 较大，$t_1 \ll t_2$ 且 $\Delta Q \ll Q_2$，所以

$$Q_1 = Q_2 + \Delta Q \approx Q_2$$

$$\delta U \approx Q_1/2C = I_d T/(2C) = I_d/(2fC) \tag{6-11}$$

$$S = \delta U/U_d \approx I_d/(2fCU_d) \tag{6-12}$$

可见输出电流若较大，则 $\delta U$ 及 $S$ 变大，为减小 $\delta U$ 和 $S$ 就需要加大滤波电容 $C$ 或采用高频充电。

在一定条件下，可根据式(6-12)求出必要的滤波电容 $C$ 值。

**例**：国家标准规定 $S \leqslant 3\%$，采用图 6-12 所示的半波整流装备产生 50 kV 的直流电压，用它来进行一项直流耐压试验，考虑流过试品及电阻分压器的电流 $I_d$ 不会超过 5 mA，求应加上多大电容量的滤波电容 $C$。

**解**：为节省设备投资，T 采用工频试验变压器，$f$=50 Hz，把已知数代入式(6-12)，则

$$C = 5/(0.03 \times 2 \times 50 \times 50) = 0.0333(\mu F)$$

所以滤波电容 $C$ 的电容量不应小于 0.0333 μF。

## 6.2.3 保护电阻与硅堆选择

1. 保护电阻与硅堆过载特性

高压硅堆基本上和电子技术中常用的低电压半波整流电路是一样的，只是增加了一个保护电阻 $R$，这是为了限制试品(或电容器 $C$)发生击穿或闪络时以及当电源向电容器 $C$ 突然充电时通过高压硅堆和变压器的电流，以免损坏高压硅堆和变压器。对于在试验中因瞬态过程引起的过电压，$R$ 和 $C$ 也起抑制作用。$R$ 阻值的选择应保证流过硅堆的短时电流(峰值)不超过允许的瞬间过载电流(峰值)$I_{sm}$。

试品与滤波电容 $C$ 之间，需接入保护电阻，它可使 $C$ 在试品击穿时，免于短路放电。高压电容不允许短路放电，频繁的短路放电将使电容器的寿命快速下降。

当试品击穿或滤波电容 $C$ 在初始充电时，硅堆会流过较大的电流。为了限制过流值，接入保护电阻 $R$，$R$ 可按式(6-13)确定：

$$R \geqslant \sqrt{2}U_T/I_s \tag{6-13}$$

其中，$U_T$ 是工频试验变压器 T 的输出电压(有效值)；$I_s$ 是根据硅堆的过载特性曲线确定的正向允许过载电流平均值。对有自动过流跳闸装置的直流高压试验设备一般取过载时间为 0.5 s下的过电流值，否则需取较长的过载时间(例如 1～2 s)下的过电流值，后者所选取的 $R$ 值要稍大。通常 $R$ 约在数十千欧至数百千欧之间。

图 6-14 为额定整流电流 0.5 A 的硅堆过载特性曲线。在直流装置充电时，由于保护电阻 $R$ 和硅堆内阻上产生压降，使直流输出电压的 $U_{max}$ 值达不到 $\sqrt{2}U_T$，其差值称为压降 $\Delta U$，即

$$\Delta U = \sqrt{2}U_T - U_{max} \tag{6-14}$$

当负荷大时，$\Delta U$ 有一个明显的值。若以 $\Delta U_a$ 代表 $\sqrt{2}U_T$ 与输出电压平均值 $U_d$ 之差，则

$$\Delta U_a = \sqrt{2}U_T - U_d = \Delta U + \delta U \tag{6-15}$$

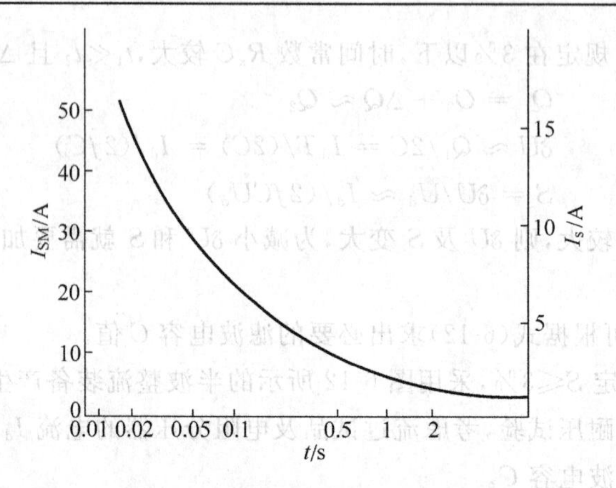


图 6-14 0.5 A 硅堆的过载特性

$I_{sm}$，$I_s$—正向允许过载电流峰值，平均值；$t$—过载时间间隔

2. 硅堆的额定反峰电压

在二极管或高压硅堆截止时，在管子两端允许施加的最高反向工作电压值，称为它的额定反峰电压值。从电路图 6-12 可知额定反峰电压值是电容器 $C$ 上的电压 $U_{max}$ 和变压器输出电压 $\sqrt{2}U_T$ 的差值。在选择整流元件时，应使额定反峰电压 $U_r$ 值满足以下关系：

$$U_r \geqslant \sqrt{2}U_T + U_{max} = \sqrt{2}U_T + (1+S)U_d \tag{6-16}$$

其中，$\sqrt{2}U_T$ 值常比 $U_{max}$ 高一定值，除了前述的 $\Delta U$ 因素外，还考虑为达到 $U_{max}$ 的充电时间不宜过长，$\sqrt{2}U_T$ 也应适当地提高一点。为此可设 $\sqrt{2}U_T$ 比 $U_{max}$ 高出 10%。如此应考虑

$$U_r \geqslant 2.1U_{max} \tag{6-17}$$

高压整流用硅堆是由多个硅整流二极管串联封装组成。由于每个单管的反向击穿电压不一定完全相同，又因对地杂散电容的影响，硅堆上的电压分布不均匀，这样有可能使某个反压最大的，或是薄弱的单管首先击穿。因此硅堆的反向工作峰值电压应比诸多单管反向击穿电压串联值小得多。在使用时，必须使实际所加的反向电压低于硅堆的额定值。目前，我国已有反向工作电压达 250 kV 的产品。

## 6.2.4 倍压直流与串级直流装置

1. 倍压直流装置

如果要获得更高的电压，并充分利用充电变压器的功率，可采用倍压直流回路。倍压直流回路有两种接线方式，如图 6-15 及图 6-16 所示。图 6-15 的接线要求变压器 T 的高压绕

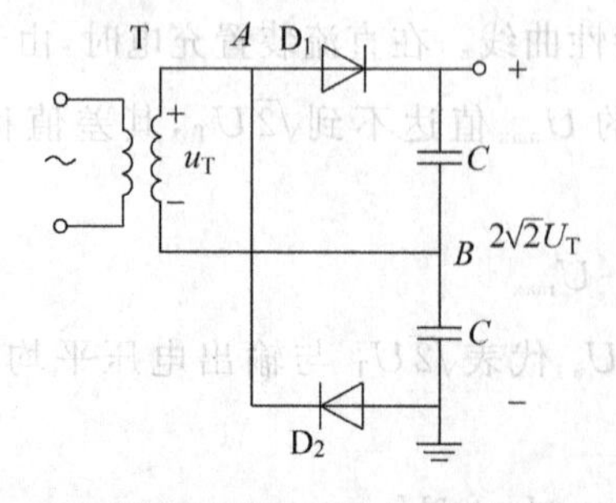


图 6-15 变压器两端均不接地时的倍压直流电路

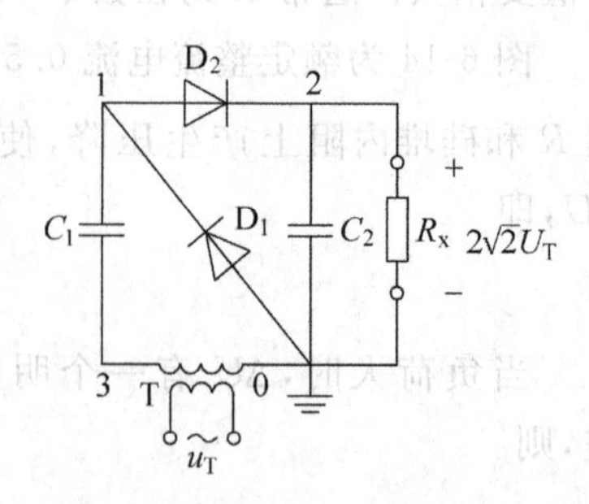


图 6-16 倍压直流电路

组两端都对地具有高的绝缘水平，其中 $A$ 点的电位波动在 $0\sim 2U$ 之间；$B$ 点的电位波动处于 $U$ 的电位。所以尽管高压绕组 $A$-$B$ 间的电压为 $U$，直流电压可达 $2U$，高压绕组对低压绕组之间的最高压差仍然要达 $2U$。所以图 6-15 的接线方式节省绝缘的特点不明显。若改接地点于 $B$ 点，则可以采用普通的高压绕组一点接地的试验变压器，但直流电压的输出端是正负对称的高电压，所以这种倍压接线并不能适应多数情况的使用要求。所以，图 6-16 的倍压接线方式优点更为突出。

图 6-16 所示为常用倍压直流电路，变压器绕组的一点是接地的，倍压直流回路的一端也是接地的。此电路产生倍压的过程简述如下，当 T 的高压绕组的端点 3 相对于 0 点电压为负时，$D_1$ 正向导通，使电容 $C_1$ 充电，充电稳定后点 1 相对于点 3 建立起 $U_m$ 的电压，$U_m$ 为 T 的高压绕组的电压最大值。当点 1 相对于点 0 为正时，$D_1$ 开始截止；在点 1 相对于点 2 为正时，$D_2$ 导通。充电稳定时，由于点 3 相对应于点 0 的最高电压可达 $+U_m$，且点 1 相对于点 3 已充有 $+U_m$ 的电压，所以点 1 的对地电压最高可达 $+2U_m$，此时 $D_2$ 导通，最终可使 $C_2$ 充上 $2U_m$ 的电压。此倍压电路空载时各点的电位变化如图 6-17 所示。由图可见，$C_1$ 两端的电压为 $U_m$；$C_2$ 为 $2U_m$；$D_1$ 及 $D_2$ 的最大反压各为 $2U_m$。当此电路的输出端接有负载时，也有压降及电压脉动的问题。在有负荷时，$C_1$ 每周期向 $C_2$ 充电时要输出电荷 $Q_1$，故点 1 的电位不可能达到 $2U_m$，而要降低 $Q_1/C_1$，所以 $C_2$ 充电所能达到的最高电位为

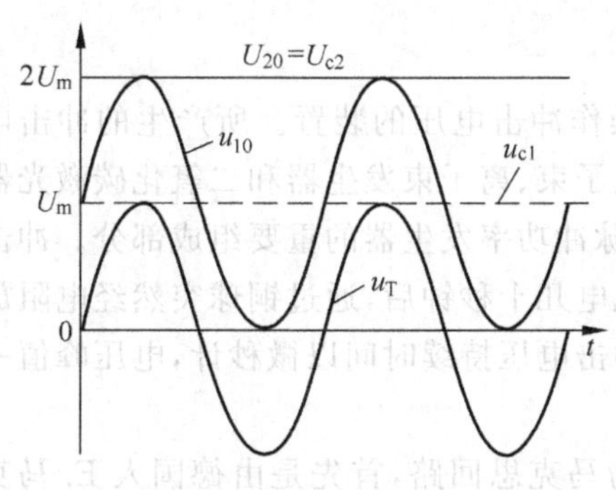

图 6-17　倍压直流电路空载时的各点电位

$$U_{20m} = 2U_m - Q_1/C_1 = 2U_m - I_d/(fC_1) \tag{6-18}$$

有负荷时的压降为

$$\Delta U = 2U_m - U_{20m} = I_d/(fC_1) \tag{6-19}$$

与对图 6-12 的整流回路的分析相似：

$$\delta U \approx I_d/(2fC_2)$$

一般选 $C_1=C_2=C$，所以

$$\Delta U = 2\delta U = I_d/(fC) \tag{6-20}$$

以上各式中的 $I_d$ 为负载的平均电流；$f$ 为频率。

直流电压的纹波因数也和半波电路一样，为

$$S = \delta U/U_d = I_d/(2fCU_d) \tag{6-21}$$

2. 串级直流装置

若欲获得更高的电压，可采用串级整流回路，如图 6-18 所示。它像是图 6-16 倍压电路的积木式的叠加，在高电压工程中应用较广泛。但此种电路的 $\delta U$ 随级数 $n$ 的平方倍关系上升，$\Delta U$ 则随 $n$ 的立方倍关系上升。它们与级数 $n$、平均负荷电流 $I_d$、供电电压频率 $f$、电容量 $C$ 之间的关系可表达如下。

电压脉动幅值为

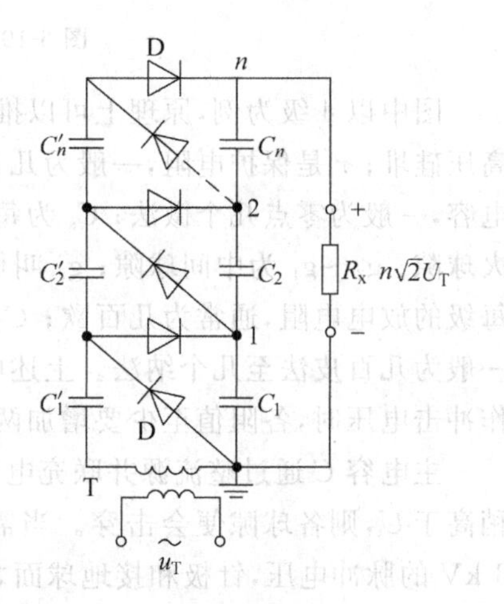

图 6-18　直流高压串级发生器

$$\delta U \approx [n(n+1)I_d]/(4fC) \quad (6\text{-}22)$$

压降为

$$\Delta U = [(8n^3 + 3n^2 + n)I_d]/(12fC) \quad (6\text{-}23)$$

因此，当级数 $n$ 超过一定值时，再增加 $n$ 也无助于输出电压的增加，而元件数量和整个结构高度却会随 $n$ 而正比上升，这一点在设计时应予以注意。

## 6.3 冲击高电压的产生

### 6.3.1 冲击电压发生器基本原理

冲击电压发生器是一种产生雷电冲击电压和操作冲击电压的装置。所产生的冲击电压，可供绝缘的冲击耐压或放电试验用。在大功率电子束、离子束发生器和二氧化碳激光器中，冲击电压发生器可用作电源装置，它是高压纳秒脉冲功率发生器的重要组成部分。冲击电压发生器有一组储能高压电容器，自直流高压源充电几十秒钟后，通过铜球突然经电阻放电，在试品上形成陡峭上升前沿的冲击电压波形。冲击电压持续时间以微秒计，电压峰值一般为几十千伏至几兆伏。

产生较高电压的冲击发生器多级回路，也被称为马克思回路，首先是由德国人 E. 马克思 (E. Marx)提出，他于 1923 年获得专利。一种较常用的多级回路如图 6-19 所示。

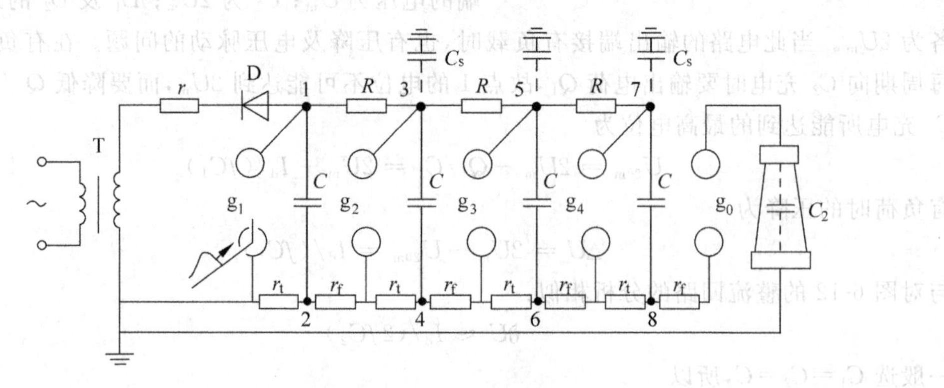


图 6-19 冲击电压发生器回路接线图

图中以 4 级为例，原理上可以推广到更多级。图中 T 为供电高压变压器；D 为整流用高压硅堆；$r$ 是保护电阻，一般为几百千欧；$R$ 是充电电阻，一般为几十千欧；$C$ 为每级的主电容，一般为零点几个微法；$C_s$ 为每级相应点的对地杂散电容，一般仅为几个皮法；$g_1$ 为点火球隙；$g_2 \sim g_4$ 为中间球隙；$g_0$ 叫做隔离球隙；$r_f$ 为每级的波前电阻，一般为几十欧；$r_t$ 为每级的放电电阻，通常为几百欧；$C_2$ 为负荷电容，其值不仅取决于试品，而且与调波相关，一般为几百皮法至几个纳法。上述电阻值均是指产生雷电冲击电压下的概略值，当产生操作冲击电压时，各阻值至少要增加两个数量级。

主电容 $C$ 通过整流源并联充电到电压 $U$。各球隙事先调节到能耐压 $U$ 值，若作用电压稍高于 $U$，则各球隙便会击穿。当需要使发生器动作时，可向点火球隙的针极送去一 5～8 kV 的脉冲电压，针极和接地球面之间产生一小火花，由于其紫外线的照射，促使点火球隙 $g_1$ 放电。$g_1$ 球隙的放电所产生的紫外线应能照射到 $g_2$ 球隙，以利于促使 $g_2$ 放电。$g_1$ 放电后，使点 1 从原先在充电下的 $-U$ 突变为零电位；而点 2 从原零电位变为 $+U$。由于 $C_s$ 的存在，而电阻 $R$ 又较大，使得点 3 的电位在点 1 电位发生突跳的瞬间变动不大。简单地说，假定它仍维持充电时的电位为 $-U$，于是，间隙 $g_2$ 两端便作用了 $2U$ 的电位差，它比能承受的一个 $U$ 高了一倍，所以 $g_2$ 在 $g_1$ 放电时造成的紫外线的照射下马上放电。由此点 4 的电位变为 $+2U$，$g_3$ 的瞬间压差达到 $3U$，也就立即放电。同理 $g_4$ 和 $g_0$ 也跟着放电，各级电容器 $C$ 就和诸 $r_f$ 一起串联起来了。在放电情况下，发生器便成为如图 6-20 所示的等效电路。$C_1$ 为等效的主电容，它为 4 个电容 $C$ 的串联值，产生的名义电压高达 $4U$。上述一系列过程，可以概括为"电容器并联充电，而后串联放电"。电阻 $R$ 在充电时起电路的连接作用；在放电时则起隔离作用。诸电容由并联变成串联是靠一组球隙分别处于绝缘和放电状态来达到。实际上因杂散电容 $C_s$ 很小，所以各中间球隙在放电前作用到的过电压时间非常短促。为使诸球隙易于同步放电，在采用简单球隙的条件下，它们应排列成相互能够放电（紫外线）照射的状态。图 6-19 中 $g_0$ 击穿后，作用在试品 $C_2$ 上的电压 $u_2$ 如图 6-21 所示。为使 $C_2$ 上作用到的电压接近于 $C_1$ 的原始充电电压（即名义电压），应选择 $C_1 \gg C_2$。电压 $u_2$ 上升的快慢主要取决于时间常数 $R_f C_2$；而下降部分的快慢主要取决于时间常数 $(C_1+C_2)R_t$。$C_1 = C/4$，$R_f = 4r_f$，$R_t = 4r_t$。若级数推广为 $n$ 级，则将上述的 4 置换为 $n$ 即可。

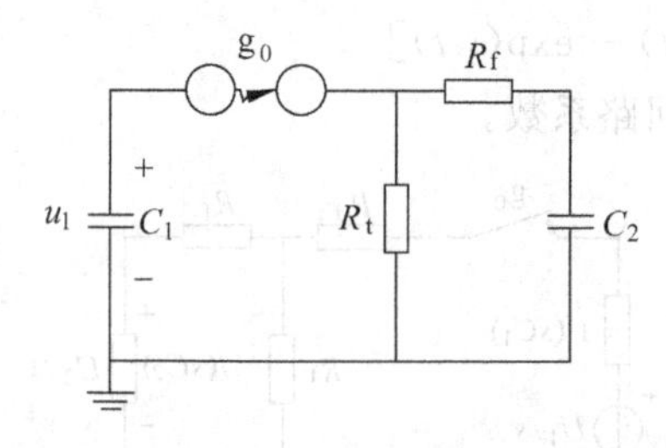


图 6-20 冲击电压发生器串联放电时的等效电路

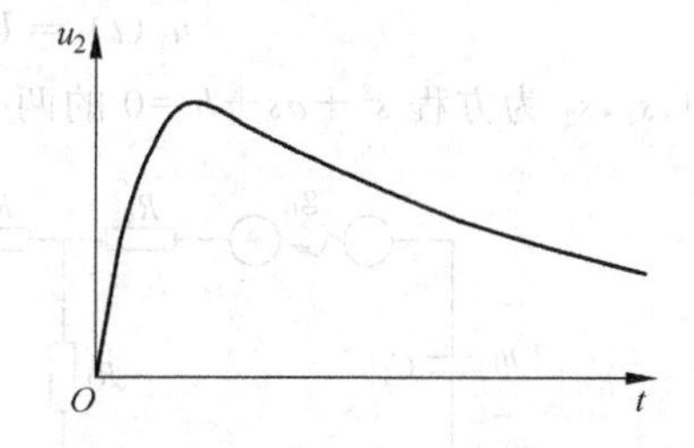


图 6-21 $C_2$ 上电压 $u_2$ 的波形

有的发生器采用波前电阻和放电电阻集中放置的方式，以两个半波整流充电的电路为例，如图 6-22 所示。

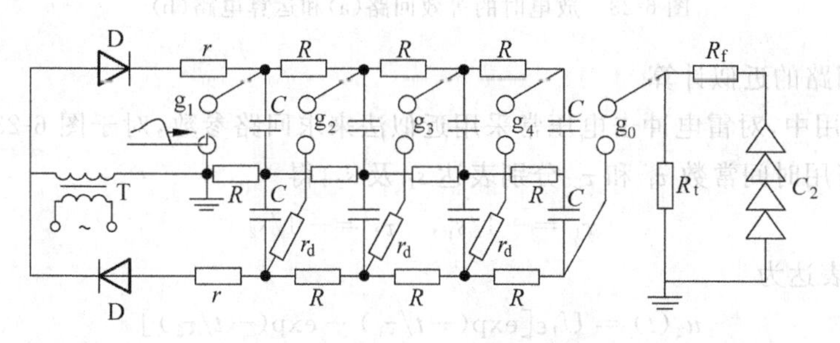


图 6-22 双边充电的冲击电压发生器回路

为了防止杂散电感和对地分布的杂散电容引起高频振荡，或者说为了避免冲击波前不光滑，电路中分布放置了阻尼电阻 $r_d$，一般每级为 5～25 Ω，其大小可通过实验决定。若级数为 $n$，则阻尼电阻的串联总值 $n r_d$（称作 $R_d$）也起着调节波前时间的作用，但在放电时，它与 $R_t$ 会造成分压，使输出的电压有所降低。在图 6-19 电路中，分布放置的波前电阻 $r_f$ 兼起阻尼电阻的作用，输出电压相对较高，称为高效回路。此外简单地说，图 6-19 所示电路在球隙放电动作时，第一对中间球隙 $g_2$ 的过电压倍数为 2，即充电时 $g_2$ 两端的作用电压为 $U$，而

在 $g_2$ 放电动作瞬间的作用电压为 $2U$，$2U/U$ 为 2。用同样的分析方法可知，图 6-22 中 $g_2$ 的动作过电压倍数为 1.5。

## 6.3.2 放电回路的近似计算

冲击电压发生器放电回路输出波形的分析计算，有二阶阻容回路计算和放电回路的近似计算两种方法。前者是常规的二阶阻容回路分析，这里介绍近似计算。

1. 基本回路的运算电路

以图 6-22 的放电等效回路为例，它的接线如图 6-23(a)所示。主电容 $C_1$ 上的初始充电电压为 $U_1$，改画为拉普拉斯转换的运算电路如图 6-23(b)所示。输出电压为

$$U_2(s) = U_1 \cdot d/(s^2 + as + b) \tag{6-24}$$

其中：

$$b = 1/[C_1C_2(R_dR_t + R_dR_f + R_fR_t)] \tag{6-25}$$

$$a = [C_1(R_d + R_t) + C_2(R_t + R_f)] \cdot b \tag{6-26}$$

$$d = C_1R_t \cdot b$$

通过拉氏反变换，得到

$$u_2(t) = U_1\varepsilon[\exp(s_1t) - \exp(s_2t)] \tag{6-27}$$

其中，$s_1$，$s_2$ 为方程 $s^2+as+b=0$ 的两个根；$\varepsilon$ 为回路系数。

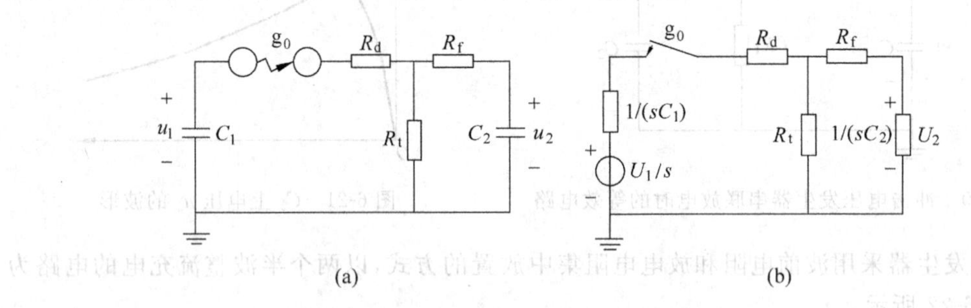


图 6-23 放电时的等效回路(a)和运算电路(b)

2. 放电回路的近似计算

在实际应用中，对雷电冲击电压常采用近似法来求回路参数，对于图 6-23 所示的回路，式(6-27)中，若用时间常数 $\tau_1$ 和 $\tau_2$ 分别表达 $s_1$ 及 $s_2$，得

$$\tau_1 = -1/s_1, \quad \tau_2 = -1/s_2$$

则式(6-27)可表达为

$$u_2(t) = U_1\varepsilon[\exp(-t/\tau_1) - \exp(-t/\tau_2)] \tag{6-28}$$

$$u_2(t) \approx U_{2m}[\exp(-t/\tau_1) - \exp(-t/\tau_2)] \tag{6-29}$$

对于 1.2 μs/50 μs 的雷电波，$|s_2| \gg |s_1|$，即 $\tau_1 \gg \tau_2$。$u_2$ 由两个指数分量叠加构成，如图 6-24 中曲线所示。

波前时间相对于波尾半峰值时间要短得多。或者说波前时间基本上由较小的时间常数 $\tau_2$ 来决定；而半峰值时间基本上由相对大得多的时间常数 $\tau_1$ 来决定。

在求波前时间 $T_f$ 与电路参数的关系时，可近似地认为 $\exp(-t/\tau_1)$ 随时间 $t$ 几乎不变，且设其值恒定为 1。即

$$u_2(t) \approx U_{2m}[1-\exp(-t/\tau_2)]$$

根据雷电冲击标准波形定义，可先画出图 6-25 所示的波形。

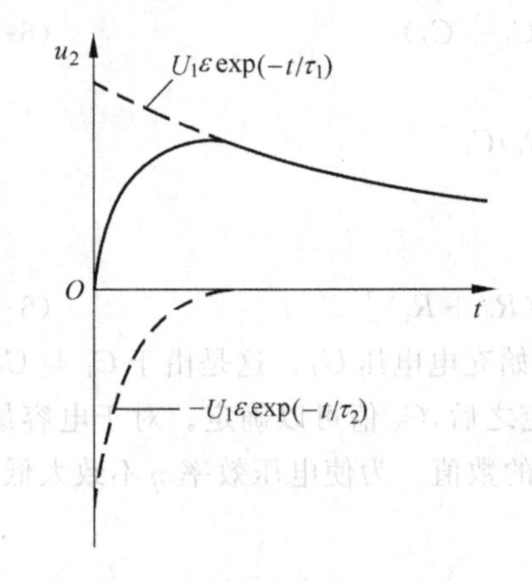


图 6-24 两个指数分量叠加构成 $u_2$

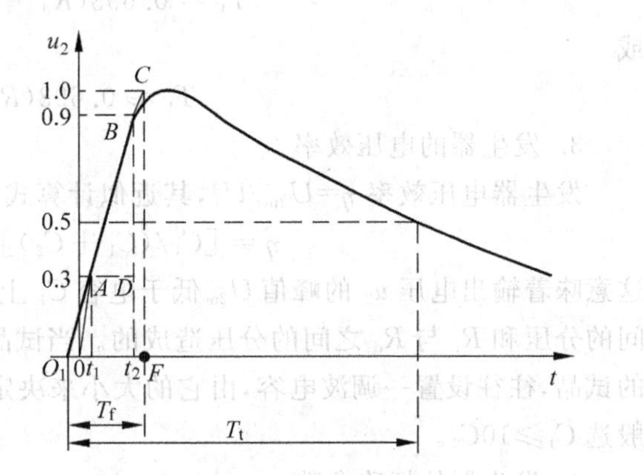


图 6-25 标准波定义

图中，在 $t_1$ 时，$u_2=0.3U_{2m}$；在 $t_2$ 时，$u_2=0.9U_{2m}$；所以有

$$0.3U_{2m} = U_{2m}[1-\exp(-t_1/\tau_2)]$$

即

$$\exp(-t_1/\tau_2)=0.7$$

$$0.9U_{2m} = U_{2m}[1-\exp(-t_2/\tau_2)]$$

即

$$\exp(-t_2/\tau_2)=0.1$$

由上两式可得

$$t_2-t_1=\tau_2\ln 7$$

因图 6-25 中 $\triangle O_1CF$ 与 $\triangle ABD$ 相似，故波前时间

$$T_f=(t_2-t_1)/(0.9-0.3)=\tau_2\ln 7/0.6=3.24\tau_2 \tag{6-30}$$

在现在的近似条件下，相当于在图 6-23 所示的等效回路中，放电电阻 $R_t\to\infty$，球隙 $g_0$ 放电后，电压 $u_2$ 上升。$\tau_2$ 相当于充电时间常数，即

$$\tau_2=(R_d+R_f)C_1C_2/(C_1+C_2) \tag{6-31}$$

于是有

$$T_f=3.24(R_d+R_f)C_1C_2/(C_1+C_2) \tag{6-32}$$

因 $C_1 \gg C_2$，有

$$T_f=3.24(R_d+R_f)C_2 \tag{6-33}$$

在求半峰值时间与电路参数关系时，仍然考虑 $\tau_1 \gg \tau_2$，到达半峰值时间时，双指数分量中的 $\exp(-t/\tau_2)$ 早已衰减到接近零值(参见图 6-24 所示曲线)。因此在确定半峰值时间 $T_t$ 时，考虑到 $T_t \gg T_f$，不计 $T_f$ 的影响，认为

$$u_2 \approx U_{2m}\exp(-t/\tau_1)$$

根据波形定义，故

$$U_{2m}/2=U_{2m}\exp(-T_t/\tau_1)$$

$$T_t=\tau_1\ln 2\approx 0.693\tau_1 \tag{6-34}$$

电压 $u_2$ 到达峰值 $U_{2m}$ 后，电容 $C_1$ 和电容 $C_2$ 一起经过电阻 $R_t$ 放电(见图 6-23(a))。因一般 $C_1 \gg C_2$，放电快慢主要取决于 $C_1$。所以有

$$\tau_1 \approx (R_d + R_t)(C_1 + C_2) \approx (R_d + R_t)C_1 \tag{6-35}$$

半峰值时间为

$$T_t = 0.693(R_d + R_t)(C_1 + C_2) \tag{6-36}$$

或

$$T_t \approx 0.693(R_d + R_t)C_1$$

3. 发生器的电压效率

发生器电压效率 $\eta = U_{2m}/U_1$，其近似计算式为

$$\eta = [C_1/(C_1 + C_2)][R_t/(R_d + R_t)] \tag{6-37}$$

这意味着输出电压 $u_2$ 的峰值 $U_{2m}$ 低于电容 $C_1$ 上的初始充电电压 $U_1$。这是由于 $C_1$ 与 $C_2$ 之间的分压和 $R_t$ 与 $R_d$ 之间的分压造成的。当试品确定之后，$C_2$ 值可以确定。对于电容量小的试品，往往设置一调波电容，由它的大小来决定 $C_2$ 的数值。为使电压效率 $\eta$ 不致太低，一般选 $C_1 \geqslant 10C_2$。

4. 发生器的标称参数

试验所需的 $U_{2m}$ 确定后，可算出充电电压 $U_1$。冲击电压发生器的名义电压称为标称电压 $U_{1n}$（$U_{1n} \geqslant U_1$），冲击电压发生器的标称能量为

$$W_n = C_1 U_{1n}^2 / 2 \tag{6-38}$$

多数发生器的 $W_n$ 达几十至几百千焦。

### 6.3.3 考虑回路电感的近似计算

以上的放电回路分析中均未考虑电感效应，而回路中实际还存在电感，例如连线具有电感；$R_f$ 和 $R_d$ 虽已采用了无感绕法，但仍然存在着不可忽略的电感值；主电容 $C_1$ 一般已采用了内电感小的“脉冲电容器”，但也存在残余电感。发生器电感较大时，有可能造成冲击波的波前部分的杂散振荡。严重时会畸变冲击波的波形，造成峰值附近波形“过冲”。电感和负荷电容均大时，有可能调不出稍陡的波前，甚至可能调不出合乎标准的雷电冲击波形。人们在工作经验中发现式(6-34)比较符合半峰值时间的实验结果，而式(6-32)的计算结果往往与实测的波前时间有明显的差别。一个主要原因是计算中没有考虑实际存在的电感效应。

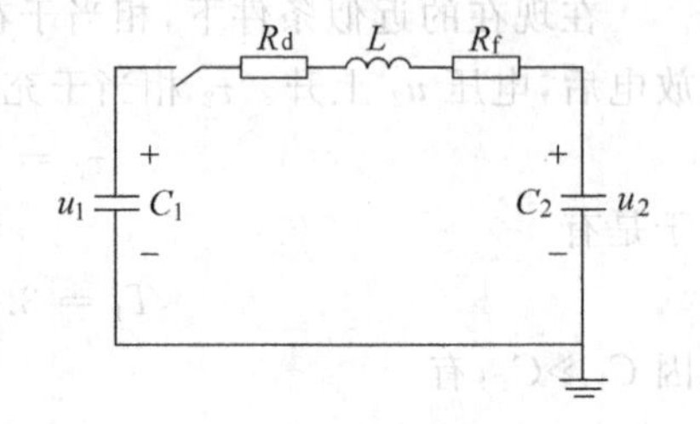

图 6-26 考虑回路电感 $L$ 后的放电等效电路

在计算波前时间时，仍采用简化条件，认为 $R_t \to \infty$，把回路电感 $L$ 考虑进去，则放电回路变为 $RLC$ 串联回路，如图 6-26 所示，其中 $R$ 应为阻尼电阻 $R_d$ 与波前电阻 $R_f$ 之和。为获得非振荡冲击波，应使

$$R \geqslant 2\sqrt{L/[C_1 C_2/(C_1 + C_2)]} \tag{6-39}$$

为了计算方便，假定电路处于临界阻尼条件。经简化计算，最终可得到波前时间：

$$T_f = 2.33\tau_2 = 2.33RC_1C_2/(C_1 + C_2) \tag{6-40}$$

以式(6-40)与式(6-32)相比较可见，回路的电感会使波前时间有所缩短。这是由于回路电感虽在隔离球隙 $g_0$ 放电后的瞬间阻碍电流发生突变，使 $u_2$ 上升平缓，但一旦电流导通到一定值，电感会在一段时期内使电流上升加快，即在波前的时间段内，使电压波前较为陡峭。

### 6.3.4 冲击电压发生器放电回路计算举例

**例**：设置一台冲击电压发生器，要求它能满足进行 110 kV 瓷绝缘子的雷电冲击放电及耐压试验的条件。请选择它的标称电压 $U_n$，冲击电容量 $C_1$；初步确定负荷电容 $C_2$；计算波前电阻 $R_f$，放电电阻 $R_t$，电压效率 $\eta$ 和标称容量 $W_n$ 等。

**解**：国家标准规定 110 kV 电瓷产品的雷电冲击耐受电压为 450 kV。110 kV 瓷绝缘子长度按 1 m 计，查图 2.22 可知其放电电压约为 850 kV。实际生产的电压至少按 900 kV 考虑。电压效率初步考虑为 0.85，则标称电压约为 1060 kV。考虑尽可能不在标称电压下频繁放电，以延长其使用寿命，同时也考虑偶尔有特殊产品试验的需要，所以标称电压取为 1200 kV。对于线路用复合绝缘子的冲击陡波放电试验，要求波前陡度达 1000 kV/μs。

电瓷产品本身的电容量很小，负荷电容主要是由阻容分压器及发生器本身的杂散电容构成。选择低阻尼阻容分压器的电容为 300 pF，其他杂散电容及试品电容考虑为 200 pF，所以总的负荷电容 $C_2$ 约为 500 pF。仅从电压效率考虑，$C_1$ 达 5～10 nF 就足够了。但为了增强放电效果，$C_1$ 选择为 20 nF。

采用图 6-19 所示的高效回路。假设每级电容的额定电压为 200 kV，则共需 6 级。每级的电容 $C$ 的电容量为 0.12 μF。

(1) 根据二阶阻容回路计算 $R_t$，$R_f$，及 $\varepsilon$ 和 $\eta$，请参见《高电压试验技术》(张仁豫等主编)。

(2) 放电回路的近似计算

放电电阻可根据式(6-36)计算：

$$R_t = 50/[0.69(0.02 + 0.0005)] = 3535(\Omega)$$

每级的放电电阻为

$$r_t = R_t/6 = 589(\Omega)$$

波前电阻的计算分为两种情况。

一是考虑电感的存在，并假定处于临界阻尼时，根据式(6-40)计算为

$$R_f = (1.2/2.33)[(0.02 + 0.0005)/(0.02 \times 0.0005)]$$
$$= (1.2/2.33) \times 2050 = 1056(\Omega)$$

每级值为

$$r_f = R_f/6 \approx 176(\Omega)$$

二是不考虑电感存在，根据式(6-34)计算，得波前电阻为

$$R_f = (1.2/3.24) \times 2050 = 759.26(\Omega)$$

每级值为

$$r_f = R_f/6 \approx 126.5(\Omega)$$

近似计算与二阶放电回路计算所得的 $R_f$ 及 $R_t$ 值相差不大，偏差分别为 3.4% 及 5.6%。

(3) 标称能量的计算

$$W_n = C_1 U_n^2/2 = 0.02 \times 1200^2/2 = 14.4(\text{kJ})$$

### 6.3.5 用高压变压器产生操作冲击电压

随着超高电压和特高电压输电系统的快速发展，各国都在进行长波前(波前时间为

1000～5000 μs)操作波作用下的绝缘试验研究。在超高电压实际系统中,或在 735 kV 的瞬态网络分析仪(transient network analyzer,TNA)上所测量到的操作波形均为长波前的操作波。利用冲击电压发生器产生长波前操作冲击电压时往往效率低,而且发生器的火花间隙中会出现熄弧现象。在这种情况下利用高压试验变压器来产生操作冲击电压可具有一些优点。

用高压变压器产生操作波的原理与 5.4.6 节相同,方法有多种,这里介绍一种试验接线,如图 6-27 所示。图 6-27 中 $C$ 是储能电容；T 是试验变压器或是被测变压器；$C_0$ 代表试品电容和分压器电容；$R_1$,$R_2$,$C_1$ 组成了一个调波及滤波环节,其中电阻还起着阻尼高频振荡的作用。

电容 $C$ 事先从直流高压源充电到一定电压,然后通过球隙 G 的放电,在变压器一次侧绕组形成一操作波。由于操作冲击电压的等效频率并不很高,故变压器基本上按变比在二次侧高压绕组上产生高压操作冲击电压。这种接线不仅可在实验室内利用试验变压器产生操作冲击电压,而且可利用电力变压器本身,通过感应法在高压绕组上产生操作冲击电压,对变压器自身的绝缘进行耐压试验。所产生的波形见图 5-20。

图 5-20 是用此种方法产生的操作波的典型波形,峰值附近实际上不可避免地带有一些高频振荡。有关电力系统现场采用的变压器感应操作冲击电压试验的一些技术问题,已在 5.5.4 节中做过介绍。

有时在试验回路中串接附加电感 $L_d$,而不串接阻尼电阻 $R_d$。此时试验变压器的高压侧可以产生如图 6-28 所示的操作波形,其波前时间为 150～1000 μs。较高频的瞬态振荡频率 $f_e$ 取决于下式：

$$f_e = 1/[2\pi \sqrt{(L_d + L)CC_e/(C + C_e)}]$$

其中,$L$ 为变压器的漏感；$C$ 为储能电容；$C_e$ 为变压器的等效负荷电容,诸参数均已折合到一次侧。

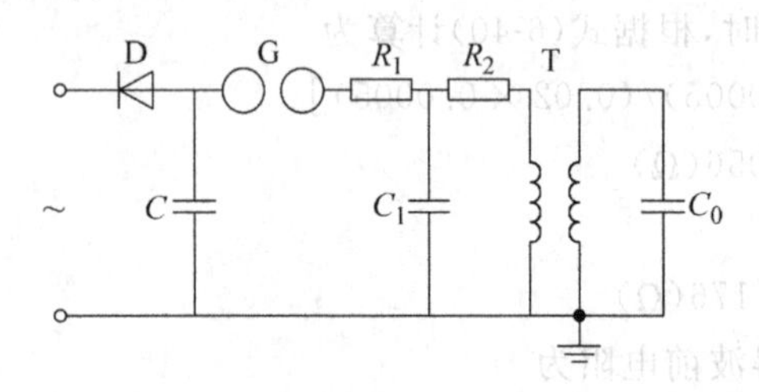


图 6-27 利用变压器产生操作冲击波的一种接线

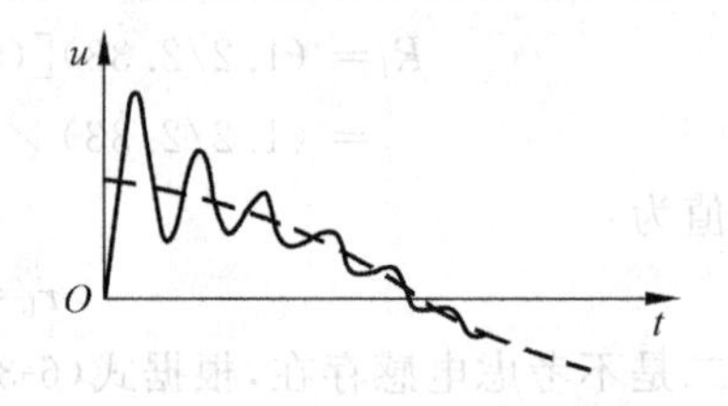


图 6-28 串接附加电感时变压器感应法所产生的操作冲击电压波形

# 6.4 冲击大电流的产生

## 6.4.1 冲击电流发生器的功用与电流波形的规定

电力系统在运行中发生闪击事故时,冲击电压是由雷电流引起的,在事故点将流过巨大的雷电流,有时可达几百千安的峰值。因此在高电压实验室中需要装备能产生巨大冲击电流的试验设备来研究雷闪电流对绝缘材料和结构以及防雷装置的热能或电动力破坏作用。

冲击电流发生器就是用来产生人工雷闪电流的实验装置。不仅如此，由于在电子及离子加速器、核聚变、微波、大功率放电激光方面的应用，近年来冲击大电流技术已经发展成一个独立的学科——脉冲功率技术（pulsed power technology，PPT），后者要求产生的冲击电流可高达几十万安甚至上百万安。由此可以在负载上得到高达 $10^9$ W 以上的瞬时功率，可应用于高温等离子体焦点装置中，产生温度达几千万度的高温等离子体。此外，冲击大电流的声学效应，可以用来作电火花振源。在水中的放电可产生水击效应，用于加工成形或粉碎以及海底探矿。还有以大电流产生强磁的应用。

对冲击电流的波形，因应用场合的不同而有不同的要求。与电力工程相关的电工领域规定的标准冲击电流波形有两类：第一类的波形是电流从零值以较短的时间上升到峰值，然后以近似指数规律或强阻尼正弦波形下降到零，或过零而有小的反峰值。这种波形以视在波前时间 $T_1$ 和视在半峰值时间 $T_2$ 表示为 $T_1/T_2$ 波。如 GB/T 16927.4—2014 给出的和常用的冲击电流波形有 1 μs/20 μs、8 μs/20 μs 和 10 μs/350 μs 等。标准所明确的波形如图 6-29 所示。

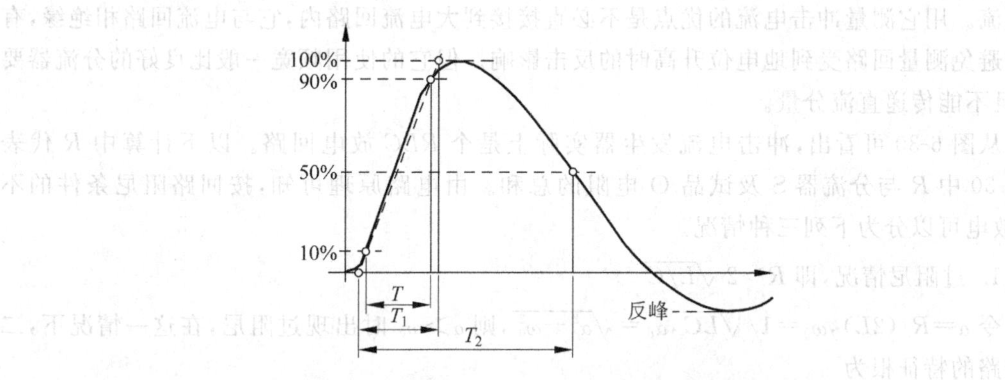


图 6-29 国家标准规定的冲击电流波形的画法

$T_1$ 为波前时间$=1.25\times T$，$T_2$ 为半峰值时间

峰值的扩展测量不确定度不应超过 5%。$T_1$ 的实测值和规定值之间允许的偏差根据波形和相关技术委员会的不同而不同，如 1 μs/20 μs、8 μs/20 μs 和 10 μs/350 μs 冲击电流波分别为±10%、±20%和±30%，$T_2$ 则一般为±20%。

第二类规定的冲击电流波形近似为矩形，用峰值持续时间 $T_d$ 和总的持续时间 $T_t$ 来表示。峰值持续时间规定为 500 μs，1000 μs，2000 μs，或介于 2000 μs 与 3200 μs 之间。规定的允许偏差及 $T_d$ 和 $T_t$ 的定义请见 GB/T1 6927.4—2014 的规定。

## 6.4.2 冲击电流发生器的基本原理

产生冲击电流的原理有多种，下面只介绍应用得较多的一种，即由大电容器储能产生大电流的发生装置。它的工作原理基本上与冲击电压发生器相似。由一组高压大电容量的电容器，先通过直流高压并联充电，充电时间为几十秒到几分钟；然后通过触发球隙的击穿，并联地对试品放电，从而在试品上流过冲击大电流。为缩短充电时间，可改用恒流充电法。

图 6-30 表示了冲击电流发生器的充放电回路。图中 $C$ 为多个电容器并联后的电容。它的充电回路，由高压试验变压器 T、保护电阻 $R_1$ 和高压硅堆 D 构成。放电回路则由 $C$ 和触发间隙 G、电感 $L$、电阻 $R$、试品 O 及分流器 S 构成。$L$ 及 $R$ 为电容器本身及连线、球隙放

电火花、试品和分流器S的总电感及总电阻,也包括了为调波而外加的电感及电阻值。分流器是一个无感低值电阻器,当电流流过它时,两端送出电压信号,可用作测量电流的波形和峰值。最简易的一种分流器是绞线式对折分流器(见图6-31)。

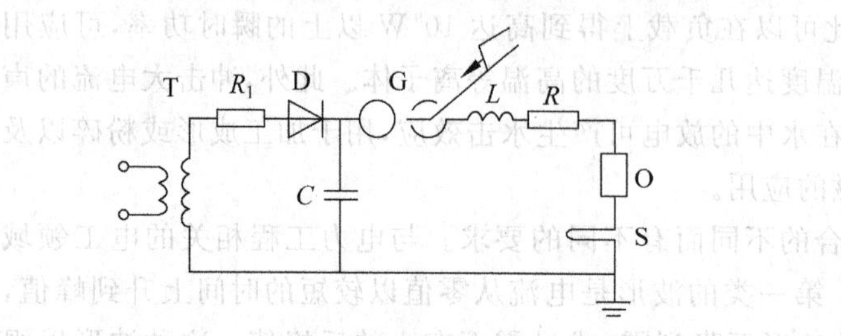


图6-30　冲击电流发生器的充放电回路

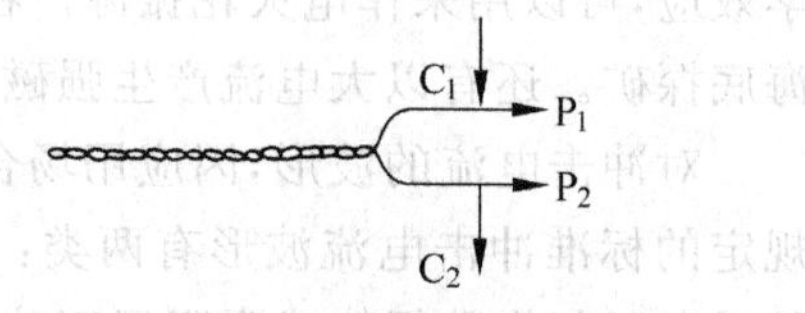


图6-31　绞线式对折分流器

$P_1$,$P_2$—电压端子;$C_1$,$C_2$—电流端子

除分流器外,还可以使用一种叫做罗戈夫斯基线圈的特殊空气芯电流传感器来测量冲击电流。用它测量冲击电流的优点是不必直接接到大电流回路内,它与电流回路相绝缘,有利于避免测量回路受到地电位升高时的反击影响。但它的使用频宽一般比良好的分流器要窄,且不能传递直流分量。

从图6-30可看出,冲击电流发生器实际上是个$RLC$放电回路。以下计算中$R$代表图6-30中$R$与分流器S及试品O电阻的总和。由电路原理可知,按回路阻尼条件的不同,放电可以分为下列三种情况。

1. 过阻尼情况,即$R>2\sqrt{L/C}$

令$\alpha=R/(2L)$,$\omega_0=1/\sqrt{LC}$,$\alpha_d=\sqrt{\alpha^2-\omega_0^2}$,则$\alpha>\omega_0$时出现过阻尼,在这一情况下,二阶电路的特征根为

$$p_1=-\alpha+\alpha_d,\quad p_2=-\alpha-\alpha_d,$$
$$i=CU_C p_1 p_2[\exp(p_1 t)-\exp(p_2 t)]/(p_1-p_2)$$
$$=U_C[\exp(p_1 t)-\exp(p_2 t)]/L(p_1-p_2) \tag{6-41}$$

式中,$U_C$代表电容$C$上的起始充电电压。

在电流到达最大值之前,电流不断地增加,到最大值的时刻为$T_m$:

$$T_m=\ln(p_2/p_1)/(p_1-p_2) \tag{6-42}$$

在式(6-41)中的$t$值代之以$T_m$,就可求出电流的最大值$i_m$。在$T_m$之后,电流不断减小,到$t>2T_m$的时候电流衰减到零值附近。电流波形大致上与图6-29所示的相似。

2. 欠阻尼情况,即$R<2\sqrt{L/C}$,亦即$\alpha>\omega_0$

此时二阶电路具有一对共轭复数根:$p_1=-\alpha+\mathrm{j}\alpha_d$,$p_2=-\alpha-\mathrm{j}\alpha_d$,其中

$$\omega_d=\sqrt{\omega_0^2-\alpha^2} \tag{6-43}$$
$$i=U_C\exp(-\alpha t)\sin(\omega_d t)/(\omega_d L) \tag{6-44}$$

电流为衰减振荡波形。令$\beta=\arcsin(\omega_d/\omega_0)$。当$\omega_d t=\beta$以及$\omega_d t=\pi+\beta$时,电流到达第一个最大值$I_m$和第一个最小值。当$\omega_d t=\pi$时,电流第一次振荡过零。

$$T_m=\beta/\omega_d \tag{6-45}$$
$$I_m=U_C\exp(-\alpha\beta/\omega_d)/\sqrt{L/C} \tag{6-46}$$

3. 临界阻尼情况，即 $R=2\sqrt{L/C}$，亦即 $\alpha=\omega_0$

$$i=(U_C/L)t\exp(-\alpha t) \tag{6-47}$$

电流到达最大值的时间 $T_m=\sqrt{LC}$，电流的最大值为

$$I_m=U_C\sqrt{C/L}\exp(-1)\approx 0.736U_C/R \tag{6-48}$$

冲击电流发生器靠改变回路参数来调节波形，靠升降电容器上的充电电压来调节电流幅值。在式(6-41)到式(6-48)分别表示了电流 $i(t)$ 和电流幅值及到达幅值的时间与充电电压及回路参数的关系。但是电流的波前时间 $T_1$ 和半峰值时间 $T_2$ 的定义比较复杂，在理论上难以直接确定它们与回路参数之间的关系。不过通过计算机的数值计算，可以计算出 $T_1$ 和 $T_2$ 与回路参数之间的关系。在张仁豫等著的《高电压试验技术》中提供了计算程序，利用它可以准确地算得回路参数与电流幅值以及 $T_1$、$T_2$ 的关系。

### 6.4.3 冲击电流发生器的结构

从上述原理可知，在电容器储能一定的条件下，为了能发生尽可能大的冲击电流，回路电感应尽可能小。有时低电感的要求还关系到需要生产陡的波前。所以首先应选用低电感的脉冲电容器。回路总电感由电容器的残余电感、连线电感、球隙电弧电感、分流器电感和试品电感组成。为了减小连线电感，应使连线尽可能短。有时用大的铝板来做连线，并联的电容器的一极接到一块铝板；另一极接到另一块铝板。两块铝板几乎是紧贴着的，中间用固体绝缘隔开。有时还可采用同轴电缆作为连接线。为减小球隙放电时的电感，应缩小放电火花的长度，方法之一是把球隙放在压缩空气中。还有其他特殊的措施和球隙结构。冲击电流发生器的多台电容器常采用环形排列法，即把许多台电容器均匀地排列成一个不闭合的圆环形。这种排列使从电容器出线至设备中心的试品区的距离基本上相等，以减小连线的电感量。

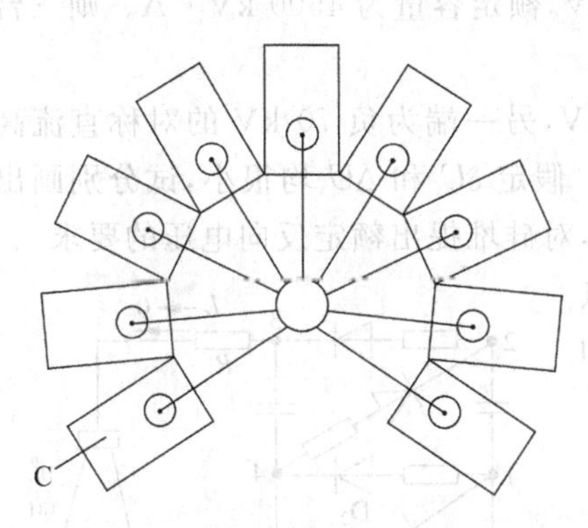

图 6-32 电容器圆环形排列的冲击电流发生器

图 6-32 表示了圆环形的电容器排列方式。所采用的电容器的绝缘应绝对可靠，否则若有一台电容器的绝缘有缺陷而在峰值电压下被击穿，则其余的电容器都将向这台电容器放电，在此电容器内部瞬时集中大量能量，可能导致该电容器爆炸。因此在设计时还需考虑适当的防爆措施，如接入小的阻尼电阻或安装熔断丝等。冲击电流发生器所产生的电流应通过良好的金属回路流回到电容器的下极板，应避免部分电流流经接地系统，再流归电容器，否则将使地电位升高，引起安全事故或造成测量波形或峰值时的严重干扰。为此要求放电回路仅一点接地。有时试品要求一端接地，所以电容器应该能对地绝缘起来。

## 练 习 题

6-1 高压试验变压器和电力变压器有什么异同？

6-2 需对一台 66 kV/10 kV/10000 kV·A 的电力变压器进行高压绕组对低压绕组和

铁心、铁外壳进行工频耐压试验。已知高压绕组对低压绕组及地的电容量为6200 pF,试验电压为140 kV。请选择一台合适的高压试验变压器的额定电压及容量。

6-3 串级试验变压器有何优缺点?

6-4 有一台1500 kV(总输出额定电压)自耦式串级试验变压器装置(类似于图6-3),能输出的总的额定容量为1500 kV·A,串级数$n=3$,低压绕组及激磁绕组的额定电压各为10 kV,当工作在额定电压及额定容量下,请问:

(1) 第Ⅰ,Ⅱ,Ⅲ级变压器高压绕组中流过的电流各为多大?(注:最下级为Ⅰ,依次类推。)

(2) 第Ⅰ,Ⅱ,Ⅲ级变压器低压绕组中流过的电流各为多大?

(3) 第Ⅰ,Ⅱ级变压器的激磁绕组中流过的电流各为多大?

(4) 竖立的各级高压套管顶端的对地电压$U_{A\mathrm{I}}$,$U_{A\mathrm{II}}$,$U_{A\mathrm{III}}$各为多高?

(5) 横立的各级高压套管顶端的对地电压$U_{X\mathrm{I}}$,$U_{X\mathrm{II}}$,$U_{X\mathrm{III}}$各为多高?

(6) 每个变压器套管本身所承受到的电压为多高?

(7) 各级变压器下面的支持绝缘子能承受到的总电压各为多高?

6-5 求串级数为4级时的串级试验变压器的利用率$\eta$。

6-6 作为交流高电压试验设备,$LC$串联谐振装置与高压试验变压器相比,具有哪些优越性?它在使用上有何局限性?

6-7 对练习题5-5所述的电力变压器进行泄漏电流试验,施加的直流电压为40 kV,请画出半波整流电路及全试验接线图,若纹波因数为3%,在试品刚退出运行的热状态下,其最大泄漏电流考虑为0.5 mA,请选择试验变压器、高压硅堆、滤波电容$C$等的技术规格。

6-8 用3台输出额定电压均为750 kV,且变比均为75的变压器串联而成一串级试验变压器。该串级试验变压器输出的额定电压为2250 kV,额定容量为4500 kV·A。则三台变压器低压侧、高压侧流过的电流各为多少A?

6-9 若要用两支高压硅堆产生:①一端为正70 kV,另一端为负70 kV的对称直流高压;②对地正140 kV;③对地负140 kV的直流高压。假定$\delta U$和$\Delta U$均很小,试分别画出几种可能的接线图,并对变压器、电容器提出电压要求,对硅堆提出额定反向电压的要求。

6-10 图6-33为二级倍压直流电路。设点5与点0间所加正弦波工频电压有效值为$U$ kV,考虑试品和图中各电容器的泄漏电流极小,请计算:

① 电容$C_1'$和$C_2'$所受到的直流电压为多高?

② 硅堆$D_1$和$D_2$所受到的最高反向电压为多高?

③ 用高压静电电压表分别测量点1与点0及点2与点0间的电压,其电压指示值为多高?

④ 用高压静电电压表分别测量点3与点0及点4与点0间的电压,其电压指示值为多高?

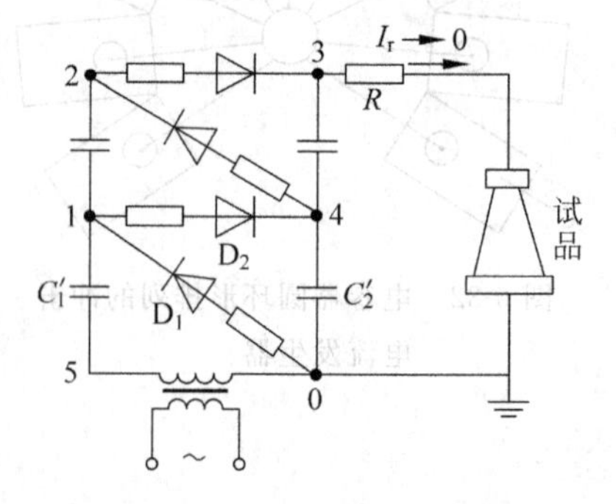

图6-33 二级倍压直流电路

6-11 串级倍压直流高压装置的串级数受到什么因素的制约?

6-12 在说明多级冲击电压发生器动作原理时,为什么必须强调装置对地杂散电容所起的作用?

6-13　为什么图 6-22 中 $g_2$ 的动作过电压倍数最高为 1.5？

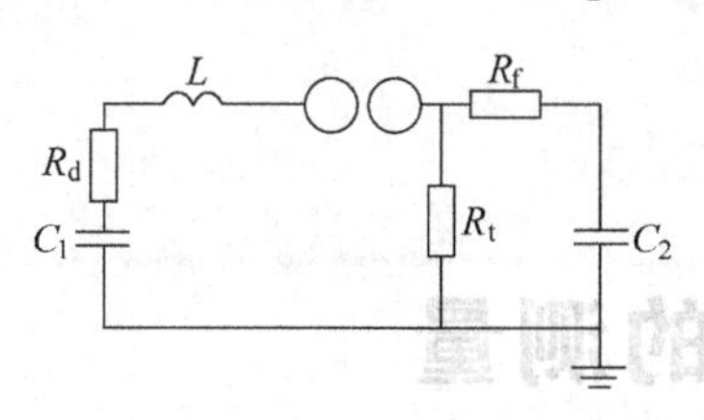

图 6-34　冲击电压发生器等效电路

6-14　某冲击电压发生器的等效电路如图 6-34 所示。已知 $C_1$ 为 20 nF，$C_2$ 为 2 nF，阻尼电阻 $R_d$ 为 100Ω。①若要获得标准雷电冲击波形，设暂不计 $L$ 的影响，请用近似公式计算 $R_f$，$R_t$ 以及效率。②若考虑回路电感与 $C_1$，$C_2$ 及 $R_f$ 的总电感为 18.86 μH，且波前电阻 $R_f$ 及放电电阻 $R_t$ 仍按上面计算值不变时，请计算一下冲击波形。

6-15　一台冲击电压发生器的主放电回路总电感 $L$ 为 100 μH，设发生器串联放电时的冲击电容值 $C_1$ 甚大于试品和其他负荷电容的总值 $C_2$。请应用放电回路处于临界阻尼条件下的波前时间的简化计算式，计算出产生标准雷电冲击波的最大允许 $C_2$ 值(提示：综合式(6-39)及式(6-40)可求出)。

6-16　在不考虑波头和放电电阻的影响时，利用标称电压 2400 kV、6 级单边充电高效冲击电压发生器对一电容量为 5000 pF 试品进行冲击耐压试验，该冲击电压发生器的主电容量至少需要多大？此时每级电容量为多少？能够输出到试品上的最高电压幅值为多少？

# 第7章 高电压的测量

**本章核心概念：**

标准测量系统与认可测量系统，扩展不确定度，测量球隙，电阻分压器，电容分压器，阻容分压器，匹配阻抗，阶跃响应，反击，屏蔽与抗干扰

## 7.1 高电压测量基本概念

### 7.1.1 概论

测量高电压的难度较大，有许多测量低电压时不存在的新问题。高电压下必须严格重视仪器设备和人身安全、做好防护措施；在测量较高电压时不仅有泄漏的影响，还有电晕的影响；在交流电压和冲击电压下有杂散参数的影响，冲击电压下还要求良好的阶跃响应特性；电压高达数兆伏时，难度更大。

高电压的测量可从测量方法和测量对象两个角度去分析，表7-1综合了高电压测量体系中的高电压测量具体方法和测量对象，并给出了方法的适用性。

高电压测量包括稳态高电压测量和冲击高电压测量。稳态高电压是指交流高电压和直流高电压以及频率在一定范围以内的高频高压或脉动成分很大的直流高压。在高电压测量中，除采用测量球隙等直接测量法外，还经常采用多种转换装置的间接测量方法。常用分压器就是由高压臂阻抗和低压臂阻抗组成的一种转换装置，其他例如电压互感器及电流互感器也是转换装置。通过转换装置将被测的量转变成指示仪表或记录仪器所能指示或记录的量。

### 7.1.2 高电压测量系统

有关高电压试验技术的国家标准GB/T 16927.2—2013和GB/T 16927.4—2014中，把用来进行高电压或冲击电流测量的整套装置称为测量系统。测量系统通常包括以下组件：转换装置、转换装置接到试品或电流回路的引线、接地连线、转换装置的输出端接到指示或记录仪器的连接系统等，其中包括了所有的衰减、终端、匹配阻抗或网络、指示或记录仪器及其接到电源的连线。

**表 7-1 高电压测量方法和测量对象及其适用性汇总表**

| 测量方法 \ 测量对象 | | 直接测量 | | 间接测量 | | | | |
|---|---|---|---|---|---|---|---|---|
| | | 球隙 | 静电电压表 | 利用分压器组成测量系统 | | | 利用标准电容器组成测量系统 | |
| | | | | 电阻分压器 | 电容分压器 | 阻容分压器 | 集中式电容分压器 | 微分积分系统 |
| 稳态高电压 | 交流电压 | ○ | ○ | ○ | ○ | ○ | ○ | △ |
| | 一定频率的高频电压 | △ | ○ | ○ | ○ | ○ | ○ | △ |
| | 直流电压 | △ | ○ | ○ | × | × | × | × |
| | 脉动成分很大的直流电压 | △ | △ | ○ | × | × | × | × |
| 冲击高电压 | 雷电冲击电压 | ○ | × | ○ | △ | ○ | ○ | ○ |
| | 操作冲击电压 | △ | × | × | ○ | ○ | ○ | △ |
| | 陡波前冲击电压 | △ | × | ○ | △ | ○ | ○ | ○ |
| | 极快速暂态电压 | △ | × | ○ | △ | ○ | ○ | ○ |
| | 振荡电压 | △ | × | × | ○ | ○ | ○ | △ |

说明：用示波器可测量电压波形。电压表可分为测量电压峰值和有效值两类，测量稳态高电压时，两者均可采用；测量冲击高电压，只能采用峰值电压表。“○”表示适用于该对象的常用测量方法，“△”表示适用于该对象但是不常用的测量方法，“×”表示不适用于该对象的测量方法。直流高电压一般用棒-棒间隙测量，不用球间隙测量。

IEC 60060—2:2010 和 GB/T 16927.2—2013 都把测量系统分为两类：标准(reference)测量系统和认可的测量系统(approved measuring system)。前者具有更高的测量准确度，可用以与后者进行比对并加以校准。实验室中一般使用认可的测量系统进行测量工作。本书中所叙述到的测量的不确定度的要求，除特殊说明外，均指对认可的测量系统的要求。在高电压试验中，测量的不确定度用扩展不确定度来描述。扩展不确定度是确定测量结果区间的量，被测量之值分布的大部分可望包含于此区间中，它的覆盖率小于100%。

为文字简洁，不做特殊说明时，将“认可的测量系统”简称为“测量系统”。

### 7.1.3 交直流高电压的测量

本章所说的稳态高电压，主要是指工频交流高电压和直流高电压。但本节所述及的测量方法或装置，有的也可用于频率在一定范围之内的其他稳态高电压。

对交流电压有效值的测量，和对直流电压算术平均值的测量，都要求扩展不确定度不超过±3%；测量直流电压的纹波幅值时，要求其扩展不确定度不超过±10%的纹波幅值或±1%的直流电压平均值。对测量交流电压和直流电压的算术平均值的标准测量系统，都要求扩展不确定度不超过±1%。

电力运行部门测量交流高电压是通过电压互感器和电压表来实现的。但这种方法在高电压实验室中用得不多，因为高电压实验室中所要测量的电压值往往比现有电压互感器的额定电压高得多，特制一个超高压的电压互感器是比较昂贵的，所以采用别的方法来测量交流高电压。有下列几种：

(1) 利用气体放电测量交流、直流高电压，例如测量球隙；

(2) 利用静电力测量交流、直流高电压，例如静电电压表；

(3) 利用整流电容电流测量交流高电压，例如峰值电压表；

(4) 利用整流充电电压测量交流高电压，例如峰值电压表。

上述(1)和(2)可用来直接测量稳态高电压，(3)和(4)是间接测量的方法。

各种测量仪表的量程是有限度的，常常通过分压器来扩大仪表的量程。即使被测电压的大部分电压降降落在分压器的高压臂上，测量仪表测得的仅是低压臂上的电压降，再乘上分压比即可得被测电压。

光纤技术在电工领域中的应用日益广泛。光导纤维本身是绝缘材料，因此光纤技术应用在高电压测量时，可无杂散和电磁干扰的影响，具有很大的优越性。在进行稳态电压测量时，无频率特性的要求，只要注意选用温度特性良好的光电元件，就比较容易满足测量准确度的要求。光电测量高电压需要用其他测量方法加以校正。

### 7.1.4 冲击高电压的测量

冲击电压，无论是雷电冲击电压或操作冲击电压，均为快速变化或较快速变化的一种电压。测量冲击电压的整个测量系统包括其中的电压转换装置和指示、记录及测量仪器必须具备良好的瞬态响应特性。一些适宜于测量稳态或慢过程(如直流和交流电压)的测量系统不一定适宜于或根本不可能测量冲击电压。冲击电压的测量包括峰值测量和波形记录两个方面。标准规定的冲击电压测量系统的要求是：

(1) 测量冲击全波峰值的扩展不确定度为±3%范围内。

(2) 测量冲击截波的扩展不确定度取决于截断时间 $T_c$。当 $0.5\ \mu s \leqslant T_c < 2\ \mu s$ 时，扩展不确定度在±5%范围内；当 $T_c \geqslant 2\ \mu s$ 时，扩展不确定度在±3%范围内。

(3) 测量冲击波形时间参数(如波前时间、半峰值时间、截断时间等)的扩展不确定度在±10%范围内。

实验室中对冲击高电压的测量有如下几种方法：

(1) 球隙法　直接测高电压峰值的一种方法。

(2) 分压器-峰值电压表　只测峰值，不测波形，或同时用示波器观测波形。

(3) 分压器-示波器(或数字记录仪)　可同时测出峰值及波形。在采用数字式示波器或数字记录仪时，可立即获得峰值和时间参数值，并可打印出波形。

(4) 光电测量法　采用光电转化技术和光纤传输技术的测量法。有的仍需与分压器配合，有的则不需要分压器，测量系统中具有专门的传感器或电容探头。

# 7.2 球隙放电法测量高电压

## 7.2.1 测量球隙

1. 球隙法

应用两个金属球空气间隙放电电压与球隙距离的关系来测量高电压的方法称作球隙放电法。空气只有在一定的电场强度下，才能发生碰撞电离。均匀电场下空气间隙的放电电压与间隙距离具有一定的关系，可以利用间隙放电来测量电压。能实际应用的均匀电场不易做到，只能做到接近于均匀电场。测量球隙由一对相同直径的金属球构成。加电压时，球隙间形成稍不均匀电场。当其余条件相同时，球间隙在大气中的击穿电压取决于球间隙的距离。对一定球径，间隙中的电场随距离的增长而越来越不均匀。被测电压越高，间隙距离越大，要求球径也越大，这样才能保持稍不均匀电场。由于测量球并不是处在无限大空间里，外物及大地对球间电场有影响，所以很难用静电场理论来计算球间的电场强度和击穿电压，因此测量球隙的放电电压主要靠试验来决定。

早在20世纪初，许多国家的高电压试验室利用静电电压表、峰值电压表等方法求得各种球径的球在不同球间隙距离时的稳态击穿电压，又利用分压器和示波器求得其冲击击穿电压。1938年国际电工委员会(IEC)综合各国试验室的试验数据制订出测量球隙放电电压的标准表，给出了在一定的周围环境及气温、气压条件下某一直径的球的间隙放电电压峰值。1960年IEC对1938年颁布的标准表作了修正，到2002年IEC对该标准表又作了修正(见IEC 60052：2002)，对应于国家标准GB/T 311.6—2005。

球隙法可用于交流电压、直流电压、标准全波冲击电压(包括雷电冲击和操作冲击)峰值的测量。另外，也可以用它测量较高频率下的衰减和不衰减交流电压，但对频率值和电压值有一定的限制。因球隙放电是与电压峰值相关的，所以测量的是电压的峰值。

2. 球隙结构与测量条件

当金属球间隙距离$S$与球直径$D$之比大于0.5时，其放电电压数值的准确性较差。要达到球隙所能达到的测量准确度，其结构和使用条件必须符合IEC或国家标准GB/T 311.6—2005的规定，如图7-1(在图7-1中表明了垂直球需保证的部分尺寸，另有水平球间隙，本书从略)所示，还需进行气压、温度和湿度的校正，因为标准表上提供的放电电压值是处在温度为20℃和大气压力为101.3 kPa及平均绝对湿度为8.5 g·m$^{-3}$标准状态下的数值。在非标准状态下利用球隙放电进行电压测量时，实际放电电压值由从标准表中查出的数值乘以空气相对密度校正因数$\delta$和湿度校正因数$K$，详见GB/T 311.6—2005，或本书的3.1节。

测量球的标准球径$D$为2 cm、5 cm、6.25 cm、10 cm、12.5 cm、15 cm、25 cm、50 cm、75 cm、100 cm、150 cm和200 cm；间隙距离$S$从0.05 cm到150 cm。可测的电压峰值从几千伏到近2000 kV。球隙放电电压与球直径和球隙距离的对应关系，详细查阅IEC 60052：2002和国标GB/T 311.6—2005的球隙放电标准表。

3. 预放电与照射

球隙测量电压的可靠性取决于测量结果的分散性。有两个因素影响放电的分散性：一是球面的尘污；二是球隙间空气电离不充分。

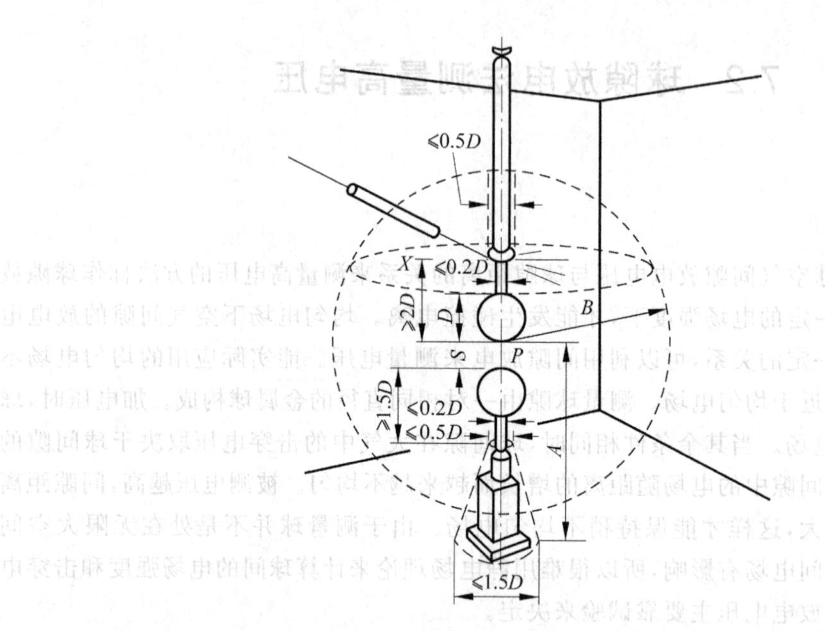

图 7-1　垂直测量球隙

前者使放电电压降低。如果空气中有灰尘或纤维物质,则会产生不正常的破坏性放电。因此在取得前后一致的数据以前,必须进行多次预放电。在放电电压值相对稳定后,再开始测量计数。

后者使放电电压升高。前者对交、直流和冲击电压的影响一样,后者在冲击电压下影响更为突出。放电必须由有效自由电子来触发,交、直流电压变化慢,持续时间长,不难在间隙中出现有效自由电子。冲击电压变化快,一霎即逝,要在这样短暂瞬间正好出现有效自由电子比较困难。当测量电压较高,所用球径较大,间隙所占空间较大时,出现有效自由电子比较容易;当测量电压较低,所用球径较小,间隙所占空间较小时,出现有效自由电子比较困难。所以国际标准规定,凡所用球径小于 12.5 cm 或测量电压低于 50 kV,都必须用 $\gamma$ 射线或紫外线照射,即用人工方法使间隙中空气电离。一种方法是用石英水银灯所产生的紫外线照射球隙的击穿点,要求石英水银灯的功率不小于 35 W,电流不小于 1 A,灯离球有一定距离,希望不因此接地物的存在而影响放电电压。这项有关照射的规定,对测量冲击和稳态高压都是适用的,且对于前者作用更为明显。

## 7.2.2　球隙法测量交直流高电压

符合球尺寸和诸多使用条件的规定后,在交流电压下测量的扩展不确定度可在±3%范围以内。在直流电压测量时,由于静电吸力的作用,灰尘和纤维对放电分散性的影响较大。因此,测量直流高电压时,当球隙距离不大于 0.4D 时,若没有过多的灰尘或纤维的影响,测量的不确定度将在±5%范围以内。

在用球间隙测量交流和直流电压时,经常需在球间隙上串联一个保护电阻。以测量交流电压为例,其正确的接线图如图 7-2 所示。

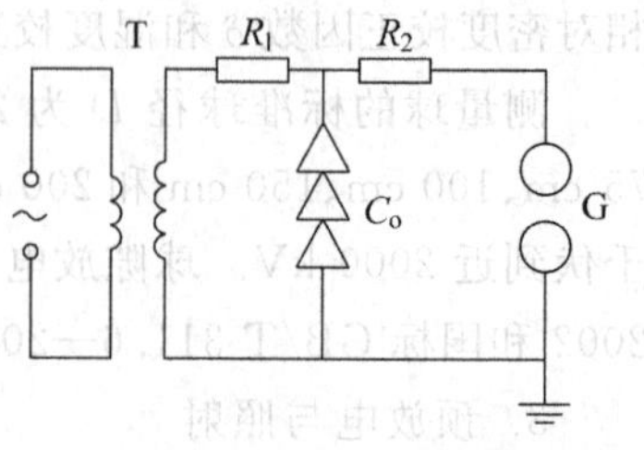

图 7-2　测量球隙接线图

$C_0$—试品;$G$—球隙

图中 $R_1$ 是保护变压器用的电阻;而 $R_2$ 是与球隙串联

的保护电阻。$R_2$ 的作用有两方面：一方面可用它来限制球隙放电时流过球极的短路电流，以免球极烧伤而产生麻点；另一方面当试验回路出现刷状放电时，可减少或避免由此产生的瞬态过电压所造成的球间隙的异常放电，也就是用此电阻来阻尼局部放电时连接线电感、球隙电容和试品电容等所产生的高频振荡。$R_2$ 应放在图示的位置上，使流过试品的电容电流或泄漏电流（视交流或直流电压而定）不在 $R_2$ 上产生压降。

为了限流和阻尼，要求 $R_2$ 大一些；但为了避免由 $R_2$ 上压降引起的测量误差，要求 $R_2$ 小一些。对于测量直流和工频交流电压，IEC 推荐此电阻值为 100 kΩ 或更大些；对于更高频率的交流电压，由于间隙的电容效应而引起的充电电流可使该电阻上的压降影响变大，因此应适当减小此阻值。

另外，球直径越大，允许的每伏电压的电阻值越小，这有两个原因：第一，球径大，它的面积也大，热容量大，而且散热好；第二，球径大，球间电容大，电容电流也大。直径 200 cm 的球，测量电压为 1000 kV（有效值）时，电容电流约 0.025 A（有效值）。若保护电阻取 500 kΩ，则电阻上的压降约为 12 kV，其绝对值虽约占被测电压的 1%；但是由于电阻压降与球隙电容压降相角差为 90°，因此球隙实际上仍几乎受到全部的被测电压，即误差极小。

在预放电后，最后测量的交直流电压值应取 3 次连续测量值的平均值，其偏差不超过 3%。

### 7.2.3 球隙法测量冲击高电压

球隙测量交直流电压时的许多规定，仍适用于冲击电压测量，本节只介绍一些特点。冲击电压测量标准中规定，在测量标准全波、波尾截断的标准波时，峰值电压的测量扩展不确定度不应大于 3%，球隙是能满足此要求的。

一般间隙的冲击放电电压高于交流和直流的放电电压，冲击比大于 1。因为球隙是稍不均匀电场，它的伏秒特性大体上是条水平线，冲击比等于 1。所以 IEC 标准将球隙的冲击放电电压和交、直流放电电压并列在一张表中，但表中所列是 50% 放电电压值。

测量交、直流电压时，球隙必须串有很大阻值的保护电阻，以保护球面和防止振荡，冲击放电时间很短，不需要保护球面，而且放电前经过球隙的电容电流较大，如果串联电阻过大，就会影响测量结果。但也不能不串接电阻，因为仍有防止过电压的问题，一般规定串联电阻以不超过 500 Ω 为宜。

球隙的冲击放电电压是有分散性的，在经过 2～3 次预放电以后才逐渐趋向稳定值。所谓稳定值仍是一个较小范围内的分散值，所以球隙采用 50% 放电电压法来测量冲击电压。所谓球隙的 50% 放电电压值是指在此电压作用下，所用球间隙的放电概率为 50%。一种简单的做法是，例如使某一冲击电压作用到某一球隙距离上，10 次中若有 5 次放电，5 次不放电，则此冲击电压为该球隙距离的 50% 放电电压。但要在 10 次中正好有 5 次放电、5 次不放电，实践中有困难，所以有规定认为，如果 10 次中能有 4 次放电、6 次不放电；或 6 次放电、4 次不放电则都可算作 50% 放电电压。概率本身代表多次事件中出现的频率，次数少了不一定准确。很有可能，即使电压、距离都不变，这 10 次中的放电概率与后 10 次中的不很相同，但如果次数多了，还是可能得出一准确的电压与放电概率的关系。

不仅球隙测量用 50% 放电电压，所有自恢复绝缘，只要它的放电分散情况符合正态分布规律，都可采用 50% 放电电压。确定 50% 放电电压的方法分多级法和升降法等。

1. 多级法

如图 7-3 所示，用多级法求某一间隙的 50%放电电压时，可向此间隙逐级施加电压 $U$，每级电压施加 10～20 次，电压级数不少于 4 级。求得在该电压下的放电概率，然后在正态概率纸上标出相应于 $U$ 的概率点。如此做 4～5 点，即可得出一条拟合直线，由此直线可求得对应于 $P=50\%$ 的 $U$ 值，即为 50%放电电压 $U_{50}$。一般认为在 $P=20\%\sim80\%$ 范围内 $P$ 与 $U$ 近似为直线关系，在 $P=50\%\sim80\%$ 做一点及 $P=20\%\sim50\%$ 做一点，连成直线即可求得 $U_{50}$。又从正态概率纸上求得 $P$ 为 15.86%以及 84.14%点所对应的 $U$ 值，此两点中任何一点和 $U_{50\%}$ 之差，即标准偏差 $\sigma$。

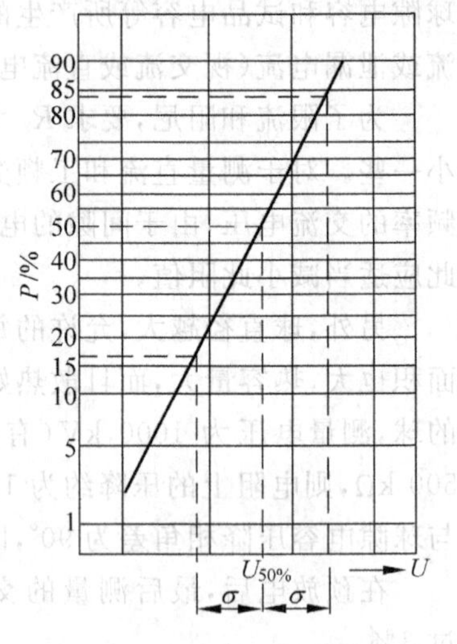


图 7-3 电压与放电概率

2. 升降法

确定 50%放电电压 $U_{50}$ 的另一种方法为升降法。用升降法时，先预估该间隙 50%放电电压 $U'$，并取 $\Delta U=(1\%\sim6\%)U'$ 为升降电压级差。对间隙施加电压 $U'$，不放电则下次升一级，施加 $U'+\Delta U$，否则降一级，施加 $U'-\Delta U$，每次都以前一次放电与否作为电压降或升的依据，从第一个有用点起连续加压 20～40 次（一般不超过 40 次）。如果 $U'$ 选得过低，可能前几次都是耐受，这些数据是无效的，一直要电压升到出现第一次击穿，才可能算第一个有用的电压值；反之，若 $U'$ 选得过高，则一直要电压降到出现第一次耐受才可能算第一个有用的电压值。为了减小由于 $U'$ 取值不当引起的误差，最初的至少有两次电压值不计入运算。且在任何情况下，所取的第一次有用的电压值与 $U_{50}$ 相差不应大于 $2\Delta U$。试验过程中，为避免前一次放电的影响，每次加压时间间隔不小于 30 s。

$U_{50}$ 可按式(7-1)求得

$$U_{50}=\frac{\sum_{i=1}^{m}U_i}{m} \tag{7-1}$$

式中，$U_i$ 为某一次试验电压值；$m$ 为自第一个有效电压开始的连续的总加压次数。

### 7.2.4 球隙法测量高电压的优缺点

测量球隙作为一种高电压测量方法的优点是：

(1) 可以测量稳态高电压和冲击电压的幅值，几乎是直接测量超高电压的唯一设备。

(2) 结构简单，容易自制或购买，不易损坏。

(3) 有一定的准确度，一般认为测量交流及冲击电压时的扩展不确定度可在±3%以内。

测量球隙的缺点是：

(1) 测量时必须放电，放电时将破坏稳定状态，可能引起过电压。

(2) 测量较费时间。除了因为要通过多次放电进行测量外，施压过程也不能太快。开始应施加相当低幅值的电压，使不致因开关操作瞬间产生球隙放电；然后也应缓慢升压，以使在球隙放电瞬间，低压侧仪表能够准确地读数。

(3) 实际使用中，测量稳态电压要进行多次放电，测量冲击电压要用 50%放电电压法，手续都较麻烦。

(4) 要校正大气条件。

(5) 被测电压越高,球径越大,目前已有用到直径为3 m的铜球,不仅本身越来越笨重,而且影响建筑尺寸。从发展的角度来看,测量球隙的使用将越来越少。

(6) 一般来说,测量球隙不宜用于室外。实践证明,由于强气流以及灰尘、砂土、纤维和高湿度的影响,球隙在室外使用时常会产生异常放电。

尽管测量球隙具有上述缺点,IEC及国家标准都规定,它是一种能以规定的准确度来测量高电压的标准测量装置。此外,标准还规定了可采用棒-棒间隙来测量直流高压,并可用它作为标准测量装置来校核未认可的测量装置。在满足一定条件的情况下,它的测量不确定度估计小于3%。

## 7.3 高压静电电压表

加试验电压于两个平板电极,电极间会产生均匀电场,电极就会受到静电机械力的作用。测量静电力的大小,或是测量由静电力产生的某一极板的偏移或偏转来反映所加电压的大小的表计称为静电电压表。

静电电压表已广泛应用于测量低电压,并且也用它直接测量交流及直流的高电压。静电电压表反映的是电压方均根值作用在电极上引起静电力与扭矩的变化值,故测量的是电压的有效值。测量静电力的大小,可以做成绝对仪,它不必通过别的表计校验,就可以确定被测电压的大小。绝对仪的高压静电电压表测量的扩展不确定度可以高达0.01%~0.1%。国外已经有1000 kV的这种仪表。

经常使用的是非绝对仪的静电电压表,有一种普通商品的高压静电电压表的示意图如图7-4所示。一般的高压静电电压表测量电压为3~200 kV,仪表等级为1.0~1.5级。清华大学与北京电表厂曾经研制了500 kV的静电电压表,仪表等级为2.5级。

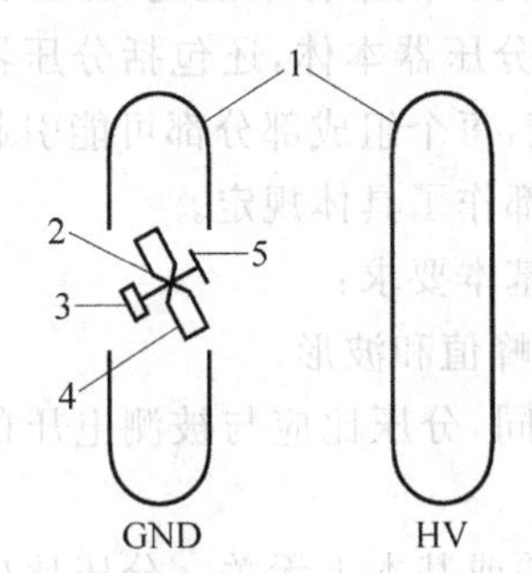

图7-4 静电电压表示意图

1—电极;2—张丝;3—反射镜;4—阻尼片;5—活动电极

静电电压表可用来测量交流和直流电压,还可以测量频率高达1 MHz的高频电压,但无法用来测量冲击或瞬态变化的高电压。静电电压表的优点是它基本上不从电路里吸收功率,内阻极大。由于用静电电压表只能测量有效值,当对测量电压波形有要求时,或有谐波分量时,该测量方法就失去了它的优势。另外,它不适宜在有风的条件下使用。

## 7.4 分 压 器

### 7.4.1 分压器的作用和要求

能直接测量交流高电压的仪表及装置为数很少,球隙和静电电压表是其中的两种,但它们在性能及功用上也存在一定的局限性,如高压静电电压表的最高测量电压为1000 kV,而且结构庞大或较复杂。常用的电压互感器在电压水平上也受到限制。现在最好的解决办法，一是采用光电测量法；二是通过分压器来扩大一些仪表和仪器的电压量程。例如将几百伏或几千伏量程的静电电压表和分压器结合起来使用，可用来测量几百到几千千伏的交流电压。另外，由于示波器技术高度发展，传统的峰值电压表、高压示波器与分压器的组合已经逐渐为分压器和数字示波器组合测量所替代。

用高欧姆电阻串联直流毫安表可以测量直流电压的平均值，它是一种比较方便而又常用的测量系统。亦可由高欧姆电阻组成电阻分压器，在分压器低压臂上跨接高内阻电压表来测量直流高电压，根据所接电压表的形式，可测量直流电压的算术平均值、有效值和最大值。IEC规定分压器的分压比或串联的电阻值应是稳定的，其扩展不确定度不超过1%。对于高电阻系统这个要求是很高的。为此又规定当接的仪表是0.5级或更好的标准型仪表时，它的扩展不确定度不大于3%。

在电气设备的冲击电压试验中，最终是以数字存储示波器、数字记录仪或是高压脉冲示波器来测量冲击电压的峰值和波形。数字仪的输入电压一般为几十毫伏到几十伏，高压脉冲示波器的输入电压一般为几百伏到2 kV。所以在冲击电压发生器和示波器之间需要有一中间环节，即分压器，把几百千伏或几千千伏的高电压不失真地降到示波器所需的电压上，通过射频电缆连至示波器。考虑到电缆的传输环节会带来干扰，为此输入电缆的电压不宜过低，以便获得较高的信噪比。所以对于数字存储示波器及数字仪，往往在电缆的末端还要一个二次分压器，通过它再次降压后才接入记录波形的仪器。冲击电压分压器最常用的是电阻分压器、电容分压器、串联阻容分压器和微分积分系统4种。

为了能测得真实的波形和准确的波峰值，要求分压比准确，而且是个常数，不随电压高低和等效频率(波形)等因素而变动。这样的理想分压器叫做无畸变的分压器。实际的分压器多少是畸变的，只能力争做到畸变小一点，误差在允许范围之内。国家标准规定，分压比应稳定，其允许的不确定度为±1%。一个冲击测量系统不仅是分压器本体，还包括分压器和冲击电压发生器间的高压引线、分压器和示波器间的测量电缆，每个组成部分都可能引起误差。国家标准对整个冲击测量系统的不确定度及其检验方法都作了具体规定。

分压器是个中间环节，要达到上述目标，对分压器提出如下基本要求：

(1) 分压器接入被测电路，应基本上不影响原始的被测电压峰值和波形。

(2) 由分压器低压臂测得的电压波形应与被测电压波形相同，分压比应与被测电压的频率和峰值大小无关。

(3) 分压比与大气条件(气压、气温、一般条件下的湿度)无关或基本上无关。分压比应较稳定，国家标准规定其测量的不确定度应在±1%以内。

(4) 分压器所消耗的电能应不大，不会对电源造成大的负载效应。在一定的冷却条件下，由分压器消耗的电能引起的温升不应引起分压比的改变。

(5) 分压器中应无电晕及大的绝缘泄漏电流，或者说即使有极微量的电晕和泄漏电流，它们应对分压比的影响很小。

(6) 测量交流或冲击高电压的电阻或是电容分压器，其高低压臂都应力图做成无感的。

### 7.4.2 分压器原理与分类

以交流分压器为例，分压器实现电压转换的原理如图7-5所示，其中，$\underline{Z}_1$ 为分压器高压臂的阻抗；$\underline{Z}_2$ 为分压器低压臂的阻抗。大部分的被测电压降落在 $\underline{Z}_1$ 上，$\underline{Z}_2$ 上仅有一小部分电压，用低量程电压表测量得 $\underline{Z_2}$ 上的电压乘上一个常数，即可得被测电压，这个常数叫做分压比，即

$$\underline{U_2} = \underline{U_1}\,\underline{Z_2}/(\underline{Z_1}+\underline{Z_2}) \approx \underline{U_1}\,\underline{Z_2}/\underline{Z_1}$$

分压比为

$$K = U_1/U_2 \approx Z_1/Z_2 \tag{7-2}$$

要求被测电压与 $\underline{Z_2}$ 上的电压仅在幅值上差 $K$ 倍，相角应完全相同，或相角差极小，一般 $K \gg 1$。

$\underline{Z_1}$ 及 $\underline{Z_2}$ 可由电阻元件、电容元件或阻容元件构成。根据构成分压器元件的不同，分压器可分为电阻分压器、电容分压器和阻容分压器（或称阻尼式电容分压器）；根据测量电压的不同，分压器又可分为直流分压器、交流分压器和冲击分压器。

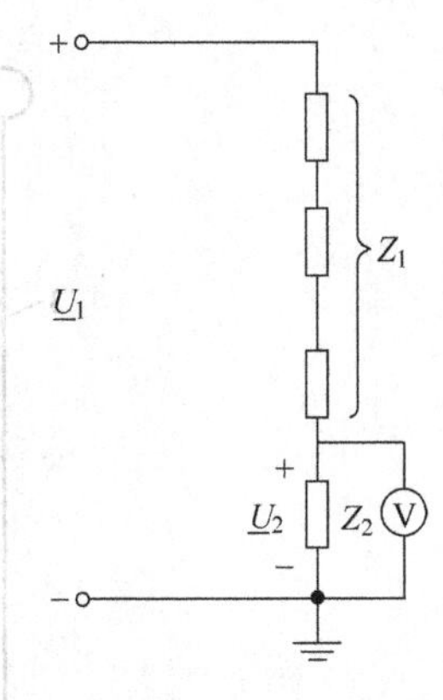


图 7-5　交流分压器接线图

# 7.5　高压电阻分压器

## 7.5.1　高压直流电阻分压器

1. 直流电阻分压器的两种组成方式

测量直流高压的分压器是由电阻元件组成的，真正符合分压器概念的是图 7-6(a)所示的接线图。图中，跨接在低压臂电阻 $R_2$ 上的电压表必须是高内阻的表计，例如静电电压表或数字电压表。另一种测直流高电压的接线方法如图 7-6(b)所示，高压电阻器 $R_1$ 的阻值已知，测得流过它的电流值，便可获得所加的电压值。由于所加的电压很高，无论上述哪种接线，$R_1$ 的阻值都是很高的，一般 $R_1$ 由数个或数十个电阻元件串联组成。

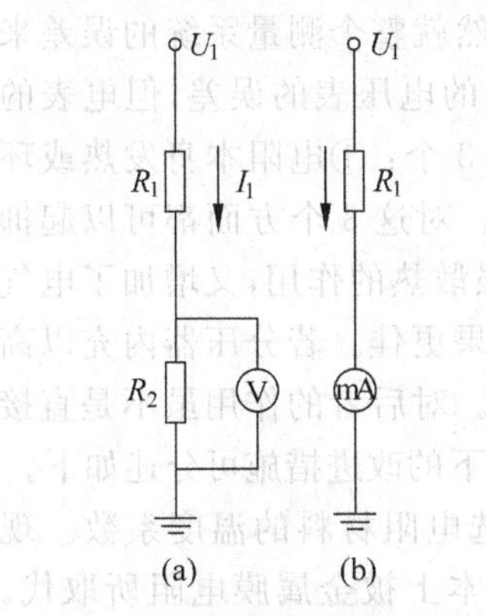


图 7-6　两种测量直流高压的接线方法

(a) 直流电阻分压器；
(b) 高欧姆电阻串联毫安表

图 7-7 所示为一个由多个精密金属膜电阻元件 $R$ 串联而成、额定电压为 100 kV、总阻值为 100 MΩ 的电阻分压器。各电阻元件 $R$ 事先用精密电桥测准，它们以“之”字形固定在干燥的胶布板两侧，分压器的电阻安装在盛有变压器油的圆形绝缘管内。$R_3$ 是为了防止引线和安放在控制桌上的毫安表万一发生开路，在工作人员处出现高电压而设置的，选 $R_3$ 的阻值比毫安表内阻大约 3 个数量级即可。正常测量时，$R_3$ 基本上不对毫安表起分流作用。两个极性反接的、相互串联的二极管用来防止在低压部分 $B$ 点出现过电压。因此 $R_2$ 的选择应使在额定电压下的电流 $I_1$ 在 $R_2$ 上的压降略小于二极管的反向击穿电压。考虑施加的高压可能为正，也可能为负，所以用两个二极管串联。二极管应为能快速击穿的二极管。图中 P 为低压荧光放电管。

$R_1$ 阻值的选择不能太小，否则要求直流高压源供给较大的电流 $I_1$，且 $R_1$ 本身的热损耗也会太大，以致 $R_1$ 阻值不稳定而增加测量误差。另一方面 $R_1$ 也不能选得太大，否则由于 $I_1$ 过小而使可能产生的电晕放电和绝缘支架漏电的影响增强，从而造成测量误差。一般 $I_1$ 选择在 0.5～2 mA 之间，额定工作电压高的分压器 $I_1$ 可选大些（因为电晕和泄漏也更严重

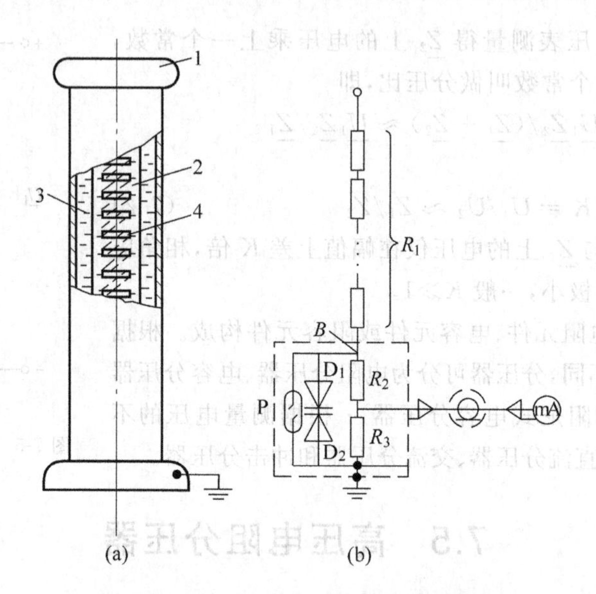


图 7-7　100 kV，100 MΩ 高欧姆电阻器

(a) 结构图；(b) 原理接线图

1—屏蔽罩；2—胶布板；3—变压器油；4—电阻元件

些)；电压低的分压器 $I_1$ 可选小些，实际上 $I_1$ 常选定为 1 mA。

2. 直流电阻分压器的测量误差

造成电阻分压器测量误差的主要原因是电阻值不稳定。虽然就整个测量系统的误差来讲，除了 $R_1$，$R_2$ 引起的误差之外，还应包括串接的毫安表或并接的电压表的误差，但电表的误差比较容易控制。造成 $R_1$，$R_2$ 实际阻值变化的原因可归结为3个：①电阻本身发热或环境温度变化；②电阻元件上或附近电晕放电；③绝缘支架漏电。对这3个方面都可以起抑制作用的一种措施是分压器内充以变压器油。变压器油既起加强散热的作用，又增加了电气强度。通过电泵的作用，通以循环的油流或高绝缘气体的气流效果更佳。若分压器内充以高气压的气体或高绝缘气体，则对抑制电晕和泄漏电流是有效果的。对后者的作用虽不是直接的，但因此时容器是密封的，至少可以防止潮气的侵入。不同情况下的改进措施可分述如下。

(1) 温度变化造成的电阻阻值变化的大小，主要取决于所选电阻材料的温度系数。现可采用的电阻器主要是线绕电阻和金属膜电阻。碳膜电阻已基本上被金属膜电阻所取代。具有较大热容量(对于整个电阻尺寸而言)的合成碳棒电阻在欧美国家仍在生产和使用，而在我国则已被淘汰了。精密线绕电阻通常采用卡码丝一类的合金丝绕成，它的热容量大，温度系数很小，一般温度系数小于等于 $|10\times10^{-6}/℃|$，优质的可小于等于 $|5\times10^{-6}/℃|$。精密金属膜电阻的温度系数为 $\pm(50\sim100)\times10^{-6}/℃$。为减少发热造成阻值变化，除了根据分压器准确度等级的要求，可选用温度系数小的电阻元件外，常分别或同时采取以下措施：

① 选择元件的总瓦数大于分压器所需的功率，以减小温升。

② 金属膜电阻和线绕电阻的温度系数常常有正有负，因此在串联使用时可合理地加以搭配，使 $R_1$ 整体的温度系数在一定条件下最小。不过温度系数的大小及其正负值实际上是温度的函数，所以只能说在某一定温度范围内才可以实现本项措施。

对于图 7-6(a)的接线情况，只要 $R_1$ 与 $R_2$ 采用同一型号，同一批产品的元件，在同一电流流过时，电阻发热情况相同，电阻的温度系数又相近，$R_1/R_2$ 的值接近于常数。从这一点而言，这种接线比图 7-6(b)所示的接线优越。

(2) 电晕放电会造成测量误差，是由于处在高电位的电阻元件上的电晕会损坏电阻元件，特别是损坏薄膜电阻的膜层，从而使之变质，而且对地的电晕电流将改变 $R_1$ 的等效电阻值，使之有不同程度的增大，从而造成测量误差。为此除将 $I_1$ 适当选大一些外，还应采取下述 1～2 个措施：

① 高压端应装上可使整个结构的电场比较均匀的金属屏蔽罩。

② 对准确度要求高的分压器，其电阻元件应装上等电位屏蔽。即将电阻元件用更大半径的金属外壳屏蔽起来。屏蔽的电位可由电阻分压器本身供给，亦可由辅助分压器供给。

图 7-8 是一台准确度为 0.01%的 100 kV，100 MΩ 精密电阻分压器。电阻元件 $R$ 是由低温度系数的特种合金丝绕成的线绕电阻，每个 $R$ 是 1 MΩ，每 2 个电阻装在一个屏蔽单元内。屏蔽的电位由电阻 $R$ 供给，再将包有电阻元件的屏蔽单元连续地环绕在直径为 17.5 cm、高度为 42 cm 的有机玻璃支架上。由于屏蔽有较大的曲率半径，高压端又装有直径为 56 cm 的屏蔽罩，使分压器处于均匀电场之中，屏蔽层和电阻元件均不会产生电晕。电阻 $R$ 和屏蔽之间的最大电位差为 $R/2$ 上的压降，即 500 V，所以 $R$ 和屏蔽之间的电场强度不足以引起电晕。这种等电位屏蔽的缺点是如果屏蔽本身发生电晕或屏蔽单元之间或单元与地之间有漏电现象，则仍将造成测量误差。为此可使用一辅助分压器来供给屏蔽电位，如图 7-9 所示。

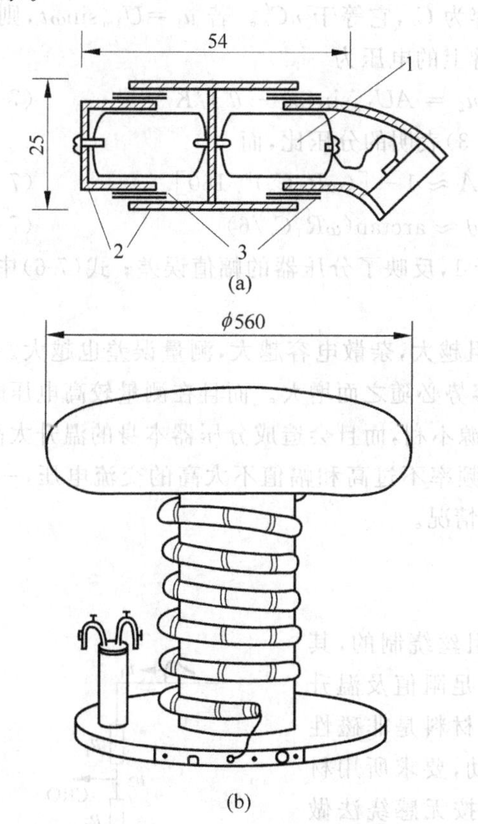


图 7-8 100 kV，100 MΩ 螺旋式精密电阻器

(a) 电阻元件；(b) 整体结构

1—线绕电阻；2—屏蔽；3—绝缘

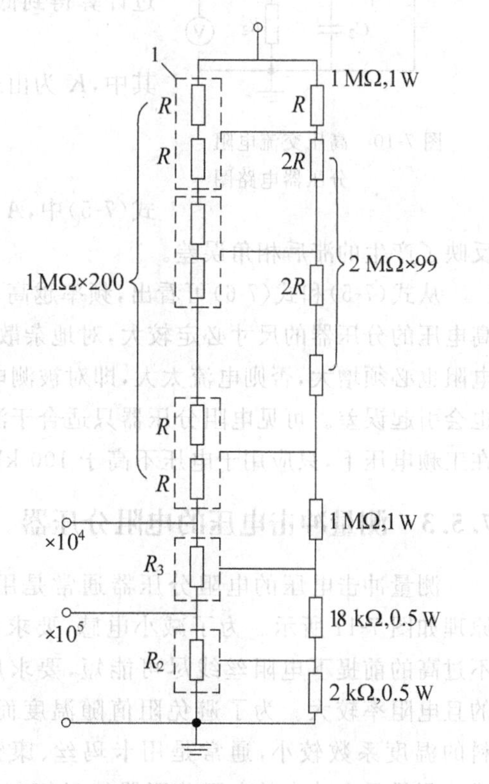


图 7-9 具有辅助分压器的 100 kV，200 MΩ 精密电阻分压器

1—金属圆筒；$R_2$—2 kΩ 线绕电阻；$R_3+R_2$—20 kΩ 线绕电阻

(3) 由绝缘支架的漏电造成的测量误差可通过选用绝缘电阻大的结构材料来减小，中性的聚苯乙烯是这种可选用的材料之一。等电位屏蔽也可减小漏电或漏电的影响。

### 7.5.2 高压交流电阻分压器

根据式(7-2)，对纯电阻分压器其分压比应为

$$K = U_1/U_2 = (R_1 + R_2)/R_2 \approx R_1/R_2 \tag{7-3}$$

电阻分压器是高电压测量装置，尺寸不会太小，故它们对地之间有较大的杂散电容存在，交流电阻分压器的误差主要是由对地杂散电容引起的。高低压臂元件里的电感因无法与分压比相适应，所以也会造成误差，在制造时采取措施，尽可能把电感量减小，它们的影响一般可以忽略不计。假定分压器的电阻元件沿全长是均匀分布的，且它们的对地杂散电容也是均匀分布的，那么可以通过理论计算得到分压器低压臂的输出电压 $u_2$ 与高压端输入电压 $u_1$ 之间的关系。

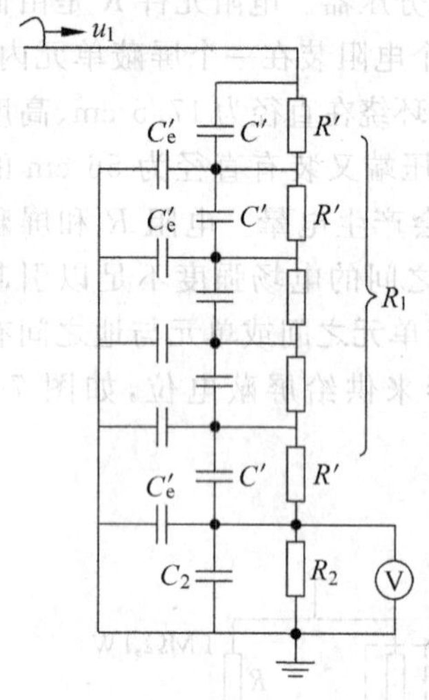

图 7-10 高压交流电阻分压器电路图

图 7-10 中，电阻分压器高压臂的电阻 $R_1$ 由 $n$ 个 $R'$ 元件串联构成，每个 $R'$ 元件的两端有并联杂散电容 $C'$，并有一个对地杂散电容 $C'_e$。一般 $C'$ 很小，可忽略不计，只考虑 $C'_e$ 的影响。分压器总的对地电容为 $C_e$，它等于 $nC'_e$。若 $u_1 = U_{1m}\sin\omega t$，则通过计算得到低压臂上的电压为

$$u_2 = AU_{1m}\sin(\omega t - \theta^\circ)/K \tag{7-4}$$

其中，$K$ 为由式(7-3)表明的分压比，而

$$A \approx 1 - [(\omega R_1 C_e)^2/180] \tag{7-5}$$

$$\theta \approx \arctan(\omega R_1 C_e/6) \tag{7-6}$$

式(7-5)中，$A$ 小于 1，反映了分压器的幅值误差；式(7-6)中，$\theta$ 反映了产生的滞后相角误差。

从式(7-5)和式(7-6)可看出，频率越高，电阻越大，杂散电容越大，测量误差也越大。较高电压的分压器的尺寸必定较大，对地杂散电容势必随之而增大。而且在测量较高电压时，电阻也必须增大，否则电流太大，即对被测电压源不利，而且会造成分压器本身的温升太高，也会引起误差。可见电阻分压器只适合于测量频率不过高和幅值不太高的交流电压，一般在工频电压下，只应用于电压不高于 100 kV 的情况。

### 7.5.3 测量冲击电压的电阻分压器

测量冲击电压的电阻分压器通常是用电阻丝绕制的，其原理如图 7-11 所示。为了减小电感，要求在满足阻值及温升不过高的前提下电阻丝线尽可能短，要求所用材料是非磁性的且电阻率较大。为了避免阻值随温度而变动，要求所用材料的温度系数较小，通常是用卡玛丝、康铜丝按无感绕法做成。测量雷电冲击的电阻分压器的阻值一般约为 $10^4\ \Omega$，不宜超过 $2\times10^4\ \Omega$，最小不低于 2000 Ω。一般最高测量电压为 2000 kV。测量操作冲击电压很少采用电阻分压器，更宜采用

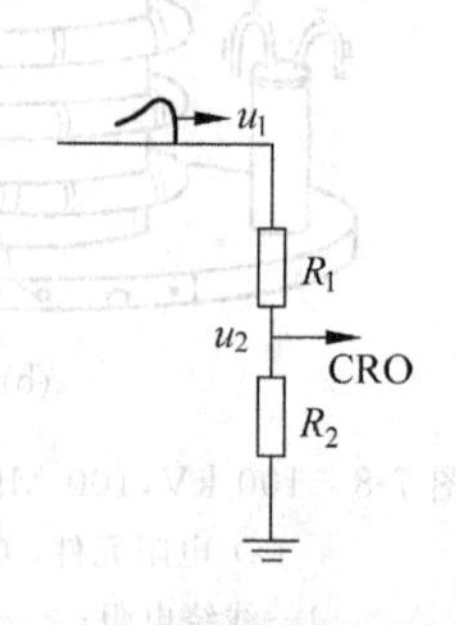

图 7-11 电阻分压器原理图

电容分压器。

1. 误差分析与阻尼型阶跃响应

冲击电压测量用电阻分压器测量误差的理论分析，与前述的工频分压器在某些方面是相似的。后者在测量工频高电压时，由于分压器存在对地的分布杂散电容，所以有峰值测量误差和滞后性的相位差。这就意味着电阻分压器在测量冲击电压时，也存在峰值测量误差和波形滞后的测量误差。研究冲击分压器误差时，常考虑在它的高压端输入一阶跃波，然后计算或测量低压臂两端的输出波，此输出波称为阶跃响应。不考虑单位长度的纵向电容 $C'$（参见图 7-10）和分压器电阻体的残余电感时，若施加的阶跃波幅值为 $U_0$，则从理论计算可得阶跃响应：

$$u_2(t) = (U_0/K)[1 - 2\exp(-t/\tau) + 2\exp(-4t/\tau) - 2\exp(-9t/\tau) + \cdots] \tag{7-7}$$

其中，$\tau = RC_e/\pi^2$；$K$ 为稳态分压比；$K=(R_1+R_2)/R_2$；$C_e$ 为分压器对地杂散电容总值。

若令 $U_0/K$ 为 1，则此时的响应称为归一化阶跃响应

$$g(t) = 1 - 2[\exp(-t/\tau) - \exp(-4t/\tau) + \exp(-9t/\tau) - \cdots]$$

即

$$g(t) = 1 + 2\sum_{n=1}^{n\to\infty}(-1)^n \cdot \exp(-n^2 t/\tau) \tag{7-8}$$

$g(t)$ 的形状可反映分压器传递性能的好坏。

原始理论上的阶跃响应时间为

$$T = \int_0^{\infty}[1-g(t)]\mathrm{d}t = (2RC_e/\pi^2)\cdot\sum_{n=1}^{\infty}(-1)^{n+1}/n^2$$

把式(7-8)的 $g(t)$ 代入，得

$$T = (2RC_e/\pi^2)(\pi^2/12) = RC_e/6 \tag{7-9}$$

分压器测量系统可以看为一个线性环节，低压臂输出电流近于为零。分压器输入端输入为单位阶跃波时，低压臂的输出电压为 $g(t)/K$，$K$ 是分压器的静态分压比。分压器测量系统的电压转移函数为

$$H(s) = U_o(s)/U_i(s) = [G(s)/K]/[1/s] = sG(s)/K \tag{7-10}$$

上式中 $U_o(s)$ 和 $U_i(s)$ 分别是代表输出电压函数和输入电压函数。$G(s)=\mathcal{L}[g(t)]$（$\mathcal{L}$ 为拉氏变换符号），在已知 $H(s)$ 和 $U_i(s)$ 的条件下，可以求出

$$U_o(s) = H(s)U_i(s) \tag{7-11}$$

通过式(7-11)可以求出输出电压 $u_o(t)$ 和输入电压 $u_i(t)$ 之间的关系。也可以通过卷积积分或杜美尔(Duhamel)积分式，求出这些关系。在国家标准中列出的计算结果如下：

$$u_o(t) = \int_0^t u_i'(\tau)g(t-\tau)\mathrm{d}\tau \tag{7-12}$$

在阻尼型阶跃响应下，可以用 $g(t)=1-\exp(-t/T)$ 等效地替代前面式(7-8)所示的多指数波。通过式(7-12)的计算，可以证明当阶跃响应 $T$ 不大于 0.2 μs 下，用这种分压器测量标准雷电冲击全波及波尾截断波时，满足国家标准的测量要求。

**例**：一台测量雷电冲击波的电阻分压器，高压臂电阻 $R_1$ 为 $2\times10^4\ \Omega$，对地总杂散电容 $C_e$ 为 50 pF，求 $g(t)$ 及 $T$。

**解**：$\tau = RC_e/\pi^2 \approx 0.101\ \mu s$，代入式(7-7)得

$$g(t) = 1 + 2\sum_{n=1}^{n\to\infty}(-1)^n \cdot \exp(-n^2 t/0.101)$$

实际计算 $g(t)$时，$n$ 取到 4 就足够了。这样就可以画出 $g(t)$的图形，如图 7-12 所示。

剖面部分为阶跃响应时间 $T$。根据式(7-9)可得

$$T = RC_e/6 = 0.167\ \mu s$$

$T \leqslant 0.2\ \mu s$，所以这台分压器基本上可满足测量 1.2 μs/50 μs 全波或波尾截断波的要求。

2. 振荡型阶跃响应

图 7-12 所表示的 $g(t)$波形是阻尼型阶跃响应。实际上高压引线和分压器本身都存在有电感，所以在测量系统首端施加阶跃波后，都会出现如图 7-13 所示的振荡型阶跃响应。阶跃波响应时间 $T$ 为 $g(t)$波形与横直线 1 之间所夹的面积。对于图 7-13 波形 $T = T_1 - T_2 + T_3 - T_4 + \cdots$。

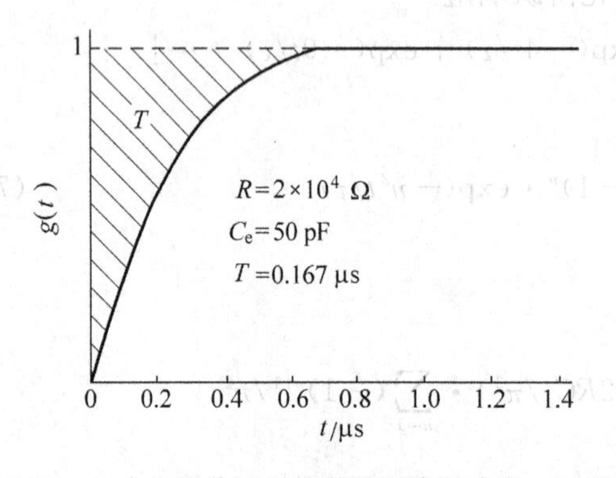


图 7-12 一台电阻分压器的阻尼型阶跃响应 $g(t)$及 $T$

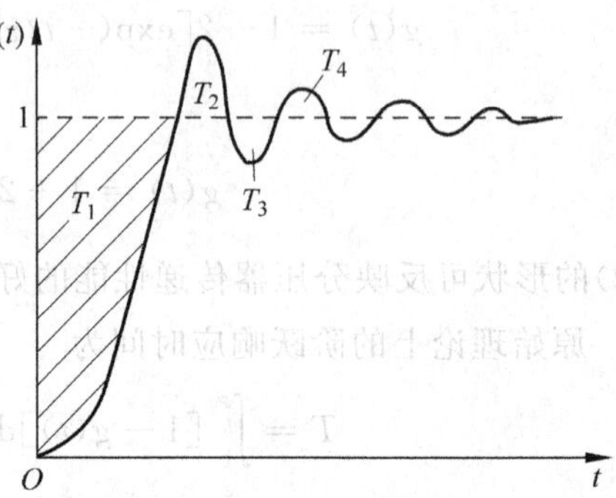

图 7-13 振荡型阶跃响应

IEC 60020—2：2010 标准和 GB/T 16927.2—2013 提出了多种反映响应特性的技术指标。其中有实验响应时间 $T_N$ 和部分响应时间 $T_\alpha$。实验响应时间 $T_N$ 和上述的响应时间 $T$ 的含义基本上相同。它的计算是经过了工程性的处理，对此本书不再详述。部分响应时间 $T_\alpha$ 就是图 7-13 中的 $T_1$。

3. 抑制杂散电容的措施

有时为了补偿分压器的对地电容 $C_e'$，在分压器的高压端安装一个圆伞形屏蔽环，如图 7-14 所示。然而由于此屏蔽环的存在，也增加了高压端的对地电容$C_e''$，它会与高压引线的电感形成振荡。即使在导线首端加上阻尼电阻，振荡仍难以避免。此时测量系统的阶跃响应 $g(t)$就成为前面图 7-13 所表示的振荡型阶跃响应。前面已经讲过的部分响应时间 $T_\alpha$ 就是图 7-13 中的 $T_1$。图 7-13 中，第一个振荡峰值与横线 1 之间的差值，称为过冲 $\beta$。实际上 $T_\alpha$ 和 $\beta$ 是成对出现的一对重要特性指标，但是新标准不再提及和对它的限制值。

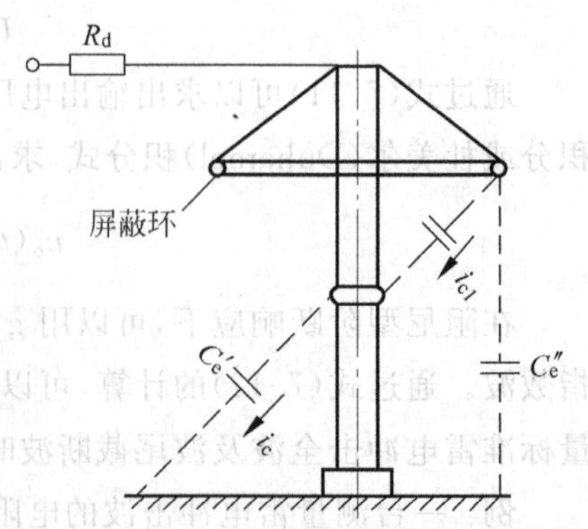


图 7-14 带屏蔽环的电阻分压器

改善分压器性能的另一种做法是缩小电阻体的尺寸，以减小它的对地电容值。为此需把分压器放在电

气强度高的介质中，例如浸在变压器油中，同时置耐受电压为 1000 kV 的电阻体下端于离地高约两米之处，这样可减小对地的杂散电容。采用这种措施的雷电冲击分压器，额定电压可达 2000 kV。清华大学研制的 XZF-900 kV 分压器的实验阶跃响应时间 $T_N$ 和部分阶跃响应时间 $T_\alpha$ 均小于 10 ns，响应波过冲 $\beta$ 小于 10%。

4. 电缆首末端阻抗匹配消除高频振荡

波形记录仪或示波器往往距离分压器几米到几十米，其间要用射频电缆相连接。电缆采用损耗小的聚乙烯作为绝缘。电缆外层金属屏蔽套接地，以抑制电磁场干扰。它的波阻抗 $Z$ 大多为 50 Ω 或 75 Ω。由于被测冲击电压波前较陡，截波变化更快，所以电缆的一端或两端需进行阻抗匹配，以免电缆两端不断产生波的反射，后者会使记录到的波形出现高频振荡。

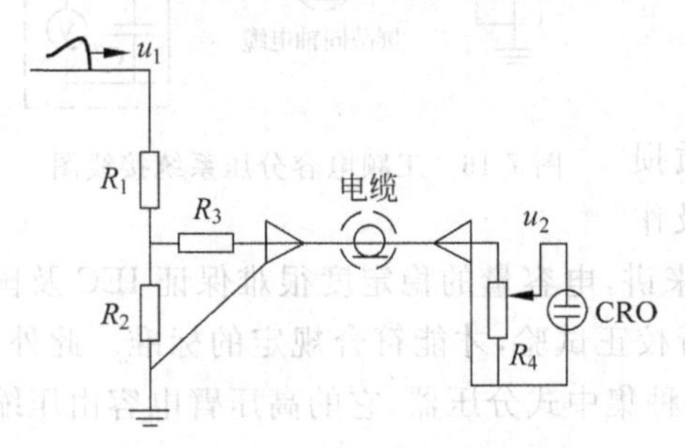


图 7-15 电阻分压器测量回路

图 7-15 中 $R_1$ 和 $R_2$ 分别为分压器的高、低压臂电阻，$R_4$ 为末端匹配电阻，它与电缆的波阻抗 $Z$ 相等。$R_3$ 为首端匹配电阻，即 $R_2+R_3=Z$。可以论证当测量阶跃波时，初始分压比和稳态分压比是相等的。总的分压比 $K$ 为高压端输入电压 $u_1$ 与示波器(OSC)两端获得的电压 $u_2$ 之间的比值。

$$K=n[(R_1+R_2)(R_3+R_4)+R_1R_2]/R_2R_4 \tag{7-13}$$

其中，$n$ 为在 $R_4$ 上的二次分压比值。

若嫌 $K$ 值太大，可以改为仅首端或末端用电阻匹配。电缆较长时，在末端匹配时，需计入电缆芯电阻的分压作用。

# 7.6 高压电容分压器

## 7.6.1 电容分压器的构成

电容分压器有两种主要形式：①分布式电容分压器，它的高压臂由多个电容器元件串联组成；②集中式电容分压器，它的高压臂使用一个气体介质的高压标准电容器。以下分别对两种形式的电容分压器进行介绍。

1. 分布式电容分压器

分布式电容分压器的高压臂的各个电容元件应尽可能为纯电容，并要求其介质损耗和电感量小，实际所用的元件为油纸电容器或油浸渍的塑料薄膜(如聚丙烯)电容器、聚苯乙烯电容器和陶瓷电容器。

下面将会提到，为了减小杂散电容的影响，$C_1$ 值不应太小。但分压器的 $C_1$ 值的增大，不仅增加了投资费及分压器的尺寸，而且增加了工频试验变压器的负荷，所以 $C_1$ 应选择一合适的数值。在不考虑冲击电压测量时的专用交流电容分压器，一般 $C_1$ 取 100～200 pF。

这种分压器一般只在高压顶端装一个简单的屏蔽罩，所以高压臂的各个电容元件对地以及对周围物体之间的杂散电容会影响分压比的大小。通常要求分压器与周围物体之间相隔较远的距离，或者在一定环境条件下，实测分压比或高压臂等效电容 $C_{1e}$，在正式测试时保持四周的现场条件不再变化，否则就会造成测量的幅值误差。

分压器的低压臂电容 $C_2$ 应由高稳定度、低损耗、低电感量的电容器做成。$C_2$ 通常应用云母，空气或聚苯乙烯介质的电容器，准确度要求不高时，也可以用油纸电容器或金属化纸及金属化薄膜电容器。

通常分压器的高压臂 $C_1$ 处于试区内，测量用低压电压表处于控制室中。为防止空间杂散电容的影响，低压臂电容及连接高压臂和电压表之间的导线都应屏蔽起来。实际上后者是采用屏蔽电缆。所有屏蔽应良好接地，如图 7-16 所示工频电容分压器的接线。低压臂电容可以全部或部分放置在屏蔽电缆的任何一端。

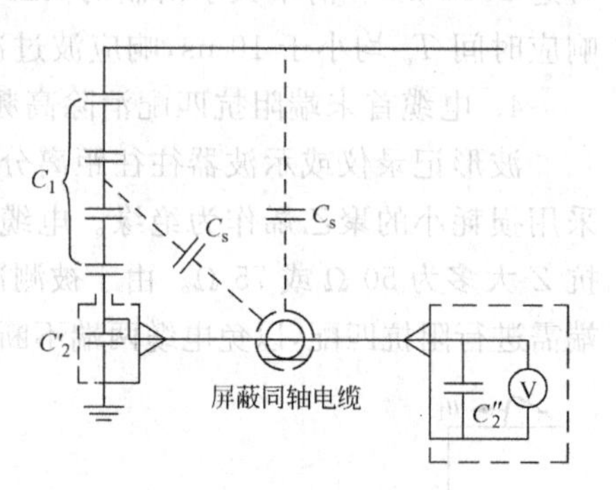


图 7-16 工频电容分压系统接线图

2. 高压标准电容器及集中式电容分压器

组成分布式分压器的电容元件多少存在介质损耗和电感影响。严格地讲，其电容量随环境温度及作用电压的高低都会有些变化。从长远的运行观点来讲，电容量的稳定度很难保证 IEC 及国家标准所规定的 1%测量的不确定度。需不时进行校正试验，才能符合规定的标准。此外，分布式分压器难以实现良好的屏蔽，因此采用了一种集中式分压器，它的高压臂电容由压缩气体介质的电容器做成。

由于气体介质基本上无损耗，接近于理想介质，所以由它构成的电容器的电容量不受作用电压的影响，准确而稳定。这种电容器有良好的屏蔽，有无晕的电极，电容值不受周围环境的影响，所以这种气体电介质的电容器被称为标准电容器。

高压标准电容器的功用有：

(1) 作为电容分压器的高压臂，用来测量交流电压的峰值、有效值或测量其波形。近来也已发展用它来测量冲击电压。

(2) 用它作为高压西林电桥上的标准电容，高压西林电桥是用来测量电容器、电缆、套管等的电介质损耗因数和电容量的。

(3) 作为耦合电容器与局部放电测量仪器相配合，用于检测变压器、套管等的局部放电以及高频干扰电压。

(4) 作为(下面将讲到的)微分积分测压系统的元件，可用来测量雷电冲击电压。

在静电场课程中已讲述过同轴圆柱的空气介质电容器，这种结构的电容器可应用于电压不太高的高压装置中。电压较高时常采用压缩气体的标准电容器。

由于气体的电气强度随其密度而增加，所以为了缩小标准电容器的尺寸，常把电容器的电极密封于加有压缩气体的绝缘壳的容器中。这样的结构也可以使电极免受脏污及大气湿度的影响。常用的气体介质是氮气($N_2$)、二氧化碳($CO_2$)和六氟化硫($SF_6$)。充气压力常在 350 kPa～1.8 MPa之间。充 $SF_6$ 气体时，有利于降低充气压力，从而降低对外部绝缘容器结构强度及对密封的要求。氮气的化学性能稳定；$CO_2$ 气体在高气压下放电性能较好，随气压的上升，其放电电压较线性地上升。

我国西安电容器厂和桂林电容器厂都生产高电压的标准电容器，型号有 BD100-100，BD250-70，BF500-50 等，其中 B 代表标准，D 代表充氮气，F 代表充 $SF_6$ 气体；前一数字是额定电压，单位为 kV(有效值)；后一数字代表电容量，单位为 pF。瑞士 Tettex 公司较高电压的产品有 3370/20/1000 和 3370/40/1200，其中 3370 是型号；20 和 40 分别代表电容量，单位为 pF；1000 和 1200 是额定电压，单位为 kV(有效值)。它们的电容温度系数为 $3\times10^{-5}$/℃。国产的电容器在额定电压下，电介质损耗因数小于 $1\times10^{-4}$。

图 7-17 为一台高压充气标准电容器的结构图。其低压电极通过绝缘用接地铜管支持起来，而且它被高压电极包围在中间，屏蔽了大地及其他物体的电场影响。这样，电容值 $C_1$ 就与电容器处在实验室的位置没有关系，因此将电容器作为分压器的高压臂，其分压比也就不受位置的影响了。

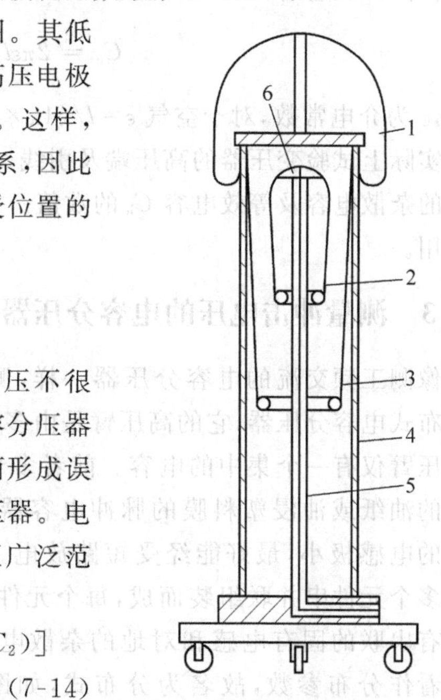

图 7-17 高压充气标准电容器

1—屏蔽电极；2—低压电极；3—高压电极；4—绝缘外壳；5—支撑管及射频电缆；6—绝缘垫块

## 7.6.2 高压交流电容分压器

前面已经提到，实际上交流分压器只有在电压不很高、频率不过高时才采用电阻分压器。而由于电容分压器基本上不消耗有功功率，不会由此造成高的温升而形成误差，所以测量交流高电压时主要是采用电容式分压器。电容分压器可使用于几千伏至 3 MV 的交流高电压广泛范围之内。对纯电容分压器有

$$K=U_1/U_2=[1/(\omega C_1)+1/(\omega C_2)]/[1/(\omega C_2)]$$
$$=(C_1+C_2)/C_1\approx C_2/C_1 \tag{7-14}$$

在交流电压较高时，一般采用分布式电容分压器进行测量，与前述电阻分压器类似，其尺寸较大，它们对地之间也有较大的杂散电容存在。所以，对于高压臂由多个电容器元件构成的分布式电容分压器，也可用图 7-10 的等效电路来表示，高压臂电容 $C_1$ 由 $n$ 个 $C'$元件串联构成，每个 $C'$元件的上下电极之间存在并联的绝缘泄漏电阻 $R'$。因 $R'$值甚大可以忽略不计，故可只考虑对地电容 $C_e'$的影响。与上所述相同，分压器总的对地电容为 $C_e=nC_e'$。

当 $u_1=U_{1m}\sin\omega t$ 时，有

$$u_2=[1-(C_e/6C_1)]U_{1m}\sin\omega t/K \tag{7-15}$$

或

$$u_2=AU_{1m}\sin\omega t/K$$

其中，$A=1-(C_e/6C_1)$；$C_1=C'/n$。因 $A$ 小于 1，说明分压器产生了幅值测量误差。可看出，电容分压器并不引起相位误差。幅值误差可以减小或被克服。一种办法是用另一个比较准确的分压器系统来校正一下，后者可以由一个标准高压电容作为高压臂；另一种办法是把电容分压器的电容值适当选得大一点。由式(7-15)可见，若令 $C_1/C_e=8$，则幅值误差可以为 2%。一种实用的减小分压器误差的方法是，在现场实测高压臂的等效电容。具体的做法是，把被测分压器置于工作位置，高压引线也基本上和工作时相符，但不能接到试验变压器上，把高压臂两端接到精密西林电桥(已在第 5 章中叙述)的试品位置。在电桥正接法时，应把分压器的低压臂取走。调节电桥平衡，即可测得高压臂的等效电容 $C_{1e}$，从式(7-15)的关系来看，$C_{1e}$会比 $C_1$ 小一些，即 $C_{1e}$约为 $C_1-(C_e/6)$，用 $C_{1e}$取代 $C_1$ 来计算分压比，可使幅

值测量不再产生误差。

$C_e$ 也可用近似计算法算得。因堆积式电容器是圆柱形的，它构成一垂直于水平面的金属圆柱体。设它的长度为 $l$，直径为 $d$，下端距离地面为 $h$，则

$$C_e = 2\pi\varepsilon l \Big/ \ln\left(\frac{2l}{d}\sqrt{\frac{4h+l}{4h+3l}}\right) \tag{7-16}$$

其中，$\varepsilon$ 为介电常数，对于空气 $\varepsilon = l/(4\pi \times 9 \times 10^{11})$，F/cm。

实际上试验变压器的高压端及引线、分压器上专门装置的屏蔽罩（帽）影响分压器本体之间的杂散电容及等效电容 $C_{1e}$ 的数值。它们在一定程度上起着补偿分压器对地杂散电容的作用。

### 7.6.3 测量冲击电压的电容分压器

像测工频交流的电容分压器一样，测量冲击电压的电容分压器也可分为两种形式：①分布式电容分压器，它的高压臂是由多个高压电容叠装组成的；②集中式电容分压器，它的高压臂仅有一个集中的电容。前者多半用圆形绝缘外壳的油纸或油浸塑料膜的脉冲电容器组装，要求电容器的电感极小，最好能经受短路放电。该种电容器是由多个元件串并联组装而成，每个元件不仅有电容，而且有串联的固有电感和对地的杂散电容，这种分压器应看作分布参数，故名为分布式，如图 7-18 所示。集中式的电容，常为接近均匀电场中的一对金属电极，或为标准电容器，电极间以气体为电介质。

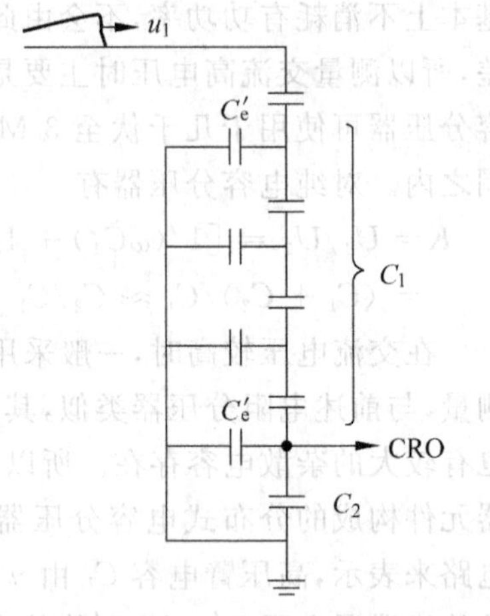


图 7-18 电容分压器及其对地杂散电容 $C_e\left(=\sum C'_e\right)$

分布式电容分压器中的串联电感由于已在设计电容器时减至最小，所以当测量全波电压，而且额定电压不很高，即分压器高度不很高时，可以忽略它的作用。此时，分压器的误差主要由对地杂散电容 $C_e$ 引起。与分析工频交流分压器时一样，分压器只造成峰值测量误差，而无波形误差。低压侧电压通过计算得

$$u_2(t) = (u_1/K)(1 - C_e/6C_1) \tag{7-17}$$

其中，$K$ 为分压比，$K=(C_1+C_2)/C_1$。

从式(7-17)可见，分压器系统若无电感，就测波形而言，特性很好。其幅值误差与 $C_e/6C_1$ 值相关。$C_e$ 值可按垂直圆柱体的对地杂散电容来估算（见式(7-16)），在一般直径下，其值约为每米长 20 pF。若要电容分压器的输出电压峰值误差不超过 1%，则电容分压器的每米电容量不应小于 300 pF。若分压器高度按每米 500 kV 估计，则电容分压器每百万伏的电容量不应小于 600 pF。对百万伏以上较高电压的电容分压器来讲，有时要满足这样的要求是有困难的。因为电容值过大，不仅增加了成本费及其直径；而且对冲击电压发生器来讲增加负荷，有时是不允许的。一般 $C_1$ 采用有限值，通过现场实测的等效电容 $C_{1e}$ 取代 $C_1$ 来计算分压比，或是在现场用精密的分压器来校正它的特性。在使用这些方法时，现场条件包括分压器位置、高压引线、试品位置等应该与实际测量时基本一致。

电容分压器低压臂的测量回路可采用如图 7-19 或图 7-20 所示中的一种回路。前者为

电缆首端匹配了电阻；后者电缆首末端都有匹配电阻。两个图中的 $R_1$ 及后一图中的 $R_2$ 都等于电缆的波阻抗 $Z$。施加阶跃电压的瞬间，进入电缆的波幅都为

$$U_1[C_1/(C_1+C_2)][Z/(Z+R_1)] = C_1U_1/[2(C_1+C_2)]$$

在图 7-19 中，电缆末端为示波器输入端，输入阻抗甚高，输入电容很小，可以看做开路。故进入的电压波到末端有一正的反射波叠加到入射波上，由示波器获得的电压为 $C_1U_1/(C_1+C_2)$。等到反射波运行到电缆首端，由于 $C_2$ 较大，而 $R_1$ 已经与电缆波阻抗相匹配，故在首端无再次的反射波。在此瞬间，有

$$K_1 = (C_1+C_2)/C_1$$

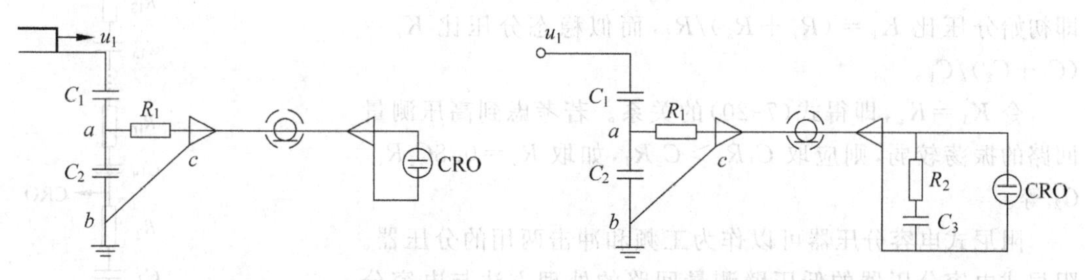


图 7-19 射频电缆仅首端匹配的测量回路　　图 7-20 射频电缆两端匹配的测量回路

波在电缆中运行两倍行程的时间 $2\tau$ 后，可看作达到似稳状态，此时电缆被看作是一个电容 $C_0$，故当 $t\geqslant 2\tau$ 时，

$$K_2 = (C_1+C_2+C_0)/C_1$$

由于 $K_1$ 与 $K_2$ 有些差异，射频电缆将引起电压最初的"过冲"，其相对值与 $C_0/(C_1+C_2)$有关。对于短的或中等长度的电缆，以及高 $C_2$ 值，即高分压比的情况，此过冲的作用甚微，可以忽略。当电容分压器应用于测量瞬态电压的现场试验时，常需用较长的电缆，此时可以采用如图 7-20 所示的接线。在此回路中选择

$$C_1+C_2 = C_3+C_0$$

$t=0^+$ 时，分压比为

$$K_1 = \frac{U_1}{[C_1U_1/(C_1+C_2)][Z/(R_1+Z)]} = 2(C_1+C_2)/C_1 \tag{7-18}$$

$t\geqslant 2\tau$ 时，分压比为

$$K_2 = (C_1+C_2+C_3+C_0)/C_1 = 2(C_1+C_2)/C_1 \tag{7-19}$$

这种回路的初始分压比和似稳态的分压比是相同的。

电容分压器的低压臂处理不当时容易发生振荡。低压臂电容的内电感必须很小。为减小连线电感，在图 7-19 及图 7-20 中，$abc$ 环路线应十分短，故应该用同轴插头，插入低压臂的屏蔽箱。电缆输入端要尽可能地靠近电容 $C_2$ 的两极。

## 7.7 阻尼式电容分压器

电容分压器由于其本身有分布电感及对地的杂散电容，在施加陡峭冲击电压时，会产生高频振荡。高压引线与分压器的电容也会产生振荡电压。施加的波形越陡，分压器的额定电压越高，即其高度越高，波形振荡的问题越为突出。多年前的阻容并联分压器也存在这个问题。20 世纪 70 年代起，发展了阻容串联分压器，也就是阻尼式电容分压器，其原理接线

图如图7-21所示。在高压臂电容元件$C_{11}$,$C_{12}$,…,$C_{1n}$绝缘套里,各串入几个欧姆的电阻$R_{11}$,$R_{12}$,…,$R_{1n}$以阻尼杂散振荡,在引线首端加阻尼电阻$R_{1d}$,其阻值与导线波阻抗相匹配,为300~400 Ω。

分压器的高压臂电阻为$R_1=R_{1d}+R_{11}+R_{12}+\cdots+R_{1n}$,电容$C_1$为$C_{11}$,$C_{12}$,…,$C_{1n}$的串联电容;低压臂电阻$R_2$,电容$C_2$。

一般认为

$$C_1R_1=C_2R_2 \tag{7-20}$$

即初始分压比$K_1=(R_1+R_2)/R_2$,而似稳态分压比$K_2=(C_1+C_2)/C_1$。

令$K_1=K_2$,即得式(7-20)的关系。若考虑到高压测量回路的振荡较弱,则应取$C_1R_1>C_2R_2$,如取$R_2=0.8C_1R_1/C_2$等。

阻尼式电容分压器可以作为工频和冲击两用的分压器。阻尼式电容分压器的低压臂测量回路的处理方法与电容分压器相同。由阻尼式电容分压器或其他类型的分压器组成的冲击测量系统,都可以与一个标准测量系统进行对比试验,以获得其分压比等特性参数。

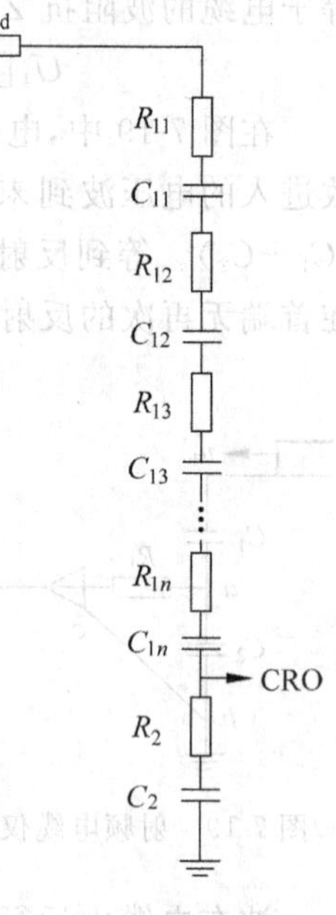

图7-21 阻容分压器原理图

# 7.8 微分积分测量系统

微分积分(D/I)测量系统对信号相继进行微分和积分,以形成分压,用以测量雷电冲击电压或极快速瞬态电压(VFT)。它的基本原理如图7-22所示,其中$C_d$为微分环节电容器,可采用高压标准电容器或其他气体介质的耦合电容器,有时采用油纸脉冲电容器;$R_d$为微分环节电阻,兼作射频电缆的匹配电阻,阻值常为50 Ω或75 Ω。后面的积分环节可用无源$RC$积分器或无源及有源的混合积分器。

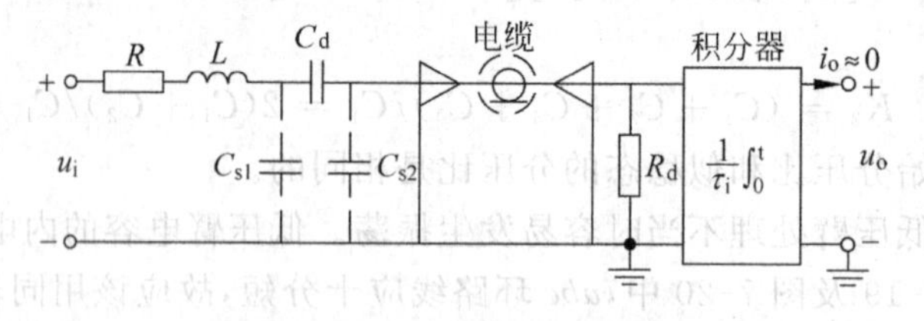

图7-22 D/I测量系统电路图

$u_i$—输入电压;$R$—阻尼电阻;$L$—回路杂散电感;$C_d$—微分环节电容器;
$C_{s1}$—$C_d$极板对地杂散电容;$C_{s2}$—$C_d$极板对地杂散电容;
$R_d$—微分环节电阻;$\tau_i$—积分时间常数;$i_o$—输出电流;$u_o$—输出电压

图中$R$表示为可能加入的阻尼电阻,用它阻尼因回路杂散电感$L$与$C_d$引起的高频振荡。$C_{s1}$和$C_{s2}$分别代表$C_d$的高低压极板对地的杂散电容。此测量系统的阶跃响应时间为

$$T=R_dC_d \tag{7-21}$$

可以证明系统的稳态分压比为

$$K = \tau_i/(R_d C_d) \tag{7-22}$$

其中，$\tau_i$为积分时间常数。

这种测量系统的优点是有足够高的响应特性；缺点是对 $R_d$ 的无感特性要求很高，测量冲击截断波时 $R_d$ 及积分器中的元件受到的电压会较高，必要时需把它们泡在变压器油中。此类测量系统的技术特性要用优质电阻分压器来校正。

## 7.9 对冲击电压测量系统响应特性的要求

IEC 60060—2：2010 标准和 GB/T 16927.2—2013 规定，冲击电压测量系统的动态特性可以用两种方法来进行测定：一种叫标准方法；另一种叫替代方法。前者是指用被测系统与标准测量系统进行比对的方法对标准测量系统应当与更标准的测量系统进行比对；后者是指采用测量阶跃响应的方法。上述标准阐述了两种方法的实施细则，以及某一些指标数，如对标准测量系统，在做响应试验时，对测量雷电标准冲击全波和波尾截断波试验的分压器，要求实验响应时间 $T_N$ 不大于 15 ns，部分响应时间 $T_\alpha$ 不大于 30 ns 等。

## 7.10 测量冲击高电压的示波器

用于测量冲击高电压的示波器有两类：高压电子示波器和数字存储示波器、数字记录仪。

1. 高压电子示波器

高压电子示波器是一种记录快速一次过程的现象，而且具有高加速电压的专用电子示波器。在高电压技术领域中，应用它观测和记录一次过程的雷电冲击电压或操作冲击电压。在军工、核物理、近代物理、力学等技术领域，也应用它记录高速动态过程。

这类示波器的特点是：由于要求的记录速度高，所以示波管内加速电子的电压（称为加速电压）较高，一般为 10～20 kV。为了增强抗电磁干扰的能力，它的垂直灵敏度不高，要求输入的被测电压信号峰值较高，一般为 300～1000 V，从而可达到较高的信号与噪声之比（简称信噪比）。鉴于同样的原因，这类示波器一般只装有信号衰减器，不装设放大器。为使示波器记录的波形不失真，它应具有较高的频率响应特性。因所测的是一次过程的波形，显示的波形在屏幕上一闪而过，需通过照相的方法记录显示的波形，故常采用发蓝色光的中余辉的荧光屏。高压电子示波器多数是双线的，以便同时记录冲击电压的波前和整个波形，或同时记录避雷器阀片及氧化锌阀片流过的冲击电流和两端电压波形。标准规定示波器的峰值测量不确定度应不大于 2%；波形时间的测量不确定度应不大于 4%。高压示波器至今为止仍然在抗干扰方面具有优势，从这一点来说，可以较方便和较放心地应用于强电的环境下，进行冲击截断波等快速波的测量。由于记录的波形不能存储，通过摄像方法记录波形，人们嫌太费事和费时，而且记录的准确度也不高；又由于它的价格也不可能太便宜，所以基本上已被数字存储示波器所取代。

2. 数字示波器

数字存储示波器和数字记录仪是 20 世纪 60 年代发展起来的新型测试仪器。在用作测量各种瞬态过程中，如爆炸、冲击、振动、武器发射过程及高速电磁脉冲（EMP）的测量时优点更为突出。它在各种工程技术、生物医学、原子物理、军事科学等领域中已得到了广泛的应用。20世纪70年代,数字示波器开始应用于高电压测量。它在高电压测试领域中不仅应用于稳态的工频高电压测量和谐波分析,更重要的是,它被应用于快速瞬态过程的测量,如冲击电压(电流)的测量、GIS(气体绝缘金属封闭开关设备)中的极快速瞬态过电压测量、绝缘局部放电波形测量等。它的应用不仅可使被测波形在屏幕上"锁住",以使一次过程波便于被人们观测,而且可以通过其专用存储介质把波形存储起来,或是连至计算机进行分析计算、打印和存储。由于它的技术指标日益先进,而价格下降较快,它的发展使传统的高压示波器和模拟屏幕记忆示波器的地位走向衰落。

## 7.11 利用光电技术测量高电压

光电技术测量高电压可分为两个环节,即光学传感器技术和光纤传输技术,前者实现光电信号调制,后者传输光信号。特别是测量冲击高电压,具有许多优点:高压和低压测量仪器通过光纤隔离,后者具有很高的绝缘水平,而且具有较高的抗电磁干扰能力。在冲击电压的测量中,用光纤取代射频电缆传递信号,排除了产生电磁干扰的一个重要环节,有利于通用数字示波器及其他数字化仪器在高电压条件下的测试。目前光纤传输系统的测量频带已经可以做得很宽,能满足测量准确度的要求。与传统的高压分压器或分流器为主要部件的电磁式测量系统相比,光电测量系统的稳定性较差。

光电测量技术中常有下列几种信号调制方式:

(1) 幅度-光强度调制(AM-IM):在电阻分压器的高电位端串接入发光二极管,将电流信号转换为光信号,并用光纤传输至低电位的测量环节。

(2) 调频-光强度调制(FM-IM):利用压控振荡器的输出频率随调制信号的大小发生线性变化的原理来传递信息。

(3) 数字脉冲调制:用脉冲电码传送模拟信号采样的量化值的一种调制方式。

(4) 利用电光效应:电光效应有两种,一种为克尔(Kerr)效应,另一种为泡克耳斯(Pockels)效应。这里介绍后者的应用。一些晶体物质,如BSO($BSiO_{20}$),LN($LiNbO_3$),ZnS及水晶等具有泡克耳斯效应的物质,使用这些材料可制成电光调制器,用它来测量电场强度或电压。图7-3所示是清华大学曾经使用铌酸锂($LiNbO_3$)晶体电光效应来测量快速变化的脉冲电压的装置,取得了较好的效果。$LiNbO_3$是一种电光性能较好的人工合成晶体,其光学均匀性好、不潮解、易加工、电光系数大,其缺点之一是折射率随温度变化会发生

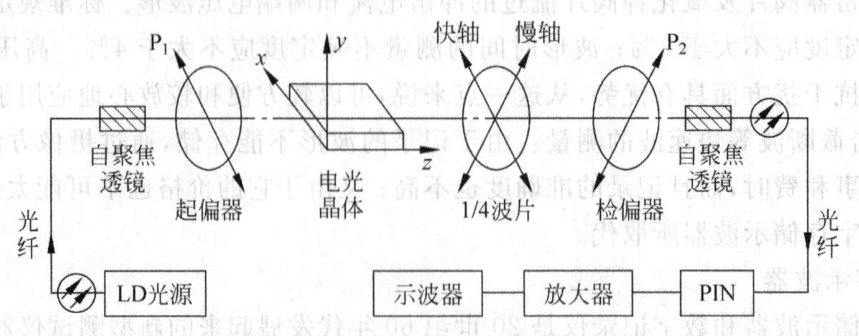


图7-23 用电光调制器组成的测压装置

变化。

## 7.12 高电压电场测量

高电压电场是电磁环境的重要参数指标，也是高电压工程及学术研究中感兴趣的物理量。交流、直流架空输电线路下方地面附近的工频和直流电场强度，变电站、直流换流站及其阀厅的电场强度，绝缘子等电气设备表面电场强度，这些可归类为静态电场。除了静态电场，还有长间隙放电中的 μs 级瞬态电场，气体绝缘变电站中特快速瞬态过电压产生的 ns 级瞬态电场等。

1. 地面工频电场强度的测量

交流架空输电线路下方地面附近的工频电场强度可用工频场强仪测量，根据探头的形状，可分为球形(悬浮型)场强仪和平板形(接地型)场强仪。球形场强仪的探头由两个相互绝缘的金属半球构成，测量时呈一个对地绝缘、电位悬浮的金属球，类似一个悬空的电容器件。将此金属球置于地面附近的被测电场中，金属球上半部分和下半部分表面的感应电荷极性不同，可由感应电荷的数值和电容量的大小经运算来确定被测电场的强度。平板形场强仪的探头是一对平行金属平板，相互间由一薄绝缘层分隔，下板接地，构成一个接地的电容器件。测量原理与球形场强仪类似，将平板形探头置于地面附近的被测电场中，在上金属板中将产生感应电荷。上下极板构成的电容两端的电压与被测点的电场强度成正比，通过测量电压就可以得到该位置的电场强度。

2. 地面直流电场强度的测量

直流架空输电线路下方地面附近的直流电场强度可用直流场强仪测量。直流场强仪包括旋转型、圆筒型和震板型，IEEE 标准 1227 中作了较详细的说明介绍。GB/T 12720—1991“工频电场测量”对旋转型直流场强仪也有详细介绍。对直流微弱信号来说，它的处理比交流微弱信号困难，所以测量微弱的直流量时，一般都将其转换为交流量，然后再来处理。旋转型直流场强仪就是通过旋转测试元件，将待测量——直流电场强度转换成交流物理量，再进行测量。具体来说，就是使场强仪探头接收到的电场线总数发生周期性的变化，相应的感应电荷量也随之变化，根据感应电荷周期性变化形成的电流即可得到待测场强。为了测量直流输电线路线下的合成电场，所使用的场强仪应能准确测量合成的直流电场，并能把截获的离子电流泄流入地，尽可能不影响场强的正常读数。

3. 电光技术在电场强度测量中的应用

光学传感是近年快速发展的新型电场测量方法。本节以 Mach-Zehnder 干涉型电场传感器为例，介绍基于 Pockels 电光效应的电场传感器。如图 7-24 所示，外界电场在电极上感应出电压 $U$，从而在波导区域形成沿 $z$ 方向的均匀电场 $E$，作用于光波导。根据 Pockels 效应，在电场作用下，铌酸锂等电光晶体的折射率会发生变化。光束经由单模波导输入，在输入端的Y形分叉将光束分配成两个功率相等的光束，各自沿分支波导 $a$ 和 $b$ 传播。由于折射率不同，光束在两个分支波导中会形成附加相移。附加相移 $\varphi$ 可用下式表示：

$$\varphi = \frac{\pi n_e^3 r_{33}}{\lambda} L_{el} E \tag{7-23}$$

其中，$n_e$ 为电光晶体在无外界电场时的折射率；$r_{33}$ 为晶体的线性电光系数；$E$ 是与 $z$ 方向平行的电场；$\lambda$ 为光波波长；$L_{el}$为电场作用于光波导的有效长度。

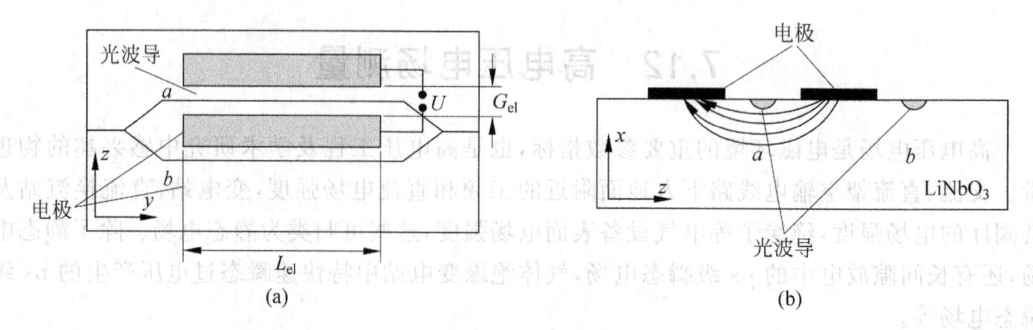


图 7-24 Mach-Zehnder 干涉电场传感器基本结构

(a) 俯视图；(b) 剖面图

假定无外界电场时，光束在两条分支光波导中传播存在相位差 $\varphi_0$，有外界电场作用后，相位差变为 $\varphi+\varphi_0$。若输入光功率为 $P_i$，忽略光波导损耗，则输出的光功率为

$$P_o=\frac{P_i}{2}[1+\cos(\varphi+\varphi_0)] \tag{7-24}$$

只要通过仪器检测输出与输入的光功率之比，就能最终得到待测场强。

根据实现方式的不同，上述电场传感器主要可分为分立式和光电集成式两类。前者有较高的可测电场，但体积大、器件分立，应用范围较为有限；后者体积小、对被测电场干扰小、灵敏度高、响应速度快、可靠性高，但实现工艺相对复杂。近年来，随着铌酸锂光波导器件制作工艺的发展与成熟，基于光电集成技术的电场传感器逐步成为研究热点。光电集成式电场传感器可用于准直流至 GHz 范围的电场测量。与传统的电磁传感器相比，电光测量技术在绝缘方面具有明显的优点。

## 7.13 高电压测量系统中的弱电仪器的抗干扰措施

数字存储示波器、数字记录仪、屏幕存储示波器等通用示波器和峰值电压表等弱电仪器常用作测量高电压或大电流的重要环节。数字化仪器有时还带有信号分析仪、微计算机、打印机等其他弱电工具。强、弱电设备及仪器在邻近的条件下工作，存在着严重的电磁兼容(electro-magnetic compatibility，EMC)问题。电磁兼容是指电气设备(包括电子设备)在它所处电磁环境中能令人满意地工作；作为干扰源时，只具有可允许的干扰发射能力；而作为感受器时，对干扰只具有可允许的敏感度。在高电压测量条件下，在现场有高电压大电流的各种电气设备和导线；在实验室内有高电压或大电流的发生装置。弱电的测量装置或仪器在上述条件下工作，最严重的状况是弱电测量装置或仪器由于地电位升高而引起“反击”，也可能由于强电磁干扰造成个别关键元件损坏，以致测量装置或仪器无法正常工作；即使测量装置可以工作，但受到干扰的影响，使记录到的信号严重失真。本节的内容是以数字存储示波器测量冲击高电压为例，讲述电磁干扰的来源及防止电磁干扰的措施。

### 7.13.1 电磁干扰来源

电磁干扰主要有三方面的来源：一是由测量用的射频电缆外皮中通过的瞬态电流引起

的干扰，此电流的产生是因为冲击放电时，电缆的信号输入端外面电缆屏蔽接地端的电位突然升高；二是间隙放电时产生的空间电磁辐射以及高电压试验设备对墙壁和地的杂散电容突然放电引起地电位波动；三是仪器电源线引入的干扰。冲击高电压测量中以第一种的干扰最需予以重视。

图 7-25 中，$C$ 为冲击电压（或电流）发生器的主电容；$C_s$ 为高压端对大地及墙（若无屏蔽层遮蔽）之间的杂散电容；$E$ 点通过接地电阻 $R$ 接地，起始电位为零；$A$ 点为试品下端，它通过导线与 $E$ 相连，其起始电位也为零。但当试品或与试品相并联的铜球隙突然放电时，除了 $C$ 通过放电间隙 $S$ 形成放电回路外，由于 $C_s$ 原来也充有电荷，故它也会通过 $S$ 及接地电阻 $R$ 进行放电。在此放电瞬间，$R$ 上流过了电流，于是 $E$ 点电位不再是零。另外，由于主放电回路中的电流在 $A$ 点与 $E$ 点连线中产生压降，从而使 $A$ 点电位也不再等于 $E$ 点电位，也就更不等于零电位。在产生冲击大电流的情况下，若 $A$ 点离 $E$ 点的距离为 1 m，连接线的电感约为 1 $\mu$H/m，则 $A$、$E$ 间的电感约为 1 $\mu$H。

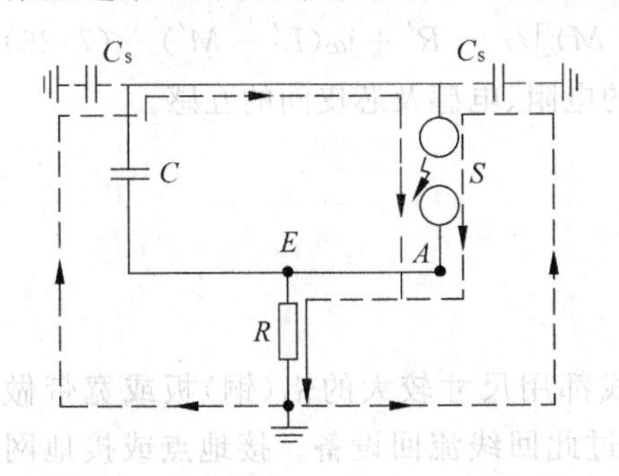

图 7-25 杂散电容 $C_s$ 对 $E$ 点电位的影响

设电流的变化率为 10 kA/$\mu$s，则放电瞬间 $A$、$E$ 之间的瞬间压降的最大值可达 10 kV。所以分压器或分流器的接地点最好是直接接在 $E$ 点上，但实际上这项措施也较难保证。从图 7-26 中的情况来看，在间隙 $S$ 放电时，由于电容分压器也经过 $S$ 放电，故 $B$ 与 $A$ 间也出现压降。总之放电会造成各点的电位波动，且 $U_A \neq U_B \neq U_E \neq 0$。射频电缆的末端（接示波器端）可能另有接地端，即使没有直接接地端，由于示波器外壳的对地杂散电容的作用，当 $B$ 点电位升高时，会有电流流过射频电缆的外屏蔽层。此时，即使电缆输入端芯线与外屏蔽层间短路，外皮中的瞬态电流 $i$ 仍会使示波器的输入端 $c$、$d$ 端间出现一压降 $u_{cd}$，见图 7-27。

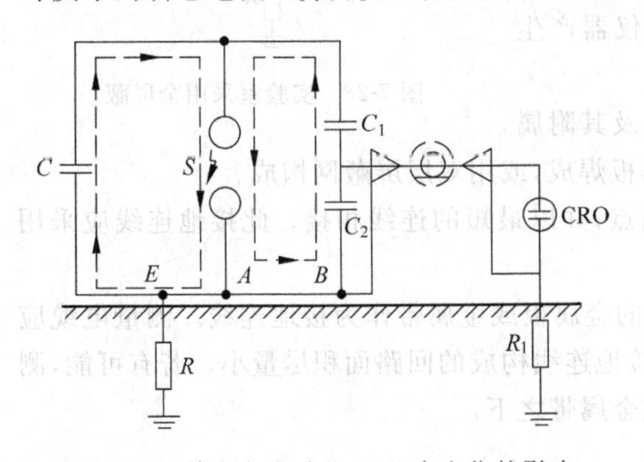

图 7-26 放电电流对 $A$,$B$,$E$ 点电位的影响

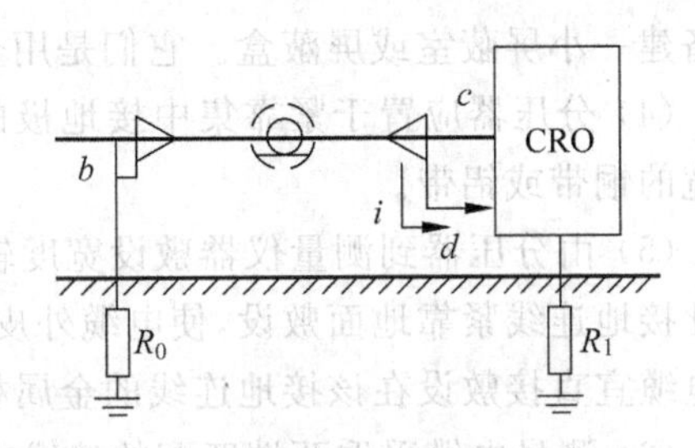

图 7-27 电缆外皮瞬态电流 $i$ 造成干扰电压 $u_{cd}$

$R_0$—电缆首端接地电阻；$R_1$—电缆末端接地电阻

设 $R$,$L$ 分别为电缆外皮的总电阻与总电感，外皮中流过的瞬态电流为 $i$，电缆外皮与芯线间的互感为 $M$，则

$$u_{bd} = Ri + L\mathrm{d}i/\mathrm{d}t$$

而

$$u_{cb} = -M\mathrm{d}i/\mathrm{d}t$$

从而

$$u_{cd} = R_i + (L - M)\mathrm{d}i/\mathrm{d}t \tag{7-25}$$

一般 $R$ 有一定值，且 $L>M$，故 $u_{cd}$ 会有一定数值，不再为零。由此会产生对正常测量信号的干扰。

用单位外皮电流在单位长度电缆上产生的干扰电压的大小来衡量射频电缆的特性，这一特性阻抗称为转移阻抗（coupling impedance）。

$$\underline{Z}(\omega) = \underline{U}_{cd}(\omega)/[l \cdot \underline{I}(\omega)] = [R + \mathrm{j}\omega(L-M)]/l = R' + \mathrm{j}\omega(L'-M') \tag{7-26}$$

其中，$l$ 为电缆长度；$R'$，$L'$，$M'$ 为单位长度电缆外皮的电阻、电感及芯皮间的互感。

双（层）屏蔽电缆的转移阻抗值较小。

## 7.13.2 干扰抑制措施

高电压试验时的干扰抑制措施如下：

（1）改善接地回线。所有高压试验中的接地回线都用尺寸较大的铝（铜）板或宽带做成，以减小接地回线上形成的压降。主放电电流都经过此回线流回设备。接地点或接地网只起固定电位的作用。在野外试验及未采用全屏蔽的实验室里，希望接地电阻值尽可能做得小一些，以减小杂散电流流过接地电阻造成压降。

（2）实验室采用全屏蔽。高压设备放电时，杂散电容也将同时放电，为此可把高压试验厅用金属体（板或网）全屏蔽起来，即作成一个大法拉第笼，笼仅有一点与地相连，如图7-28所示，杂散电容电流通过法拉第笼流回设备，$E$ 点的电位不会升高。全屏蔽措施也有利于避免高压放电对外造成电磁干扰，同时也可防止室外的电磁干扰及无线电波对在室内进行的局部放电等项试验中采用的高灵敏度测试仪器产生不利影响。

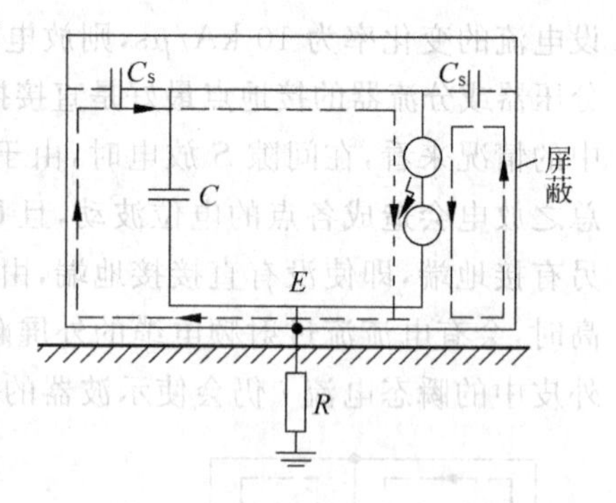


图7-28 实验室采用全屏蔽

（3）为应用于高压测试中的数字示波器及其附属设备建一小屏蔽室或屏蔽盒。它们是用金属板焊成，或用双层屏蔽网构成。

（4）分压器应置于紧靠集中接地极的地点，并以最短的连线相接。此接地连线应采用较宽的铜带或铝带。

（5）由分压器到测量仪器敷设宽度较大的金属板或金属带作为接地连线。测量电缆应沿此接地连线紧靠地面敷设，使电缆外皮与接地连线构成的回路面积尽量小。若有可能，测量电缆宜直接敷设在该接地连线的金属板或金属带之下。

（6）测量电缆采取两端匹配的接线方式。

（7）测量电缆长度应尽可能短。

（8）采用双屏蔽射频电缆，或在单屏蔽射频电缆外再套一金属管，甚至在双屏蔽射频电缆外再套金属管。电缆的外层屏蔽及金属管多点接地，至少应两端接地。电缆内层屏蔽在分压器端接地，测量仪器端是否接地由干扰试验确定。

（9）在测量电缆上加设共模抑制器，办法是将测量电缆在高频磁心（即铁氧磁心）环上绕若干圈，或将若干铁氧小磁环套在测量电缆上。

(10) 提高射频电缆中传递的被测电压信号,使共模干扰所占比重减小,即提高传递环节的信噪比,以降低干扰对测量的影响。当被测电压信号高于测量仪器的最大量程时,可在测量仪器外加设外接衰减器。

上述(8)、(9)、(10)等项措施均是为了降低电缆外皮中瞬态电流引起的共模干扰。

针对上述三大干扰源的抗干扰综合措施可用图 7-29 来表示。图中电压比为 1 的隔离变压器 T 除了对防止"反击"有一定作用外,它还起着阻断电源中性点(接地点)干扰电压的作用。

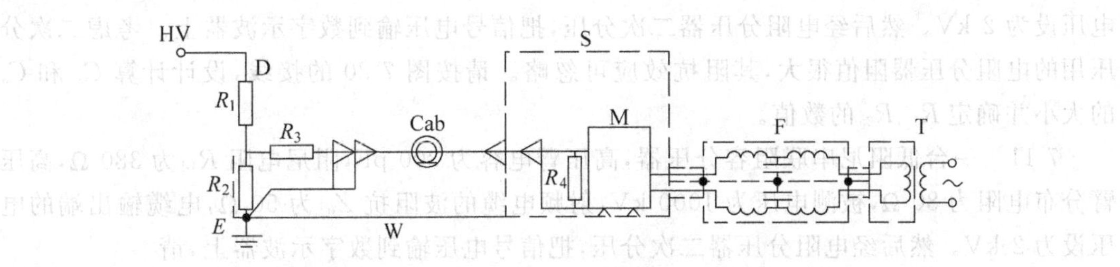


图 7-29 抗干扰综合措施

D—分压器；Cab—双屏蔽电缆；$E$—集中接地极；W—金属板接地；
S—屏蔽室；M—测量仪器；F—滤波器；T—1：1隔离变压器

## 练 习 题

7-1 用铜球间隙测量高电压,需满足哪些条件才能保证国家标准规定的测量不确定度?

7-2 分压器测量交流和雷电冲击电压时往往会产生峰值和相位或波形误差,用电阻分压器测量时将产生什么误差?用电容分压器测量时将产生什么误差?

7-3 高电压试验技术中以什么参数作为冲击电阻分压器的主要技术特性参数之一,其值应小于多少才能满足测量标准雷电波的要求?

7-4 高压直流分压器在选择其高压臂电阻阻值时,一般使其在额定电压下流过的电流为多少?该阻值若选择太小或太大会有什么问题?

7-5 一台测工频高电压的电阻分压器,额定电压为 100 kV(有效值),阻值为 4 MΩ,对地杂散电容为 1000 pF,求由杂散电容引起的峰值和相位测量误差,以及在额定测量电压下热耗的功率值。

7-6 有一台 1000 kV 冲击电阻分压器,高压臂阻值 $R_1=10000\ \Omega$,其圆柱筒内径 $d$ 为 16 cm,圆柱体长度 $l$ 为 2.8 m,底盘离地高度 $h$ 为 35 cm。假设顶上未装屏蔽,请

(1) 根据式(7-16)估算分压器对地杂散电容总值。

(2) 估算此分压器的阶跃响应时间 $T$。

(3) 初步判断能否用它来测量 1.2 $\mu$s/50 $\mu$s 冲击全波。

(4) 判断能否用它来测量 250 $\mu$s/2500 $\mu$s 的操作冲击波。

(5) 在测量 1000 kV 时,考虑在电缆输出端,即 $R_4$(见图 7-15)上端的电压为 2 kV,然后经第二次分压,把合适的电压输到数字示波器上。现按书上图 7-15 进行接线,求不考虑电缆电阻影响下的电阻 $R_2$,$R_3$ 及 $R_4$ 的阻值。设电缆波阻抗 $Z_0=50\ \Omega$。

7-7 请推导出式(7-13)的结果。

7-8 有一台电容分压器，若在低压臂 $C_2$ 上并联一个高阻 $R_2$。试证明：在测电压时，所测到的低压臂电压 $U_2$ 的幅值，会比无 $R_2$($R_2 \to \infty$)时小$[50/(R_2C_2\omega)^2]\%$，相位领先 $\arctan[l/(\omega R_2C_2)]$，其中 $\omega$ 为被测电压的角频率。

7-9 高压充气标准电容器有什么功用？

7-10 一台兼作负荷电容的分压器，高压臂电容 $C_1$ 为 500 pF，若用它测量 1000 kV 幅值的冲击电压，射频电缆的波阻抗 $Z_0$ 为 50 Ω，电缆的电容量 $C_0$ 为 2000 pF，电缆输出端的电压设为 2 kV。然后经电阻分压器二次分压，把信号电压输到数字示波器上。考虑二次分压用的电阻分压器阻值很大，其阻抗效应可忽略。请按图 7-20 的接线，设计计算 $C_2$ 和 $C_3$ 的大小并确定 $R_1$、$R_2$ 的数值。

7-11 一台低阻尼串联阻容分压器，高压臂电容为 300 pF，阻尼电阻 $R_{1d}$ 为 380 Ω，高压臂分布电阻为 80 Ω，被测电压为 1000 kV，射频电缆的波阻抗 $Z_0$ 为 50 Ω，电缆输出端的电压设为 2 kV。然后经电阻分压器二次分压，把信号电压输到数字示波器上，请

(1) 按图 7-21 求 $C_2$ 及 $R_2$ 值。

(2) 按图 7-19 配置电缆的匹配电阻，并画出总测量接线图。

7-12 请总结在交流、直流、雷电冲击和操作冲击高电压下，可以各采用什么类型的分压器。

7-13 “反击”是高电压领域的常用术语，请举例说明反击的含义。

# 第 8 章

# 传输线的波过程

**本章核心概念：**

波阻抗，折反射系数，电压全反射与电流全反射，波通过并联电容与串联电感

电力系统在运行中，除了有长期的工作电压之外，还会出现幅值大大超过工作电压的各种过电压。对电力设备绝缘受到的考验来说，需要研究在该设备上出现的过电压幅值及持续时间。电力系统的过电压从其形成的原因可分为外部过电压与内部过电压。前者主要指雷电过电压，后者可分为操作过电压与暂时过电压。雷电过电压持续时间极短，操作过电压一般持续时间在 0.1 s 以内；暂时过电压包括工频电压升高及谐振过电压，持续时间比操作过电压长。雷电过电压与操作过电压都是冲击电压。

在冲击电压下，架空线、电缆线、变压器及电机的绕组上的电压、电流都应按分布参数电路来分析，分布参数电路中的电磁暂态过程属于电磁波的传播过程，简称波过程。波过程的分析和计算是过电压和绝缘配合的理论基础。对整个电力系统来说，研究这些冲击波在系统中的传播，以及在传播过程中的折射、反射、衰减、变形等情况，目的是更好地研究在各设备上，以及在设备内部各部位出现的过电压幅值和持续时间，以便更好地研究电力设备过电压保护的原理和措施。

对这些波过程，即使是相对简单的分布参数电路，要得到解析解也比较复杂。对于工程上经常遇到的复杂电路，求解析解变得相当困难，一般都用计算机进行数值计算。因此本章主要介绍一些有关波过程的最基本的概念。

## 8.1 波 阻 抗

电力系统的交、直流输电线路都属于多导线线路，而且沿线的电磁场及损耗情况也不可能完全相同。但为了更清晰地分析波过程的物理本质和基本规律，一般都暂时忽略线路的电阻和线路对地的电导损耗，假设沿线各处参数处处相同，即从图 8-1 所示的均匀单根无穷长无损线开始分析。

在图 8-1 中，$t=0$ 时均匀单根无穷长无损线的首端合闸于直流电压源 $E$。$t=0$ 以后，近处的电容 $\Delta C$ 立即充电；而远处的电容由于电感的存在需隔一段时间才能充上电，并向更

远处的电容放电。即有一个电压波以一定速度沿 $x$ 方向传播，在导线周围逐步建立起电场的过程。同样，在电感中也有一个电流流过，所以也有一个电流波同时沿 $x$ 方向传播，在导线周围逐步建立起磁场的过程。电压波与电流波沿线路的流动就是电磁波沿线路的传播过程。

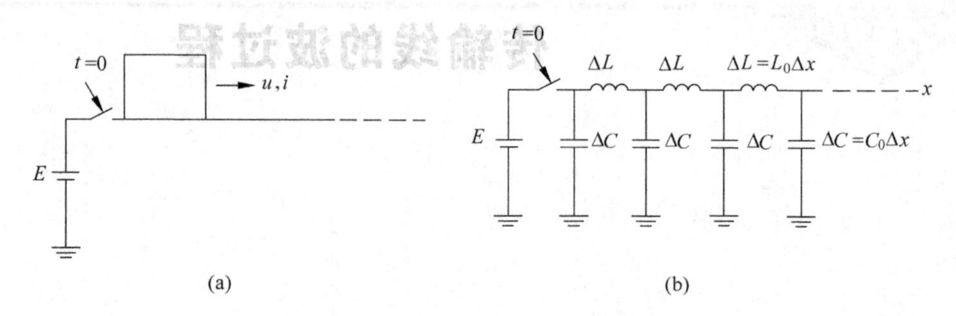


图 8-1 单根无损线上的波过程

(a) 单根无损线首段合闸于 $E$；(b) 等效电路

设单位长度线路的电感和电容分别为 $L_0$ 和 $C_0$，在某一时刻电磁波到达 $x$ 点，则长度为 $x$ 的导线电容为 $C_0x$，此电容充电到 $u=E$，即获得电荷 $C_0xu$，这些电荷是在 $t$ 时间内经电流波 $i$ 传送过来的，因此有

$$C_0xu = it \tag{8-1}$$

另一方面在 $t$ 时间内，长度为 $x$ 的导线上已有电流 $i$，电感为 $L_0x$，产生的磁链为 $L_0xi$，这些磁链是在 $t$ 时间内建立的，导线上的感应电势为

$$u = L_0xi/t \tag{8-2}$$

从式(8-1)和式(8-2)中消去 $t$，得到同一时刻同一地点同一方向电压波与电流波之比为

$$Z = u/i = \sqrt{L_0/C_0} \tag{8-3}$$

以上得到的 $Z$ 是一个实数，具有电阻的量纲，称为线路的波阻抗。

对架空线路，单位长度的电容和电感分别为

$$C_0 = \frac{2\pi\varepsilon_0}{\ln\dfrac{2h}{r}} \tag{8-4}$$

$$L_0 = \frac{\mu_0}{2\pi}\ln\frac{2h}{r} \tag{8-5}$$

其中，$\varepsilon_0=8.85\times10^{-12}\,\mathrm{F/m}$；$\mu_0=4\pi\times10^{-7}\,\mathrm{H/m}$；$r,h$ 分别为导线半径及对地高度。因此有

$$Z = \frac{1}{2\pi}\sqrt{\frac{\mu_0}{\varepsilon_0}}\ln\frac{2h}{r} = 60\ln\frac{2h}{r}(\Omega) \tag{8-6}$$

一般单导线架空线路的 $L_0\approx1.6\times10^{-6}\,\mathrm{H/m}$，$C_0\approx7\times10^{-12}\,\mathrm{F/m}$，因此 $Z\approx500\ \Omega$，冲击电压下线路产生电晕，$C_0$ 增大，波阻抗有所减小，$Z\approx400\ \Omega$。分裂导线因其等效半径增大，$C_0$ 增大，$L_0$ 减小，故波阻抗减小，$Z\approx300\ \Omega$。

对于电缆，相对磁导率 $\mu_r=1$，磁通主要分布在电缆线芯和铅包外壳之间，故 $L_0$ 较小；又因相对介电系数 $\varepsilon_r\approx4$，线芯和外壳间距离很近，$C_0$ 比架空线路大得多。因此电缆的波阻抗比架空线要小得多，数值在几欧姆到几十欧姆之间。

从式(8-1)和式(8-2)中消去 $u$ 和 $i$，可得流动波的传播速度为

$$v=\frac{x}{t}=\frac{1}{\sqrt{L_0C_0}} \tag{8-7}$$

对架空线路，有

$$v=\frac{1}{\sqrt{\mu_0\varepsilon_0}}=3\times10^8\,(\mathrm{m/s})$$

即沿架空线传播的电磁波的波速等于空气中的光速。

对电缆线 $v\approx1.5\times10^8$ m/s，传播速度较低，约等于光速的一半。因此减小绝缘介质的介电常数可以提高电缆线中电磁波的传播速度。

对波的传播也可以从电磁能量的角度来分析。在单位时间里，波走过的长度为 $v$，在这段导线的电感中流过的电流为 $i$，在导线周围建立起磁场，相应的能量为$\frac{1}{2}(vL_0)i^2$。由于电流对线路电容充电，使导线获得电位，故其能量为$\frac{1}{2}(vC_0)u^2$。根据式(8-3)，可以有 $u=iZ$，则不难证明：

$$\frac{1}{2}(vL_0)i^2=\frac{1}{2}vL_0\left(\frac{u}{Z}\right)^2=\frac{1}{2}vL_0\frac{C_0}{L_0}u^2=\frac{1}{2}(vC_0)u^2 \tag{8-8}$$

这就是说，电压、电流沿导线的传播的过程，就是电磁场能量沿导线传播的过程，而且导线在单位时间内获得的电场能量和磁场能量相等。

实际上导线不可能无穷长，传输线上不仅有前行的电压波 $u_f$、电流波 $i_f$，还有反射回来的反行电压波 $u_b$ 及电流波 $i_b$，线路上任意一点的电压与电流均为前行的电压波、电流波与反行的电压波、电流波的叠加，即

$$\left.\begin{aligned}u(x,t)&=u_f+u_b\\ i(x,t)&=i_f+i_b\end{aligned}\right\} \tag{8-9}$$

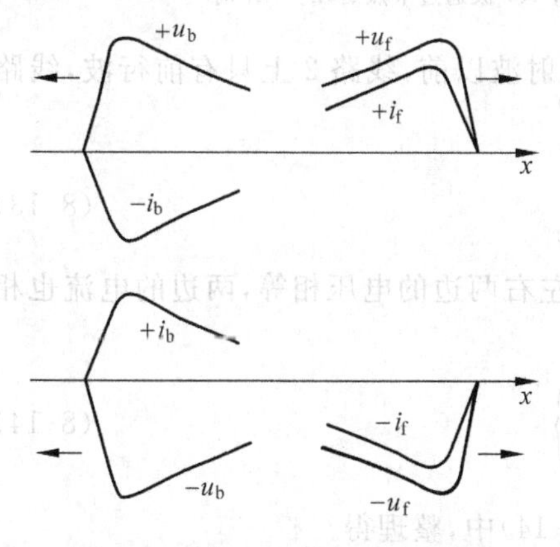

图 8-2　导线上的电压波和电流波

规定电压波 $u_f$，$u_b$ 的正负号只取决于导线对地电容上电荷的正负号，与运动方向无关，并规定沿 $x$ 正方向运动的与正电荷对应的电流波为正方向，如图 8-2 所示。于是在此规定下前行波 $u_f$，$i_f$ 总有相同的正、负号；而反行波 $u_b$，$i_b$ 总是异号，即

$$u_f/i_f=Z \tag{8-10}$$

$$u_b/i_b=-Z \tag{8-11}$$

式(8-9)～式(8-11)是反映均匀单根无损线波过程基本规律的 3 个基本方程。从这些基本方程出发，加上初始条件和边界条件，就可以计算线路上的电压和电流。但必须注意的是，波阻抗与集中参数电阻有本质的不同，二者的主要区别在于：

(1) 波阻抗表示同一方向的电压波与电流波的比值，电磁波通过波阻抗为 $Z$ 的导线时，能量以电能、磁能的方式储存在周围介质中，而不是被消耗掉。

(2) 若导线上前行波与反行波同时存在，则导线上总电压与总电流的比值不再等于波阻抗，即$\frac{u(x,t)}{i(x,t)}=\frac{u_f+u_b}{i_f+i_b}\neq Z$。

(3) 波阻抗 $Z$ 的数值只取决于导线单位长度的电感 $L_0$ 与电容 $C_0$，与线路长度无关。所以当将一根电缆截为两段时，长度减少一半的新电缆波阻抗并不减小；当将两根波阻抗相同的电缆串接成一根新电缆时，波阻抗也并不增加。

(4) 为了区别不同方向的流动波，波阻抗前有正、负号。

## 8.2 波的折射、反射与衰减、变形

当波沿传输线传播，遇到线路参数发生突变，即有波阻抗发生突变的节点时，如从架空线到电缆，或从传输线到终端的集中参数元件上，都会在波阻抗发生突变的节点上产生折射与反射。

对图8-3，当无穷长直角波 $u_{1f}=E$ 沿线路1到达 $A$ 点后，在线路1上除 $u_f$，$i_f$ 外，又有了新产生的反行波 $u_b$，$i_b$，所以线路1上总的电压及电流为

$$\left.\begin{aligned} u_1 &= u_f + u_b \\ i_1 &= i_f + i_b \end{aligned}\right\} \tag{8-12}$$

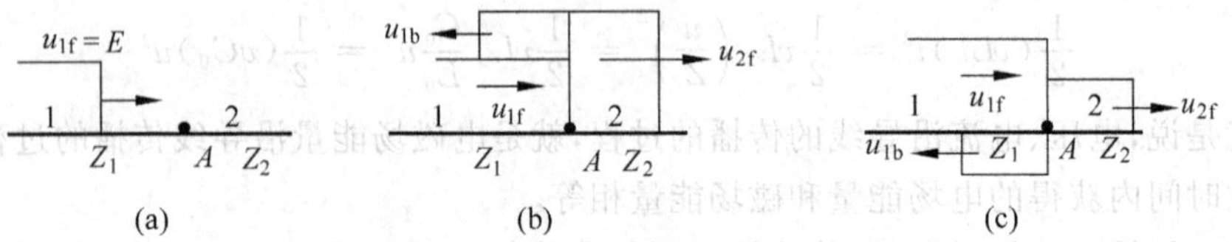

图8-3 波通过节点

(a) 波通过节点前；(b) 波通过节点后，$Z_2>Z_1$ 时；(c) 波通过节点后，$Z_2<Z_1$ 时

设线路2为无限长，或在线路2末端尚未产生反射波以前，线路2上只有前行波，线路2上总的电压及电流为

$$\left.\begin{aligned} u_2 &= u_f \\ i_2 &= i_f \end{aligned}\right\} \tag{8-13}$$

然而对节点 $A$，只能有一个电压及电流，即 $A$ 点左右两边的电压相等，两边的电流也相等，即 $u_1=u_2$，$i_1=i_2$，于是

$$\left.\begin{aligned} u_{1f} + u_{1b} &= u_{2f} \\ i_{1f} + i_{1b} &= i_{2f} \end{aligned}\right\} \tag{8-14}$$

将 $\frac{u_{1f}}{i_{1f}}=Z_1$，$\frac{u_{2f}}{i_{2f}}=Z_2$，$\frac{u_{1b}}{i_{1b}}=-Z_1$，$u_{1f}=E$ 代入式(8-14)中，整理得

$$\left.\begin{aligned} u_{2f} &= \frac{2Z_2}{Z_1+Z_2}E = \alpha E \\ u_{1b} &= \frac{Z_2-Z_1}{Z_1+Z_2}E = \beta E \end{aligned}\right\} \tag{8-15}$$

式中，$\alpha$，$\beta$ 分别为电压折射系数与电压反射系数，即

$$\left.\begin{aligned} \alpha &= \frac{2Z_2}{Z_1+Z_2} \\ \beta &= \frac{Z_2-Z_1}{Z_1+Z_2} \end{aligned}\right\} \tag{8-16}$$

$$\alpha = 1 + \beta$$

以上波的电压折射、反射系数虽然是从两段波阻抗不同的线路上推导得出的，其实它们也适用于线路末端接有不同集中负载的情况。下面结合一些典型情况来计算折、反射波，并分析其物理概念。

### 8.2.1 末端开路时的折反射

当末端开路时，$Z_2=\infty$，由式(8-16)得 $\alpha=2,\beta=1$，即末端电压 $U_2=u_{2f}=2E$，反射电压 $u_{1b}=E$，而末端电流 $i_2=0$，反射电流 $i_{1b}=-\dfrac{u_{1b}}{Z_1}=-\dfrac{E}{Z_1}=-i_{1f}$。

将上述计算结果画在图 8-4 中，即可清楚地看出，由于末端波的反射，在反射波所到之处，导线上各点的电压提高了一倍，而电流降为零。

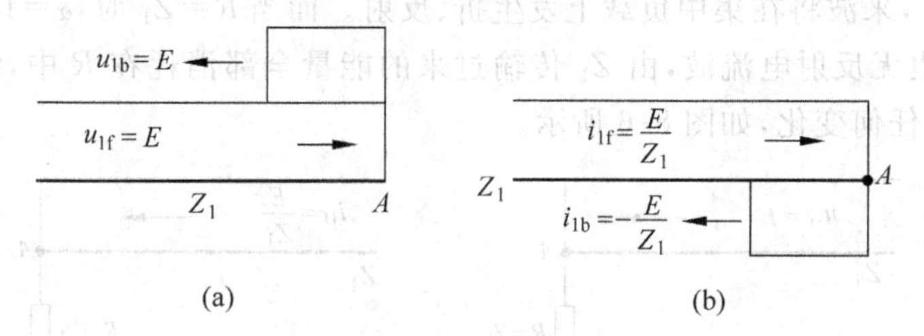


图 8-4 末端开路时的折、反射

(a) 电压波；(b) 电流波

从能量的角度看，因为 $Z_2=\infty$，$P_2=u_2^2/Z_2=0$，全部能量皆由末端反射回去，使导线 1 上反射波到达范围内的单位长度的总能量为入射波能量的两倍。因为入射波的电场能量等于磁场能量，所以入射波单位长度的总能量为 $2\times2\times\dfrac{1}{2}C_0E^2=2C_0E^2$。由于反射波到这段导线上的总电流为零，即磁场能量为零，故全部能量都储存在电场内。设这时导线上的电压为 $u_1$，则$\dfrac{1}{2}C_0u_1^2=2C_0E^2$，即 $u_1=2E$，说明折射以后导线上的总电压提高了一倍。

### 8.2.2 末端短路时的折反射

当传输线末端短路时，$Z_2=0$，由式(8-16)得 $\alpha=0,\beta=-1$，即线路末端电压 $U_2=u_{2f}=0$，反射电压 $u_{1b}=-E$，反射电流 $i_{1b}=-\dfrac{u_{1b}}{Z_1}=-\dfrac{E}{Z_1}=i_{1f}$。

在反射波到达范围内，导线上的各点电流为 $i_1=i_{1f}+i_{1b}=2i_{1f}$。

将计算结果表示在图 8-5 中，可以清楚地看到，在反射波所到之处，电流提高了一倍，而电压降为零。从能量的角度看，因为末端短路接地，入射波到达末端后，全部能量反射回去成为磁场能量，故电流提高了一倍。

### 8.2.3 末端接集中负载时的折反射

当线路末端接集中参数负载 $R$ 时，上述式(8-14)、式(8-15)和式(8-16)依然适用，只不过此时公式中 $Z_2=R$，不同之处在于波阻抗不消耗能量，而集中负载将消耗能量。按照在线

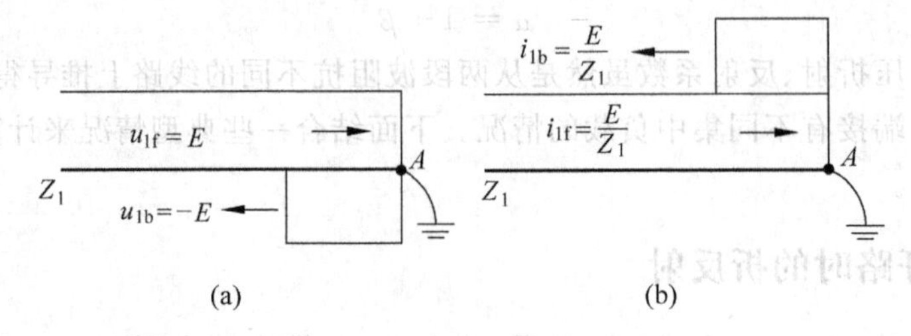


图 8-5 末端接地时的折、反射

(a) 电压波；(b) 电流波

路1的末端，即在集中参数负载 $R$ 上是否发生波的折反射的状况，可分为 $R=Z_1$ 及 $R\neq Z_1$ 两种情况。

当 $R\neq Z_1$ 时，来波将在集中负载上发生折、反射。而当 $R=Z_1$ 时，$\alpha=1,\beta=0,u_{1b}=0$，既无反射电压波，也无反射电流波，由 $Z_1$ 传输过来的能量全部消耗在 $R$ 中，线路1上电压波及电流波不发生任何变化，如图 8-6 所示。

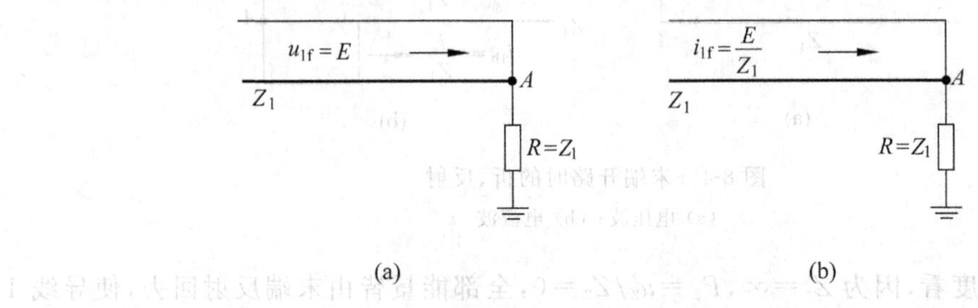


图 8-6 末端接集中负载时波的传播

(a) 电压波；(b) 电流波

**例**：直流电源 $E$ 在 $t=0$ 时合闸于长度为 $l$ 的空载线路，如图 8-7(a)所示，求线路末端 $B$ 点的电压波形。

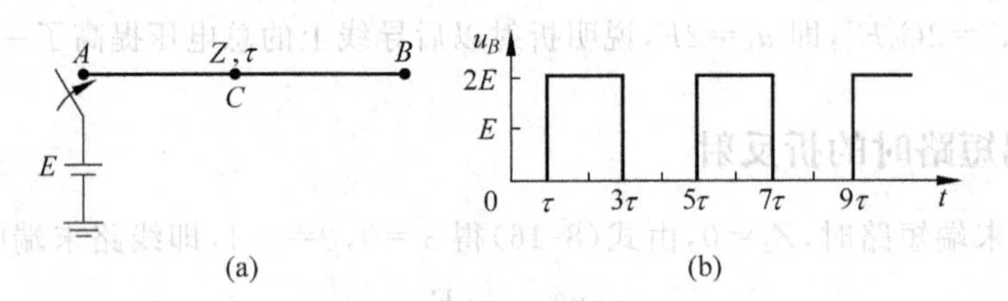


图 8-7 空载线路合闸于电源 $E$

(a) 空载线路合闸示意图；(b) $B$ 点电压波形

**解**：设 $\tau$ 为电磁波流过长度为 $l$ 的线路时所需的时间。

当 $0<t<\tau$ 时，由线路首端发生的第一次电压入射波 $u_{1f}=E$ 尚未到达线路末端，$B$ 点电压为零。

当 $\tau\leqslant t<2\tau$ 时，由于线路末端开路，第一次反射波 $u_{1b}=E,u_B=2E$。

当 $2\tau\leqslant t<3\tau$ 时，$u_{1b}$ 到达线路首端，由于首端电源内阻为零，对波的传输来说，相当于发生末端对地短路的情况，从而在首端发生电压负反射，产生 $u_{2f}=-E$ 的第二次电压入射波。但此时 $u_{2f}$ 尚未到达 $B$ 点，因而仍有 $u_B=2E$。

当 $3\tau \leqslant t < 5\tau$ 时，$u_{2f}$ 已到 $B$ 点，并产生第二次反射波 $u_{2b}=-E$，$u_B=u_{1f}+u_{1b}+u_{2f}+u_{2b}=0$。

当 $5\tau \leqslant t < 7\tau$ 时，$u_{2b}=-E$ 到达首端，产生的第三次入射波 $u_{3f}=E$ 到达 $B$ 点，故在此时间内 $u_B=2E$。

如此反复下去得到周期为 $4\tau$、振幅为 $2E$ 的振荡方波，如图 8-7(b)所示。用同样方法也可求得线路中间点 $C$ 点的电压波形。值得提醒的是，在大多数情况下得到的是各种振荡波形，但并不一定是周期性振荡波。

### 8.2.4 波的衰减与变形

前面都是在假设线路为均匀无损的条件下分析波的传输过程的，没有考虑波的衰减与变形。而在实际线路上，波在传播过程中总会发生不同程度的衰减与变形。造成波传播过程中衰减与变形的主要原因有以下 3 种。

1. 导线电阻和线路对地电导损耗的影响

考虑导线电阻 $R_0$ 和线路对地电导 $C_0$ 时的单根有损长线的单元等效电路，如图 8-8 所示。导线电阻和对地电导都会消耗能量，因而都会引起传输过程中波的衰减。

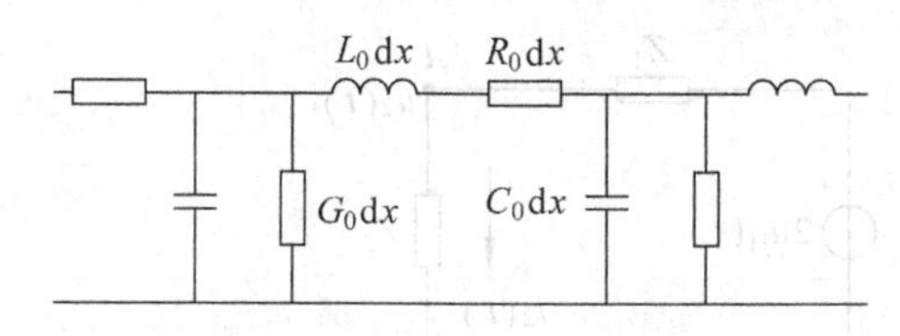


图 8-8 单根有损长线的单元等效电路

当线路参数满足式(8-17)的条件时，波在传播中只有衰减而没有变形。因为此时波在每单位长度线路上的磁场能和电场能之比，恰好等于电流波在导线电阻上的热损耗与电压波在线路电导上的热损耗之比，所以此时电阻 $R$ 和电导 $G$ 的存在不会引起波传播过程中电能与磁能的相互交换，电磁波只是逐渐衰减而不会变形。

$$R_0C_0 = L_0G_0 \tag{8-17}$$

式(8-17)称为波传播的无变形条件，或无畸变条件。实际的输电线路一般都不满足此无变形条件，因此波在传输过程中不仅会衰减，同时还会产生变形。

此外，由于集肤效应，导线电阻随频率的增加而增加。任意波形的电磁波可分解为不同的频率分量。因各种频率下的电阻不同，故衰减也不同，也会引起波传播中的变形。

2. 大地电阻的影响

在多导线系统中，由于土壤导电性能相对较差，地中的返回电流引起一定能量损耗，造成波的衰减和变形。同时由于大地的频率特性，当频率增加时，地中电阻增大，波的衰减增加，也使波的变形加大。

3. 冲击电晕的影响

当导线上的电压升高，导线表面电场强度增加，超过导线表面电晕起始场强时，导线周围的空气将发生电晕。当雷电冲击波沿架空线传播时，由于电晕的作用，导线半径等于增大了，相当于 $C_0$ 增大了，波阻抗减小了。此时波速会相应地减小，即高电压部分的冲击波比低电压部分的冲击波的传播速度要慢一些。因而冲击电晕不仅消耗了能量，引起波的幅值衰减，而且减缓了冲击波的波前陡度，引起了波的变形。

# 8.3 通过并联电容与串联电感的波过程

## 8.3.1 彼德逊法则

图 8-9 中，任意波形的前行波 $u_1$ 到达 $A$ 点后，来看一下 $A$ 点的电压波形变化情况。$Z_2$ 可以是长线路，也可以是任意的集中阻抗。按式(8-9)，有

$$\left.\begin{aligned} u_{1f} + u_{1b} &= u_2 \\ i_{1f} + i_{1b} &= i_2 \end{aligned}\right\} \tag{8-18}$$

将 $i_{1f}=\dfrac{u_{1f}}{Z_1}$，$i_{1b}=-\dfrac{u_{1b}}{Z_1}$代入式(8-18)，解得

$$2u_{1f} = u_2 + Z_1 i_2 \tag{8-19}$$

从式(8-19)可以看出，仅计算 $A$ 点电压时，可将图 8-9(a)的分布参数电路等值为图 8-9(b)的集中参数电路：线路波阻抗 $Z_1$ 用数值相等的电阻来代替，把入射电压波 $u_{1f}$的 2 倍 $2u_{1f}$作为等值电压源。这就是计算节点电压 $u_2$ 的等效电路法则，亦称彼德逊法则。

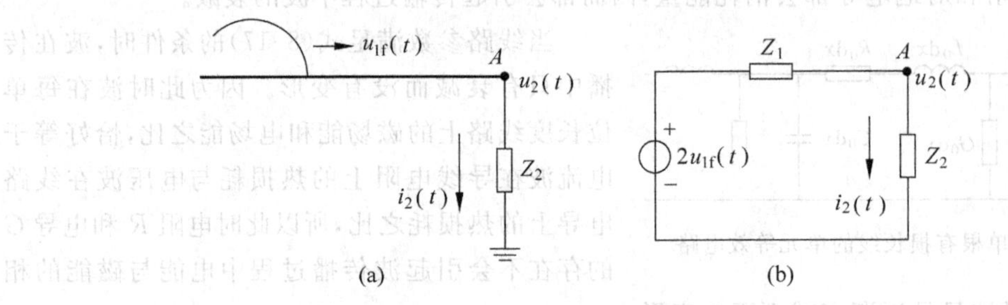


图 8-9 计算折射波的等效电路(电压源)

利用这一法则，可以把分布参数电路中波过程的许多问题简化成一些集中参数电路的暂态计算。$u_1$ 可以是任意波形，$Z_2$ 可以是任意阻抗。但必须注意，如果 $Z_1$、$Z_2$ 是有限长度线路的波阻抗，则上述等效电路只适用于在 $Z_1$、$Z_2$ 端部的反射波尚未回到 $A$ 点以前的时间内。

图 8-9(b)仅是电压源形式的等效电路，当遇到电流源的情况时，也可将图 8-9(b)转换成电流源形式的等效电路。

## 8.3.2 通过并联电容的波过程

如图 8-10(a)所示，在节点 $A$ 处有集中参数元件 $C$，并联于线路上，侵入波为无穷长直角波。利用彼德逊法则可画出等效电路，如图 8-10(b)所示，进而可求得 $A$ 点电压为

$$u_A(t) = \alpha E(1 - e^{-\frac{t}{T}}) = u_{2f}(t) \tag{8-20}$$

其中，$\alpha=\dfrac{2Z_2}{Z_1+Z_2}$；$T=C\dfrac{Z_1 Z_2}{Z_1+Z_2}$。$A$ 点电压的最大陡度为

$$\left(\frac{du_A}{dt}\right)_{\max} = \left.\frac{du_A(t)}{dt}\right|_{t=0} = \frac{\alpha E}{T} = \frac{2E}{Z_1 C} \tag{8-21}$$

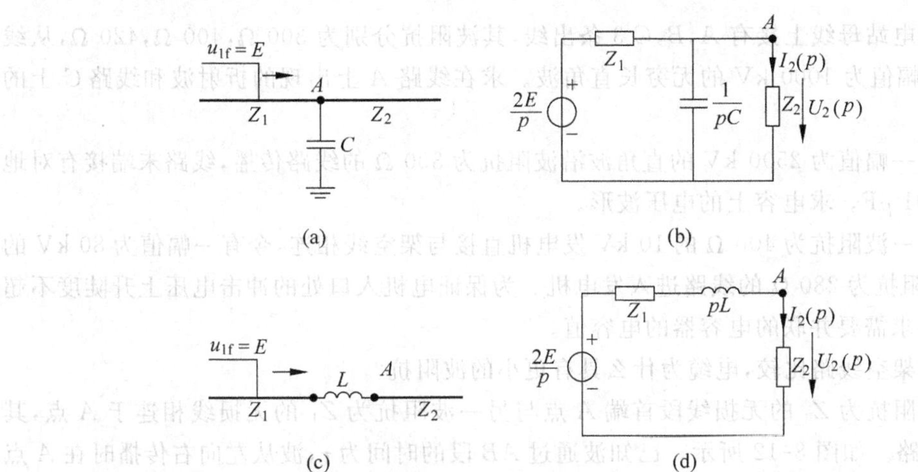


图 8-10　波通过电感和电容

## 8.3.3　通过串联电感的波过程

如图 8-10(c)所示，在节点 $A$ 前串联有集中参数元件 $L$，侵入波仍为无穷长直角波。利用彼德逊法则可画出如图 8-10(d)所示的等效电路，进而求得 $A$ 点电压为

$$u_A(t)=\alpha E(1-e^{-\frac{t}{T}})=u_{2f}(t) \tag{8-22}$$

其中，$\alpha=\dfrac{2Z_2}{Z_1+Z_2}$；$T=\dfrac{L}{Z_1+Z_2}$。$A$ 点的最大电压陡度为

$$\left(\frac{\mathrm{d}u_A(t)}{\mathrm{d}t}\right)_{\max}=\left.\frac{\mathrm{d}u_A(t)}{\mathrm{d}t}\right|_{t=0}=\frac{\alpha E}{T}=\frac{2EZ_2}{L} \tag{8-23}$$

式(8-20)～式(8-23)可见，侵入波通过并联电容或串联电感后，由直角波变成了指数波，波前陡度大大下降。因而在防雷保护中常用来减小雷电波的陡度，以保护电机的匝间绝缘，只要加大 $C$ 或 $L$ 的值，即可将侵入波陡度限制在一定的许可范围内。

直角侵入波通过电容及电感后的电压波形如图 8-11 所示。$Z_2$ 上的电压陡度得到了明显的限制，电容 $C$ 则承受了一个冲击电流，而电感 $L$ 承受了一个冲击电压。

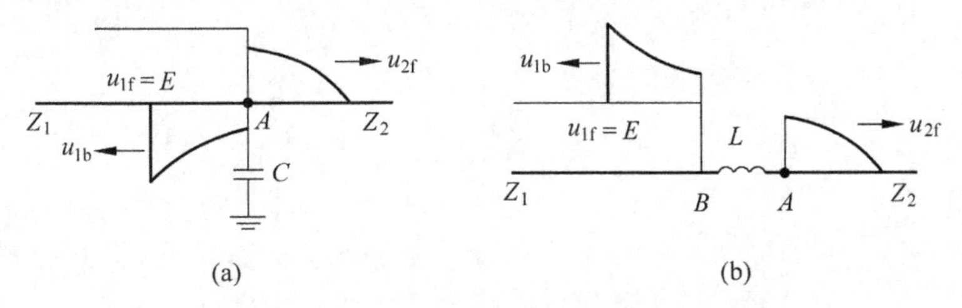


图 8-11　经过电容和电感以后的电压波形

(a) 经过并联电容的电压波形；(b) 经过串联电感的电压波形

# 练　习　题

8-1　某变电站母线上共接有 4 条出线，每条出线的波阻抗均为 400 Ω。现有一幅值为 1000 kV 的电压波沿其中一条线路侵入变电站，求母线上的过电压幅值。

8-2 变电站母线上接有 $A,B,C$ 3 条出线，其波阻抗分别为 300 Ω，400 Ω，420 Ω，从线路 $C$ 上传来幅值为 1000 kV 的无穷长直角波。求在线路 $A$ 上出现的折射波和线路 $C$ 上的反射波。

8-3 有一幅值为 2500 kV 的直角波沿波阻抗为 300 Ω 的线路传播，线路末端接有对地电容 $C=0.01\ \mu F$。求电容上的电压波形。

8-4 有一波阻抗为 400 Ω 的 10 kV 发电机直接与架空线相连，今有一幅值为 80 kV 的直角波沿波阻抗为 280 Ω 的线路进入发电机。为保证电机入口处的冲击电压上升陡度不超过 5 kV/μs，求需要并联的电容器的电容值。

8-5 与架空线路比较，电缆为什么具有更小的波阻抗？

8-6 波阻抗为 $Z_0$ 的无损线段首端 $A$ 点与另一波阻抗为 $Z_1$ 的无损线相连于 $A$ 点，其末端 $B$ 点开路。如图 8-12 所示。已知波通过 $AB$ 段的时间为 $\tau$，波从左向右传播时在 $A$ 点的反射系数为 $\beta_A=-0.7$。今有 $U=500$ kV 的直角波从左向右传播，于 $t=0$ 时刻到达 $A$ 点。请画出 $t\leqslant 3\tau$ 时间内 $A$、$B$ 两点电压随时间变化的波形 $u_A(t)$、$u_B(t)$。

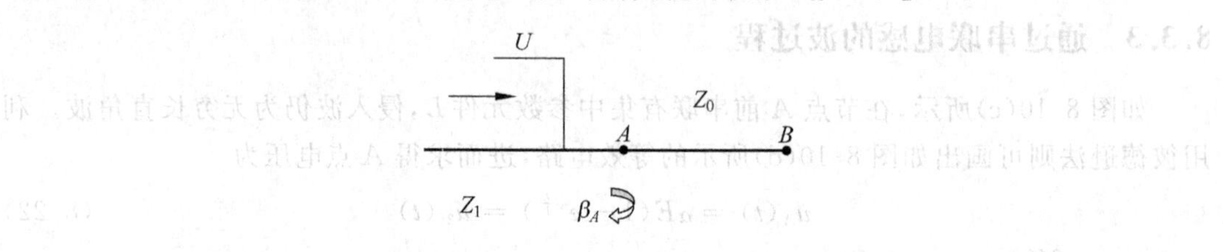


图 8-12 练习题 8-6 图

# 第9章 雷电过电压及其防护

**本章核心概念：**

雷电参数，雷电定位系统，避雷针与避雷线，避雷器，接地装置，接地阻抗，感应过电压，耐雷水平，雷击跳闸率

## 9.1 雷电参数

雷电放电涉及气象、地形、地质等许多自然因素，有很大的随机性，因而表征雷电特性的各种参数也就带有统计的性质。许多国家都选择在典型地区、地点建立雷电观测站，并在输电线路和变电站中附设观测装置，进行长期而系统的雷电观测，将观测所得数据进行统计分析，得到相应的各种雷电参数，为雷电研究及防雷保护提供依据。主要的雷电特性参数有如下几种。

### 9.1.1 雷电流的波形和极性

世界各国测得的对地放电雷电流波形基本一致，一次雷电放电一般都由多次回击组成，每次回击的雷电流都是单极性的脉冲波，而且75%～90%的雷电流是负极性的，因此防雷保护与绝缘配合都取负极性雷电冲击波进行分析。在目前的雷电防护计算中，对于多次回击的雷击考虑并不成熟，一般只考虑一个脉冲的雷击。

### 9.1.2 雷电流的幅值、陡度、波前、波长

对脉冲型的雷电流，需了解其三个参数，即幅值、波前和波长，而幅值和波前又决定了雷电流的上升陡度即雷电流随时间的变化率。幅值是指脉冲电流所达到的最大值，波前是指脉冲电流从起始上升到幅值的时间，波长是指脉冲电流从起始到衰减到一半幅值的持续时间。雷电流的陡度对过电压有直接影响，并且雷电流陡度的大小对设备的安全也有直接的影响，因而也是一个常用参数。

按GB/T 50064—2014“交流电气装置的过电压保护和绝缘配合设计规范”推荐，我国一般地区雷电流幅值超过$I$的概率$P$可按式(9-1)的经验公式求得

$$\lg P = -I/88 \quad 或 \quad P = 10^{-\frac{I}{88}} \tag{9-1}$$

其中，$I$ 为雷电流幅值，kA；$P$ 为雷电流幅值超过 $I$ 的概率。

对除陕南以外的西北地区、内蒙的部分地区（这类地区的平均年雷暴日数一般在20日以下），雷电流幅值较小，$P$ 可按式(9-2)求得

$$\lg P = -I/44 \quad 或 \quad P = 10^{-\frac{I}{44}} \tag{9-2}$$

即我国一般地区，按照经验公式(9-1)，可以得到雷电流幅值超过20 kA的概率约为59%，超过50 kA的概率约为27%，超过88 kA的概率约为10%，超过100 kA的概率约为7.3%，超过150 kA的概率约为1.97%。

对西北地区，按照式(9-2)可得雷电流幅值超过20 kA的概率约为35%，超过44 kA的概率约为10%，超过60 kA的概率约为4.3%，超过88 kA的概率约为1%。

雷电流的幅值随各国自然条件的不同而差别较大，而各国测得的雷电流波形却基本一致。雷电流的波前长度据统计多出现在1～5 μs的范围内，平均为2～2.5 μs。我国在防雷设计中建议取雷电流波前长度为2.6 μs。

实测表明，雷电流的波长在20～100 μs的范围内，大于50 μs的仅占18%～30%，平均波长约为50 μs。因此在防雷保护计算中，雷电流的波形可以采用2.6 μs/50 μs。

雷电流陡度的直接测量更为困难些，常常是根据一定的幅值和波前再按照一定的波形去推算。我国采用2.6 μs的固定波前时间，即认为雷电流的平均陡度 $a$ 和雷电流幅值 $I$ 线性相关：

$$a = I/2.6 \tag{9-3}$$

式中，$a$ 为雷电流陡度，kA/μs；$I$ 为雷电流幅值，kA。

下列经验公式可供计算雷电流陡度出现的概率时参考使用：

$$\lg P_a = -a/36 \quad 或 \quad P_a = 10^{-\frac{a}{36}} \tag{9-4}$$

式中，$P_a$ 是出现等于或大于陡度 $a$ 的雷电流的概率。

从式(9-4)可知，陡度超过30 kA/μs的雷电流的概率约15%，陡度超过50 kA/μs的雷电流的概率已经很低，约4%。

雷电的主放电是沿着波阻抗为 $Z$ 的先导通道传播的，其波阻抗取值与雷电流大小有直接关系，一般计算中取 $Z=300\sim3000\ \Omega$。

雷电流的幅值、波前、波长、陡度的实测数据分散性很大。许多研究者发表过各种结果，虽然基本规律大体相近，但具体数值却有差异。其原因一方面在于雷电放电本身的随机性受到自然环境多种因素的影响；另一方面也在于测量条件和技术水平的不同。另外，大范围的雷电统计结果与局部微地形下的雷击情况也有很大的不同，在雷电防护中必须给予特别注意。我国幅员辽阔，各地自然条件千差万别，雷电观测的基础工作还比较薄弱，需进一步加强。

### 9.1.3　雷暴日、雷电小时及落雷密度

雷电活动的频繁程度用雷暴日表示，为了区别不同地区每个雷暴日内雷电活动持续时间的差别，也有用雷电小时数作为雷电活动频度的统计单位，雷闪对地放电的次数由落雷密度表示。

雷暴日 $T_d$ 是指某地区一年中听到有雷闪放电的天数(不论云间雷或落地雷)。$T_d$ 不足

15日的为少雷区，如西北地区；15～40日的为中等雷电活动地区，如长江流域及华北地区；超过40日的为多雷地区，如华南某些地区；超过90日的为雷电活动特殊强烈地区，如海南岛、雷州半岛一带甚至高达100～130日。

一小时以内听到一次以上雷声就算一个雷电小时(不论云间雷或落地雷)。我国每个雷暴日平均约有3个雷电小时。西北地区少一些，每雷暴日稍少于2个雷电小时，广东等雷电活动强烈地区，每雷暴日甚至达到4个雷电小时以上。

雷暴日和雷电小时的统计中，并不区分雷云之间的放电和雷云对地面的放电。实际上，云间放电远多于云地放电，云间放电与云地放电之比，在温带为1.5～3.0，在热带为3～6。而且一般雷击地面才构成对人员及设备的直接损害，可惜目前还缺乏这方面比较可靠的统计资料。

落雷密度$\gamma$指每雷暴日中每平方公里地面内落雷的次数。世界各国根据各自的具体情况，对落雷密度取值不尽相同。我国各地平均年雷暴日数$T_d$不同的地区$\gamma$值也不同。一般$T_d$较大的地区，其$\gamma$值也随之变大。电力行业标准DL/T 620—1997推荐取$\gamma=0.07$次/平方公里·雷日，对$T_d=40$的地区，每100 km线路每年遭受的雷击次数为

$$N_L = 0.28(b + 4h) \tag{9-5}$$

其中，$b$为两根避雷线之间的距离，m；$h$为避雷线的平均高度，m；$N_L$的单位为次/百公里·年。

例如，对一般220 kV线路，$b=11.6$ m，$h=24.5$ m，则$N_L=30.7$次/百公里·年。对一般500 kV线路，$b=18.6$ m，$h=27.25$ m，则$N_L=35.7$次/百公里·年。

要做好防雷保护工作，还要注意观察当地雷电活动季节的开始和终了日期。我国南方雷电季节一般从2月开始，长江流域一般在3月，华北、东北在4月，西北则迟到5月。10月以后，除江南以外，其他地区雷电活动就基本停止了。

### 9.1.4 雷电定位系统对雷电的测量

早期雷电观测的主要仪器和设备有磁钢棒、电花仪、雷电流特性记录仪、阴极射线示波器、陡度仪等。20世纪50～60年代有高速摄影机、雷电计数器等。随着微电子技术的高速发展和宇航事业对雷电预警的迫切需要，20世纪70年代末期美国研制成功雷电定位系统，开始了大范围雷电发展过程及其参数的遥测工作，经过近三十年的不断发展，目前已有40多个国家建立了雷电定位系统，为电力系统雷害故障点和森林雷电火灾的自动巡检提供了现代化的手段，为宇航、军民用航空、导弹发射等提出有效的雷电预警。

近年来，雷电定位系统在我国电网雷电监测中的作用越来越重要。雷电定位系统可实现全自动、大面积、高准确度、实时的雷电监测，能实时遥测并显示地闪的时间、位置、回击次数以及回击参数，雷击点的分时彩色图也能清晰显示雷暴的运动轨迹。截止到2012年初，我国电力雷电监测网已覆盖除台湾省之外的所有地区，包括500余个探测站、37个中心站。

## 9.2 防雷保护的基本措施

雷闪放电作为一种强大的自然力的爆发，是难以制止的。人们主要是设法去躲避和削弱它的破坏性，也就是采取防雷保护措施。因雷电活动而在电力系统及电力设备上产生的

过电压称雷电过电压，也称快波前过电压(flow-front overvoltage，FFO)。

防雷保护的基本措施就是设置避雷针、避雷线、避雷器和接地装置，其原理可由图9-1示意。避雷针是明显高出被保护物体的金属支柱，当雷云先导放电临近地面时首先击中避雷针，使被保护物免遭直接雷击。避雷线，通常又名架空地线，或简称地线，它主要是适应架空输电线路而设置的，功用与避雷针相似，也是处于杆塔上方承受雷击，使线路得到保护。避雷器多设置在被保护的电气设备(例如电力变压器)附近，主要保护电气设备免遭由线路传来的雷电冲击波的破坏。一旦有雷电冲击波传入时，避雷器会首先导通泄流，限制了电压幅值，使电气设备受到保护。以前避雷器主要应用于发变电站，近年避雷器也在输配电线路雷击防护中得到越来越广泛的应用。由此可见，防雷措施冠以“避雷”二字，是指能使被保护物体避免雷击的意思，而它们自己却恰恰是引雷上身。

图9-1中还专门标出了接地装置。这是特意埋设于地下的一组导体。它的作用是减小避雷针(线)或避雷器与大地(零电位)之间的电阻值，以达到降低雷电冲击电压幅值的目的。

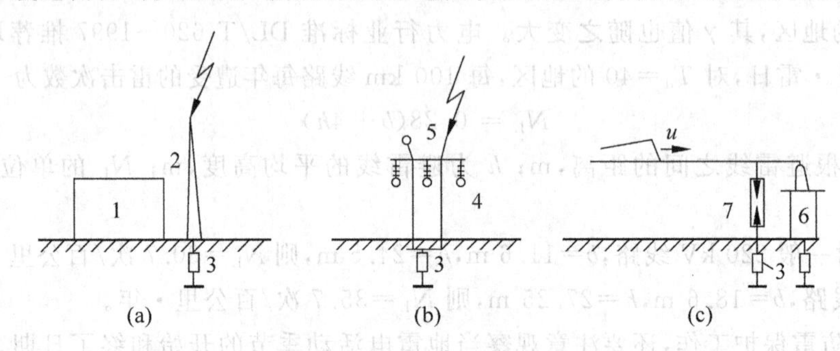


图9-1　防雷保护措施示意图

(a) 避雷针；(b) 避雷线；(c) 避雷器

1—被保护物体；2—避雷针；3—接地装置；4—导线；5—避雷线；6—电气设备；7—避雷器

### 9.2.1　避雷针

避雷针的保护原理是当雷云放电时使地面电场畸变，在避雷针的顶端形成局部场强集中的区域以影响雷闪放电的方向，使雷闪对避雷针放电，再经过接地装置将雷电流引入大地，从而使被保护物体免遭雷击。

显然，避雷针必须高于被保护物体。但避雷针(高度一般为20～30 m)在雷云-大地这个大电场之中的影响却是很有限的。雷云在高空随机漂移，先导放电的开始阶段随机地向地面的任意方向发展，只有当发展到距离地面某一高度$H$后，才会在一定范围内受到避雷针的影响而对避雷针放电。$H$称为定向高度，与避雷针的高度$h$有关。据模拟试验，当$h\leqslant 30$ m时，$H\approx 20h$；当$h>30$ m时，$H\approx 600$ m。

避雷针的保护范围是指被保护物体在此空间范围内不致遭受直接雷击。我国标准使用的避雷针、避雷线保护范围的计算方法，是根据小电流雷电冲击模拟试验确定的，并根据多年运行经验进行了校验。保护范围是按照保护概率99.9%(即屏蔽失效率或绕击率0.1%)确定的。也就是说，保护范围不是绝对保险的，而是相对于某一保护概率而言的。

单根避雷针的保护范围如图9-2所示。设避雷针的高度为$h$，被保护物体的高度为$h_x$，避雷针的有效高度$h_a=h-h_x$。在$h_x$的高度上避雷针保护范围的半径$r_x$由下式计算：

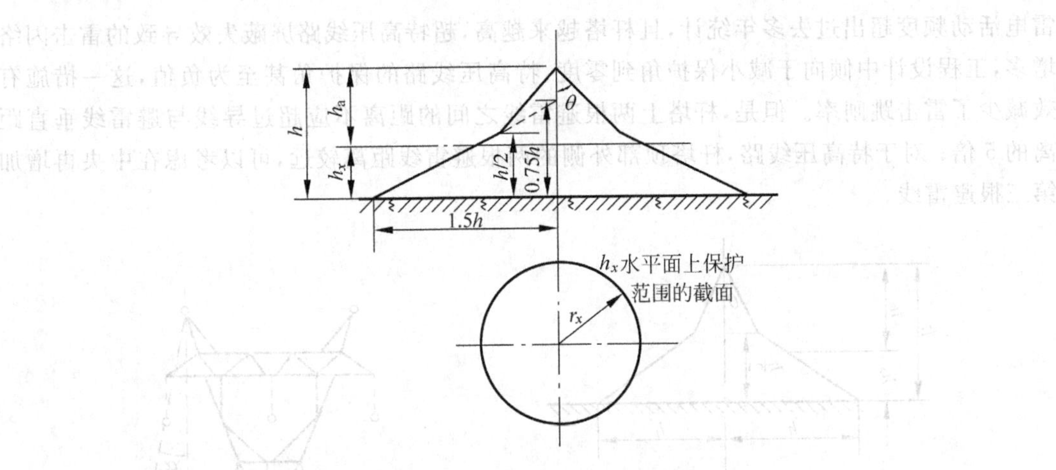


图 9-2 单根避雷针的保护范围

$r_x$ 为高度 $h_x$ 的水平面上的保护半径

$h \leqslant 30$ m 时，$\theta = 45°$

$$\left.\begin{aligned} r_x &= (h - h_x)p = h_a p, \quad h_x \geqslant h/2 \\ r_x &= (1.5h - 2h_x)p, \quad h_x < h/2 \end{aligned}\right\} \tag{9-6}$$

式中，$h$、$h_x$、$h_a$、$r_x$ 的单位均为 m。$p$ 是避雷针的高度影响系数，$h \leqslant 30$ m 时，$p=1$；30 m$<h \leqslant 120$ m 时，$p=5.5/\sqrt{h}$，$h>120$ m 时按照 120 m 计算。

公式(9-6)也可由几何作图表示，如图 9-2 所示。

实际问题多是已知被保护物体的高度 $h_x$，又根据被保护物体的宽度和它与避雷针的相对位置确定所要求的保护半径 $r_x$，然后再计算出所需要的避雷针高度 $h$。

工程上多采用两根以及多根避雷针以扩大保护范围。多根避雷针保护范围的计算可查有关规程，此处不再详述。

## 9.2.2 避雷线

避雷线(即架空地线)的作用原理与避雷针相同，主要用于输电线路的保护，也可用来保护发电厂和变电所，近年来许多国家都采用避雷线保护 500 kV 大型超高压变电站。对于输电线路，避雷线除了防止雷电直击导线外，同时还有分流作用以减小流经杆塔入地的雷电流，从而降低塔顶电位。此外，避雷线对导线的耦合作用还可降低导线上的感应过电压。

避雷线的保护范围计算与避雷针基本相同。单根避雷线的保护范围见图 9-3，并可按下式计算：

$$\left.\begin{aligned} r_x &= 0.47(h - h_x)p, \quad h_x \geqslant h/2 \\ r_x &= (h - 1.53h_x)p, \quad h_x < h/2 \end{aligned}\right\} \tag{9-7}$$

式中，长度单位为 m，各符号含义均同公式(9-5)。

在架空输电线路上多用保护角来表示避雷线对导线的保护程度。保护角是指避雷线与外侧导线之间的夹角，如图 9-4 中的角 $\alpha$。高压输电线路的杆塔设计，一般取保护角 $\alpha=20°\sim30°$，这时即认为导线已处于避雷线的保护范围之内。对 220～330 kV 的线路，一般 $\alpha=20°$左右，对 500 kV 线路，一般 $\alpha$ 不大于 15°。山区宜采用较小的保护角。近年来，随着雷电活动频度超出过去多年统计，且杆塔越来越高，超特高压线路屏蔽失效导致的雷击闪络增多，工程设计中倾向于减小保护角到零度，特高压线路的保护角甚至为负值，这一措施有效减少了雷击跳闸率。但是，杆塔上两根避雷线之间的距离不应超过导线与避雷线垂直距离的5倍；对于特高压线路，杆塔顶部外侧的两根避雷线距离较远，可以考虑在中央再增加第三根避雷线。

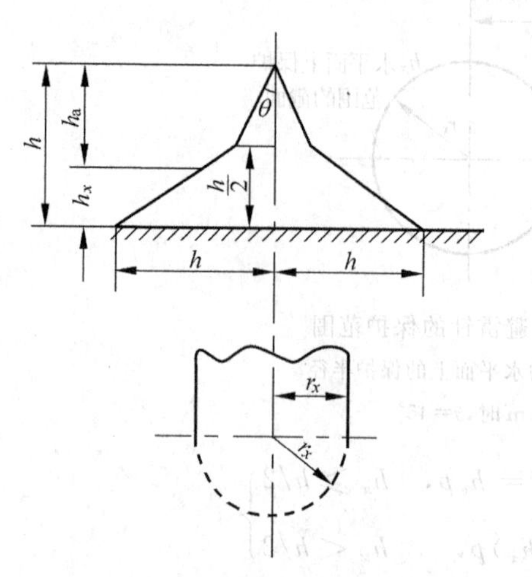


图9-3　单根避雷线的保护范围

$r_x$ 为高度 $h_x$ 平面上的保护宽度

$h \leqslant 30$ m时，$\theta = 25°$

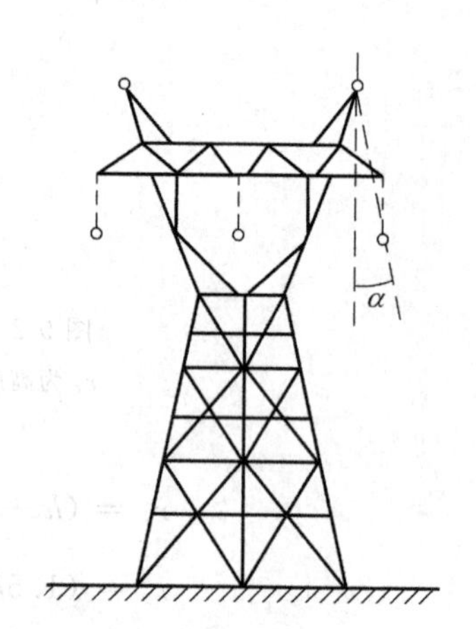


图9-4　避雷线的保护角

为了降低正常运行时避雷线中感应电流的附加损耗，并利用避雷线兼作高频通信通道，超高压线路常将避雷线架设在绝缘子上，使避雷线通过一个小间隙再接地。正常运行时，避雷线对地绝缘；雷击时，小间隙击穿使避雷线接地。

### 9.2.3　避雷器

1. 避雷器的基本原理

避雷器是专门用以释放雷电过电压或操作过电压能量，限制线路传来的过电压水平的一种电气设备。避雷器与避雷针的保护原理不同，它实质上是一个放电器。避雷器与被保护设备就近并联安装，在正常情况下不导通（带串联间隙），或仅流过微安级的电流（无串联间隙）；当作用的过电压达到避雷器动作电压时，避雷器导通大电流，释放过电压能量并将过电压限制在一定水平，以保护设备绝缘；释放过电压能量后，避雷器恢复到原状态。

对避雷器的基本要求一般有以下两条。首先，避雷器应具有良好的伏秒特性和较低的冲击电流残压，从而易于实现合理的绝缘配合。其次，避雷器应具有较强的快速切断工频续流，快速自动恢复绝缘强度的能力。避雷器一旦在冲击电压下放电，就造成了系统对地短路，此后虽然雷电过电压瞬间就消失，但持续作用的工频电压却在避雷器中形成工频短路接地电流，称工频续流。工频续流一般以电弧放电的形式存在。通常要求避雷器在第一次电流过零时即应切断工频续流，从而使电力系统在开关尚未跳闸时即能够继续正常工作。

2. 避雷器发展及应用

避雷器的基本类型主要有保护间隙（一对裸露在空气中的电极）、管式（亦称排气式）避雷器(利用产气材料在电弧高温作用下大量产气以吹灭工频续流电弧)、阀型避雷器及金属氧化物避雷器(常称氧化锌避雷器)几种。初期,避雷器的类型为保护间隙;20 世纪 30 年代开始应用管式避雷器,并出现阀型避雷器;50 年代磁吹阀型避雷器问世;70 年代出现的金属氧化物避雷器目前已基本上取代碳化硅阀型避雷器。避雷器的发展趋势是进一步降低保护水平和增大可吸收能量。

目前,避雷器主要用于发电厂、变电站、线路及家庭用电设备的雷电及操作过电压防护。保护间隙和管式避雷器主要用于限制雷电过电压,一般用于配电线路以及发变电所的进线段保护。阀型及氧化锌避雷器用于发电厂、变电站的保护,在 220 kV 及以下系统主要限制雷电过电压,在 330 kV 及以上系统还用来限制操作过电压或作为操作过电压的后备保护。

3. 阀型避雷器

阀型避雷器由多组火花间隙与多组非线性电阻阀片串联而成。普通阀型避雷器的阀片是由碳化硅(SiC,亦称金刚砂)加结合剂(如水玻璃等)在 300～500℃的低温下烧结而成的圆饼形电阻片。阀片的非线性特征使其在幅值高的过电压下电流很大而电阻很小,在幅值低的工作电压下电流很小,电阻很大。阀片的非线性伏安特性如图 9-5,亦可用下式表示,

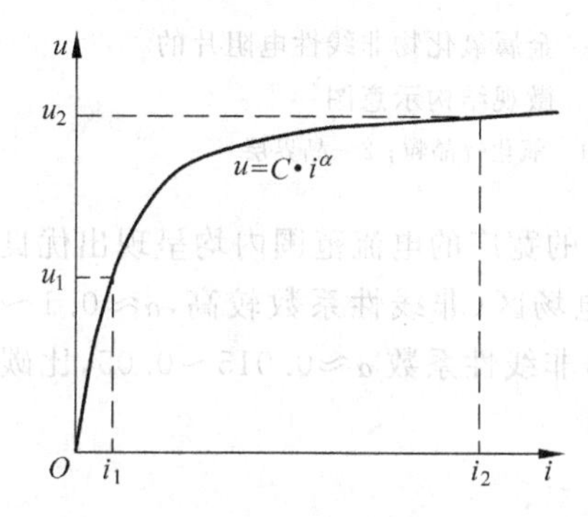


图 9-5 避雷器阀片的静态伏安特性

$i_1$—工频续流;$u_1$—工频电压;

$i_2$—雷电流;$u_2$—避雷器残压

$$u = Ci^{\alpha} \tag{9-8}$$

其中,$C$ 为常数,与阀片的材料和尺寸有关;$\alpha$ 为非线性系数,与阀片材料有关,如碳化硅阀片 $\alpha \approx 0.2$。

阀型避雷器的工作原理如下:电力系统正常工作时,避雷器串联间隙承担了全部电压,阀片中无电流流过。当系统中出现过电压且幅值超过间隙放电电压时,间隙击穿,冲击电流经阀片入地,而阀片本身的压降(称残压)由于电阻的非线性特性而维持在一定范围内,从而使设备上的过电压幅值得到限制,设备得到保护。当冲击过电压消失后,间隙中的工频续流仍将流过阀片,由于此时避雷器所承受的电压仅为工作电压,故受电阻非线性特性的影响,此电流远比冲击电流小,从而使间隙能够在工频电流第一次过零时即将电弧切断。这样避雷器从间隙击穿到工频续流的切断不超过半个工频周期,继电保护来不及动作系统就已恢复正常。

为进一步提高阀型避雷器的保护能力,除采用了通流能力较大的碳化硅高温电阻阀片(在 1350～1390℃的高温下烧结而成)外,还采用了灭弧能力更强的磁吹式火花间隙,利用流过避雷器自身的电流在磁吹线圈中形成的电动力,迫使间隙中的电弧加快运动,旋转或延伸,使间隙的去游离作用增强,从而提高灭弧能力。因此,也称其为磁吹阀型避雷器,除用以限制雷电过电压外,还可用来限制操作过电压。

4. 金属氧化物避雷器

目前广泛使用的以氧化锌为代表的金属氧化物避雷器(MOA)出现于 20 世纪 70 年代,其性能比碳化硅避雷器更好。金属氧化物阀片是以氧化锌为主要成分,加入少量铋、钴、铬、锰、锑等金属氧化物作为添加剂,充分混合、研磨和搅拌后,经喷雾造粒,压制成形所需规格的片状,在 1000℃以上高温下烧结而成,如图 9-6 所示。

金属氧化物阀片的微观结构如图 9-7 所示，ZnO 晶粒（直径大约 10 μm）是低电阻率介质，在其表层即晶界层（约 0.1 μm 厚）是高电阻率，两者紧密连接。在低电场区（对应于运行电压），晶界层的能量势垒使电子不能从一个晶粒向另一个晶粒移动，呈高阻状态；在高电场区（对应于过电压），当晶界层电场强度达到 $10^6$ V/cm 时，由于隧道效应，电子会通过势垒，呈低阻状态。

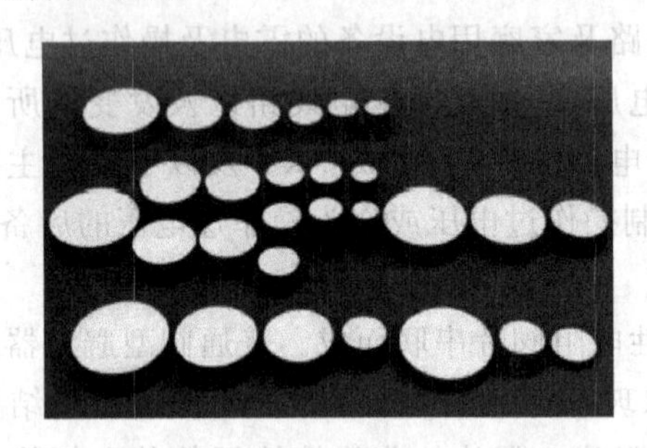

图 9-6　金属氧化物阀片

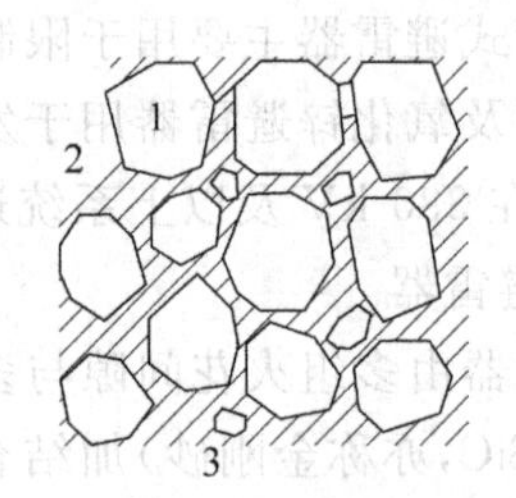


图 9-7　金属氧化物非线性电阻片的微观结构示意图

1—氧化锌晶粒；2—晶界层

图 9-8 为氧化锌阀片的伏安特性，它在 $10^{-3}\sim10^4$ A 的宽广的电流范围内均呈现出优良的平坦的伏安特性。氧化锌阀片的伏安特性可分为低电场区（非线性系数较高，$\alpha\approx0.1\sim0.2$），中电场区（相当于用公式 $u=C\,i^{\alpha}$ 表示的非线性区，非线性系数 $\alpha\approx0.015\sim0.05$，比碳化硅阀片大大降低），以及高电场区三个区。

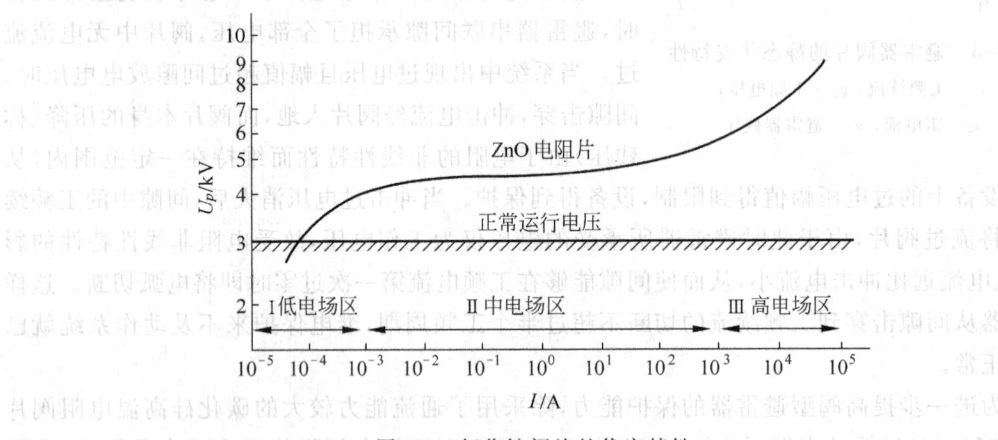


图 9-8　氧化锌阀片的伏安特性

将上述一定数量的阀片叠装在一起可组成在冲击电流下具备一定残压的避雷器。金属氧化物避雷器分为无间隙金属氧化物避雷器和带串联间隙的金属氧化物避雷器两类。无间隙金属氧化物避雷器由金属氧化物阀片串联或并联，用绝缘杆件固定构成芯体，再装入绝缘套筒中，多用于站用设备的过电压保护。带串联间隙金属氧化物避雷器由避雷器本体和间隙两部分串联组成，带串联间隙金属氧化物避雷器通常安装在易击线段的杆塔上，与线路绝缘子并联，用于保护输电线路绝缘子和空气间隙避免在雷击时发生闪络和跳闸。目前各国已成功地把重量大大减轻的硅橡胶伞套的氧化锌避雷器应用到输电线路上，以提高雷电活动强烈，或土壤电阻率很高，降低杆塔接地电阻有困难地区输电线路的耐雷水平。

5. 金属氧化物避雷器的主要性能参数

金属氧化物避雷器的主要性能参数包括：额定电压、参考电压、持续运行电压、保护水平、吸收能量等。

(1) 持续运行电压　允许的最高工作电压，由系统条件确定。对于中性点有效接地系统，避雷器的持续运行电压为最高运行相电压；对于中性点非有效接地系统，避雷器的持续运行电压为最高运行线电压。

(2) 额定电压　表征避雷器特性的一个重要参数，并通过动作负载试验的验证。一般情况下，避雷器的额定电压取安装处的最大工频暂时过电压值。

(3) 参考电压　在参考电流下的避雷器电压。参考电流一般取金属氧化物避雷器非线性伏安特性的拐点值。参考电压与额定电压(安装处的最大工频暂时过电压值)通常取相同值，约为最高运行电压的1.25倍。

(4) 保护水平　避雷器在标称电流(配合电流)下的残压。它是限制过电压水平的关键，保护水平越低，限压效果越好。避雷器的保护水平是设备绝缘水平选择的基础。

(5) 吸收能量　避雷器在操作和雷电过电压下吸收能量的能力。它与系统参数、过电压类型、过电压幅值、波形和持续时间有关，需要通过仿真计算确定，可通过多柱并联提高吸收能量的能力。

例如：某种类型500 kV瓷外套氧化锌避雷器的技术参数为：持续运行电压375 kV(有效值)，额定电压468 kV(有效值)，参考电压655 kV，操作冲击保护水平950 kV。

### 9.2.4 接地装置

埋入地中的金属接地体称接地装置，其作用是降低接地电阻。接地装置按工作特点可分为工作接地(如中性点接地)、保护接地(如设备外壳接地)、防雷接地和防静电接地4种。工作接地的作用是稳定电网的对地电位，降低电气设备的绝缘水平，如三相交流系统的中性点接地。工作接地要求接地电阻一般为0.5～5 Ω。保护接地的作用是保护人身安全，如将电气设备的金属外壳接地，一旦设备绝缘损坏而使外壳带电时，也不致有危险的电位升高。保护接地的电阻值对高压设备为1～10 Ω，对低压设备为10～100 Ω。输电铁塔、避雷针下的接地装置属于防雷接地，其作用在于降低雷电流流过时避雷针(线)或避雷器顶部的电压。一般要求平原地区冲击接地电阻小于7 Ω，山区小于15 Ω。防静电接地是为防止静电危险影响的接地，例如，运输车、储油罐、输油管道和易燃易爆物的金属外壳的接地。

接地系统的电气参数主要有接地电阻、接触电位差、跨步电位差。接地电阻是指接地点的电位与接地电流的比值，更确切地说应定义为接地阻抗，它是大地阻抗效应的总和。接触电位差是指地面上离设备水平距离为1 m处与设备外壳、架构离地面的垂直距离2 m处两点间的电位差。跨步电位差是指地面上水平距离为1 m的两点间的电位差，它的最大值出现在电极附近的地面上和地网突出边角外侧的地面上。

综上所述，接地装置应有较低的接地电阻和较强的防腐蚀能力，在通过工频短路电流或雷电流时应具有足够的热稳定性，工频短路电流或雷电流在接地装置上形成的压降和跨步电位差、接触电位差不应危及设备或人身的安全。

1. 土壤电阻率及其测量方法

土壤电阻率指单位体积的正立方体相对两面间土壤的电阻，单位为欧·米(Ω·m)。几种典型土壤的电阻率如表9-1所示。

表9-1　几种典型土壤的电阻率

| 土壤类别 | 电阻率 $\rho/\Omega\cdot m$ | 土壤类别 | 电阻率 $\rho/\Omega\cdot m$ |
|---|---|---|---|
| 沼泽地 | 5～40 | 砂砾土 | 2000～3000 |
| 泥土、黏土、腐殖土 | 20～200 | 山地 | 500～3000 |
| 沙土 | 200～2500 | | |

土壤电阻率的测量目前工程中主要采用等距四极法。图9-9是等距四极法的原理接线图，四个测量电极位于同一深度等间距的一条直线上，试验电流流入外侧两个电极，接地电阻测试仪通过测得试验电流和内侧两个电极间的电位差，得到$R$，通过下式得到被测场地的视在土壤电阻率$\rho$：

$$\rho = 2\pi aR \tag{9-9}$$

式中，$a$为电流极与电位极间距。随着极间距$a$的增大，能测量的电阻率(对不均匀土壤为视在电阻率)的土壤深度增加。通常极间距$a$应达到接地装置最大对角线距离的2/3以上。

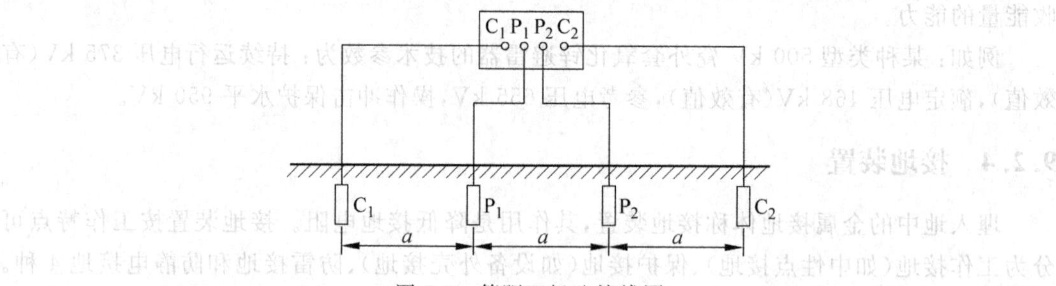


图9-9　等距四极法接线图

2. 接地电阻测量方法

接地电阻的测量通常使用电压降法(三极法)，测试回路布置如图9-10所示。电流极C应布置得尽量远，通常$d_{CG}$应为被试接地装置最大对角线长度$D$的4～5倍。测试回路应尽

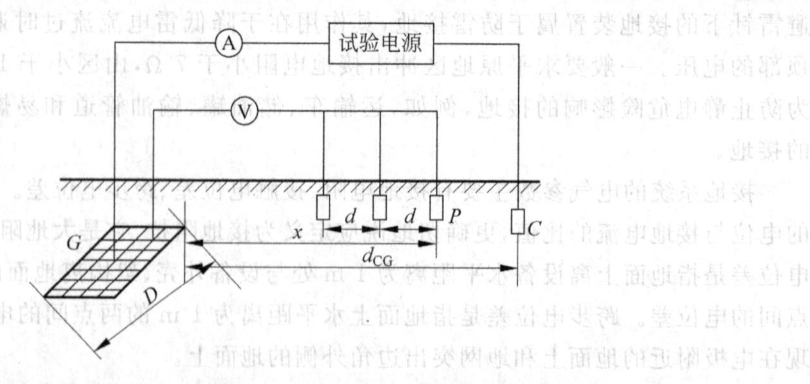


图9-10　测试接地装置的接地电阻的电位降法

G—被试接地装置；C—电流极；P—电位极；D—被试接地装置最大对角线长度；d—测点间隔

$d_{CG}$—电流极与被试接地装置边缘的距离，$x$—电位极与被试接地装置边缘的距离

量避开河流、湖泊；尽量远离地下金属管路和运行中的输电线路，避免与之长段并行，与之交叉时垂直跨越。测试电流 $I$ 使地面电位变化，电位极 P 从 G 的边缘开始向外移动，测试 P 与 G 之间的电位差 $U$，绘出 $U$ 与 $x$ 的变化曲线，曲线平坦处为电位零点，与曲线起点间的电位差即为 $U_m$，接地装置的接地电阻 $R$ 为

$$R=\frac{U_m}{I} \tag{9-10}$$

3. 降低接地装置接地电阻的方法

从工程应用角度来看，降低接地电阻主要有以下方法：①有效扩大接地装置的地中电极面积、主接地装置利用导体引外连接辅助接地体、将主接地装置与临近的自然接地体连接、在表层土壤电阻率较高地区或冻土深度较深地区增加地网的埋设深度等；②在土壤电阻率偏高地区采用局部换土、采用降阻剂等方法进行降阻，但采用化学方法时需要关注其腐蚀性与长效性；③近年来，爆破接地技术也越来越多被高土壤电阻率地区降阻所采用，该方法在地中钻深孔，并将岩石爆裂、爆松，然后用压力机将调成浆状的低电阻率材料压入深孔及其缝隙中，加强接地电极与大面积土壤(岩石)的接触，有效降低接地电阻，垂直孔深一般在 30～120 m 的范围。

接地装置中的垂直接地体通常是用圆的直径为 50 mm 左右的钢棒或钢管做成，长度 1.5 m 以上，其下端为尖头，以便于敲入土内。上端离地面大于 0.5 m。接地引下线及几根垂直接地体之间的横向联线一般都采用宽度 40～50 mm 的扁铁条做成，埋入地底下的扁铁条，也有一定的散流作用。垂直接地体之间不能相隔太近，以免在散流时相互屏蔽，影响效果。

# 9.3 架空输电线路的雷电过电压

## 9.3.1 概述

架空输电线路地处旷野，绵延数千里，很容易遭受雷击。雷击是造成线路跳闸的主要原因，同时，雷击线路形成的雷电过电压波，沿线路传播侵入变电所，也是危害变电所设备安全运行的重要因素。

根据过电压形成的物理过程，雷电过电压可以分为两种：①直击雷过电压，是雷电直接击中杆塔、避雷线或导线(图 9-11 中①、②或③)引起的线路过电压；②感应雷过电压，是雷击线路附近大地(图 9-11 中④)，由于电磁感应在导线上产生的过电压。运行经验表明，直击雷过电压对电力系统的危害最大，感应过电压主要对 35 kV 及以下的线路有威胁。

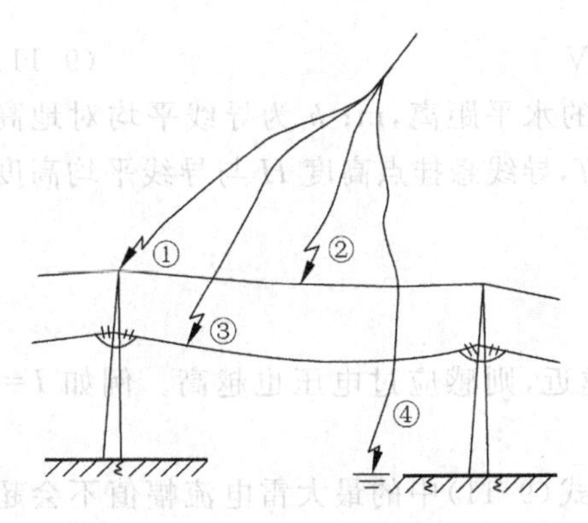

图 9-11 雷击输电线路部位示意图

按照雷击线路部位的不同，直击雷过电压又分为两种情况。一种是雷击线路杆塔或避雷线时，雷电流通过雷击点阻抗使该点对地电位大大升高，当雷击点与导线之间的电位差超过线路绝缘的雷电冲击放电电压时，会对导线发生闪络，使导线出现过电

压。因为这时杆塔或避雷线的电位(绝对值)反而高于导线,故通常称为反击。另一种是雷电直接击中导线(无避雷线时)或绕过避雷线(屏蔽失效)击于导线,直接在导线上引起过电压。后者通常称为绕击。

雷击线路可能导致两种破坏性后果:①使线路发生短路接地故障。雷电过电压的作用时间虽然很短(数十微秒),但导线对地(避雷线或杆塔)发生闪络以后,工频电压将沿此闪络通道继续放电,进而发展成为工频电弧接地。此时继电保护装置将会动作,使断路器跳闸,影响线路正常送电。②形成雷电波沿输电线路侵入变电站,在变电站内产生复杂的折反射过程,可能使电力设备承受很高的过电压,以致设备绝缘破坏,造成停电事故。

输电线路防雷性能的优劣,工程上主要用耐雷水平和雷击跳闸率这两个指标来衡量。耐雷水平是指线路遭受雷击时所能耐受的不致引起绝缘闪络的最大雷电流幅值(kA)。耐雷水平越高,线路的防雷性能越好。雷击跳闸率是指折算至年雷电日数为40的标准条件下,每100 km线路每年因雷击引起的线路跳闸次数,单位为:次/百公里·年。雷击跳闸率是衡量线路防雷性能的综合性指标。

### 9.3.2 感应过电压

在雷云对地放电过程中,放电通道周围的空间电磁场将发生急剧变化。因而当雷击输电线附近的地面时,虽未直击导线,由于雷电过程引起周围电磁场的突变,也会在导线上感应出一个高电压来,这就是感应过电压。感应过电压包含静电感应和电磁感应两个分量,一般以静电感应分量为主。

静电感应过电压是这样形成的。在负极性雷云处在高压导线上面时,导线上会因静电感应而产生大量的正电荷。一旦雷云对地放电,导线上的正电荷就会从束缚电荷转化成为自由电荷,大量的正电荷突然向导线两侧快速移动,形成了冲击电压波,这就是静电感应过电压波。

虽然对于感应过电压形成的物理解释已经有了一个比较一致的认识,感应过电压有多种不同的计算方法,近年来随着数值计算技术的进步,并通过与实测数据的对比,感应过电压的数值计算准确度得到了较大提高。但由于难以得到雷电放电过程的原始数据,且数值计算非常复杂,此处只是给出工程实用的简单计算方法。

设地面雷击点距输电线路正下方的水平距离为$S$,一般当$S$超过65 m时,规程规定,导线上感应过电压的幅值可按下式计算:

$$U \approx 25\ Ih/S\ \mathrm{kV} \tag{9-11}$$

其中,$I$为雷电流幅值,kA;$S$为地面雷击点距线路的水平距离,m;$h$为导线平均对地高度,m。由于导线悬挂时不可避免的弧垂(亦称弛垂)$f$,导线悬挂点高度$H$与导线平均高度$h$的关系可近似为

$$h = H - \frac{2}{3}f$$

可见雷电流幅值越大,导线离地越高,雷击点越近,则感应过电压也越高。例如$I=100$ kA,$h=10$ m,$S=65$ m,则$U=384.6$ kV。

由于雷击地面时,被击点的冲击接地电阻较大,式(9-11)中的最大雷电流幅值不会超过100 kA,可按$I\leqslant 100$ kA进行估算。实测表明感应过电压的幅值一般在300~400 kV,

这一范围的过电压幅值对 35 kV 及以下线路会造成闪络，对 110 kV 及以上线路，由于导线对地线的距离及绝缘子串的长度已足够大，一般不至于引起闪络。

由于感应过电压对各相导线来说基本相同，所以不会发生相间闪络。又由于感应过电压是因电磁感应而产生的，其极性与雷云电荷也即与雷电流的极性相反，因而绝大部分感应过电压是正极性的，这一点与直击雷过电压不同。另外，感应过电压的波形较直击雷过电压更平缓，波前为几微秒至几十微秒，波尾则可达数百微秒。避雷线由于对导线有屏蔽作用，因而能降低导线上的感应过电压幅值。避雷线与导线间的耦合系数越大，导线上的感应过电压就越低。

### 9.3.3 雷击导线过电压

无避雷线的线路，当雷闪放电靠近线路时，发生的就不是雷击地面的感应过电压，而是雷电直击导线的过电压。我国 110 kV 及以上线路一般都架有避雷线，以免导线直接遭受雷击，但由于各种偶然因素的影响，仍有可能发生绕击。

绕击发生的概率虽然较低，但一旦雷电击中导线，导致线路跳闸的概率很高。如图 9-12 雷击导线上的 $A$ 点，则在近似计算中假设雷电通道的波阻抗 $Z_0$ 约等于线路波阻抗 $Z$ 的一半，即认为雷电波在雷击点未发生折反射，则 $A$ 点的电位为

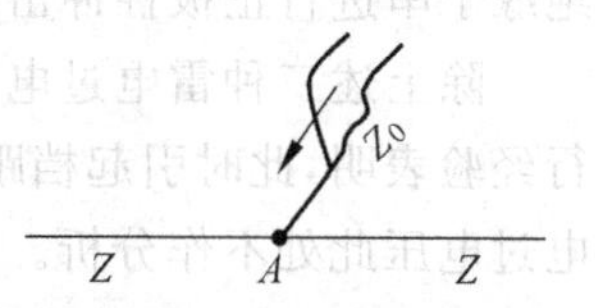

图 9-12 雷击导线 $A$ 点

$$U_A \approx \frac{1}{4} IZ \text{ kV} \tag{9-12}$$

其中，$I$ 为雷电流幅值，kA；$Z$ 为线路波阻抗，Ω。

雷电击中导线后，雷电波将沿线路向两侧传播，当 $U_A$ 超过绝缘子串的 50% 冲击放电电压时，将引起绝缘子闪络。此时以 kA 表示的线路耐雷水平为

$$I_{耐} = \frac{U_{50}}{\frac{1}{4}Z} = \frac{4U_{50}}{Z} \tag{9-13}$$

其中 $Z$ 为架空线路波阻抗，对于 110～220 kV 系统，一般 $Z \approx 400\ \Omega$，因而

$$I_{耐} \approx U_{50}/100 \tag{9-14}$$

这就是我国现行电力行业标准中用来估算雷击导线过电压及耐雷水平的近似公式。因为是直击雷，其过电压极性与雷云电荷极性相同，故上式中 $U_{50}$ 取绝缘子串的负极性 50% 放电电压。

对 500 kV 线路，一般悬挂 28 片瓷绝缘子，绝缘子串长 4.4 m，负极性 $U_{50} \approx 2750$ kV，耐雷水平 $I_{耐} \approx 27.5$ kA。由前面雷电流的概率分布公式(9-1)知，$I \geqslant 27.5$ kA 的概率高达 48.7%。电压等级低一些的线路在雷击导线下的耐雷水平将更低，对 110 kV、220 kV 输电线路，雷直击导线的耐雷水平将分别只有 7 kA 及 12 kA 左右。可见一般情况下无避雷线是不可行的。因此，对 110 kV 及以上中性点直接接地的线路，一般要求全线架设避雷线，以防止线路频繁跳闸。

### 9.3.4 雷击塔顶过电压

雷击塔顶(包括雷击塔顶附近的避雷线)时，由于杆塔电感与接地电阻的存在，将使塔顶电位瞬时升高，其电位绝对值甚至大大超过导线电位，引起绝缘子串闪络，即反击，造成线路

跳闸，同时在线路上形成过电压波向线路两侧传播，侵入发电厂、变电站。

雷击塔顶时，作用在绝缘子串上的电压为

$$U_i=(1-k)\left[\beta\left(R_i+\frac{L_t}{\tau_f}\right)+\frac{h}{\tau_f}\right]\cdot I \tag{9-15}$$

其中，$I$ 为雷电流幅值，kA；$L_t$ 为杆塔等值电感，$\mu$H；$h$ 为塔高，m；$R_i$ 为杆塔冲击接地电阻，$\Omega$；$k$ 为导线与避雷线的耦合系数；$\tau_f$ 为波头时间，$\mu$s；防雷保护中一般取 $\tau_f=2.6\ \mu s$；$\beta$ 为塔身电流与雷电流之比，称分流系数。

当 $U_i\geqslant U_{50}$ 时，塔顶将向导线放电，发生闪络，则线路耐雷水平为

$$I_{耐}=\frac{U_{50}}{(1-k)\left[\beta\left(R_i+\frac{L_t}{\tau_f}\right)+\frac{h}{\tau_f}\right]} \tag{9-16}$$

注意式中 $U_{50}$ 应取绝缘子串的正极性 50% 放电电压。这是因为在我国，绝大多数雷为负极性雷，从而雷击塔顶时，绝缘子串在塔顶悬挂端电位为负而导线端为正，比较接近于对绝缘子串进行正极性冲击试验的条件。

除上述三种雷电过电压外，还有一种雷击避雷线档距中央时的过电压，国内外大量的运行经验表明，此时引起档距中央避雷线与导线空气间隙发生闪络是非常罕见的，故对这种雷电过电压此处不作分析。

应当指出，上面的感应过电压、雷击导线过电压、雷击塔顶过电压的计算公式都没有考虑绝缘子串的运行电压，亦即导线的运行电压。对 220 kV 及以下的线路来说，运行电压所占比重不大，一般可以忽略。但在超特高压线路中，随着电压等级的提高，工作电压不应再被忽略，建议至少应按照导线运行相电压峰值的一半来考虑，且电压极性与雷电流极性相反。因为任何时刻都至少有一相导线运行在与雷电流相反的极性下。如果按照统计法计算，则雷击时的导线工作电压瞬时值及其极性应作为一个随机变量来考虑。这些都在考虑列入电力行业的相关规程中。

### 9.3.5 雷击跳闸率

当雷闪放电造成线路产生雷电过电压时，若雷电流超过相应情况下的耐雷水平，则导致线路绝缘发生闪络。但雷电过电压的持续时间极短，只有几十微秒，高压开关还来不及跳闸。只有当冲击闪络后的闪络通道发展成稳定的工频电弧时才会导致线路跳闸。这些过程都有随机性。因此，工程中除耐雷水平外，还采用雷击跳闸率作为一个综合指标，来衡量线路防雷性能的优劣。我国电力行业标准 DL/T 620—1997 和国家标准 GB/T 50064—2014 规定的雷击杆塔时的耐雷水平略有差异，得出的一般土壤电阻率地区有避雷线线路的雷击跳闸率数值也有一定差别。表 9-2 引用了 DL/T 620—1997 的数值。

表 9-2 架空输电线路典型杆塔的耐雷水平及雷击跳闸率

| 电压等级/kV | 500 | 330 | 220 | 110 | 66 | 35 |
|---|---|---|---|---|---|---|
| 雷击杆塔时耐雷水平/kA | 125～175 | 100～150 | 75～110 | 40～75 | 30～60 | 20～30 |
| 平原跳闸率(次/百公里·年) | 0.081 | 0.12 | 0.25 | 0.83 | | |
| 山区跳闸率(次/百公里·年) | 0.17～0.42 | 0.27～0.60 | 0.43～0.95 | 1.18～2.01 | | |

注：跳闸率中，平原对应 $R_i=7\ \Omega$，山区两数据分别对应 $R_i$ 为 7 Ω 和 15 Ω。

# 9.4 发电厂、变电站的雷电过电压及其防护

发电厂、变电站的安全运行对电力系统的重要性是不言而喻的,而且发电机、变压器等主要电气设备的内绝缘一旦击穿不能自恢复,修复起来十分困难,将大大延长停电时间。因此发电厂、变电站的雷击保护比线路要求更高,必须十分可靠。

发电厂、变电站的雷害可能来自两个方面,一是雷闪直接击中厂、站的设备,二是雷击线路产生的雷电过电压波沿线路侵入发电厂、变电站。

厂、站由于设备相对集中,采用避雷针、避雷线后可以非常有效地防护直击雷过电压。我国的运行经验表明,凡按规程要求正确安装了避雷针、避雷线和接地装置的厂、站,发生绕击和反击的事故率非常低,约每年每百站 0.3 次,防雷效果是很可靠的。

因此对发电厂、变电站而言,侵入波过电压的危害是主要的,相应的防护措施主要是合理确定厂、站内避雷器的类型、参数、数量及位置,同时在厂、站的进线段上采取辅助措施以限制流过避雷器的雷电流的幅值,降低侵入波的陡度。变压器、旋转电机的防雷保护各有其特点,此处不再详述。对于直接与架空线路相连的发电机(一般称直配机),除在电机母线上装设避雷器外,还应装设并联电容器以降低电机绕组侵入波的陡度,以保证电机匝间绝缘和中性点绝缘的安全。

## 9.4.1 直击雷过电压防护

直击雷防护的手段主要是装设避雷针或避雷线,使被保护电气设备处于避雷针或避雷线的保护范围之内,同时还要求雷击避雷针或避雷线时不应对被保护设备发生反击。

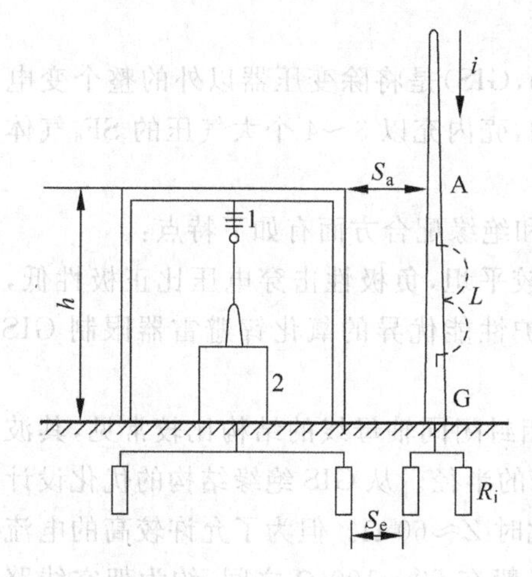


图 9-13 雷击独立避雷针

避雷针按照其装设方式分独立避雷针和构架避雷针。独立避雷针受雷击时,如图 9-13 所示,由于巨大的雷电流在避雷针本体及其接地装置上产生很高的电位,因此,必须保证避雷针与被保护设备之间的空气间隙 $S_a$ 及避雷针接地装置与被保护设备接地装置之间的地中距离 $S_e$ 满足一定要求。我国电力行业标准要求

$$S_a \geqslant 0.2R_i + 0.1h \tag{9-17}$$

$$S_e \geqslant 0.3R_i \tag{9-18}$$

一般情况下,$S_a$ 不宜小于 5 m,$S_e$ 不宜小于 3 m。

构架避雷针有造价低廉,便于布置等优点,但因构架离电气设备距离较近,更应注意反击的问题。对 110 kV 及以上的设备,由于设备绝缘水平较高,在土壤电阻率不高的地区不易发生反击,一般允许装设构架避雷针。但在土壤电阻率大于 2000 Ω · m 的地区,宜装设独立避雷针。变压器是变电站中最重要的设备,一般不允许在变压器的门型构架上装设避雷针。

关于变电站采用避雷线的问题,过去因为强调避雷线断线有造成母线短路的危险,所以使用很少。国内外多年运行经验表明,只要结构布置合理,设计参数选择正确,避雷线有足

够的截面和机械强度，同样可以得到很高的防雷可靠性。因此近年国内外兴建的500 kV及特高压变电站有多数采用避雷线保护的趋势，近年我国的电力行业标准也新规定采用或可以采用避雷线保护。

### 9.4.2　侵入波过电压防护

装设避雷器是发电厂、变电站限制侵入波过电压的主要措施，需要正确选择避雷器的型式、参数，合理确定保护接线方式，如避雷器的数量、位置等。如果三台避雷器分别直接连接在变压器三个出线套管端部，只要避雷器的冲击放电电压和残压低于变压器的冲击绝缘水平，变压器就可以得到可靠的保护。

但是变电站内有许多电气设备，不可能在每个设备上都接一组避雷器。常常要求尽可能减少避雷器的组数(每组三台避雷器)，又要保护全部电气设备的安全。况且由于布线上的困难，避雷器也不可能直接接到变压器等设备的接线端上，因此避雷器到各电气设备之间总有一段长度不等的距离。而且从来波方向上看，避雷器可能处于被保护设备之前，也可能处于被保护设备之后，即侵入波可能先到达避雷器，也可能先到达被保护设备。

设侵入波为波头陡度为$a$、波速为$v$的斜角波，$u(t)=at$，避雷器与变压器之间的连线长度为$l$，避雷器的残压为$U_r$，则变压器端部的最高电压$U_t$为

$$U_t = U_r + 2al/v \tag{9-19}$$

在工程可接受的误差范围内，无论变压器处于避雷器之前还是之后，都可认为上式的结果是一样的。因此避雷器的放电电压和残压越高，侵入波越陡，离避雷器的电气距离越长，被保护设备上的过电压就越高。

### 9.4.3　气体绝缘变电站的过电压防护

全封闭气体绝缘变电站(gas insulated substation，GIS)是将除变压器以外的整个变电站的高压电力设备及母线封闭在一个接地的金属壳内，壳内充以3～4个大气压的$SF_6$气体作为相间和对地的绝缘。

与敞开式变电站相比，GIS变电站在过电压保护和绝缘配合方面有如下特点：

(1) GIS采用稍不均匀的电场结构，伏秒特性比较平坦，负极性击穿电压比正极性低，因此其绝缘水平主要取决于雷电冲击水平。采用保护性能优异的氧化锌避雷器限制GIS的雷电过电压，特别是陡波过电压具有重要意义。

(2) 220 kV及以上电压等级的GIS变电站，单相封闭同轴母线的结构比较常见，其波阻抗$Z \approx 60\ln(r_2/r_1)$，其中$r_2$和$r_1$分别为外壳和导杆的半径。从GIS绝缘结构的优化设计角度考虑，希望$r_2$与$r_1$接近最佳比例，即$r_2/r_1 \approx e$，此时$Z \approx 60\ \Omega$。但为了允许较高的电流密度，实际结构常常是$r_2/r_1 > e$，所以GIS的波阻抗一般在60～100 Ω之间，约为架空线路的1/5。这对变电站的侵入波保护非常有利。

(3) GIS变电站结构紧凑，设备间电气距离小，避雷器与被保护设备距离近，防雷保护措施比敞开式变电站容易实现。

(4) GIS绝缘完全不允许发生电晕，一旦发生电晕将立即击穿，而且不能自恢复。此外GIS的价格昂贵。因此，要求包括母线在内的整套GIS系统的过电压保护具有较高的可靠性，在设备绝缘配合上留有足够的裕度。

# 练 习 题

9-1 雷击地面时，被击点的电位是由什么因素决定的？设雷电流幅值 $I=100$ kA，雷电通道的波阻抗 $Z_0=300$ Ω，被击点 $A$ 的对地电阻 $R=30$ Ω，求 $A$ 点的电位 $U_A$ 为多少千伏？

9-2 某圆柱形储油罐直径为 10 m，高 10 m，现采用单根避雷针进行保护，避雷针距离油罐壁为 5m。问避雷针的高度至少应是多少？

9-3 避雷器的主要参数通常有哪些？请按照电压高低排序。一个典型的 1000 kV 变电站保护用避雷器的主要参数分别是多少？

9-4 对于避雷器的保护性能通常都有哪些方面的要求？

9-5 雷击输电线路时，断路器每次都会跳闸吗？

9-6 在确定线路耐雷水平时，对于雷击导线和雷击塔顶这两种过电压情况，分别用绝缘子串什么极性的 50% 冲击放电电压来计算？

9-7 感应过电压通常对多少电压等级以下的系统有威胁，对多少电压等级以上的系统几乎没有威胁？

9-8 评价输电线路耐受雷电冲击性能的参数是什么？对雷击导线与雷击杆塔，哪种情况该参数的值更大，为什么？

# 第10章 操作过电压与绝缘配合

**本章核心概念：**

操作过电压的倍数，断路器的分断与关合，重合闸，空载线路合闸过电压，切除空载线路过电压，特快速瞬态过电压，合闸电阻，绝缘配合，基本冲击绝缘水平 BIL

电力系统运行中，由于运行状态的突然变化，如正常操作或故障操作，导致系统内电感和电容元件间电磁能量的互相转换，引起振荡性的过渡过程，从而在某些设备或局部电网上出现远远超过正常工作电压的过电压，这就是操作过电压，也称缓波前过电压（slow-front overvoltage，SFO）。

在中性点直接接地系统中，常见的操作过电压有：合闸空载线路过电压；切除空载线路过电压；切除空载变压器过电压以及解列过电压等。近年来，由于断路器及其他设备性能的改善，切除空载线路及切除空载变压器过电压已变得不严重了，而产生高幅值的解列过电压的概率实际上很小，因此在超高压系统中以合闸（含重合闸）过电压最为严重。随着 $SF_6$ 绝缘的全封闭组合电器（GIS）的大量应用，GIS 中隔离开关动作时产生的特快速瞬态过电压（very fast transient overvoltage，VFTO），也称为特快波前过电压，对变压器绝缘构成一定的威胁，受到很多关注。

在中性点非直接接地系统中，主要是弧光接地过电压，其防护措施是使系统中性点经消弧线圈接地。为克服中性点经消弧线圈接地的种种弊病，近年来我国许多地区 6～35 kV 系统的中性点采用了低电阻、中电阻或高电阻接地方式。其他还有主要出现在配电网系统的谐振过电压等。

另外，由于空载长线路的容升效应、不对称短路、突然甩负荷等原因引起的工频电压升高（称为工频过电压），在超高压系统的绝缘配合中，虽然幅值远不如操作过电压高，但持续时间长，并且有时其大小还直接影响操作过电压的幅值，因此也必须对其升高的数值及持续时间给予限制。

操作过电压与工频电压升高、谐振过电压等暂时过电压一起，合称为内过电压，以别于由雷电引起的外过电压。操作过电压是电网本身振荡引起的，所以其过电压幅值和电网本身电压大致有一定的倍数关系，通常以发生过电压处设备的最高运行相电压（峰值）的倍数来表示操作过电压的大小。为绝缘配合许可的操作过电压倍数见表 10-1。

**表 10-1 绝缘配合允许的相对地操作过电压倍数**

| 电压等级/kV | 非直接接地 | | 直接接地 | | | | |
|---|---|---|---|---|---|---|---|
| | 30～65及以下 | 110～145 | 110～220 | 330 | 500 | 750 | 1000 |
| 允许的相对地操作过电压倍数 | 4.0 | 3.5 | 3.0 | 2.75 | 2.0 | 1.8 | 1.7 |
| 允许的相间操作过电压为相对地操作过电压的倍数 | 1.3～1.4 | | | 1.4～1.45 | 1.5 | | |

由于操作过电压的数值与系统的额定电压有关,所以随着系统额定电压的提高,操作过电压的幅值亦迅速增长。对于 220 kV 及以下系统,通常设备的绝缘结构设计允许承受可能出现的 3～4 倍的操作过电压,因此不必采取专门的限压措施。然而对于 330 kV 及以上的超高压系统,如果仍按 3～4 倍的操作过电压考虑,势必导致设备绝缘费用的迅速增加;此外,由于外绝缘及空气间隙的操作冲击强度对绝缘距离的"饱和"效应,会使设备的绝缘结构复杂、体积庞大,进一步影响到设备的造价、工程的投资等经济指标。

因此,在超高压系统中必须采取措施将操作过电压强迫限制在一定水平以下。目前采取的有效措施主要有:线路上装设并联电抗器、采用带有并联电阻的断路器以及磁吹阀型避雷器或金属氧化物避雷器(MOA)等。随着这些限制措施的采用以及其本身性能的改善,超高压系统中的操作过电压倍数有所降低。

# 10.1 高压断路器的分合闸

## 10.1.1 高压开关的功能与分类

在电力系统中,改变运行方式或系统发生故障时,需要对发电机、变压器等设备及线路进行及时、可靠的切换,而这些切换均依赖于各种高压开关来实现。高压开关根据其特点和功能可以分为如下几类:

——断路器:能开断、关合故障时的大电流及正常的负荷电流;

——负荷开关:仅能开断、关合正常的负荷电流;

——隔离开关:闭合时能承载正常电流及规定的短路电流,不用来开断或关合电流,只用来在检修时隔离带电部分以保证工作人员的安全;

——接地开关:对设备或被检修电路实现保护接地;

——接触器:能开断、关合及承载正常电流,用于需要频繁操作、控制的场合。

在开断或关合大电流时,灭弧是高压断路器的重要能力。按灭弧介质与灭弧方式,高压断路器分为油断路器、$SF_6$ 断路器、真空断路器等几类。真空断路器多用于 35 kV 及以下的电压等级,油断路器多用于 35～220 kV 电压等级(油断路器由于有油易燃,多油断路器已停止生产),$SF_6$ 断路器多用于 220 kV 及以上的电压等级。

## 10.1.2 断路器的开断与熄灭电弧

断路器在分闸过程中,触头从紧密接触的合闸位置移动,到拉开足够的绝缘距离以承担两侧电位差的分闸位置。由于此过程中有大电弧的产生与熄灭，因此常用“开断”一词来描述断路器的分闸。图 10-1 给出了 $SF_6$ 断路器开断过程中触头运动及电弧产生与熄灭的示意图。

在合闸位置时，动触头与静触头紧密接触以通过电流(电流主要从主动触头 5 和主静触头 3 之间流过)，如图 10-1(a)所示；当断路器开始分闸时，动触头向下运动，主动触头 5 逐渐与主静触头 3 脱离接触，电流改为从弧动触头 4 和弧静触头 1 之间流过，如图 10-1(b)所示；当动触头继续向下运动，弧动触头 4 和弧静触头 1 也脱离接触。但在两者刚脱离接触时，弧动触头 4 与弧静触头 1 间的距离是很小的，原先通过触头间的电流若就此突然熄灭，则会在两者之间产生一个不小的电位差，比如一端是电源另一端是接地故障，这个电位差被称为恢复过电压。于是，两者之间距离很小、绝缘强度很低的间隙就会不可避免地被击穿，在弧动触头 4 与弧静触头 1 间产生电弧，如图 10-1(c)所示；只有当动触头继续向下运动，触头间距离加大到一定程度后，当交变的电弧电流在某次过零的瞬间熄灭时，触头间的绝缘强度已经足够高，电流过零后的电弧无法继续维持燃烧，电弧彻底熄灭，这时电路才算彻底断开，开断过程结束，如图 10-1(d)所示。

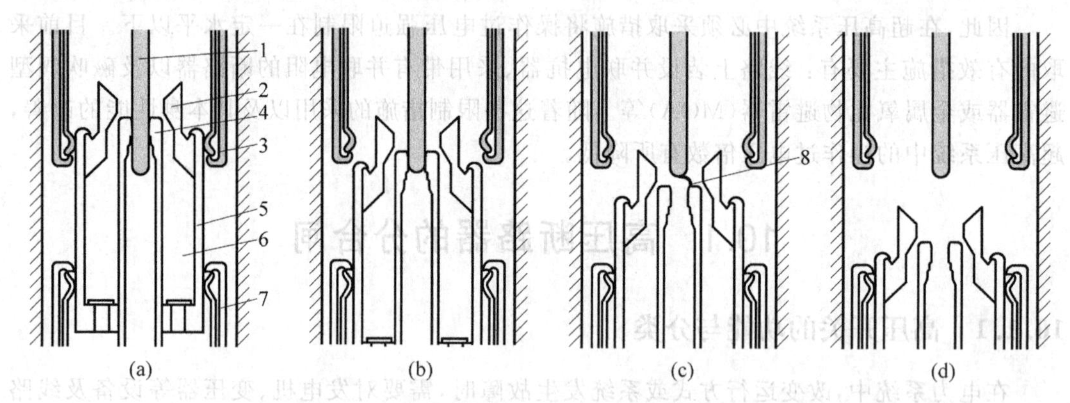

图 10-1 断路器分闸及电弧产生与熄灭过程示意图

(a) 合闸位置；(b) 主触头脱离接触；(c) 弧触头脱离接触，电弧产生；(d) 电弧熄灭，电路断开

1—弧静触头；2—绝缘喷口；3—主静触头；4—弧动触头；5—主动触头；6—储气室；7—滑动触头 8—电弧

可见断路器的开断过程是动、静触头先机械分离，后电气断开。电弧的熄灭发生在电弧电流的某次过零时刻。若断路器的动触头运动速度快，则触头间介质绝缘强度上升所需的时间短，若断路器的灭弧能力强，则电弧燃烧的时间短，断路器可迅速断开。

在开断容性电路时，由于容性电流领先电压 90°的相位，在电流过零电弧熄灭时，触头两侧正好是电压差等于电压峰值的时刻。

### 10.1.3 断路器的关合与预击穿

断路器的合闸过程，动触头的运动过程正好相反，两触头先是如图 10-1(d)的分开状态。合闸前断路器触头承受较高的电压，接到合闸指令后，动触头向上运动，在弧动触头 4 与弧静触头 1 间距离不断缩小的过程中，触头间的绝缘强度不断降低，而两触头之间始终有交变的电位差，当两端电位差在某次经过峰值左右时，触头间的间隙被击穿，产生电弧，这个现象称为预击穿，如图 10-1(c)所示。只有当动触头继续运动，两触头形成紧密的机械接触，电弧自然熄灭,电路彻底接通,合闸过程结束,如图 10-1(a)所示。断路器的合闸也因有大电弧的产生与熄灭而常用“关合”一词。

可见断路器的关合过程分为电气接通和机械接触两个阶段,动、静触头先是电气导通,然后再机械接触。电弧的产生发生在两端电位差某次过峰值左右的时刻。若断路器的动触头运动速度快,则关合过程短,断路器可迅速合闸。受开关机械特性的限制,开关合闸速度较慢(大于几十毫秒),而电压出现峰值的周期仅为 10 ms,因此断路器在关合时电击穿多发生在电压峰值附近。

### 10.1.4 高压断路器的重合闸

输电线路的故障在大多数情况下都是暂时性的,如雷击、大风等,故障持续的时间很短。断路器跳闸后线路上绝缘子和空气间隙的绝缘性能可以迅速得到恢复,断路器跳闸后经过短暂的无电流时间自动快速重合,多数情况下是能成功的,自动重合闸的使用大大提高了电力系统供电的可靠性。

图 10-2 给出了自动重合闸成功重合全过程的线路电流变化情况。线路在 $t_0$ 时刻发生短路故障,线路电流由正常工作电流大增为故障电流。$t_1$ 时刻断路器接到继电保护发出的跳闸指令,$t_2$ 时刻断路器触头开始分离,$t_3$ 时刻在电流过零时电弧熄灭,开断成功。经过 0.3 s 的无电流时间,$t_4$ 时刻断路器重合,若线路故障已经消失,则重合成功,线路恢复正常电流。由于无电流时间很短,大多数用户一般不会感觉到停电。

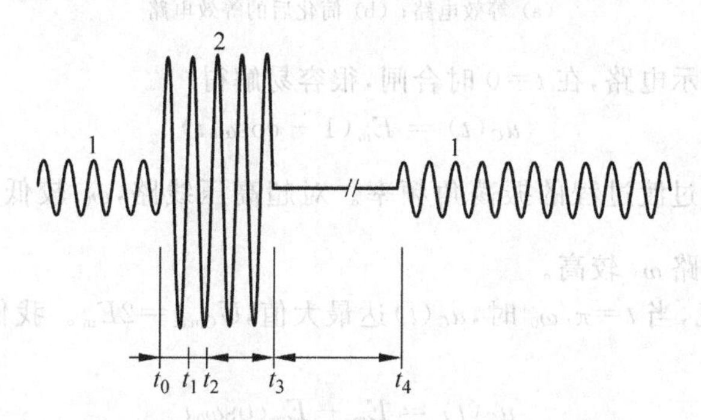


图 10-2 自动重合闸成功重合的过程示意图

1—正常工作电流; 2—故障电流

若经过无电流时间后线路故障仍然存在,则断路器会重复 $t_0 \sim t_3$ 时刻的起弧、灭弧过程,再次跳闸,但不再自动重合,线路停电。这时,可以在 180 s 后人工合闸,称为强送。如果故障消失,则线路恢复正常送电;若故障仍未消失,断路器再次跳闸,不再自动重合。这时,判断为永久性故障,线路彻底停电,需要立即安排故障查找、尽快检修,必须等故障排除后方可送电。对于断路器开断性能而言,连续开断属于最严重的情况。

## 10.2 空载线路合闸过电压

合闸空载线路是电力系统常见的一种操作,通常分为两种情况,即正常合闸和自动重合闸,由于初始条件的差别,重合闸过电压的情况更为严重。

## 10.2.1　正常空载线路合闸过电压

由于正常运行需要而进行的合闸操作称为正常合闸，也称计划性合闸，比如线路检修后投入运行、根据调度需要对送电线路进行合闸操作等。这种情况下，合闸前线路上不存在任何异常，线路上的起始电压为零。若三相接线完全对称，且三相断路器同期合闸，则可按照单相线路进行分析。利用分布参数电路分析空载线路合闸过电压比较复杂，这里我们仅用集中参数电路作一简单分析。

图10-3(a)电路中，线路用T型等值回路代替，$L_T$、$C_T$ 分别为线路等值电感、电容，$L_s$ 为电源等值电感，$e(t)=E_m\sin(\omega t+\phi)$ 为单相电源，以最大工作相电压计。在简化后的等效电路图10-3(b)中，$L=L_s+L_T/2$，$E_m$ 为电源电势最大值。在电压峰值处合闸时过电压最大，且过渡过程的振荡频率比电源频率高，电源电压变化比较缓慢，近似认为保持 $E_m$ 不变。

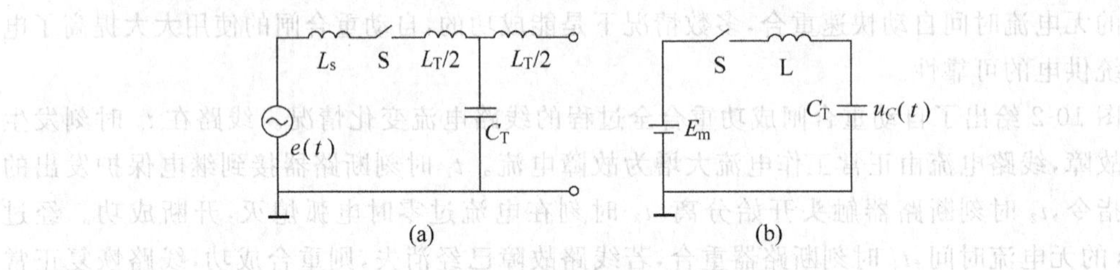


图10-3　合闸空载线路时的集中参数等效电路
(a) 等效电路；(b) 简化后的等效电路

对图10-3(b)所示电路，在 $t=0$ 时合闸，很容易解得

$$u_C(t)=E_m(1-\cos\omega_0 t) \tag{10-1}$$

其中，$\omega_0=\dfrac{1}{\sqrt{LC_T}}$，为过渡过程的振荡角频率。对超高压线路，$\omega_0$ 较低，约为电源角频率的1.5～4倍，对低压线路 $\omega_0$ 较高。

从式(10-1)易见，当 $t=\pi/\omega_0$ 时，$u_C(t)$ 达最大值，$U_{C\max}=2E_m$。我们也可以将式(10-1)改写为

$$u_C(t)=E_m-E_m\cos\omega_0 t \tag{10-2}$$

其中，$E_m$ 为稳态分量，$-E_m\cos\omega_0 t$ 为自由振荡分量，当仅关心过电压幅值时，显然有

$$\begin{aligned}\text{过电压幅值} &= \text{稳态值}+\text{振荡幅值}=\text{稳态值}+(\text{稳态值}-\text{起始值})\\ &=2\times\text{稳态值}-\text{起始值}\end{aligned} \tag{10-3}$$

对空载线路，线路上不存在残余电压，起始值为零，故从式(10-3)也可得 $U_{C\max}=2E_m$。

实际线路中总有衰减，有阻尼，因而 $u_C(t)$ 是衰减振荡的波形，$U_{C\max}<2E_m$。考虑电源电压变化时的线路电压 $u_C(t)$ 的波形见图10-4(a)。若合闸能在 $e(t)=0$ 时进行，则似乎无此衰减振荡过程。但实际上很难在 $e(t)=0$ 时合闸，因为开关触头相向运动时，动静触头尚未接触前，触头两端的电压就可能击穿触头间隙。而这种情况下往往导致在触头间电压达最大，即最严重的条件下合闸。油断路器合闸时，合闸相位多处于电压最大值附近±30°之内。况且若采用三相同期合闸，则至少有两相线路不可能在 $e(t)=0$ 时合闸。

## 10.2.2　重合闸过电压

自动重合闸是线路发生故障后，由继电保护系统控制的合闸操作，这也是系统中经常遇

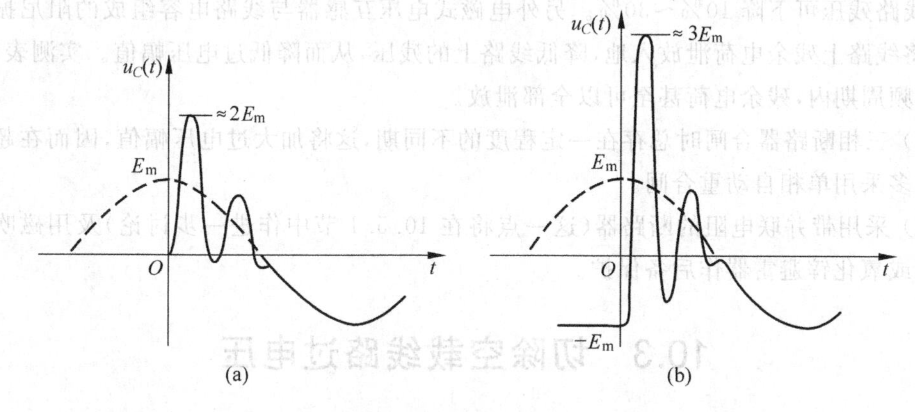


图 10-4 合闸空载线路时线路电压的波形图

(a) 正常操作 $u_C(0)=0$；(b) 自动重合闸 $u_C(0)=-E_m$

到的一种操作。图 10-5 为系统中常见的单相短路故障的示意图。在中性点直接接地系统中，A 相发生对地短路，短路信号先后到达断路器 $S_2$、$S_1$。断路器 $S_2$ 先跳闸，则健全相 B、C 相从断路器 $S_1$ 侧看过来变成空载线路，只有 B、C 相导线的对地电容，其上的电压电流相位相差 90°。$S_1$ 再跳闸时，断路器 B、C 相触头处的电弧分别在电容电流过零时熄灭。这时在 B、C 相线路上的残余电压正好达到峰值，数值为 $u_{ph,m}$。

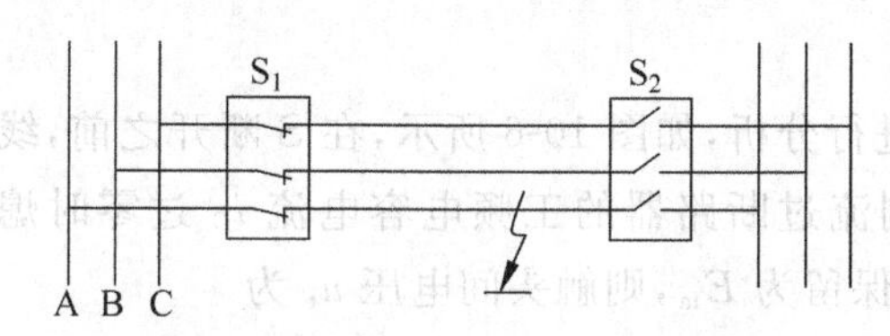


图 10-5 中性点接地系统单相短路故障示意图

当大约 0.3 s 以后断路器 $S_2$ 自动重合时，如果线路上的残余电荷没有泄放掉，且 B、C 相中有一相的电源电势达最大值且极性恰与残余电压相反时，断路器两端触头间电位差最大，最容易击穿。这时该相上过电压的幅值根据式(10-3)可得

$$\text{起始值} = -u_{ph,m} = -E_m$$

$$\text{过电压幅值} = 2\text{稳态值} - \text{起始值} = 2E_m - (-E_m) = 3E_m$$

所以，重合闸时在线路上可能出现的最大过电压幅值为 $3E_m$。其波形图如图 10-4(b) 所示。

## 10.2.3 空载线路合闸过电压的影响因素及限制措施

(1) 合闸相位

前面已经分析过，合闸相位的不同将直接影响过电压幅值。若需在较有利的情况下合闸，一方面需改进高压断路器的机械特性，提高触头运动速度，防止触头间预击穿的发生；另一方面通过专门的控制装置选择合闸相位，使断路器在触头间电位极性相同或电位差接近于零时完成合闸。

(2) 线路损耗

线路中不可避免地存在一定电阻，且过电压较高时，线路将发生电晕，这两方面的损耗将消耗过渡过程中的能量，使过电压幅值降低。

(3) 线路上残压的变化

在自动重合闸过程中(约 0.3 s)，由于绝缘子存在一定的泄漏电阻，在 0.3～0.5 s 的时间内，线路残压可下降10%～30%。另外电磁式电压互感器与线路电容组成的阻尼振荡回路，可将线路上残余电荷泄放入地，降低线路上的残压，从而降低过电压幅值。实测表明，在几个工频周期内，残余电荷甚至可以全部泄放。

(4) 三相断路器合闸时总存在一定程度的不同期，这将加大过电压幅值，因而在超高压系统中多采用单相自动重合闸。

(5) 采用带并联电阻的断路器(这一点将在10.5.1节中作进一步讨论)及用磁吹阀型避雷器或氧化锌避雷器作后备保护。

## 10.3　切除空载线路过电压

切除空载线路也是常见的系统操作，在切空线的过程中，虽然断路器切断的是几十到几百安培的容性电流，比短路电流小得多，但在分闸初期，由于断路器触头间恢复电压的上升速度超过绝缘介质恢复强度的上升速度，造成触头间电弧重燃，从而引起电磁振荡造成过电压。

我们仍用单相集中参数的简化等效电路来进行分析，如图10-6所示，在S断开之前，线路电压$U_C=e(t)$，设触头开始分离后，当$t_1$时刻流过断路器的工频电容电流$i_C$过零时熄弧，如图10-7所示，则线路上电荷无处泄放，$U_C$保留为$E_m$，则触头间电压$u_r$为

$$u_r(t)=e(t)-E_m=E_m(\cos\omega t-1) \tag{10-4}$$

随断口触头开距的逐渐增大，加在触头上的恢复电压$u_r$也在增加，在$t=t_2=t_1+T/2$时，$u_r=-2E_m$。若在$t_2$时触头间隙击穿重燃，相当于一次反极性重合闸，$U_{Cmax}$将达$-3E_m$，设在$t=t_3$时高频(重合闸过程，回路振荡的角频率为$\omega_0=1/\sqrt{LC_T}$，大于工频下的$\omega$)电容电流第一次过零时熄弧，则$U_C$将保持$-3E_m$，又经过$T/2$后，$e(t)$又达最大值，触头间电压$u_r$为$4E_m$。若此时触头再度重燃，会导致更高幅值的振荡，$U_{Cmax}$将达$+5E_m$。以此类推，每工频半周重燃一次因此线路电压会一直增加到很高的数值，直至触头间绝缘强度足够高，不再重燃为止。

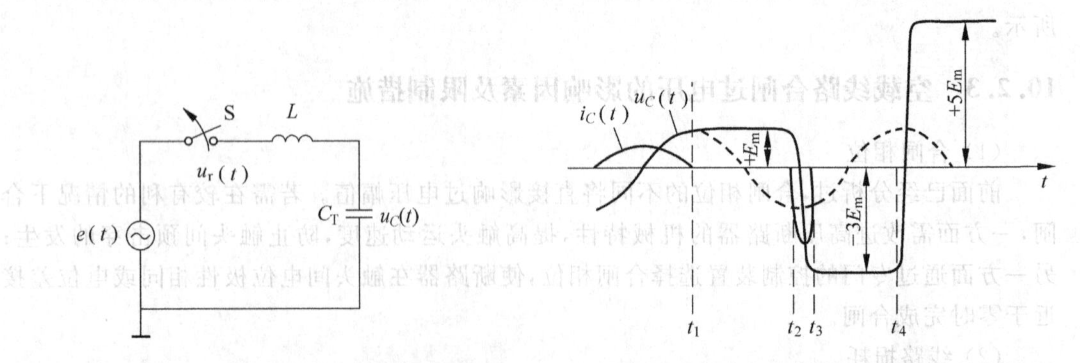


图10-6　切除空载线路时的等值计算电路图　　图10-7　切除空载线路过电压的发展过程

显然，要想避免切空线过电压，最根本的措施就是要改进断路器的灭弧性能，使其尽量不重燃，而且线路上的泄漏将降低过电压幅值，高频电容电流若不在第一次过零时熄弧，而是在后几次过零时熄弧，也将降低切空线过电压幅值。

20 世纪 70 年代以前，在 110～220 kV 系统中，由于断路器的重燃问题没有很好地解决，致使这种过电压可高达 3 倍以上，持续时间长达 0.5～1 个工频周期，因此切空线过电压成为当时决定设备操作冲击绝缘水平的主要依据。随着断路器灭弧能力的改进以及断路器并联电阻技术的投入，断路器在切断小电流时基本不重燃，切空线过电压已经得到了有效的限制，使得重合闸过电压成为设备操作冲击绝缘水平的决定性因素。

## 10.4 特快速瞬态过电压

GIS 具有结构紧凑、占地省、易于维护等优点，在 110 kV 及以上电网中得到了广泛应用。GIS 变电站中，断路器、隔离开关和接地开关的操作以及发生单相接地短路故障都可能产生特快速瞬态过电压(VFTO)，其中隔离开关操作是产生 VFTO 的主要原因。GIS 中隔离开关操作空载短母线时，由于触头运动速度较慢，造成隔离开关断口间隙多次重击穿，产生陡变的行波，行波在 GIS 波阻抗变化的节点发生多次折反射和叠加，形成 VFTO。图 10-8 给出了实测的 VFTO 波形(其中图 10-8(b)和(c)给出了 VFTO 局部波形展开和单次振荡展开的细节波形)，由于多次折反射，整个暂态信号表现为频率较低的暂态信号上叠加多个陡上升沿的信号。

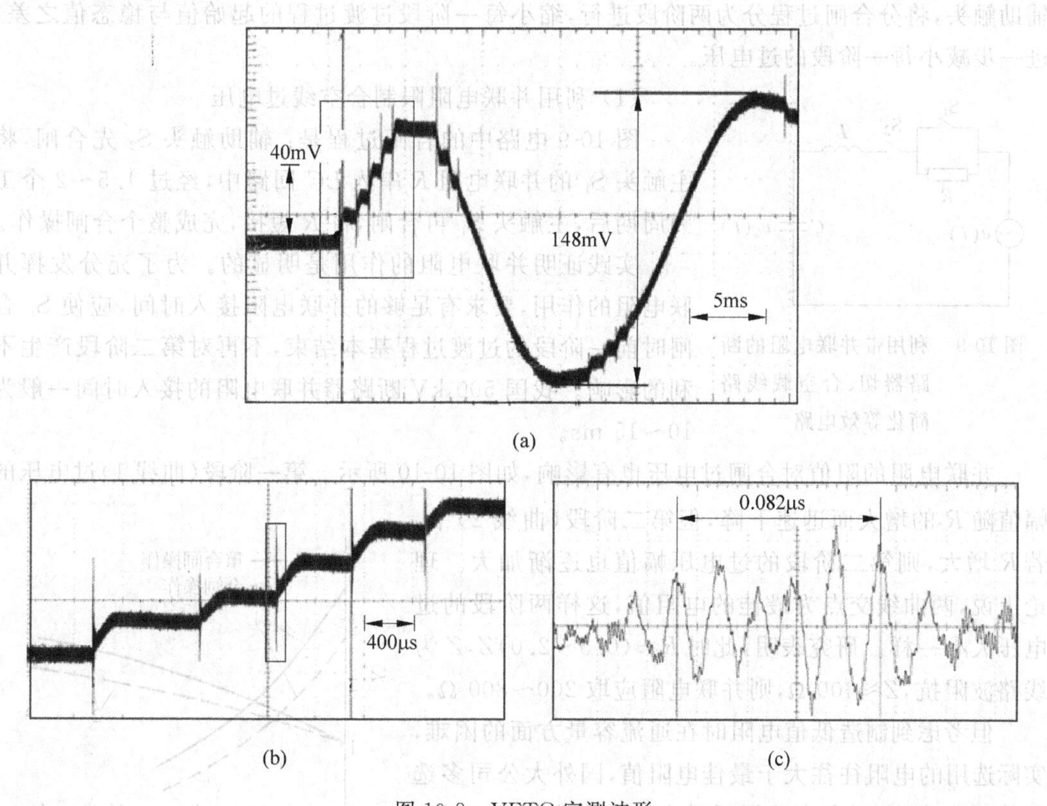


图 10-8 VFTO 实测波形

(a) VFTO 波形；(b) 波形局部展开；(c) 单次振荡展开

VFTO 具有幅值高、波前陡、频率高和多次连续脉冲的特点。幅值范围一般为 1.5～2.8p.u.，上升时间可短至数纳秒，主要频率集中在几兆赫至几十兆赫，最高频率可达

100 MHz。隔离开关操作过程中发生重击穿的次数与操作速度有关，速度高，则次数少；反之则次数较多。重击穿次数一般为十几至几十次。

根据产生位置的不同，可将VFTO分为内部VFTO与外部VFTO。在高压导体(杆)与外壳之间产生的，称为内部VFTO。在GIS壳体外产生的暂态壳体电位(transient enclosure voltage，TEV)和电磁干扰，统称为外部VFTO。内部VFTO对GIS及其连接的具有绕组的设备绝缘有重要影响，外部VFTO则危害与壳体连接的二次设备绝缘，或对测量控制设备产生电磁干扰，造成二次设备的误动作。

为了抑制VFTO，可以在GIS的隔离开关上加装并联电阻或在GIS导电杆上加装铁氧体磁环。

# 10.5 操作过电压的限制措施

## 10.5.1 利用断路器并联电阻限制分合闸过电压

为了有效限制分合闸过程中的过电压，可在断路器主触头上并联一个大容量电阻，大容量电阻的阻尼会加速振荡过程的衰减，有效抑制分合闸过电压；并且在主触头外串联一个辅助触头，将分合闸过程分为两阶段进行，缩小每一阶段过渡过程的起始值与稳态值之差，进一步减小每一阶段的过电压。

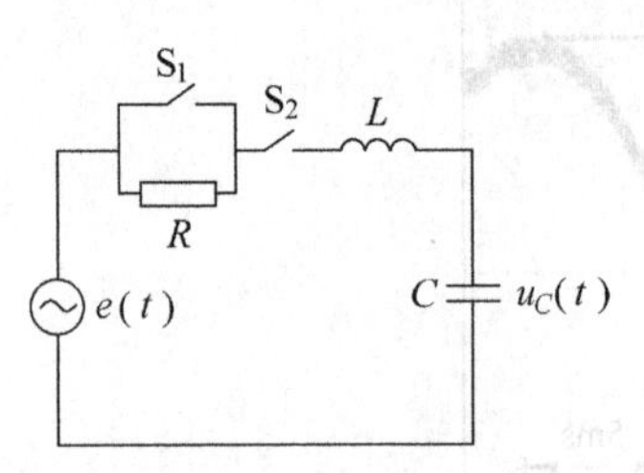


图10-9 利用带并联电阻的断路器切、合空载线路简化等效电路

(1) 利用并联电阻限制合空线过电压

图10-9电路中的合闸过程是：辅助触头$S_2$先合闸，将主触头$S_1$的并联电阻$R$串入$LC$回路中，经过1.5～2个工频周期后，主触头$S_1$再合闸，将$R$短接，完成整个合闸操作。

实践证明并联电阻的作用是明显的。为了充分发挥并联电阻的作用，要求有足够的并联电阻接入时间，应使$S_1$合闸时前一阶段的过渡过程基本结束，不再对第二阶段产生不利的影响。我国500 kV断路器并联电阻的接入时间一般为10～15 ms。

并联电阻的阻值对合闸过电压也有影响，如图10-10所示。第一阶段(曲线1)过电压的幅值随$R$的增大而迅速下降，但第二阶段(曲线2)中，若$R$增大，则第二阶段的过电压幅值也逐渐加大。理论上说，两曲线交点为最佳的电阻值，这样两阶段的过电压大小一样。研究表明，此时$R\approx(0.5\sim2.0)Z$，$Z$为线路波阻抗，$Z\approx400\ \Omega$，则并联电阻应取200～800 Ω。

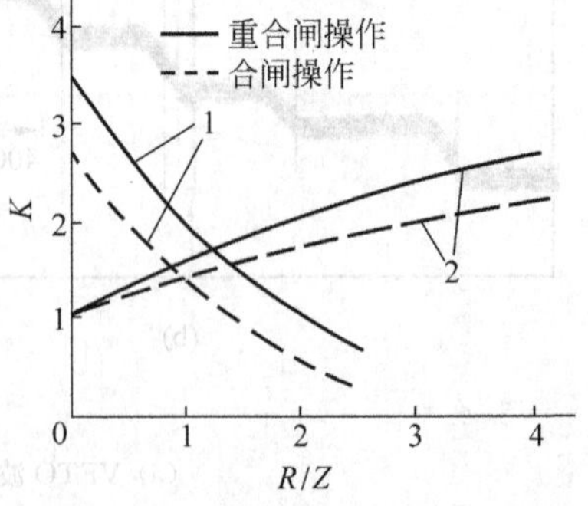


图10-10 合闸电阻值与过电压倍数$K$的关系

但考虑到制造低值电阻时在通流容量方面的困难，实际选用的电阻往往大于最佳电阻值，国外大公司多选择数百欧，国内厂家多选择千欧左右。好在图10-10曲线2比较平缓，$R$的增加不会使过电压上升太多。

重合闸情况下，由于在$S_2$闭合的第一阶段，线路上残余电荷经并联电阻泄放，削弱了残余电压的影响，从而降低了第二阶段的合闸过电压。重合闸时并联电阻阻值对两阶段过电压倍数的影响亦见图 10-10,其最佳电阻值比合闸时最佳值稍大。

(2) 利用并联电阻限制切空线过电压

当需要采用并联电阻限制切空线过电压时,图 10-9 的分闸过程是:第一阶段主触头 $S_1$ 先断开,将 $R$ 接入电路,经过 1.5～2 个工频周期后辅助触头 $S_2$ 于第二阶段再断开,完成整个分闸过程。

引起切空线过电压的原因是断路器触头间的重燃。并联电阻限制切空线过电压的作用有两个:一是降低触头间的恢复电压,减小重燃的机会;二是本身即可降低重燃后的过电压。

从降低触头间恢复电压的角度,打开 $S_1$ 时希望 $R$ 小些,这样触头 $S_1$ 间的恢复电压低,而断开 $S_2$ 时希望 $R$ 大些,阻尼重燃过电压。选 $R=3/\omega C_T$ 时两触头恢复电压最大值相同。如 110 kV、200 km 长的线路,等值电容 $C_T\approx1.8\ \mu F$,220 kV、400 km 长的线路 $C_T\approx3.5\ \mu F$,则 $R\approx3\sim5\ k\Omega$。

至于切空变过电压,要想用并联电阻限制,则需更高的阻值,例如几万欧,无法统一,因此不予考虑,而是改用避雷器来限制切空变过电压。切空线与合空线要求的断路器的并联电阻是不同的。随着断路器性能的改进,实际的分闸过程往往已不再需要采用并联电阻。

### 10.5.2 利用避雷器限制操作过电压

长期以来,避雷器一直是限制电力系统雷电过电压的主要措施,随着新型无间隙金属氧化物避雷器的发展及广泛采用,使得利用避雷器限制操作过电压成为可能。在我国的超高压系统中,设备的操作冲击绝缘水平即是由避雷器的操作冲击残压决定的。如果采用了带并联电阻的断路器,则只有在并联电阻失灵或其他意外情况出现幅值较高的操作过电压时,避雷器才动作。

氧化锌阀片的非线性伏安特性优良。正常工作电压下通过阀片的电流一般仅有几百微安。当过电压侵入时,流过阀片的电流迅速增大,同时过电压的幅值受到限制,过电压的能量得到释放,过电压结束后,氧化锌阀片又恢复高阻状态,使电力系统正常工作。避雷器元件常常采用老化性能好、气密性好的优质复合外套可靠密封,性能比较稳定。

避雷器在限制操作过电压时具有以下特点:

(1) 操作过电压下流过避雷器的电流一般小于雷电流,但持续时间则长得多,对避雷器的通流容量要求更严格;

(2) 操作过电压下避雷器可能动作多次,对阀片的通流容量和间隙的灭弧性能要求苛刻。

在几种常见的操作过电压中,以合空线或重合闸过电压下避雷器动作时受到的考验最为严峻。此时线路与电源相连,过电压能量可以从电源得到补充,因而要求避雷器阀片具有较高的通流能力。

随着电压等级升高,要求断路器并联电阻在开断时允许的吸收能量不断提高,电阻片制造难度与制造成本增大;且随时间增长,电阻本身也易发生故障;且安装并联电阻的断路器结构复杂,可靠性降低。另一方面,随着避雷器制造工艺不断提高,阀片通流能力分散性小,限制过电压所需的非线性伏安特性优异,可靠性提高。因此,国内外不断有是否取消

330kV及以上电压等级断路器合闸电阻,而改用MOA限制操作过电压的讨论。苏联、美国、中国等国家都有部分线路取消了合闸电阻,改用避雷器限制操作过电压。但能否完全用避雷器限制操作过电压及采用的具体方案,需要根据系统情况校核。我国在大多数情况下还是采用断路器合闸电阻加避雷器来限制操作过电压的。

随着电力系统容量越来越大,系统的短路故障电流甚至接近100 kA,对高压断路器的开断容量提出了极大的挑战。目前的一种努力方向即发展快速限流装置,当故障电流出现时,先由限流装置迅速将原本巨大的短路电流限制下来,比如将故障电流降低一个数量级,然后再由常规断路器开断。超导故障电流限制器即为其中的一种,它分为电阻限流器与电感限流器两类,它们都是利用超导体的超导态-正常态转变,在几十微秒内由极低电阻变到较高电阻,从而达到限制故障电流的目的。各类快速限流装置距离真正的实用化还有很多问题需要解决。

## 10.6 绝缘配合的基本概念与基本方法

电力设备在运行中需要承受不同持续时间和不同幅值的高电压或过电压,需要根据这些过电压的幅值、持续时间及出现概率来优化设计电力设备的绝缘水平。随着系统电压等级的提高,变电站及线路的绝缘占总投资的比重越来越高。在超高压系统中,由于操作过电压的幅值高、间隙击穿电压随间隙距离加大而增加的幅度趋于饱和,使得绝缘配合的问题更加突出。绝缘配合的目标就是选择尽可能合适的绝缘水平,使得综合考虑设备初投资、运行维护费用和事故损失的总和最低。

影响绝缘配合的因素非常多,除了各类过电压(外过电压及各种内过电压)、各种限制过电压的措施,以及各类导致绝缘下降的情况外,中性点接地方式也对绝缘配合有直接的影响。与中性点非直接接地系统相比,中性点直接接地系统由于其长期工作电压低(仅为相电压)、雷电过电压低(避雷器残压选取低)、内部过电压低,因而其绝缘水平可比非直接接地系统降低20%左右。因此我国110 kV及以上系统的通常都采取中性点直接接地的方式,称为有效接地。为避免因遭遇雷击而频繁跳闸,110 kV及以上系统都采取全线架设避雷线的方式加以保护。而对3-60 kV系统,则更注重中性点非直接接地系统供电可靠性高、单相接地电流小等优点,一般根据电网的具体情况,采取经低电阻、中电阻、高电阻或消弧线圈等方式接地,在遭遇雷击等瞬时单相接地故障时可不断电,而是继续运行两小时,等待故障自动消失。另一个影响绝缘配合的因素即为工频过电压。

### 10.6.1 工频过电压对绝缘配合的影响

电力系统在发生故障或操作等异常情况时,可能出现工频或接近工频的过电压,称为工频过电压。产生工频过电压的主要原因有空载线路的电容效应、不对称接地故障和突然甩负荷等。

工频过电压本身的幅值不高,电力设备不会仅仅因为工频过电压而损坏,但操作过电压不仅会在正常工作电压下出现,也很有可能在工频过电压发生时出现,即工频过电压很有可能成为操作过电压振荡的基础。同样倍数的操作过电压若在发生工频过电压时出现,将产生更高幅值的操作冲击电压。因此工频过电压对绝缘配合也有直接的影响。

通常,输电线路的容抗大于感抗,由于电容效应,使线路电压高于电源电动势,而且越靠近线路末端,电压越高。具体来讲,线路电压与电源的等效漏阻抗、导线波阻抗、线路长度有关。等效漏阻抗越大,线路越长,工频过电压越大;导线波阻抗越大,工频过电压越小。

为了降低工频过电压,在计划性分合闸时,可以在电源容量较小的一侧先分闸,在电源容量较大的一侧先合闸,使得电源的等值漏抗减小。对长距离超/特高压线路,为削弱电容效应从而降低工频过电压,可在线路上设置并联电抗器,其作用相当于缩短线路长度。适当地选择并联电抗器的容量、数量和安装位置,可使沿线工频过电压降至预定水平以下。

甩负荷工频过电压的最主要原因是原动机调速器和发电机自动调压装置的滞后性。发生故障后,若负荷被甩掉,原动机调速器和发电机自动调压装置由于惯性,无法立即发挥调节作用,空载的发电机受原动机驱动而加速旋转,电源电动势和母线电压将按同样倍数继续增大。因此,改进原动机调速器和发电机自动调压装置,是抑制甩负荷工频过电压的根本措施。

### 10.6.2 绝缘配合的原则

电力系统的运行可靠性主要由停电次数及停电时间来衡量。为了尽可能减少系统的非计划停运,除了尽可能限制电力系统出现的过电压外,还要尽量提高电气设备的绝缘水平。

20 世纪前半叶,是按照使设备绝缘足以耐受运行中可能出现的最大过电压来满足系统安全要求的。随着电力系统电压等级的提高,输变电设备中绝缘部分占总投资的比重越来越大,一味地提高设备的绝缘水平不仅技术上越来越困难,而且经济上也越来越不划算。

如何选择合适的限压措施及保护措施,在不过多增加设备投资的前提下,既限制可能出现的高幅值过电压,保证设备与系统安全可靠地运行,又降低对各种输变电设备绝缘水平的要求,减少主要设备的投资费用,已日益得到重视,这就是绝缘配合问题。

所谓绝缘配合,就是根据设备在系统中可能承受的各种电压(工作电压及过电压),并考虑限压装置的特性和设备的绝缘特性来确定必要的耐受强度,以使作用于设备上的各种电压所引起的绝缘损坏和影响连续运行的概率降低到在经济上和运行上都能接受的水平。这就要求在技术上处理好各种电压、各种限压措施和设备绝缘耐受能力三者之间的配合关系,以及在经济上协调设备投资费、运行维护费和事故损失费(可靠性)三者之间的关系。这样,既不因绝缘水平取得过高使设备尺寸过大、造价太贵,造成不必要的浪费;也不会由于绝缘水平取得过低,虽然一时节省了设备造价但增加了运行中的事故率,导致停电损失和维护费用大增,最终不仅造成经济上更大的浪费,而且造成供电可靠性下降。

在上述绝缘配合总体原则确定的情况下,对具体的电力系统如何选取合适的绝缘水平还要按照不同的系统结构、不同的地区以及电力系统不同的发展阶段来进行具体的分析。

比如不同的系统,因结构不同,过电压水平不同,且同一系统中不同地点的过电压水平也不同,同类事故发生的不同地点所造成的损失也是不同的。在系统发展初期,往往采用单回路长距离线路送电,系统联系薄弱,一旦发生故障经济损失较大。到了发展的中期或后期,系统联系加强,而且设备制造水平提高,保护性能改善,设备损坏几率减小,并且即使单个设备损坏,所造成的经济损失也相对下降。因此,从经济方面考虑,对同一电压等级,不同地点、不同类型设备,允许选择不同的绝缘水平。此外,许多系统的绝缘水平往往初期较高而中后期较低。不同的系统在发展的不同阶段应该允许根据实际情况选择不同的绝缘水平。我国早期建设的330 kV及500 kV系统均选取了较高的绝缘水平。

事实上,各国绝缘配合的基本原则也不尽相同。图10-11给出了美国中南部电力公司500 kV电网在20世纪60年代采用的变压器和并联电抗器绝缘配合示意图(变压器和并联电抗器的基本冲击绝缘水平BIL为1425 kV)。该系统最高运行电压为525 kV;安装了并联电抗器,以控制工频过电压;断路器安装有合闸电阻,可将操作过电压限制在2.3倍以下,但仍高于该变电压器的操作冲击电压耐受值。因此需要用避雷器来保护变压器。图10-11给出了在不同电压下避雷器的放电电压值与变压器和并联电抗器的相应耐受电压值,并给出了相应裕度,非常直观地展示了避雷器与被保护设备的配合关系。

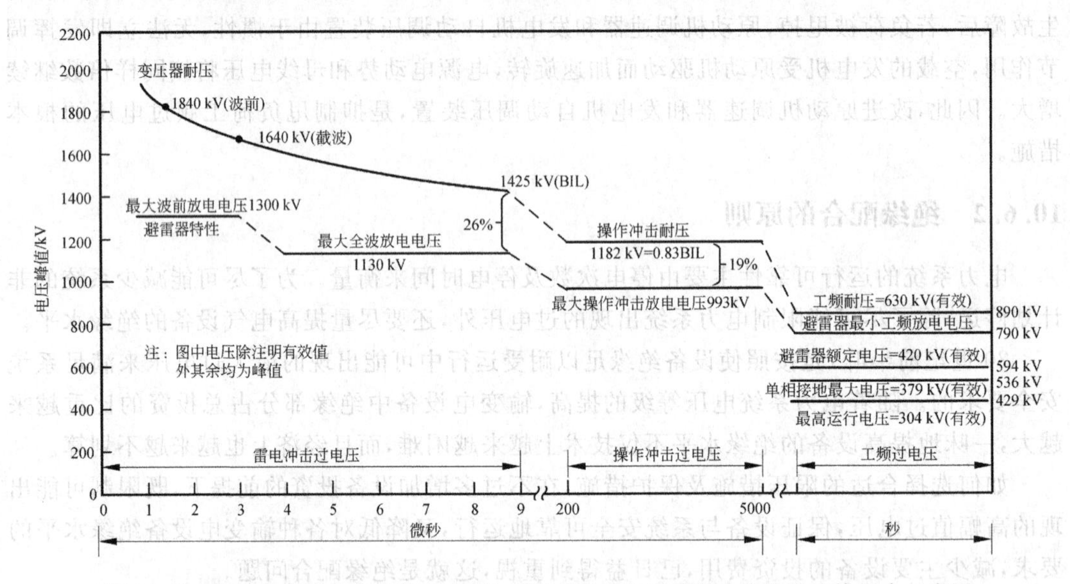


图10-11 美国中南部电力公司500 kV电网对变压器和并联电抗器的绝缘配合示意图

(本图摘自马昆辰"国外500千伏电网的绝缘配合"《高电压技术》,1978,No.2:84-110)

我国绝缘配合的基本原则如下:

(1) 对于电站而言,对220 kV及以下系统,电气设备的绝缘水平主要根据雷电过电压确定;对330 kV及以上电压等级的超高压系统,操作过电压成为主要矛盾,制定过电压保护策略时首先用并联电抗器将工频过电压限制在一定范围,然后通过断路器并联电阻或改进断路器性能,将操作过电压控制在一定范围,再用避雷器作为后备保护(避雷器在操作过电压下不必频繁动作)。所以,电站设备的绝缘水平由避雷器在雷电过电压下的残压(保护水平)决定。

(2) 对线路而言,其绝缘水平考虑的是在综合了不同电压与风速配合后,保持一定耐雷水平、控制一定的雷击跳闸率;在污秽地区,电力系统的外绝缘水平由最高工作电压决定。

电气设备的绝缘水平,是用设备可以承受(不发生闪络、放电或其他损坏)的试验电压值表示的。对应于设备绝缘可能承受的各种工作电压,分全波基本冲击绝缘水平(BIL)、基本操作冲击绝缘水平(BSL)以及工频绝缘水平。在进行绝缘试验时对应于以下几类试验:雷电冲击试验、操作冲击试验、短时(1 min)工频试验,以及特殊情况下的稍长时间工频试验。

GB 311.1—2012 规定的 3～1000 kV 电气设备雷电、操作、工频试验电压值见附录表 A-1～表 A-3。

## 10.6.3 绝缘配合的基本方法

绝缘配合方法主要有两种，即确定性方法(也称为惯用法)与统计法，但两者的区分并不严格。例如，在确定性方法中，某些配合系数的取值，是考虑某一参量的统计特性的；而在统计法中，限于条件，只能忽略一些参量的统计特性，而取确定的值。

(1) 确定性方法

确定性方法(惯用法)是按作用于绝缘上的最大过电压和最小的绝缘强度的概念来配合的，即首先确定设备上可能出现的最危险的过电压，然后根据经验乘上一个考虑各种因素(试验与运行条件的差异，如内绝缘的累积效应、外绝缘的气象条件修正等)的影响和一定裕度的系数，从而决定了绝缘应耐受的电压水平。由于过电压幅值及绝缘强度是随机变量，很难按照一个严格的规则估计其上限和下限，因此，用这一原则选定绝缘，常要求有较大的安全裕度，即所谓配合系数(或安全裕度系数)。配合系数的取值是长期科研、运行经验总结的成果。惯用法不可能定量估计可能的事故率。目前，我国变电站的绝缘配合均采用确定性绝缘配合方法。

确定电气设备绝缘水平的基础是避雷器的保护水平(雷电冲击保护水平和操作冲击保护水平)，因而需将设备的绝缘水平与避雷器的保护水平进行配合。雷电或操作冲击对绝缘的作用，在某种程度上可以用工频试验来等价。工频耐受电压与雷电过电压、操作过电压的等价关系如图 10-12 所示，图中 $\beta_1$、$\beta_2$ 为雷电和操作冲击电压换算成等值工频电压的冲击系数。

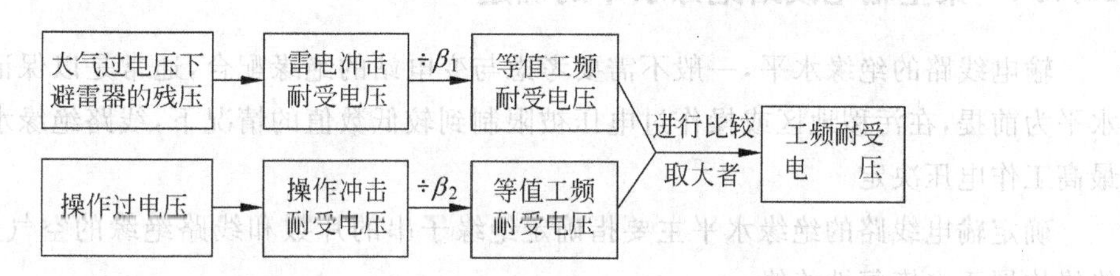


图 10-12 工频耐受电压与雷电、操作冲击电压的关系

可见，工频耐压值在某种程度上也代表了绝缘对雷电、操作过电压的耐受水平，即凡通过了工频耐压试验的设备，可以认为在运行中能保证一定的可靠性。由于工频耐压试验简便易行，220 kV 及以下设备的出厂试验应逐个进行工频耐压试验，但 330 kV 以上设备的出厂试验只有在条件不具备时才允许用工频耐压试验代替操作冲击耐压试验。

(2) 统计法

对非自恢复绝缘进行绝缘放电概率的测定费用很高，难度也很大，难以使用统计法，主要采用惯用法。对降低绝缘水平经济效益不是很显著的 220 kV 及以下系统，通常仍采用惯用法。对 330 kV 及以上系统，设备的绝缘强度在操作过电压下的分散性很大，降低绝缘水平具有显著的经济效益。国际上自 20 世纪 70 年代以来相继推荐采用统计法对设备的自恢复绝缘进行绝缘配合，从而可对各项可靠性指标进行预估。统计法是根据过电压幅值和绝缘的耐电强度都是随机变量的实际情况，在已知过电压幅值和绝缘闪络电压的概率分布后，用计算的方法求出绝缘闪络的概率和线路的跳闸率，在技术经济比较的基础上，正确地确定绝缘水平。这种方法不仅能定量地给出设计的安全程度，并能按照使设备费、每年的运行费以及每年的事故损失费的总和为最小的原则，确定一个输电系统的最佳绝缘设计方案。

设 $f(u)$ 为过电压的概率密度函数，$p(u)$ 为绝缘的放电概率函数，如图 10-13 所示，则出现过电压 $u$ 并损坏绝缘的概率为 $p(u)f(u)\mathrm{d}u$，将此函数积分得

$$A=\int_0^{\infty} p(u)f(u)\mathrm{d}u \tag{10-5}$$

这是图 10-13 中总的阴影部分的面积，也就是由某种过电压造成绝缘击穿的概率，即故障率。

从图 10-13 中我们可以看到，增加绝缘强度，即曲线 $p(u)$ 向右方移动，绝缘故障概率将减小，但投资成本将增加。因此统计法需要进行一系列试验性设计与故障率的估算，根据技术经济比较在绝缘成本和故障概率之间进行协调，在满足预定故障率的前提下，选择合理的绝缘水平。

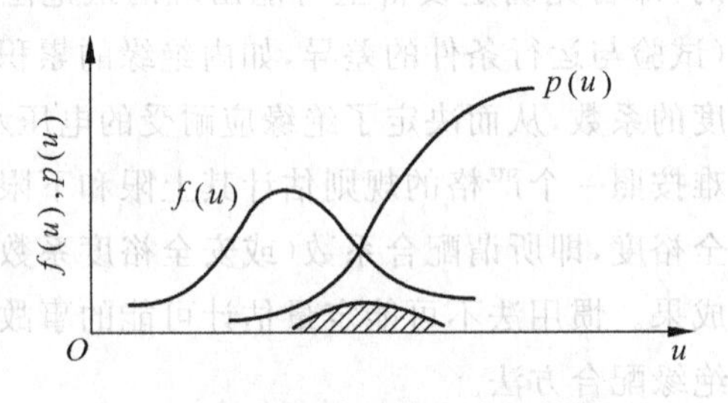

图 10-13　绝缘故障概率的估算

利用统计法进行绝缘配合时，绝缘裕度不是选定的某个固定数，而是与绝缘故障率的一定概率相对应的。统计法的主要困难在于随机因素较多，且各种统计数据的概率分布有时并非已知，因而实际上更多采用的是对某些概率进行一些假定后的简化统计法，此处不再详述。

### 10.6.4　架空输电线路绝缘水平的确定

输电线路的绝缘水平，一般不需要考虑与变电站的绝缘配合，通常是以保证一定的耐雷水平为前提，在污秽地区或操作过电压被限制到较低数值的情况下，线路绝缘水平则主要由最高工作电压决定。

确定输电线路的绝缘水平主要指确定绝缘子串的片数和线路绝缘的空气间隙，这两种绝缘均属于自恢复性绝缘。

绝缘子片数的选择应满足：在工作电压下不发生雾闪(污闪)、在操作过电压下不发生雨闪、并具有一定的冲击耐受强度，确保线路有一定的耐雷水平。综合这三方面的要求，表 10-2 最后一行中给出了实际线路绝缘子串中的绝缘子片数。

空气间隙的确定应考虑导线受风吹摇摆而使绝缘子串发生风偏的不利情况。工作电压幅值虽低，但长时间作用在导线上，按照线路最大设计风速(取 20 年一遇最大风速，25～35 m/s)考虑，相应的风偏角最大。操作过电压持续时间较短，出现频度也低，按照线路最大设计风速的一半考虑，风偏角也相应减小。雷电过电压幅值最高，但持续时间最短，通常按照计算风速 10～15 m/s 考虑，风偏角最小。第 3 章表 3-2、表 3-3 中给出了各电压等级下的最小空气间隙距离。考虑杆塔尺寸误差及施工误差等不利因素，实际确定最小空气间隙时还应留有一定裕度。

表 10-2 各电压等级下直线杆每串绝缘子的片数

| 系统标称电压/kV | 35 | 66 | 110 | | 220 | 330 | 500 |
|---|---|---|---|---|---|---|---|
| 中性点接地方式 | 非直接接地 | | 直接接地 | 非直接接地 | 直接接地 | | |
| 按工作电压要求的绝缘子片数 | 2 | 4 | 6～7 | | 12～13 | 18～19 | 28 |
| 按操作过电压要求的绝缘子片数 | 3 | 5 | 7 | 7～8 | 12～13 | 17～18 | 19 |
| 按雷电过电压要求的绝缘子片数 | 3 | 5 | 7 | 7 | 13 | 19 | 25～28 |
| 实际采用的绝缘子片数 | 3 | 5 | 7 | 7 | 13 | 19 | 28 |

注：表中数值适用于海拔 1000 m 以下非污秽地区，绝缘子型式为 U70BN。

### 10.6.5 直流系统的绝缘配合

直流系统的绝缘配合与交流系统既有相通的地方，又有区别。

高压直流换流站的绝缘配合与交流变电站具有相同的基本原理，实践中一般采用惯用法进行绝缘配合，即在惯用的全波基本冲击绝缘水平(BIL)和基本操作冲击绝缘水平(BSL)之间留有一定的裕度。但是，直流换流站中，换流器常用晶闸管阀串联或并联组成，换流过程采用特有的控制和保护方式，所以直流系统暂态过电压的产生机制，与交流系统有所不同。影响直流系统暂态过电压幅值和持续时间的因素除了操作和故障的种类外，还与直流控制保护等因素有关。直流系统采用控制极的闭锁与导通来消除故障，内部过电压幅值大都不超过两倍运行电压，操作过电压倍数较同电压等级的交流系统小；直流系统过电压持续时间则可长达数十至上百毫秒，远长于交流系统。GB/T 311.3—2007 给出了高压直流换流站绝缘配合程序。感兴趣的读者可以查阅学习相关内容。

另外，对线路而言，直流系统的绝缘子长期承受极性不变的工作电压，由于静电集尘效应的影响，其积污情况较交流线路要严重得多，污秽绝缘水平成为确定直流外绝缘水平的决定性因素。

## 练 习 题

10-1 电力开关主要分为哪几类？主要的应用场合分别是什么？

10-2 断路器在接到跳闸信号后，线路能在同一瞬间断开吗？断路器的重合闸功能有什么好处？

10-3 决定空载线路合闸过电压幅值的主要因素有哪些？如何抑制空载线路合闸过电压？

10-4 请结合气体放电理论与波过程理论解释为何在 GIS 中会产生特快速瞬态过电压？

10-5 在污秽地区或操作过电压被限制到较低数值的情况下，线路绝缘水平主要由什么决定？

10-6 电气设备的“绝缘水平”的含义是什么？

10-7 架空线路的绝缘水平与变电站设备绝缘水平的选取原则有何不同？

# 附录A 电力设备的耐受电压值

表 A-1 国家标准规定的各类设备的雷电冲击耐受电压 kV

| 系统标称电压(有效值) | 设备最高电压(有效值) | 额定雷电冲击耐受电压(峰值) | | | | | | 截断雷电冲击耐受电压(峰值) |
|---|---|---|---|---|---|---|---|---|
| | | 变压器 | 并联电抗器 | 耦合电容器、电压互感器 | 高压电力电缆 | 高压电器类 | 母线支柱绝缘子穿墙套管 | 变压器类设备的内绝缘 |
| 3 | 3.6 | 40 | 40 | 40 | — | 40 | 40 | 45 |
| 6 | 7.2 | 60 | 60 | 60 | — | 60 | 60 | 65 |
| 10 | 12 | 75 | 75 | 75 | — | 75 | 75 | 85 |
| 15 | 18 | 105 | 105 | 105 | 105 | 105 | 105 | 115 |
| 20 | 24 | 125 | 125 | 125 | 125 | 125 | 125 | 140 |
| 35 | 40.5 | 185/200[a] | 185/200[a] | 185/200[a] | 200 | 185 | 185 | 220 |
| 66 | 72.5 | 325 | 325 | 325 | 325 | 325 | 325 | 360 |
| | | 350 | 350 | 350 | 350 | 350 | 350 | 385 |
| 110 | 126 | 450/480[a] | 450/480[a] | 450/480[a] | 450 | 450 | 450 | 530 |
| | | 550 | 550 | 550 | 550 | 550 | | |
| 220 | 252 | 850 | 850 | 850 | 850 | 850 | 850 | 950 |
| | | 950 | 950 | 950 | 950<br>1050 | 950<br>1050 | 950<br>1050 | 1050 |
| 330 | 363 | 1050 | — | — | — | 1050 | 1050 | 1175 |
| | | 1175 | 1175 | 1175 | 1175<br>1300 | 1175 | 1175 | 1300 |
| 500 | 550 | 1425 | — | — | 1425 | 1425 | 1425 | 1550 |
| | | 1550 | 1550 | 1550 | 1550 | 1550 | 1550 | 1675 |
| | | — | 1675 | 1675 | 1675 | 1675 | 1675 | — |
| 750 | 800 | 1950 | 1950 | 1950 | 1950 | 1950 | 1950 | 2145 |
| | | — | 2100 | 2100 | 2100 | 2100 | 2100 | 2310 |
| 1000 | 1100 | 2250 | 2250 | 2250 | 2250 | 2250 | 2250 | 2400 |
| | | — | 2400 | 2400 | 2400 | 2400 | 2700 | 2560 |

注：对高压电力电缆是指热态状态下的耐受电压；a 斜线后的数据仅用于该类设备的内绝缘。

表 A-2 国家标准规定的各类设备的短时(1 min)工频耐受电压(有效值) kV

| 系统标称电压(有效值) | 设备最高电压(有效值) | 内绝缘、外绝缘(湿试/干试) | | | | 母线支柱绝缘子 | |
|---|---|---|---|---|---|---|---|
| | | 变压器 | 并联电抗器 | 耦合电容器、电压互感器等[d] | 高压电力电缆 | 湿试 | 干试 |
| 1 | 2 | 3[a] | 4[a] | 5[b] | 6[b] | 7 | 8 |
| 3 | 3.6 | 18 | 18 | 18/25 | | 18 | 25 |
| 6 | 7.2 | 25 | 25 | 23/30 | | 23 | 32 |
| 10 | 12 | 30/35 | 30/35 | 30/42 | | 30 | 42 |
| 15 | 18 | 40/45 | 40/45 | 40/55 | 40/45 | 40 | 57 |
| 20 | 24 | 50/55 | 50/55 | 50/65 | 50/55 | 50 | 68 |
| 35 | 40.5 | 80/85 | 80/85 | 80/95 | 80/85 | 80 | 100 |
| 66 | 72.5 | 140 | 140 | 140 | 140 | 140 | 165 |
| | | 160 | 160 | 160 | 160 | 160 | 185 |
| 110 | 126 | 185/200 | 185/200 | 185/200 | 185/200 | 185 | 265 |
| 220 | 252 | 360 | 360 | 360 | 360 | 360 | 450 |
| | | 395 | 395 | 395 | 395 | 395 | 495 |
| | | | | | 460 | | |
| 330 | 363 | 460 | 460 | 460 | 460 | | |
| | | 510 | 510 | 510 | 510 | 570 | |
| | | | | | 570 | | |
| 500 | 550 | 630 | 630 | 630 | 630 | | |
| | | 680 | 680 | 680 | 680 | 680 | |
| | | | | 740 | 740 | | |
| 750 | 800 | 900 | 900 | 900 | 900 | 900 | |
| | | | | 960 | 960 | | |
| 1000 | 1100 | 1100[c] | 1100 | 1100 | 1100 | 1100 | |

注：表中 330～1000 kV 设备之短时工频耐受电压仅供参考。

a 该斜线后的数据为该类设备的内绝缘和外绝缘干耐受电压；该栏斜线上的数据为该类设备的外绝缘湿耐受电压。

b 该斜线后的数据为该类设备的外绝缘干耐受电压。

c 对于特高压电力变压器，工频耐受电压时间为 5 min。

d 包括耦合电容器、高压电器类、电压互感器、电流互感器和穿墙套管。

表 A-3 国家标准规定的 330～1000 kV 输变电设备的操作冲击耐受电压 kV

| 系统标称电压 $U_s$(有效值) | 设备最高电压 $U_m$(有效值) | 额定操作冲击耐受电压(峰值) | | |
|---|---|---|---|---|
| | | 相对地 | 相间 | 相间与相对地之比 |
| 330 | 363 | 850 | 1300 | 1.50 |
| | | 950 | 1425 | 1.50 |
| 500 | 550 | 1050 | 1675 | 1.60 |
| | | 1175 | 1800 | 1.50 |
| | | 1300[a] | 1950 | 1.50 |
| 750 | 800 | 1425 | — | — |
| | | 1550 | — | — |
| 1000 | 1100 | 1800 | — | — |

a 表示除变压器以外的其他设备。

# 附录B 国内外部分高电压实验室参数表

表 B-1 国内部分高电压实验室的主要特性参数

| 试验室名称 | 地点 | 试验厅(场) | | 工频试验变压器 | | 冲击电压发生器 | | 直流高压发生器 | |
|---|---|---|---|---|---|---|---|---|---|
| | | | 长×宽×高/(m×m×m) | 电压/MV | 电流/A | 电压/MV | 能量/kJ | 电压/MV | 电流/mA |
| 国家电网公司特高压交流试验基地 | 武汉 | 试验场 | | | | 7.5 | | | |
| | | 环境气候试验罐 | $\phi$20×25 | 1.0 | 6 | | | ±1.2 | 2000 |
| 国家电网公司特高压直流试验基地 | 北京 | 试验场 | 180×90 | | | 7.2 | 480 | ±1.6 | 500 |
| | | 试验厅 | 86×60×50 | 2×0.75 | 2 | 6 | 450 | ±1.8 | 200 |
| | | 环境气候试验罐 | $\phi$20×25 | 0.8 | 6 | | | ±1.0 | 2000 |
| 国家电网公司西藏高海拔试验基地 | 羊八井海拔4300 m | 试验场 | 180×100 | 3×0.33 | 1 | 4.2 | 200 | +1.0<br>−1.5 | 100 |
| | | 试验厅 | 9×9×11 | 0.2 | 5 | | | ±0.25 | 2000 |
| 特高压工程技术(昆明)国家工程实验室 | 昆明海拔2100 m | 试验场 | | | | 7.2 | 720 | ±1.6 | 50 |
| | | 试验厅 | | 0.8 | 6 | | | ±1.2 | 50 |
| 中国西电集团高压电气国家工程实验室 | 西安 | 试验厅 | | 1.8/1.2 | 2/4 | 4.8/2.4 | 720/240 | ±2 | 500 |

表 B-2　国外部分高电压实验室试验能力一览表

| 国家 | 实验室(或者机构)及网址 | 高压试验厅 长×宽×高/m | 工频高压试验 | | 冲击高压试验 | | 直流高压试验 | | 污秽试验 | 局部放电试验 | 大容量试验 |
|---|---|---|---|---|---|---|---|---|---|---|---|
| | | | kV | A | MV | kJ | kV | mA | kV | kV | kA |
| 美国 | EPRI 电力研究院 www. epri. com | 户外 | 1500 | | 5.6 | 280 | 1500 | 250 | 866 | | |
| 法国 | EDF Les Renardières 雷纳第 www. france. edf. com | 45×25×20 | 1000 | | 3.0 | | 600 | 30 | 170 | | 130 |
| | CERDA(开关试验研究中心) | 36×21×25 | 1150 | | 3.0 | | 1000 | | | 550 | 100 |
| 意大利 | CESI 电工试验中心 www. cesi. it | 20×14×13 | 700 | | 2.0 | | | | | | 300 |
| 加拿大 | IREQ 魁北克水电局研究院 www. hydroquebec. com | 82×64×50 | 2200 | | 5.4 | | 1200 | | | 1200 | 37 |
| 俄罗斯 | VNITZ VEI(全俄电工研究所)www. vei-istra. ru | | 2250 | 1.0 | 7.2 | 420 | 1800 | 30 | | | |
| | 圣彼得堡国立技术大学 | 60×30×22.5 | 2250 | 2.0 | 2.2 | | 1000 | | | | |
| 荷兰 | DNV GL KEMA 电力试验所 www. dnvkema. com | 85×50×19 | 900 | | 2.6 | | 600 | | | 900 | 63 |
| 德国 | Siemens 西门子 www. siemens. com/energy/psw | | 1200 | | 3.0 | | 1200 | | | | 100 |
| | TUDresden 德累斯顿工业大学 www. tu-dresden. de/etieeh | | 1200 | 1 | 3.2 | 80 | | | 130 | 600 | 86 |
| | TU Munchen 慕尼黑工业大学 www. hsa. ei. tum. de | 34×23×19 | 1200 | 0.67 | 2.4 | 50 | 1400 | 60 | | | |
| | FGH/IPH 高压大电流实验室 www. cesi. it | 26×50×21 | 1200 | | 3.0 | 300 | | | 600 | | 200 |
| 日本 | CRIEPI 电中研 criepi. denken. or. jp | 31×35×30 | 900 | | 2.6 | | | | | | 210 |
| | NGK Insulators 绝缘子公司 www. ngk. co. jp | 41×38×21 | 1000 | | 3.0 | | 500 | 30 | 1000 | 1000 | |
| 瑞典 | STRI 高压实验室 www. stri. se | 37×25×30 | 1050 | 1.5 | 2.8 | | 1250 | 300 | 860 | 1050 | |
| 瑞士 | ABB Switzerland ABB 瑞士公司 www. abb. com/highvoltage | 27.5×23.5×20 | 1200 | 1 | 2.8 | 150 | 1000 | | | 1000 | 160 |
| 英国 | CEGB 中央电力研究所 | 41×28×22 | 1200 | 1.0 | 4.0 | 100 | 1000 | 30 | | | |
| | ManchesterUniv. 曼彻斯特大学 www. eee. manchester. ac. uk | | 300 | | 2.0 | | 600 | | | | |
| 巴西 | CEPEL 电力研究中心 www. cepel. br | 44×30×27 | 1100 | 2 | 3.2 | | 1000 | 2000 | 600 | 1100 | 200 |
| 奥地利 | TU Graz 格拉茨工业大学 www. hspt. tugraz. at | 35×25×21 | 1500 | | 2.9 | | 1500 | | | 1500 | |
| 捷克 | EGU 高压实验室 www. egu-vvn. cz | 54×25×24 | 1200 | 1.25 | 2.6 | | 300 | 50 | 500 | 600 | |
| 韩国 | KERI 电力技术研究中心 www. keri. re. kr | 55×33×26.7 | 1100 | 2 | 4.2 | 420 | | | 600 | 1100 | 110 |
| 印度 | CPRI 电力研究中心 www. cpri. in | 54×52×42 | 1600 | | 3.0 | 150 | 1200 | 200 | 800 | 1200 | 300 |
| 墨西哥 | LAPEM 电力设备与材料实验室 www. lapem. com. mx | 62×31×32 | 1100 | 1 | 3.6 | 240 | 1100 | | 500 | 520 | 70 |

# 主要参考文献


[1] 朱德恒,严璋.高电压绝缘[M].北京:清华大学出版社,1992.
[2] 严璋,朱德恒.高电压绝缘技术[M].北京:中国电力出版社,2002.
[3] 清华大学,西安交通大学.高电压绝缘[M].北京:电力工业出版社,1980.
[4] 严璋,朱德恒.高电压绝缘技术[M].3版.北京:中国电力出版社,2015.
[5] 张仁豫,陈昌渔,王昌长.高电压试验技术[M].3版.北京:清华大学出版社,2009.
[6] 张仁豫,陈昌渔,王昌长,等.高电压试验技术[M].北京:清华大学出版社,1982.
[7] 沈其工,方瑜,周泽存,等.高电压技术[M].北京:中国电力出版社,2012.
[8] 库弗尔,岑格尔.高电压工程基础[M].邱毓昌,戚庆成,译.北京:机械工业出版社,1993.
[9] KUFFEL E,ZAENGL W S,KUFFEL J. High Voltage Engineering: Fundamentals[M]. 2nd Edition. Boston: Butterworth-Heinemann,2000.
[10] ARORA R,MOSCH W. High voltage and electrical insulation engineering[M]. Hoboken, New Jersey: John Wiley & Sons,Inc.,2011.
[11] 张伟钹,何金良,高玉明.过电压防护及绝缘配合[M].北京:清华大学出版社,2002.
[12] 徐国政,张节容,钱家骊,等.高压断路器原理和应用[M].北京:清华大学出版社,2000.
[13] 鹤见策郎,河野照哉,山本充义,等.高电压工学[M].东京:日本电气学会,2000.
[14] 邬雄飞,张和康,耿如霖,等.电工绝缘手册[M].北京:机械工业出版社,1990.
[15] 犬石嘉雄,中岛达二,川边和夫,等.诱电体现象论[M].东京:日本电气学会,1995.
[16] 风诚三郎,斋藤幸男,酒井善雄.电气材料[M].东京:日本电气学会,2000.
[17] 张仁豫.绝缘污秽放电[M].北京:水利水电出版社,1993.
[18] 梁曦东,邱爱慈,孙才新,雷清泉,等.中国电气工程大典(第1卷) 现代电气工程基础[M].北京:中国电力出版社,2009.
[19] 关志成,朱英浩,周小谦,等.中国电气工程大典(第10卷) 输变电工程[M].北京:中国电力出版社,2010.
[20] 孙才新,陈维江.中国电力百科全书(输电与变电卷)[M].3版.北京:中国电力出版社,2014.
[21]《中国电力发展的历程》编辑委员会.中国电力发展的历程[M].北京:中国电力出版社,2002.
[22]《中国电力年鉴》编辑委员会.中国电力十年跨越与发展[M].北京:中国电力出版社,2013.
[23] International Energy Agency. Key World Energy Statistics[M]. Paris: International Energy Agency, 2002-2004,2006-2015.
[24] Electric Power Research Institute. Transmission Line Reference Book 345kV and Above[M]. 2nd Edition. Palo Alto,California: Electric Power Research Institute,1982.
[25] CIGRE Technical Brochure 571, Optimized Gas-Insulated Systems by Advanced Insulation Techniques[M],2014.
[26] GB/T 311.1—2012.绝缘配合 第1部分:定义、原则和规则[S].北京:中国标准出版社,2012.
[27] GB/T 311.2—2013.绝缘配合 第2部分:使用导则[S].北京:中国标准出版社,2013.
[28] GB/T 311.3—2007.绝缘配合 第3部分:高压直流换流站绝缘配合程序[S].北京:中国标准出版社,2008.
[29] GB/T 16927.1—2011.高电压试验技术 第1部分:一般定义及试验要求[S].北京:中国标准出版社,2012.
[30] GB/T 16927.2—2013.高电压试验技术 第2部分:测量系统[S].北京:中国标准出版社,2013.

[31] GB/T 16927.3—2010.高电压试验技术 第3部分：现场试验的定义及要求[S].北京：中国标准出版社,2011.
[32] GB/T 16927.4—2014.高电压和大电流试验技术 第4部分：试验电流和测量系统的定义和要求[S].北京：中国标准出版社,2014.
[33] GB/Z 24842—2009.1000 kV 特高电压交流输变电工程过电压和绝缘配合[S].北京：中国标准出版社,2010.
[34] GB/T 50064—2014.交流电气装置的过电压保护和绝缘配合设计规范[S].北京：中国计划出版社,2014.
[35] DL/T 596—2005.电力设备预防性试验规程[S].北京：中国电力出版社,2005.
[36] DL/T 620—1997.交流电气装置的过电压保护和绝缘配合[S].北京：中国电力出版社,1997.
[37] JB/T 10780—2007.750 kV 油浸式电力变压器技术参数和要求[S].北京：机械工业出版社,2008.